北京市高等教育精品教材

科学出版社"十三五"普通高等教育本科规划教材

# 微 积 分

## （上册）

## （第二版）

刘迎东　编

科学出版社

北京

# 内 容 简 介

　　本书对传统的微积分内容的写作次序作了较大调整,贯彻把数学建模思想融入大学数学基础课程教学的想法,强调微分的概念和应用,叙述精炼,选材及示例经典,习题丰富,并且很多例题提倡"一题多解".本书分上、下两册,本部分是上册,上册内容包括一元函数微积分学和常微分方程.包括函数、极限与连续、导数与微分、定积分与不定积分、微分方程、微分中值定理与导数的应用和定积分的应用等内容.书中还附有二维码,读者可以扫码观看讲课视频进行学习.

　　本书适合用作大学工科各专业微积分或高等数学教材或参考书,也可供相关的科技人员参考.

**图书在版编目(CIP)数据**

微积分. 上册/刘迎东编. —2 版. —北京:科学出版社,2017.8
北京市高等教育精品教材·科学出版社 "十三五" 普通高等教育本科规划教材
ISBN 978-7-03-053757-7

Ⅰ.①微… Ⅱ.①刘… Ⅲ.①微积分-高等学校-教材 Ⅳ.①O172

中国版本图书馆 CIP 数据核字(2017)第 138727 号

责任编辑:张中兴 / 责任校对:彭 涛
责任印制:师艳茹 / 封面设计:迷底书装

科 学 出 版 社 出版
北京东黄城根北街 16 号
邮政编码: 100717
http://www.sciencep.com

北京厚诚则铭印刷科技有限公司印刷
科学出版社发行 各地新华书店经销
*
2010 年 6 月第 一 版 开本:720×1000 1/16
2017 年 8 月第 二 版 印张:20 1/2
2024 年 8 月第十九次印刷 字数:414 000
定价: 42.00 元
(如有印装质量问题,我社负责调换)

# 第二版前言

本书第一版自 2010 年出版以来,历经多次印刷,作者一直以它为教材进行教学,几年之间又有了一些心得体会.特别是从当初诚惶诚恐地写一本书,心情忐忑地用于教学,到后来得到教师和学生的认可,还获得了北京市高等教育精品教材的奖励,逐渐觉得自己在写书时的改革思路是对的.现在出版第二版心中也有了一些底气.

本书的改革思路见于第一版前言,经过这些年的实践证明改革是成功的.特别是强调微分的作用,尽量用微分来展开概念和计算算得上是作者的一个小小的创新.其目的是尽量与现代数学接轨,因为现代数学多以高维空间为基础,微分比导数在概念和计算上有优势.这个改革得到了学生的接受和认可.学生已经会用微分的语言和形式进行计算和推导.但考虑到目前传统的教材多以导数展开概念和计算,在第二版中我们在坚持微分形式的基础上,补充了导数形式的论证和计算,采用一题多解的形式,让学生在对比中掌握多种方法,多做尝试.

信息工具的迅速发展,对传统教学的冲击越来越大.在第二版中我们也尝试加入了二维码,它们对应作者录制的小的教学视频.同学们可以通过扫码看视频,对预习和复习有所帮助.这也是第二版相较于第一版的较大变化.

作者衷心感谢北京交通大学教务处和理学院对基础课程的支持,对作者的支持;衷心感谢北京交通大学理学院微积分课程组各位老师们的支持和帮助;衷心感谢北京交通大学的同学们,他们活跃的思维和认真的反馈使本书越来越完善.

作者要特别感谢科学出版社的张中兴编辑,她的严谨踏实的作风和出色的工作促成了本书第一版和第二版的面世.

由于作者才疏学浅,疏漏之处一定存在,希望各位同仁不吝赐教.

刘迎东

2017 年 5 月于北京交通大学 红果园

# 第一版前言

　　微积分是工科大学生要学习的最重要的数学基础课. 这一课程的基本内容已经定型, 优秀教材不胜枚举. 但是, 微积分的教与学仍然是一个世界性的难题, 究其原因, 恐怕和这门学科的历史发现顺序与现在课本上按逻辑讲授的顺序恰好相反有关.

　　微积分诞生之初就显示了强大的威力, 解决了许多过去被认为是高不可攀的难题, 取得了辉煌的成绩. 然而, 最初创立微积分的大师们着眼于发展强有力的方法, 解决各种各样的问题, 没有来得及为这门新学科建立起严格的理论基础. 在以后的发展中, 后继者才对其逻辑细节作了逐一的修补. 重建基础的细致工作当然是非常重要的, 但也给后世的学习者带来了不利的影响. 微积分本来是一件完整的艺术杰作, 现在却被拆成碎片, 对每一细小部分进行详尽、琐细的考察. 每一细节都弄得很清楚了, 完整的艺术形象却消失了. 今日的初学者在很长一段时间里只见树木不见森林. 在微积分创立时期刺激了这一学科飞速发展的许多重要的应用问题, 今日的初学者却几乎一无所知. 因为这些应用往往涉及微分方程, 而微分方程则要等漫长的学究式考察完成之后才开始学习. P. Lax、S. Burstein 和 A. Lax 在他们合著的《微积分及其应用与计算》序言中批评道: "传统的课本很像一个车间的工具账, 只载明这儿有不同大小的锤子, 那儿有锯子, 而刨子则在另一个地方, 只教给学生每种工具的用法而很少教学生将这些工具一起用于构造某个真正有意义的东西."

　　北京大学数学系张筑生先生生前致力于数学分析的教学改革, 呕心沥血. 作者怀着对张先生崇敬的心情, 研读了张先生的经典之作《数学分析新讲》, 受益颇深. 张先生认为解决上述问题的一个途径是尽可能早一点让初学者对微积分的全貌有一个概括的印象, 尽可能早一点让初学者学会用微积分的方法去解决问题. 为了达到这一目的, 可以在准备好基础之后, 不拘泥于每一细节深入详尽的讨论, 也不追求最一般的条件, 尽快地展开微积分的主要概念(导数、原函数、积分、微分方程)并应用这些概念去解决一些重要而有趣的问题. 等到学生对全貌有了初步的印象之后, 再进行涉及具体细节的讨论. 这样, 学生在第一学期就能掌握一元函数微积分的基本理论和方法, 能用初等的微分方程解决应用问题, 并能了解历史上应用微积分的一些最著名的例子.

　　作者非常赞成张先生的思想, 遂产生了将张先生的改革思想应用于工科大学微积分教学改革的想法. 后又拜读了龚昇先生的《简明微积分》, 聆听了北京航空航天大学国家级教学名师李尚志先生关于微积分教学的几次演讲, 体会到三位先生的思想颇有共通之处,作者更加坚定了自己的想法.而北京交通大学教务处与理学院对微积分基础课程的重视以及科学出版社赵靖与张中兴两位编辑的出色工作,也促成了本书的诞生.

本书分上、下两册,上册是一元函数微积分学和常微分方程,包括函数、极限与连续、导数与微分、定积分与不定积分、微分方程、微分中值定理与导数的应用和定积分的应用等内容;下册是多元函数微积分学与无穷级数,包括多元函数微分法及其应用、重积分、曲线积分与曲面积分和无穷级数等内容.本书适合用作大学工科各专业微积分或高等数学教材、参考书.

本书区别于传统微积分或高等数学教材的地方表现在以下几个方面:

(1)将微分方程的内容提前,函数、极限、导数、积分和微分方程一气呵成,把关于微分中值定理及其应用这些更深入、细致的内容置后,希望迅速给读者呈现一个紧凑的、完整的一元函数微积分学的整体形象.

(2)贯彻将数学建模思想融入大学数学基础课程教学的想法.本书选取了开普勒行星运动三大定律与牛顿万有引力定律互推的问题,因为这一问题贯穿了一元函数微积分和常微分方程的全部内容,也是微积分创立之初的重要问题,是很好的微积分教学的数学模型.

(3)强调微分的概念和应用,将不定积分和定积分融合在一起.在微积分的学与教的过程中,作者感觉到传统教材偏重导数,微分的引入给人以突兀的感觉.殊不知微积分的一大创始人莱布尼茨就是以微分展开概念的,而以导数为主体的做法实际上只对一维空间比较合适,对高维以至无穷维空间微分才是合适的载体.传统教材将定积分与不定积分分开来讲,会给人以不定积分完全是数学家的游戏的错觉.

(4)力求叙述精炼,选经典题材及示例,有丰富的习题.作者将其数年微积分及高等数学教学的心得融入进本书,体现出本书的另一特点.

作者在数年的教学中,接触了许多微积分相关的优秀教材,它们为本书的编写提供了素材,特别是作者从北京大学文丽、吴良大老师编写的《高等数学》和同济大学编写的《高等数学》中借鉴了很多,在此深表谢意.

由于作者才疏学浅,书中疏漏之处在所难免,希望各位同仁不吝赐教.

刘迎东

2010 年 3 月于北京

# 目　　录

# 引　言

16 世纪后期,丹麦天文学家第谷·布拉赫(Tycho Brache)以坚韧不拔的毅力,对太阳系的行星运动进行了长达 20 年的精细观察,积累了丰富的观测资料. 他的助手,德国人开普勒(J. Kepler)曾参与部分观测工作并继承了他的全部观测数据. 在此基础上,开普勒又进行了长达 20 年的研究,总结出关于行星运动的三大定律.

**开普勒第一定律**　行星绕太阳运行(公转)的轨道是椭圆,太阳位于椭圆的一个焦点上.

**开普勒第二定律**　从太阳中心指向一个行星的有向线段(向径),在同样的时间内扫过同样的面积. 换句话说就是向径的面积速度是常数(图 0.1).

**开普勒第三定律**　各行星公转周期的平方与其椭圆轨道长轴的立方之比是一个常数.

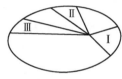

图 0.1

通过对开普勒三大定律的分析,牛顿判断行星应受到一个指向太阳的力的作用,这力的大小与行星的质量成正比,与距离的平方成反比. 但这是一种什么力呢? 经过缜密的思考,牛顿终于悟出其中的道理:这种力与地球上使物体下落的重力是一回事,它是存在于一切物体之间的相互吸引力. 这样,牛顿总结出以下万有引力定律.

**万有引力定律**　任何两个物体之间都存在着一种相互吸引的力(称为**万有引力**). 这力作用在两物体连线上,它的大小与两物体的质量的乘积成正比,而与这两物体间的距离的平方成反比.

本书将逐步说明怎样从开普勒定律导出万有引力定律,也将说明怎样从万有引力定律推导出开普勒三大定律. 后一论证的重要意义在于指出:任何受到与距离平方成反比的有心力作用的物体,都遵循与行星运动相类似的运动规律. 于是,我们得知,月球绕地球的运动应该遵循类似的规律;人造卫星绕地球的运动应该遵循类似的规律(牛顿实际上已从理论上预言了发射人造卫星的可能性);原子内部的电子绕原子核的运动也应遵循类似的规律(因为原子核与电子间的静电吸引力也是与距离的平方成反比的力).

上述问题是一个数学建模的问题,它涉及一元函数微积分学和常微分方程的知识(也就是本书的全部内容),而由于此问题对于人类生活的重大意义,对它的讨论将会引起大家的兴趣. 此问题将贯穿本书,大家可以带着这个问题阅读.

本书会在某些章最后一节专门介绍如何将相关知识应用于此问题.当然,微积分的应用远远不止于此,所以每章中还会介绍许多其他方面的应用,数学理论和这些应用将构成本书的主体.本书将以这些问题把微积分的知识有机地贯穿起来.

# 第1章 函　　数

初等数学的研究对象基本上是不变的量,而高等数学的研究对象则是变动的量.所谓函数关系就是变量之间的依赖关系.函数是微积分主要的研究对象,因此,本书从函数概念讲起.中学教材已介绍过函数概念和一些初等函数的性质与图形,本章将对原有知识进行复习、补充和提高.

## 1.1　集合与函数

### 1.1.1　集合

#### 1. 集合概念

具有某种(或某些)属性的一些对象的全体称为一个**集合**.集合中的每个对象称为该集合的**元素**.集合通常用大写的拉丁字母,如 $A,B,C,\cdots$ 来表示,元素则用小写的拉丁字母,如 $a,b,x,y,\cdots$ 来表示.当 $x$ 是集合 $E$ 的元素时,就说 $x$ **属于** $E$,记作 $x\in E$;当 $x$ 不是集合 $E$ 的元素时,就说 $x$ **不属于** $E$,记作 $x\overline{\in}E$ 或 $x\notin E$.

不包含任何元素的集合称为**空集**,记作 $\varnothing$.

表示集合的方法通常有两种.把集合中的元素列举出来,这种表示集合的方法称为**列举法**.例如,由元素 $a_1,a_2,\cdots,a_n$ 组成的集合 $A$,可表示成

$$A=\{a_1,a_2,\cdots,a_n\}.$$

函数的概念

把集合中元素所满足的条件写在元素的后面,用一条竖线隔开,外面写上大括号,这种表示集合的方法称为**描述法**.例如,集合

$$E=\{x\mid x^2\leqslant 1\}$$

表示所有满足不等式 $x^2\leqslant 1$ 的 $x$ 的全体.

习惯上,全体非负整数,即自然数的集合记作 $\mathbf{N}$,即

$$\mathbf{N}=\{0,1,2,\cdots,n,\cdots\};$$

全体正整数的集合记作 $\mathbf{N}^+$,即

$$\mathbf{N}^+=\{1,2,3,\cdots,n,\cdots\};$$

全体整数的集合记作 $\mathbf{Z}$;全体有理数的集合记作 $\mathbf{Q}$;全体实数的集合记作 $\mathbf{R}$.

#### 2. 区间与邻域

1) 有限区间(有穷区间)

设 $a,b$ 为二实数,且 $a<b$.满足不等式 $a\leqslant x\leqslant b$ 的所有实数 $x$ 的集合称为一

个**闭区间**,记作
$$[a,b] = \{x \mid a \leqslant x \leqslant b\}.$$
满足不等式 $a < x < b$ 的所有实数 $x$ 的集合称为一个**开区间**,记作
$$(a,b) = \{x \mid a < x < b\}.$$
分别满足不等式 $a \leqslant x < b$ 和 $a < x \leqslant b$ 的所有实数 $x$ 的集合称为**半开区间**,记作
$$[a,b) = \{x \mid a \leqslant x < b\}$$
和
$$(a,b] = \{x \mid a < x \leqslant b\}.$$

以上各种区间都是**有限区间**(或**有穷区间**),$a$ 与 $b$ 分别称为**区间的左、右端点**,数 $b-a$ 称为**区间的长度**.

2) 无穷区间

满足不等式 $-\infty < x < +\infty$ 的所有实数 $x$ 的集合称为**无穷区间**,记作
$$(-\infty, +\infty) = \{x \mid -\infty < x < +\infty\}.$$
可类似写出**半无穷区间**
$$(a, +\infty) = \{x \mid a < x < +\infty\},$$
$$[a, +\infty) = \{x \mid a \leqslant x < +\infty\},$$
$$(-\infty, a) = \{x \mid -\infty < x < a\},$$
$$(-\infty, a] = \{x \mid -\infty < x \leqslant a\}.$$

图 1.1 给出了一些区间的示意图.

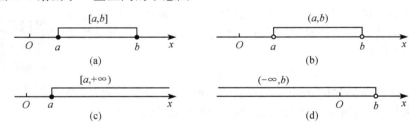

图 1.1

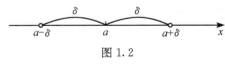

图 1.2

以点 $a$ 为中心、以 $\delta$($\delta > 0$)为半径的对称开区间 $(a-\delta, a+\delta)$ 称为**点 $a$ 的 $\delta$ 邻域**,记作 $U(a, \delta)$(图 1.2). 邻域 $U(a, \delta)$ 中除去点 $a$ 后剩余的所有点的集合称为**点 $a$ 的去心邻域**,记作 $\overset{\circ}{U}(a, \delta)$.

### 1.1.2　函数的概念和基本性质

1. 函数概念

假定在某个变化过程中有两个取实数值的变量 $x$ 和 $y$,$x$ 的变化域为 $X$. 如果

对于 $X$ 中的每一个 $x$ 值,根据某一规律(或法则)$f$,变量 $y$ 都有唯一确定的值与它对应,就说 $y$ 是 $x$ 的**函数**,记作

$$y = f(x), \quad x \in X.$$

$x$ 称为**自变量**,$y$ 称为**因变量**.

自变量 $x$ 的变化域 $D(f) = X$ 称为**函数 $y = f(x)$ 的定义域**. 因变量 $y$ 的变化域称为**函数 $y = f(x)$ 的值域**,有时记作

$$R(f) = f(X) = \{y \mid y = f(x), x \in X\}.$$

在函数的定义中,对应规律(即函数关系)及定义域是两个重要因素,而自变量和因变量采用什么符号来表示则是无关紧要的.

函数的定义域通常按以下两种情形来确定:一种是对有实际背景的函数,根据实际背景中变量的实际意义确定;另一种是对抽象地用算式表达的函数,通常约定这种函数的定义域是使得算式有意义的一切实数组成的集合,通常叫做**函数的自然定义域**.

表示函数的主要方法有三种:**表格法**、**图形法**和**解析法(公式法)**,其中,用图形法表示函数是基于函数图形的概念,即坐标平面上的点集

$$\{P(x, y) \mid y = f(x), x \in X\}$$

称为**函数 $y = f(x), x \in X$ 的图形**(图 1.3).

2. 一些函数的例子

**例 1.1** 常值函数

$$y = c$$

的定义域为 $\mathbf{R}$,值域为 $\{c\}$. 图 1.4 中以 $c = 2$ 为例.

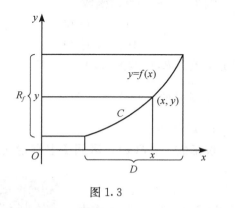

图 1.3

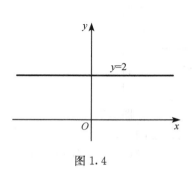

图 1.4

**例 1.2** 绝对值函数

$$y = |x| = \begin{cases} x, & x \geqslant 0, \\ -x, & x < 0 \end{cases}$$

的定义域为 $\mathbf{R}$,值域为 $[0,+\infty)$(图 1.5).

**例 1.3** 符号函数

$$y = \mathrm{sgn}\,x = \begin{cases} 1, & x > 0, \\ 0, & x = 0, \\ -1, & x < 0 \end{cases}$$

的定义域为 $\mathbf{R}$,值域为 $\{1,0,-1\}$(图 1.6).

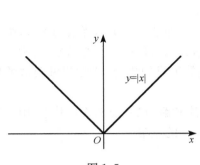

图 1.5

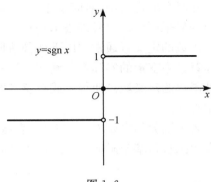

图 1.6

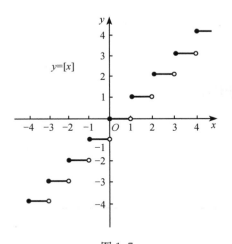

图 1.7

**例 1.4** 取整函数
$$y = [x]$$
表示取值为不超过 $x$ 的最大整数. 它的定义域为 $\mathbf{R}$,值域为整数集合 $\mathbf{Z}$(图 1.7).

**例 1.5** 狄利克雷函数
$$y = \begin{cases} 1, & x \in \mathbf{Q}, \\ 0, & x \notin \mathbf{Q} \end{cases}$$
的定义域为 $\mathbf{R}$,值域为 $\{1,0\}$.

**3. 函数的几种特性**

**1) 单调性**

设函数 $y = f(x)$ 在区间 $I$ 上有定义. 若对 $I$ 内任意两点 $x_1, x_2 (x_1 < x_2)$,都有
$$f(x_1) < f(x_2) \quad (\text{或 } f(x_1) > f(x_2)),$$
则称 $f(x)$ 是 $I$ 上的**单调递增**(或**单调递减**)函数(图 1.8). $I$ 称为 $f(x)$ 的**单调区间**. 单调递增函数与单调递减函数统称为**单调函数**.

函数的性质

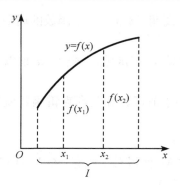 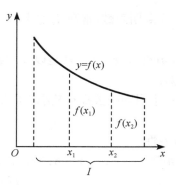

图 1.8

例如,函数 $y=x^2$ 在区间 $(0,+\infty)$ 内单调递增,在 $(-\infty,0]$ 内单调递减(图 1.9),正弦函数 $y=\sin x$ 在区间 $\left(-\dfrac{\pi}{2},\dfrac{\pi}{2}\right)$ 内单调递增,余弦函数 $y=\cos x$ 在区间 $[0,\pi]$ 内单调递减.

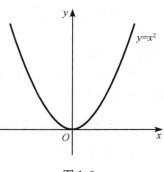

2) 奇偶性

设函数 $y=f(x)$ 的定义域 $D$ 关于原点对称,即 $x\in D\Leftrightarrow -x\in D$. 若对 $D$ 内任意一点 $x$,都有

$$f(-x)=-f(x) \quad (\text{或 } f(-x)=f(x)),$$

则称 $f(x)$ 在 $D$ 上是**奇(或偶)函数**.

图 1.9

例如,函数 $y=x^m$ 当 $m$ 为奇数时是奇函数,当 $m$ 为偶数时是偶函数.

奇函数的图像关于原点对称,偶函数的图像关于 $y$ 轴对称(图 1.10).

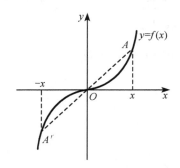 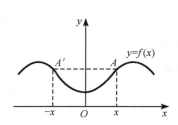

图 1.10

3) 周期性

设存在正数 $T$,使得函数 $y=f(x)$ 的定义域 $D$ 满足 $x\in D\Leftrightarrow x\pm T\in D$. 若对 $D$ 内任意一点 $x$,都有

$$f(x+T)=f(x),$$

则称 $f(x)$ 为**周期函数**,常数 $T$ 称为 $f(x)$ 的**周期**. 通常说周期函数的周期是指**最小正周期**.

例如,函数 $\sin x, \cos x$ 都是以 $2\pi$ 为周期的周期函数,函数 $\tan x$ 是以 $\pi$ 为周期的周期函数.

并非每个周期函数都有最小正周期,如常值函数和狄利克雷函数就没有最小正周期.

4) 有界性

设有函数 $y = f(x), x \in X$. 若存在正数 $M$,使得对于所有 $x \in X$,都有

$$|f(x)| \leqslant M,$$

则称 $f(x)$ 是 $X$ 上的**有界函数**,或者说 $f(x)$ **在 $X$ 上有界**.

若对于任意正数 $M$,不论它多么大,总有一个 $x_1 \in X$,使得

$$|f(x_1)| > M,$$

则称 $f(x)$ 在 $X$ 上无界.

例如,函数 $\sin x, \cos x$ 都是 $\mathbf{R}$ 上的有界函数,而函数 $y = x^n$($n$ 是正整数),则是 $\mathbf{R}$ 上的无界函数.

**4. 生成新函数的几种运算**

1) 四则运算

设函数 $f(x), g(x)$ 的定义域依次为 $D_1, D_2, D = D_1 \bigcap D_2 \neq \varnothing$,则我们可以定义这两个函数的下列运算而生成新的函数:

和 $f + g$　　$(f + g)(x) = f(x) + g(x), x \in D$;

差 $f - g$　　$(f - g)(x) = f(x) - g(x), x \in D$;

积 $f \cdot g$　　$(f \cdot g)(x) = f(x) \cdot g(x), x \in D$;

商 $\dfrac{f}{g}$　　$\left(\dfrac{f}{g}\right)(x) = \dfrac{f(x)}{g(x)}, x \in D \backslash \{x \mid g(x) = 0, x \in D\}$.

2) 复合函数

设有函数

$$y = f(u), \quad u \in U$$

及

$$u = \varphi(x), \quad x \in X,$$

若 $D = \{x \mid x \in X, \varphi(x) \in U\} \neq \varnothing$,则在 $D$ 上确定了一个新函数

$$y = f[\varphi(x)], \quad x \in D,$$

称为 $y = f(u)$ 与 $u = \varphi(x)$ 的**复合函数**. 也可记作

$$y = f \circ \varphi(x), \quad x \in D,$$

$u$ 称为**中间变量**.

有时,复合的手续会有好几步. 例如,函数
$$y = \lg \sin x^2$$
是由三个函数
$$y = \lg u, \quad u = \sin v, \quad v = x^2$$
复合而成的.

3) 反函数

设有函数 $y = f(x)(x \in X)$,其值域为 $Y = f(X)$. 如果对于 $Y$ 中每一个 $y$ 值,都可由方程 $f(x) = y$ 唯一确定出 $x$ 的值,那么就得到一个定义在集合 $Y$ 上的新函数,称为 $y = f(x)$ 的**反函数**,记作
$$x = f^{-1}(y), \quad y \in Y.$$

例如,函数 $y = x^3 (x \in R)$ 的反函数是 $x = \sqrt[3]{y}(y \in R)$.

一般地,有下述结论:**单调函数必存在反函数**.

习惯上通常用字母 $x$ 表示自变量,用字母 $y$ 表示因变量. 因此,函数
$$y = f(x), \quad x \in X$$
的反函数常写成
$$y = f^{-1}(x), \quad x \in f(X).$$

$y = f(x)$ 与 $x = f^{-1}(y)$ 的图形相同,而 $y = f(x)$ 与 $y = f^{-1}(x)$ 的图形关于直线 $y = x$ 对称(图 1.11).

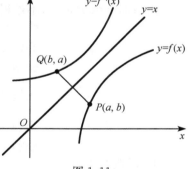

图 1.11

5. 初等函数

在初等数学中已经讲过下面几类函数:

**幂函数**  $y = x^{\mu}(\mu \in \mathbf{R}$ 是常数$)$;

**指数函数**  $y = a^x (a > 0, a \neq 1)$;

**对数函数**  $y = \log_a x (a > 0, a \neq 1)$;

**三角函数**  $y = \sin x, y = \cos x, y = \tan x, y = \cot x, y = \sec x, y = \csc x$;

**反三角函数**  $y = \arcsin x, y = \arccos x, y = \arctan x$.

以上这五类函数统称为**基本初等函数**.

由常数和基本初等函数经过有限次的四则运算和有限次的函数复合步骤所构成并可用一个式子表示的函数,称为**初等函数**. 例如,多项式
$$y = a_0 + a_1 x + a_2 x^2 + \cdots + a_n x^n,$$
有理函数
$$y = \frac{a_0 + a_1 x + a_2 x^2 + \cdots + a_n x^n}{b_0 + b_1 x + b_2 x^2 + \cdots + b_m x^m},$$
以及

初等函数

$$y = x + 3\sin x^2, \quad y = \ln(x + \sqrt{1 + x^2})$$

等,都是初等函数.

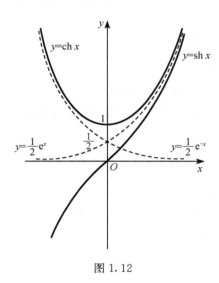

图 1.12

有一类初等函数在工程技术中经常要用到,这就是**双曲函数**. 最常用的有以下几种.

1) 双曲正弦

$\mathrm{sh}x = \dfrac{\mathrm{e}^x - \mathrm{e}^{-x}}{2}$,它是 **R** 上单调递增的奇函数,值域为 **R**(图 1.12).

2) 双曲余弦

$\mathrm{ch}x = \dfrac{\mathrm{e}^x + \mathrm{e}^{-x}}{2}$,它是 **R** 上的偶函数,在 $(-\infty, 0]$ 单调递减,在 $[0, +\infty)$ 单调递增,值域为 $[1, +\infty)$(图 1.12).

3) 双曲正切

$\mathrm{th}x = \dfrac{\mathrm{sh}x}{\mathrm{ch}x} = \dfrac{\mathrm{e}^x - \mathrm{e}^{-x}}{\mathrm{e}^x + \mathrm{e}^{-x}}$,它是 **R** 上单调递增的奇函数,值域为 $(-1, 1)$(图 1.13).

由双曲函数的定义,不难得到公式

$$\mathrm{ch}^2 x - \mathrm{sh}^2 x = 1,$$
$$\mathrm{sh}(x \pm y) = \mathrm{sh}x\mathrm{ch}y \pm \mathrm{ch}x\mathrm{sh}y,$$
$$\mathrm{ch}(x \pm y) = \mathrm{ch}x\mathrm{ch}y \pm \mathrm{sh}x\mathrm{sh}y,$$
$$\mathrm{th}(x \pm y) = \frac{\mathrm{th}x \pm \mathrm{th}y}{1 \pm \mathrm{th}x\mathrm{th}y},$$
$$\mathrm{sh}2x = 2\mathrm{sh}x\mathrm{ch}x,$$
$$\mathrm{ch}2x = \mathrm{ch}^2 x + \mathrm{sh}^2 x.$$

4) 反双曲正弦

$y = \mathrm{arsh}x = \ln(x + \sqrt{x^2 + 1})$,它是 **R** 上单调递增的奇函数(图 1.14).

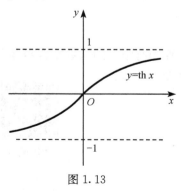

图 1.13

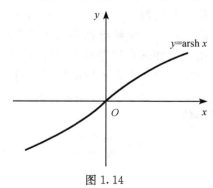

图 1.14

5）反双曲余弦

$y=\operatorname{arch}x=\ln(x+\sqrt{x^2-1})$，它的定义域是$[1,+\infty)$，值域是$[0,+\infty)$，是其定义域上的单调递增函数（图 1.15）．

6）反双曲正切

$y=\operatorname{arth}x=\dfrac{1}{2}\ln\dfrac{1+x}{1-x}$，它的定义域是$(-1,1)$，值域是$R$，是其定义域上单调递增的奇函数（图 1.16）．

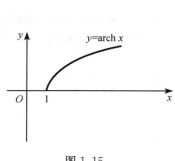

图 1.15

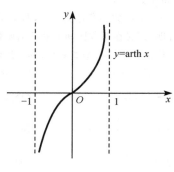

图 1.16

## 习题 1.1

1. 求下列函数的自然定义域：

(1) $y=\sqrt{3x+2}$；　　　(2) $y=\dfrac{1}{1-x^2}$；　　(3) $y=\dfrac{1}{\sqrt{4-x^2}}$；　(4) $y=\tan(x+1)$；

(5) $y=\arcsin(x-3)$；　(6) $y=\ln(x+1)$；　(7) $y=\dfrac{\sqrt{x+1}}{\sin\pi x}$．

2. 求下列函数的值域：

(1) $y=x^2,x\in[-10,0]$；　　　　(2) $y=\lg x,x\in(0,10]$；

(3) $y=\sqrt{x-x^2},x\in[0,1]$；　　(4) $y=\dfrac{1}{1-x},x\in(0,1)$．

3. 把半径为 $R$ 的一圆形铁皮，自中心处剪去中心角为 $\alpha$ 的一扇形后围成一无底圆锥．试将这圆锥的体积表示为 $\alpha$ 的函数．

4. 下列各题中，函数 $f(x)$ 和 $g(x)$ 是否相同？为什么？

(1) $f(x)=\lg x^2,g(x)=2\lg x$；　　　　(2) $f(x)=x,g(x)=\sqrt{x^2}$；

(3) $f(x)=\sqrt[3]{x^4-x^3},g(x)=x\sqrt[3]{x-1}$；

(4) $f(x)=1,g(x)=\sec^2 x-\tan^2 x$；　　(5) $f(x)=\dfrac{x-1}{x^2-1},g(x)=\dfrac{1}{x+1}$；

(6) $f(x)=x,g(x)=(\sqrt{x})^2$；　　　　(7) $f(x)=1,g(x)=\sin^2 x+\cos^2 x$；

(8) $f(x)=\sqrt{x+1}\sqrt{x-1}$, $g(x)=\sqrt{x^2-1}$;　　(9) $f(x)=\lg x^2$, $g(x)=2\lg|x|$;

(10) $f(x)=\lg x^3$, $g(x)=3\lg x$.

5. 设 $f(x)$ 为定义在 $(-l,l)$ 内的奇函数,若 $f(x)$ 在 $(0,l)$ 内单调递增,证明 $f(x)$ 在 $(-l,0)$ 内也单调递增.

6. 设下面所考虑的函数都是定义在 $(-l,l)$ 上的. 证明:

(1) 两个偶函数的和是偶函数,两个奇函数的和是奇函数;

(2) 两个偶函数的乘积是偶函数,两个奇函数的乘积是偶函数,偶函数与奇函数的乘积是奇函数;

(3) 两个奇函数的商是偶函数,两个偶函数的商是偶函数.

7. 证明:定义在对称区间上的任何函数都可唯一表示成一个偶函数与一个奇函数之和.

8. 下列函数中哪些是偶函数,哪些是奇函数,哪些既非偶函数又非奇函数?

(1) $y=x^2(1-x^2)$;　　　　　　　　(2) $y=3x^2-x^3$;

(3) $y=\dfrac{1-x^2}{1+x^2}$;　　　　　　　　(4) $y=x(x-1)(x+1)$;

(5) $y=\sin x-\cos x+1$;　　　　　(6) $y=\dfrac{a^x+a^{-x}}{2}$;

(7) $y=\dfrac{a^x-a^{-x}}{2}$;　　　　　　　(8) $y=\lg(x+\sqrt{x^2+1})$.

9. 下列各函数中哪些是周期函数? 对于周期函数,指出其周期.

(1) $y=\cos(x-2)$;　　(2) $y=\cos 4x$;　　(3) $y=1+\sin\pi x$;　　(4) $y=x\cos x$;　　(5) $y=\sin^2 x$.

10. 求下列函数的反函数:

(1) $y=\sqrt[3]{x+1}$;　　　　　　　　(2) $y=\dfrac{1-x}{1+x}$;　　　(3) $y=\dfrac{ax+b}{cx+d}(ad-bc\neq0)$;

(4) $y=2\sin 3x\left(-\dfrac{\pi}{6}\leqslant x\leqslant\dfrac{\pi}{6}\right)$;　　　(5) $y=1+\ln(x+2)$;

(6) $y=\dfrac{2^x}{2^x+1}$;　　　　　　　(7) $y=\dfrac{1}{2}\left(x-\dfrac{1}{x}\right)$, $x\in(0,+\infty)$.

11. 设 $f(x)$ 的定义域 $D=[0,1]$,求下列各函数的定义域:

(1) $f(x^2)$;　　　　　　　　　　(2) $f(\sin x)$;

(3) $f(x+a)(a>0)$;　　　　　　(4) $f(x+a)+f(x-a)(a>0)$.

12. 设

$$f(x)=\begin{cases}1, & |x|<1, \\ 0, & |x|=1, \\ -1, & |x|>1,\end{cases}\quad g(x)=\mathrm{e}^x,$$

求 $f[g(x)]$ 和 $g[f(x)]$.

# 1.2　部分微积分基础知识

本节我们把微积分要用到的部分基础知识做一下复习和补充.

### 1.2.1 三角函数公式

任意三角函数的诱导公式可按照口诀"纵变横不变,正负看象限"记忆. 即把角度按逆时针方向表示在单位圆周上,公式中遇到纵坐标轴$\left(如\pm\dfrac{\pi}{2},\pm\dfrac{3\pi}{2}等\right)$,sin和cos互变;tan和cot互变;遇到横坐标轴(如$\pm\pi$,$\pm2\pi$等),则不变. 对于正负号,可把角度$\theta$想象成锐角,诱导角度$\left(如\dfrac{\pi}{2}+\theta等\right)$落在第几象限,对应的三角函数取什么样的正负号,公式就相应地取什么样的正负号.

$$\sin(-\theta)=-\sin\theta, \qquad \cos(-\theta)=\cos\theta,$$

$$\tan(-\theta)=-\tan\theta, \qquad \sin\left(\frac{\pi}{2}\pm\theta\right)=\cos\theta,$$

$$\cos\left(\frac{\pi}{2}\pm\theta\right)=\mp\sin\theta, \qquad \tan\left(\frac{\pi}{2}\pm\theta\right)=\mp\cot\theta,$$

$$\sin(\pi\pm\theta)=\mp\sin\theta, \qquad \cos(\pi\pm\theta)=-\cos\theta,$$

$$\tan(\pi\pm\theta)=\pm\tan\theta, \qquad \sin\left(\frac{3}{2}\pi\pm\theta\right)=-\cos\theta,$$

$$\cos\left(\frac{3\pi}{2}\pm\theta\right)=\pm\sin\theta, \qquad \tan\left(\frac{3}{2}\pi\pm\theta\right)=\mp\cot\theta,$$

$$\sin(2\pi\pm\theta)=\pm\sin\theta, \qquad \cos(2\pi\pm\theta)=\cos\theta,$$

$$\tan(2\pi\pm\theta)=\pm\tan\theta, \qquad \sin(n\pi\pm\theta)=\pm(-1)^n\sin\theta,$$

$$\cos(n\pi\pm\theta)=(-1)^n\cos\theta, \qquad \tan(n\pi\pm\theta)=\pm\tan\theta.$$

**两角和差的三角函数公式**

$$\sin(\alpha\pm\beta)=\sin\alpha\cos\beta\pm\cos\alpha\sin\beta,$$

$$\cos(\alpha\pm\beta)=\cos\alpha\cos\beta\mp\sin\alpha\sin\beta,$$

$$\tan(\alpha\pm\beta)=\frac{\tan\alpha\pm\tan\beta}{1\mp\tan\alpha\tan\beta}.$$

**倍角公式**

$$\sin2\alpha=2\sin\alpha\cos\alpha=\frac{2\tan\alpha}{1+\tan^2\alpha},$$

$$\cos2\alpha=\cos^2\alpha-\sin^2\alpha=2\cos^2\alpha-1=1-2\sin^2\alpha=\frac{1-\tan^2\alpha}{1+\tan^2\alpha},$$

$$\tan2\alpha=\frac{2\tan\alpha}{1-\tan^2\alpha},$$

$$\sin3\alpha=3\sin\alpha-4\sin^3\alpha,$$

$$\cos3\alpha=4\cos^3\alpha-3\cos\alpha.$$

半角公式

$$\sin \frac{\alpha}{2} = \pm \sqrt{\frac{1-\cos\alpha}{2}},$$

$$\cos \frac{\alpha}{2} = \pm \sqrt{\frac{1+\cos\alpha}{2}},$$

$$\tan \frac{\alpha}{2} = \pm \sqrt{\frac{1-\cos\alpha}{1+\cos\alpha}} = \frac{1-\cos\alpha}{\sin\alpha} = \frac{\sin\alpha}{1+\cos\alpha}.$$

和差化积公式

$$\sin\alpha + \sin\beta = 2\sin \frac{\alpha+\beta}{2}\cos \frac{\alpha-\beta}{2},$$

$$\sin\alpha - \sin\beta = 2\cos \frac{\alpha+\beta}{2}\sin \frac{\alpha-\beta}{2},$$

$$\cos\alpha + \cos\beta = 2\cos \frac{\alpha+\beta}{2}\cos \frac{\alpha-\beta}{2},$$

$$\cos\alpha - \cos\beta = -2\sin \frac{\alpha+\beta}{2}\sin \frac{\alpha-\beta}{2},$$

$$\tan\alpha \pm \tan\beta = \frac{\sin(\alpha\pm\beta)}{\cos\alpha\cos\beta}.$$

积化和差公式

$$\sin\alpha\sin\beta = -\frac{1}{2}\left[\cos(\alpha+\beta) - \cos(\alpha-\beta)\right],$$

$$\cos\alpha\cos\beta = \frac{1}{2}\left[\cos(\alpha+\beta) + \cos(\alpha-\beta)\right],$$

$$\sin\alpha\cos\beta = \frac{1}{2}\left[\sin(\alpha+\beta) + \sin(\alpha-\beta)\right].$$

### 1.2.2　反三角函数

我们规定:函数 $y = \sin x, x \in \left[-\frac{\pi}{2}, \frac{\pi}{2}\right]$ 的反函数叫做**反正弦函数**,记作 $x = \arcsin y$.

习惯上,用字母 $x$ 表示自变量,用 $y$ 表示函数,那么反正弦函数可以写成 $y = \arcsin x$,它的定义域是 $[-1,1]$,值域是 $\left[-\frac{\pi}{2}, \frac{\pi}{2}\right]$.

反正弦函数是单调递增的奇函数,它的图像是

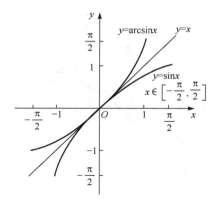

图 1.17 反正弦函数

我们规定：函数 $y=\cos x$，$x\in[0,\pi]$ 的反函数叫做**反余弦函数**，记作 $y=\text{arc-}$ $\cos x$，它的定义域是 $[-1,1]$，值域是 $[0,\pi]$.

反余弦函数是单调递减的函数，它的图像是

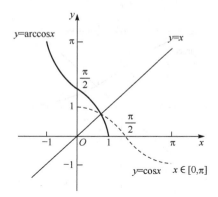

图 1.18 反余弦函数

我们规定：函数 $y=\tan x$，$x\in\left(-\dfrac{\pi}{2},\dfrac{\pi}{2}\right)$ 的反函数叫做**反正切函数**，记作 $y=$ $\arctan x$，它的定义域是 $(-\infty,+\infty)$，值域是 $\left(-\dfrac{\pi}{2},\dfrac{\pi}{2}\right)$.

反正切函数是单调递增的奇函数，它的图像是

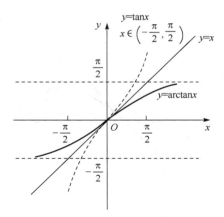

图 1.19　反正切函数

我们规定:函数 $y=\cot x, x\in(0,\pi)$ 的反函数叫做**反余切函数**,记作 $y=\text{arc-}$
$\cot x$,它的定义域是 $(-\infty,+\infty)$,值域是 $(0,\pi)$.

反余切函数是单调递减的函数,它的图像是

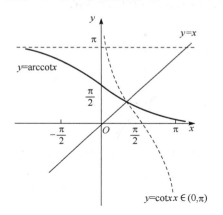

图 1.20　反余切函数

## 1.2.3　极坐标

在中学使用的是平面直角坐标系,它是最简单和最常用的一种坐标系,但不是
唯一的坐标系. 在实际问题中,有时利用其他的坐标系比
较方便,如炮兵射击时是以大炮为基点,利用目标的方位
角以及目标与大炮的距离来确定目标的位置的.下面研究
如何利用角和距离来建立坐标系.

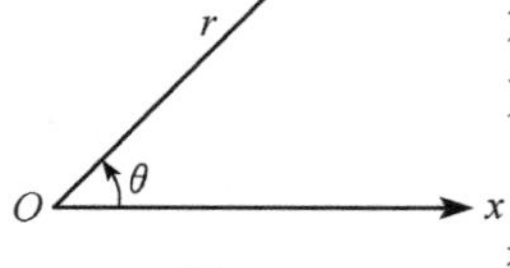

**定义 1.1**　在平面内取一个定点 $O$,称为**极点**,引一条
射线 $Ox$,称为**极轴**,再选定一个长度单位和角度的正方向
(通常取逆时针方向)(图 1.21).对于平面内任意一点 $M$,

图 1.21

用 $r$ 表示线段 $OM$ 的长度，$\theta$ 表示从 $Ox$ 到 $OM$ 的角度，$r$ 称为**点 $M$ 的极径**，$\theta$ 称为**点 $M$ 的极角**，有序数组 $(r,\theta)$ 称为**点 $M$ 的极坐标**. 这样建立的坐标系称为**极坐标系**. 极坐标为 $(r,\theta)$ 的点 $M$，可表示为 $M(r,\theta)$.

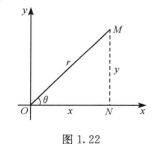

极坐标

当点 $M$ 在极点时，它的极坐标 $r=0$，$\theta$ 可以取任意值.

建立极坐标系后，给定 $r$ 和 $\theta$，就可以在平面内确定唯一一点 $M$；反过来，给定平面内一点，也可以找到它的极坐标 $(r,\theta)$. 但和直角坐标系不同的是，平面内一个点的极坐标可以有无数种表示法. 这是因为 $(r, 2n\pi+\theta)$（$n$ 为任意整数）是同一点的极坐标. 如果限定 $0\leqslant\theta<2\pi$ 或 $-\pi<\theta\leqslant\pi$，那么除极点外，平面内的点和极坐标就可以一一对应了.

把直角坐标系的原点作为极点，$x$ 轴的正半轴作为极轴，并在两种坐标系中取相同的长度单位（图 1.22）. 设 $M$ 是平面内任意一点，它的直角坐标是 $(x,y)$，极坐标是 $(r,\theta)$，经过 $M$ 点作 $x$ 轴的垂线，垂足为 $N$. 由三角函数的定义，得

$$x = r\cos\theta, \quad y = r\sin\theta.$$

由上述关系式，我们可得关系式

$$r = \sqrt{x^2 + y^2}, \quad \tan\theta = \frac{y}{x}.$$

图 1.22

### 1.2.4 复指数函数

为了将来的应用，我们给出复指数函数的定义.

设 $z=x+iy$ 为一个复数，$x,y\in\mathbf{R}$ 分别为其实部和虚部，i 是虚数单位，满足 $i^2=-1$. 定义复指数函数 $e^z$ 为 $e^z=e^x(\cos y+i\sin y)$.

特别是，若 $\theta\in R$，有 $e^{i\theta}=\cos\theta+i\sin\theta$. 这称为**欧拉公式**.

## 1.3　本章内容对开普勒问题的应用

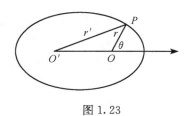

图 1.23

在开普勒问题中，需要用极坐标表示椭圆轨道. 下面来推导椭圆的极坐标方程. 把极点选在椭圆的一个焦点上，让极轴沿着椭圆的长轴指向远离另一焦点的方向（图 1.23）. 按照定义，椭圆是到两焦点的距离之和等于常数（设这常数为 $2a$）的点的轨迹. 椭圆的方程应为

$$r + \sqrt{r^2 + 4c^2 + 4rc\cos\theta} = 2a,$$

其中设两焦点间的距离为 $2c$.

　　在上一方程中,先把左边的第一项 $r$ 移到右边,再取两边的平方消去根号,得到

$$r^2 + 4c^2 + 4rc\cos\theta = r^2 + 4a^2 - 4ra.$$

由此又可得到

$$r = \frac{b^2}{a + c\cos\theta} = \frac{p}{1 + \varepsilon\cos\theta},$$

其中,

$$b = \sqrt{a^2 - c^2}, \quad p = \frac{b^2}{a}, \quad \varepsilon = \frac{c}{a}.$$

这样就得到了椭圆的极坐标方程

$$r = \frac{p}{1 + \varepsilon\cos\theta}.$$

# 第 2 章 极限与连续

极限是研究函数各变量之间关系的基本工具,在自然科学和工程技术问题中,有许多量是不可能通过有限次算术运算计算出来,而是需要通过分析变量的无限变化趋势后才能得到,这就是产生极限的实际背景.极限方法已经成为微积分研究的基本手段.本章将介绍极限和函数的连续性等基本概念以及它们的一些性质.

## 2.1 数列的极限

### 2.1.1 数列极限的定义

极限概念是由于求某些实际问题的精确解答而产生的.例如,我国古代数学家刘徽(公元 3 世纪)利用圆内接正多边形来推算圆面积的方法——割圆术,就是极限思想在几何学上的应用.

设有一个圆,首先作内接正六边形,把它的面积记为 $A_1$;再作内接正十二边形,其面积记为 $A_2$;再作内接正二十四边形,其面积记为 $A_3$,如此循环下去,每次边数加倍.一般把内接正 $6 \times 2^{n-1}$ 边形的面积记为 $A_n (n \in \mathbf{N}^+)$,这样就得到一系列内接正多边形的面积

$$A_1, A_2, A_3, \cdots, A_n, \cdots,$$

它们构成一列有次序的数.当 $n$ 越大,内接正多边形与圆的差别就越小,从而以 $A_n$ 作为圆面积的近似值也越精确.但是无论 $n$ 取得如何大,只要 $n$ 取定了,$A_n$ 终究只是多边形的面积,而不是圆的面积.因此,设想 $n$ 无限增大(记为 $n \rightarrow \infty$),即内接正多边形的边数无限增加,在这个过程中,内接正多边形无限接近于圆,同时 $A_n$ 也无限接近于某一确定的数值,这个确定的数值就理解为圆的面积.这个确定的数值在数学上称为上面这列**有次序的数** $A_1, A_2, A_3, \cdots, A_n, \cdots$ **当 $n \rightarrow \infty$ 时的极限**.在圆面积问题中可以看到,正是这个数列的极限精确地表达了圆的面积.

在解决实际问题中逐渐形成的这种极限方法,已成为微积分中的一种基本方法,因此有必要作进一步的阐明.

先说明数列的概念.

遵循某种规律,依照一定顺序排列起来的一串数

$$x_1, x_2, \cdots, x_n, \cdots$$

称为一个**数列**(或**序列**),简记作 $\{x_n\}$,其中 $x_1$ 称为该数列的第一项,$x_2$ 称为第二项,$\cdots$ 第 $n$ 项 $x_n$ 称为数列的**一般项**或**通项**,$n$ 称为**脚标**或**附标**,如

$$0,1,0,\frac{1}{2},0,\frac{1}{3},\cdots,\frac{1+(-1)^n}{n},\cdots$$

$$\frac{1}{2},\frac{2}{3},\frac{3}{4},\frac{4}{5},\cdots,\frac{n}{n+1},\cdots$$

$$1,-2,3,-4,5,-6,\cdots,(-1)^{n-1}n,\cdots$$

都是数列,它们的通项依次为 $\frac{1+(-1)^n}{n},\frac{n}{n+1},(-1)^{n-1}n$.

图 2.1

在几何上,数列 $\{x_n\}$ 可看作数轴上的一个动点,它依次取数轴上的点 $x_1,x_2,\cdots,x_n,\cdots$(图 2.1).

数列 $\{x_n\}$ 也可看成函数

$$y = f(n) = x_n, \quad n \in \mathbf{N}^+,$$

因此,数列有时也称为**整变数的函数**.

数列极限的概念

数列极限的举例

对于要讨论的问题来说,重要的是当 $n$ 无限增大时(即 $n \to \infty$ 时),对应的 $x_n = f(n)$ 是否能无限接近于某个确定的数值? 如果能够的话,这个数值等于多少?

这里对数列

$$2,\frac{1}{2},\frac{4}{3},\cdots,\frac{n+(-1)^{n-1}}{n},\cdots$$

进行分析,在此数列中,

$$x_n = \frac{n+(-1)^{n-1}}{n} = 1 + (-1)^{n-1}\frac{1}{n}.$$

两个数 $a$ 与 $b$ 之间的接近程度可以用这两个数之差的绝对值 $|b-a|$ 来度量(在数轴上 $|b-a|$ 表示点 $a$ 与点 $b$ 之间的距离),$|b-a|$ 越小,$a$ 与 $b$ 就越接近.

就上面的数列来说,因为

$$|x_n-1| = \left|(-1)^{n-1}\frac{1}{n}\right| = \frac{1}{n},$$

可见当 $n$ 越来越大时,$\frac{1}{n}$ 越来越小,从而 $x_n$ 就越来越接近于 1. 因为只要 $n$ 足够大,$|x_n-1|$ 即 $\frac{1}{n}$ 可以小于任意给定的正数,所以说,当 $n$ 无限增大时,$x_n$ 无限接近于 1. 例如,给定 $\frac{1}{100}$,欲使 $\frac{1}{n}<\frac{1}{100}$,只要 $n>100$,即从第 101 项起,都能使不等式

$$|x_n-1|<\frac{1}{100}$$

成立. 同样地, 如果给定 $\dfrac{1}{10000}$, 则从第 10001 项起, 都能使不等式

$$| x_n - 1 | < \dfrac{1}{10000}$$

成立. 一般地, 不论给定的正数 $\varepsilon$ 多么小, 总存在着一个自然数 $N$, 使得当 $n > N$ 时, 不等式

$$| x_n - 1 | < \varepsilon$$

都成立. 这就是数列 $x_n = \dfrac{n + (-1)^{n-1}}{n}$ $(n = 1, 2, \cdots)$ 当 $n \to \infty$ 时无限接近于 1 这件事的实质. 这样的一个数 1, 叫做**数列** $x_n = \dfrac{n + (-1)^{n-1}}{n}$ $(n = 1, 2, \cdots)$ **当 $n \to \infty$ 时的极限.**

一般地, 有

**定义 2.1** 设有数列 $\{x_n\}$, 常数 $a$. 若对任意给定的正数 $\varepsilon$, 不论它多么小, 总存在自然数 $N$, 使得当 $n > N$ 时, 恒有

$$| x_n - a | < \varepsilon,$$

则称**数列** $\{x_n\}$ **当 $n$ 趋向于无穷时以 $a$ 为极限.** 或者说, 当 $n$ 趋向于无穷时, **数列 $\{x_n\}$ 的极限是** $a$, 记作

$$\lim_{n \to \infty} x_n = a \quad 或 \quad x_n \to a (当 n \to \infty).$$

有极限的数列, 称为**收敛数列**; 没有极限的数列, 称为**发散数列**.

下面给"数列 $\{x_n\}$ 的极限为 $a$"一个几何解释(图 2.2):

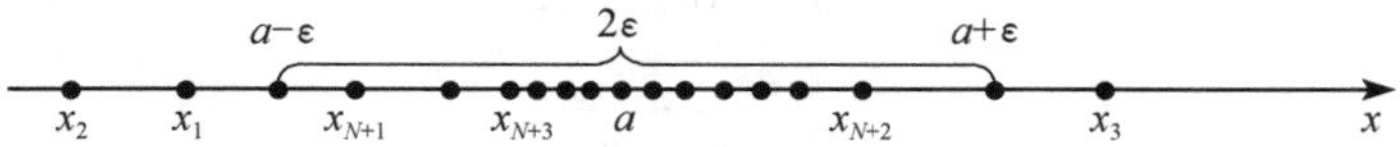

图 2.2

将常数 $a$ 及数列 $x_1, x_2, x_3, \cdots, x_n, \cdots$ 在数轴上用它们的对应点表示出来, 再在数轴上作点 $a$ 的 $\varepsilon$ 邻域, 即开区间 $(a - \varepsilon, a + \varepsilon)$. 因不等式 $| x_n - a | < \varepsilon$ 与不等式 $a - \varepsilon < x_n < a + \varepsilon$ 等价, 所以当 $n > N$ 时, 几乎所有的点 $x_n$ 都落在开区间 $(a - \varepsilon, a + \varepsilon)$ 内, 而只有有限个(至多只有 $N$ 个)在这区间之外.

为了表达方便, 引入记号"$\forall$"表示"任意给定", "$\exists$"表示"存在", 这样, 数列极限 $\lim\limits_{n \to \infty} x_n = a$ 的定义可表达为

$$\lim_{n \to \infty} x_n = a \Leftrightarrow \forall \varepsilon > 0, \exists 自然数 N, 当 n > N 时, 有 | x_n - a | < \varepsilon.$$

**例 2.1** 证明数列

$$2, \dfrac{1}{2}, \dfrac{4}{3}, \cdots, \dfrac{n + (-1)^{n-1}}{n}, \cdots$$

的极限是 1.

**证** $| x_n - a | = \left| \dfrac{n + (-1)^{n-1}}{n} - 1 \right| = \dfrac{1}{n}$, 为了使 $| x_n - a |$ 小于任意给定的正数 $\varepsilon$, 只要

$$\frac{1}{n} < \varepsilon \quad 或 \ n > \frac{1}{\varepsilon},$$

所以, $\forall \varepsilon > 0$, 取 $N = \left[\dfrac{1}{\varepsilon}\right]$, 则当 $n > N$ 时, 就有

$$\left| \frac{n + (-1)^{n-1}}{n} - 1 \right| < \varepsilon,$$

即

$$\lim_{n \to \infty} \frac{n + (-1)^{n-1}}{n} = 1.$$

**说明**　$\left[\dfrac{1}{\varepsilon}\right]$ 是 $\dfrac{1}{\varepsilon}$ 取整数部分, 例如 $[4.3] = 4, [-4.3] = -5.$

**例 2.2**　设 $|q| < 1$, 证明 $\lim\limits_{n \to \infty} q^n = 0.$

**证**　令 $x_n = q^n.$ 当 $q = 0$ 时, 结论显然成立. 以下设 $q \neq 0.$

任给 $\varepsilon > 0$ (不妨设 $\varepsilon < 1$), 要使

$$|x_n - 0| = |q^n - 0| = |q|^n < \varepsilon,$$

只需

$$n > \frac{\lg \varepsilon}{\lg |q|}.$$

取 $N = \left[\dfrac{\lg \varepsilon}{\lg |q|}\right]$, 则当 $n > N$ 时, 有

$$|q^n - 0| < \varepsilon,$$

所以

$$\lim_{n \to \infty} q^n = 0.$$

**例 2.3**　证明 $\lim\limits_{n \to \infty} \sqrt[n]{n} = 1.$

**证**　任给 $\varepsilon > 0$, 要使

$$|\sqrt[n]{n} - 1| = \sqrt[n]{n} - 1 < \varepsilon,$$

即要使

$$n < (1 + \varepsilon)^n,$$

注意到

$$(1 + \varepsilon)^n = 1 + n\varepsilon + \frac{n(n-1)}{2}\varepsilon^2 + \cdots + \varepsilon^n > \frac{n(n-1)}{2}\varepsilon^2 \quad (当 \ n \geqslant 2 \ 时),$$

所以, 只要

$$n < \frac{n(n-1)}{2}\varepsilon^2,$$

便有 $n < (1 + \varepsilon)^n$, 取 $N = \left[\dfrac{2}{\varepsilon^2} + 1\right]$, 则当 $n > N$ 时, 便有

$$|\sqrt[n]{n} - 1| < \varepsilon,$$

所以

$$\lim_{n\to\infty} \sqrt[n]{n} = 1.$$

## 2.1.2 收敛数列的性质

**定理 2.1**（极限的唯一性） 如果数列 $\{x_n\}$ 收敛，那么它的极限唯一.

收敛数列的性质

**证** 设

$$\lim_{n\to\infty} x_n = a, \quad \text{同时} \lim_{n\to\infty} x_n = b,$$

则 $\forall \varepsilon > 0, \exists N_1 \in \mathbf{N}$，使得当 $n > N_1$ 时，$|x_n - a| < \frac{\varepsilon}{2}$；$\exists N_2 \in \mathbf{N}$，使得当 $n > N_2$ 时，$|x_n - b| < \frac{\varepsilon}{2}$. 取 $m > \max\{N_1, N_2\}$，则 $0 \leqslant |a-b| \leqslant |x_m - a| + |x_m - b| < \frac{\varepsilon}{2} + \frac{\varepsilon}{2} = \varepsilon$. 所以由 $\varepsilon$ 的任意性，只能有 $|a-b| = 0$，即 $a = b$.

**定理 2.2**（收敛数列的有界性） 如果数列 $\{x_n\}$ 收敛，那么数列 $\{x_n\}$ 一定有界，即 $\exists M > 0$，使得对任意 $n$，都有 $|x_n| \leqslant M$.

**证** 设 $\lim_{n\to\infty} x_n = a$，则对于 $\varepsilon = 1$，存在自然数 $N$，当 $n > N$ 时，不等式

$$|x_n - a| < 1$$

成立. 于是，当 $n > N$ 时，

$$|x_n| \leqslant |x_n - a| + |a| < 1 + |a|.$$

取 $M = \max\{|x_1|, |x_2|, \cdots, |x_N|, 1 + |a|\}$ 即可.

根据这个定理，如果数列 $\{x_n\}$ 无界，那么数列 $\{x_n\}$ 一定发散. 但是，如果数列 $\{x_n\}$ 有界，却不能断定数列 $\{x_n\}$ 一定收敛. 例如，数列

$$1, -1, 1, \cdots, (-1)^{n+1}, \cdots$$

有界，但后面会证明它是发散的.

**定理 2.3**（收敛数列的保号性） 如果 $\lim_{n\to\infty} x_n = a$ 且 $a > 0$（或 $a < 0$），那么存在自然数 $N$，$n > N$ 时，总有 $x_n > 0$（或 $x_n < 0$）.

**证** 就 $a > 0$ 的情形证明. 由数列极限的定义，对 $\varepsilon = \frac{a}{2} > 0$，存在自然数 $N$，当 $n > N$ 时，有

$$|x_n - a| < \frac{a}{2},$$

从而

$$x_n > a - \frac{a}{2} = \frac{a}{2} > 0.$$

**推论 2.1** 如果数列 $\{x_n\}$ 满足 $x_n \geqslant 0$（或 $x_n \leqslant 0$）且 $\lim_{n\to\infty} x_n = a$，那么 $a \geqslant 0$（或

$a \leqslant 0$).

最后，介绍子数列的概念以及关于数列与其子数列收敛性之间的关系.

在数列 $\{x_n\}$ 中，保持原有顺序，从左到右任取其中无穷多项所构成的新数列，**称为数列 $\{x_n\}$ 的子数列**.

子数列一般记作

$$x_{n_1}, x_{n_2}, \cdots, x_{n_k}, \cdots,$$

其中

$$n_1 < n_2 < \cdots < n_k < n_{k+1} < \cdots.$$

在这里，$x_{n_k}$ 中的 $k$ 表示它是子数列的第 $k$ 项，$n_k$ 表示它是原来数列 $\{x_n\}$ 中的第 $n_k$ 项. 很明显，有 $k \leqslant n_k$.

**定理 2.4**（数列与子数列收敛性的关系）　数列 $\{x_n\}$ 收敛的充分必要条件为它的任何子数列 $\{x_{n_k}\}$ 都收敛.

**证**　充分性显然. 下证必要性.

设 $\lim\limits_{n \to \infty} x_n = a$，故 $\forall \varepsilon > 0$，存在自然数 $N$，当 $n > N$ 时，$|x_n - a| < \varepsilon$ 成立. 取 $K = N$，则当 $k > K$ 时，$n_k > n_K = n_N \geqslant N$，所以 $|x_{n_k} - a| < \varepsilon$，于是 $\lim\limits_{k \to \infty} x_{n_k} = a$. 证毕.

由这个定理，如果数列 $\{x_n\}$ 有一个子数列发散或者有两个子数列收敛于不同的极限，那么数列 $\{x_n\}$ 是发散的. 例如，数列

$$1, -1, 1, \cdots, (-1)^{n+1}, \cdots$$

的子数列 $\{x_{2k-1}\}$ 收敛于 1，而子数列 $\{x_{2k}\}$ 收敛于 $-1$，因此此数列发散. 同时这个例子也说明，一个发散的数列可能有收敛的子数列.

## 习题 2.1

1. 根据数列极限的定义证明：

(1) $\lim\limits_{n \to \infty} \dfrac{1}{n^2} = 0$;　(2) $\lim\limits_{n \to \infty} \dfrac{3n+1}{2n+1} = \dfrac{3}{2}$;　(3) $\lim\limits_{n \to \infty} \dfrac{\sqrt{n^2+a^2}}{n} = 1$;　(4) $\lim\limits_{n \to \infty} 0.\underbrace{999\cdots9}_{n\text{个}} = 1$;

(5) $\lim\limits_{n \to \infty} \dfrac{3n^2+n}{n^2+1} = 3$;　(6) $\lim\limits_{n \to \infty} \left[ \dfrac{1}{1 \cdot 2} + \dfrac{1}{2 \cdot 3} + \cdots + \dfrac{1}{(n-1)n} \right] = 1$;

(7) $\lim\limits_{n \to \infty} \left[ \dfrac{1}{n^2} + \dfrac{1}{(n+1)^2} + \cdots + \dfrac{1}{(2n)^2} \right] = 0$;　(8) $\lim\limits_{n \to \infty} \left( 1 - \dfrac{1}{2^2} \right) \left( 1 - \dfrac{1}{3^2} \right) \cdots \left( 1 - \dfrac{1}{n^2} \right) = \dfrac{1}{2}$;

(9) $\lim\limits_{n \to \infty} \dfrac{1}{n^a} = 0 (a > 0)$;　(10) $\lim\limits_{n \to \infty} nq^n = 0 (|q| < 1)$;　(11) $\lim\limits_{n \to \infty} \dfrac{1}{\sqrt[n]{n!}} = 0$.

2. 若 $\lim\limits_{n \to \infty} u_n = a$，证明 $\lim\limits_{n \to \infty} |u_n| = |a|$. 并举例说明：数列 $\{|x_n|\}$ 有极限，但数列 $\{x_n\}$ 可以无极限.

3. 设数列 $\{x_n\}$ 有界，且 $\lim\limits_{n \to \infty} y_n = 0$，证明 $\lim\limits_{n \to \infty} x_n y_n = 0$.

4. 对于数列 $\{x_n\}$，若 $x_{2k-1} \to a (k \to \infty)$，$x_{2k} \to a (k \to \infty)$，证明 $x_n \to a (n \to \infty)$.

5. 若存在自然数 $N$,对任意的 $\varepsilon>0$,当 $n>N$ 时,有 $|x_n-a|<\varepsilon$,问数列 $\{x_n\}$ 有什么性质?

6. 已知 $\lim\limits_{n\to\infty}a_n=a$,证明 $\lim\limits_{n\to\infty}\dfrac{1}{n}(a_1+a_2+\cdots+a_n)=a$.

7. 证明:若极限 $\lim\limits_{n\to\infty}x_{2n}$,$\lim\limits_{n\to\infty}x_{2n+1}$,$\lim\limits_{n\to\infty}x_{3n}$ 都存在,则极限 $\lim\limits_{n\to\infty}x_n$ 存在.

# 2.2 函数的极限

## 2.2.1 函数极限的定义

### 1. 自变量趋于无穷大时函数的极限

如果在 $x\to\infty$ 的过程中,对应的函数值 $f(x)$ 无限接近于确定的数值 $A$,那么 $A$ **叫做函数** $f(x)$ **当** $x\to\infty$ **时的极限**. 精确地说,就有如下定义.

**定义 2.2** 设函数 $f(x)$ 在 $|x|$ 充分大时有定义,$A$ 是一个常数. 若对任给 $\varepsilon>0$,不论它多么小,总存在正数 $X$,使得当 $|x|>X$ 时,恒有
$$|f(x)-A|<\varepsilon,$$
则称当 $x$ **趋向于无穷时**,$f(x)$ **的极限是** $A$,记作
$$\lim_{x\to\infty}f(x)=A,$$
或
$$f(x)\to A \quad (\text{当 } x\to\infty).$$

此定义可简单地表达为
$$\lim_{x\to\infty}f(x)=A\Leftrightarrow\forall\varepsilon>0,\exists X>0,\text{当 }|x|>X\text{ 时,有 }|f(x)-A|<\varepsilon.$$

从几何上来说,$\lim\limits_{x\to\infty}f(x)=A$ 的意义是作直线 $y=A-\varepsilon$ 和 $y=A+\varepsilon$,则总有一个正数 $X$ 存在,使得当 $x<-X$ 或 $x>X$ 时,函数 $y=f(x)$ 的图形位于这两直线之间(图 2.3). 这时,直线 $y=A$ 叫做函数 $y=f(x)$ 的图形的水平渐近线.

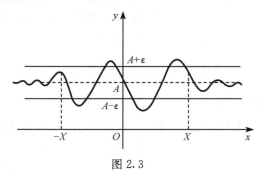

图 2.3

**例 2.4** 证明
$$\lim_{x\to\infty}\frac{1}{x}=0.$$

函数极限的概念

证 $\forall \varepsilon > 0$，取 $X = \dfrac{1}{\varepsilon}$，则当 $|x| > X$ 时，$\left| \dfrac{1}{x} - 0 \right| = \dfrac{1}{|x|} < \dfrac{1}{X} = \varepsilon$，所以 $\lim\limits_{x \to \infty} \dfrac{1}{x} = 0$.

**2. 自变量趋于有限值时函数的极限**

现在考虑自变量 $x$ 的变化过程为 $x \to x_0$. 如果在 $x \to x_0$ 的过程中，对应的函数值 $f(x)$ 无限接近于确定的数值 $A$，那么就说 $A$ 是**函数 $f(x)$ 当 $x \to x_0$ 时的极限**.

**定义 2.3** 设函数 $f(x)$ 在点 $x_0$ 的某一去心邻域内有定义，$A$ 是一个常数. 若对任给 $\varepsilon > 0$，不论它多么小，总存在正数 $\delta$，使得当 $x$ 满足不等式 $0 < |x - x_0| < \delta$ 时，恒有

$$| f(x) - A | < \varepsilon,$$

**则称当 $x \to x_0$ 时，$f(x)$ 的极限是 $A$**，记作

$$\lim_{x \to x_0} f(x) = A,$$

或

$$f(x) \to A \quad (\text{当 } x \to x_0).$$

此定义可简单地表达为

$$\lim_{x \to x_0} f(x) = A \Leftrightarrow \forall \varepsilon > 0, \exists \delta > 0, \text{当 } 0 < | x - x_0 | < \delta \text{ 时，有 } | f(x) - A | < \varepsilon.$$

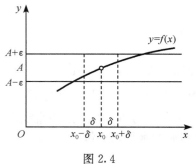

图 2.4

从几何上来说，$\lim\limits_{x \to x_0} f(x) = A$ 的意义是作直线 $y = A - \varepsilon$ 和 $y = A + \varepsilon$，则总有一个正数 $\delta$ 存在，使得当 $x_0 - \delta < x < x_0$ 或 $x_0 < x < x_0 + \delta$ 时，函数 $y = f(x)$ 的图形位于这两直线之间（图 2.4）.

**例 2.5** 证明 $\lim\limits_{x \to x_0} c = c$（$c$ 为常数）.

证 设 $f(x) = c$，则任给 $\varepsilon > 0$，可任取一个正数作为 $\delta$，当 $0 < |x - x_0| < \delta$ 时，恒有

$$| f(x) - c | = | c - c | < \varepsilon,$$

于是

$$\lim_{x \to x_0} c = c.$$

**例 2.6** 证明 $\lim\limits_{x \to x_0} x = x_0$.

证 设 $f(x) = x$，则任给 $\varepsilon > 0$，取 $\delta = \varepsilon$，当 $0 < |x - x_0| < \delta$ 时，恒有

$$| f(x) - x_0 | = | x - x_0 | < \varepsilon,$$

于是

$$\lim_{x \to x_0} x = x_0.$$

**例 2.7** 证明

$$\lim_{x \to 1} (x + 1) = 2.$$

**证** 设 $f(x)=x+1$,则任给 $\varepsilon>0$,取 $\delta=\varepsilon$,当 $0<|x-1|<\delta$ 时,恒有
$$|f(x)-2|=|x-1|<\varepsilon,$$
于是
$$\lim_{x\to1}(x+1)=2.$$

**例 2.8** 证明
$$\lim_{x\to1}\frac{x^2-1}{x-1}=2.$$

**证** 设 $f(x)=\dfrac{x^2-1}{x-1}$,则 $x\neq1$ 时,有 $|f(x)-2|=\left|\dfrac{x^2-1}{x-1}-2\right|=|x-1|.$

任给 $\varepsilon>0$,取 $\delta=\varepsilon$,当 $0<|x-1|<\delta$ 时,恒有
$$|f(x)-2|=|x-1|<\varepsilon,$$
于是
$$\lim_{x\to1}\frac{x^2-1}{x-1}=2.$$

**例 2.9** 设 $x_0>0$,证明 $\lim\limits_{x\to x_0}\sqrt{x}=\sqrt{x_0}$.

**证** 设 $f(x)=\sqrt{x}$,则
$$|f(x)-\sqrt{x_0}|=|\sqrt{x}-\sqrt{x_0}|=\left|\frac{x-x_0}{\sqrt{x}+\sqrt{x_0}}\right|\leqslant\frac{1}{\sqrt{x_0}}|x-x_0|.$$

任给 $\varepsilon>0$,取 $\delta=\min\{x_0,\sqrt{x_0}\varepsilon\}$,当 $0<|x-x_0|<\delta$ 时,恒有
$$|f(x)-\sqrt{x_0}|<\varepsilon,$$
于是
$$\lim_{x\to x_0}\sqrt{x}=\sqrt{x_0}.$$

3. 单侧极限

1) 自变量趋于正无穷大时函数的极限

**定义 2.4** 设函数 $f(x)$ 在 $x$ 充分大时有定义,$A$ 是一个常数. 若对任给 $\varepsilon>0$,不论它多么小,总存在正数 $X$,使得当 $x>X$ 时,恒有
$$|f(x)-A|<\varepsilon,$$
**则称当 $x$ 趋向于正无穷时**,$f(x)$ 的极限是 $A$,记作
$$\lim_{x\to+\infty}f(x)=A,$$
或
$$f(x)\to A \quad (当 x\to+\infty).$$
此定义可简单地表达为

单侧极限

$$\lim_{x \to +\infty} f(x) = A \Leftrightarrow \forall \varepsilon > 0, \exists X > 0, \text{当 } x > X \text{ 时,有 } |f(x) - A| < \varepsilon.$$

从几何上来说,$\lim_{x \to +\infty} f(x) = A$ 的意义是作直线 $y = A - \varepsilon$ 和 $y = A + \varepsilon$,则总有一个正数 $X$ 存在,使得当 $x > X$ 时,函数 $y = f(x)$ 的图形位于这两直线之间(图 2.5). 这时,直线 $y = A$ 是**函数 $y = f(x)$ 的图形的水平渐近线**.

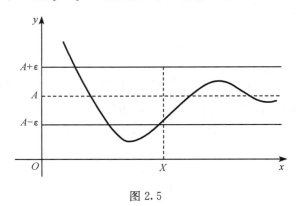

图 2.5

2) 自变量趋于负无穷大时函数的极限

**定义 2.5**   设函数 $f(x)$ 在 $x$ 充分小时有定义,$A$ 是一个常数. 若对任给 $\varepsilon > 0$,不论它多么小,总存在正数 $X$,使得当 $x < -X$ 时,恒有
$$|f(x) - A| < \varepsilon,$$
则称当 $x$ **趋向于负无穷时**,$f(x)$ **的极限是** $A$,记作
$$\lim_{x \to -\infty} f(x) = A,$$
或
$$f(x) \to A \quad (\text{当 } x \to -\infty).$$

此定义可简单地表达为

$$\lim_{x \to -\infty} f(x) = A \Leftrightarrow \forall \varepsilon > 0, \exists X > 0, \text{当 } x < -X \text{ 时,有 } |f(x) - A| < \varepsilon.$$

从几何上来说,$\lim_{x \to -\infty} f(x) = A$ 的意义是:作直线 $y = A - \varepsilon$ 和 $y = A + \varepsilon$,则总有一个正数 $X$ 存在,使得当 $x < -X$ 时,函数 $y = f(x)$ 的图形位于这两直线之间. 这时,直线 $y = A$ 是**函数 $y = f(x)$ 的图形的水平渐近线**.

3) 自变量从右侧趋于 $x_0$ 时函数的右极限

**定义 2.6**   设函数 $f(x)$ 在点 $x_0$ 的右侧附近有定义,$A$ 是一个常数. 若对任给 $\varepsilon > 0$,不论它多么小,总存在正数 $\delta$,使得当 $0 < x - x_0 < \delta$ 时,恒有
$$|f(x) - A| < \varepsilon,$$
则称当 $x$ **从右侧趋向于** $x_0$ 时,$f(x)$ **的极限是** $A$,记作
$$\lim_{x \to x_0^+} f(x) = A \quad \text{或} \quad f(x_0^+) = A,$$

或

$$f(x) \to A \quad (\text{当 } x \to x_0^+).$$

此定义可简单地表达为

$$\lim_{x \to x_0^+} f(x) = A \Leftrightarrow \forall \varepsilon > 0, \exists \delta > 0, \text{当 } 0 < x - x_0 < \delta \text{ 时}, \text{有 } |f(x) - A| < \varepsilon.$$

从几何上来说，$\lim\limits_{x \to x_0^+} f(x) = A$ 的意义是：作直线 $y = A - \varepsilon$ 和 $y = A + \varepsilon$，则总有一个正数 $\delta$ 存在，使得当 $0 < x - x_0 < \delta$ 时，函数 $y = f(x)$ 的图形位于这两直线之间（图 2.6）.

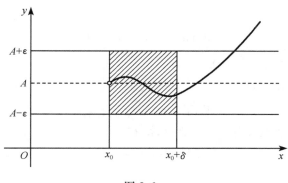

图 2.6

4）自变量从左侧趋于 $x_0$ 时函数的左极限

**定义 2.7** 设函数 $f(x)$ 在点 $x_0$ 的左侧附近有定义，$A$ 是一个常数. 若对任给 $\varepsilon > 0$，不论它多么小，总存在正数 $\delta$，使得当 $-\delta < x - x_0 < 0$ 时，恒有

$$|f(x) - A| < \varepsilon,$$

则称当 $x$ 从左侧趋向于 $x_0$ 时，$f(x)$ 的极限是 $A$，记作

$$\lim_{x \to x_0^-} f(x) = A \quad \text{或} \quad f(x_0^-) = A.$$

或

$$f(x) \to A \quad (\text{当 } x \to x_0^-).$$

此定义可简单地表达为

$$\lim_{x \to x_0^-} f(x) = A \Leftrightarrow \forall \varepsilon > 0, \exists \delta > 0, \text{当 } -\delta < x - x_0 < 0 \text{ 时}, \text{有 } |f(x) - A| < \varepsilon.$$

从几何上来说，$\lim\limits_{x \to x_0^-} f(x) = A$ 的意义是：作直线 $y = A - \varepsilon$ 和 $y = A + \varepsilon$，则总有一个正数 $\delta$ 存在，使得当 $-\delta < x - x_0 < 0$ 时，函数 $y = f(x)$ 的图形位于这两直线之间.

**例 2.10** 证明 $\lim\limits_{x \to +\infty} a^{-x} = 0 (a > 1)$.

**证** 任给 $1 > \varepsilon > 0$，要找到 $X > 0$，使得 $x > X$ 时，有

$$| a^{-x} - 0 | = a^{-x} < \varepsilon,$$

此式等价于

$$x > \frac{-\lg \varepsilon}{\lg a}.$$

所以取

$$X = \frac{-\lg \varepsilon}{\lg a},$$

则当 $x > X$ 时,有

$$| a^{-x} - 0 | < \varepsilon.$$

于是证明了

$$\lim_{x \to +\infty} a^{-x} = 0, \quad a > 1.$$

**例 2.11**　证明 $\lim\limits_{x \to 0^+} \sqrt{x} = 0$.

**证**　任给 $\varepsilon > 0$,要使

$$| \sqrt{x} - 0 | = \sqrt{x} < \varepsilon,$$

只需 $x < \varepsilon^2$. 故取 $\delta = \varepsilon^2$ 时,当 $0 < x < \delta$ 时,恒有

$$| \sqrt{x} - 0 | < \varepsilon,$$

所以

$$\lim_{x \to 0^+} \sqrt{x} = 0.$$

可以证明:

**定理 2.5**　$\lim\limits_{x \to \infty} f(x) = A$ 的充分必要条件为 $\lim\limits_{x \to +\infty} f(x) = \lim\limits_{x \to -\infty} f(x) = A$.

**定理 2.6**　$\lim\limits_{x \to x_0} f(x) = A$ 的充分必要条件为 $\lim\limits_{x \to x_0^+} f(x) = \lim\limits_{x \to x_0^-} f(x) = A$.

由这两个定理可以看出,**如果某个单侧极限不存在或者两个单侧极限都存在但不相等,那么原来的极限就不存在.**

### 2.2.2　函数极限的性质

与收敛数列的性质相比较,可得函数极限的一些相应的性质. 它们都可以根据函数极限的定义,运用类似于证明收敛数列性质的方法加以证明. 由于函数极限的定义按自变量的变化过程不同有各种形式,下面仅以"$\lim\limits_{x \to x_0} f(x)$"这种形式为代表给出关于函数极限性质的一些定理. 其他形式的极限性质可类似给出.

函数极限
的性质

**定理 2.7**(函数极限的唯一性)　如果 $\lim\limits_{x \to x_0} f(x)$ 存在,那么此极限唯一.

**定理 2.8**(函数有极限时的局部有界性)　如果 $\lim\limits_{x \to x_0} f(x)$ 存在,那么存在常数 $M > 0$ 和 $\delta > 0$,使得当 $0 < | x - x_0 | < \delta$ 时,有 $| f(x) | \leqslant M$.

**定理 2.9** 如果 $\lim\limits_{x\to x_0} f(x)=A\neq 0$,那么存在 $x_0$ 的某一去心邻域 $\overset{\circ}{U}(x_0)$,当 $x\in\overset{\circ}{U}(x_0)$ 时,有 $|f(x)|>\dfrac{|A|}{2}$.

**证** 由函数极限的定义,对 $\varepsilon=\dfrac{|A|}{2}$ 来说,存在 $\delta>0$,当 $0<|x-x_0|<\delta$ 时,有

$$|f(x)-A|<\dfrac{|A|}{2},$$

从而

$$A-\dfrac{|A|}{2}<f(x)<A+\dfrac{|A|}{2}.$$

若 $A>0$,有 $f(x)>\dfrac{A}{2}$;若 $A<0$,有 $f(x)<\dfrac{A}{2}$,总之,有 $|f(x)|>\dfrac{|A|}{2}$.

由此可得以下定理及推论.

**定理 2.10**(函数有极限时的局部保号性) 如果 $\lim\limits_{x\to x_0} f(x)=A$,且 $A>0$(或 $A<0$),那么存在常数 $\delta>0$,使得当 $0<|x-x_0|<\delta$ 时,有 $f(x)>0$(或 $f(x)<0$).

**推论 2.2** 如果在 $x_0$ 的某去心邻域内 $f(x)\geqslant 0$(或 $f(x)\leqslant 0$),而且 $\lim\limits_{x\to x_0} f(x)=A$,那么 $A\geqslant 0$(或 $A\leqslant 0$).

**定理 2.11**(函数极限与数列极限的关系) 函数极限 $\lim\limits_{x\to x_0} f(x)$ 存在的充分必要条件为对于 $f(x)$ 定义域内任一收敛于 $x_0$ 的数列 $\{x_n\}$,且满足:$x_n\neq x_0 (n\in \mathbf{N}^+)$,相应的函数值数列 $\{f(x_n)\}$ 都收敛.

**证 必要性** 设 $\lim\limits_{x\to x_0} f(x)=A$,则 $\forall \varepsilon>0$,$\exists \delta>0$,当 $0<|x-x_0|<\delta$ 时,有 $|f(x)-A|<\varepsilon$.

又因 $\lim\limits_{n\to\infty} x_n=x_0$,故对 $\delta>0$,$\exists N$,当 $n>N$ 时,有 $|x_n-x_0|<\delta$.

由假设,$x_n\neq x_0 (n\in\mathbf{N}^+)$. 故当 $n>N$ 时,$0<|x-x_0|<\delta$,从而 $|f(x_n)-A|<\varepsilon$. 即 $\lim\limits_{n\to\infty} f(x_n)=A$.

**充分性** 容易说明满足定理中条件的 $\{f(x_n)\}$ 极限都相等,设为 $A$. 若 $\lim\limits_{x\to x_0} f(x)$ 不存在或者 $\lim\limits_{x\to x_0} f(x)\neq A$,则存在某个 $\varepsilon_0>0$,使得对于任给 $n\in\mathbf{N}^+$,$\exists x_n$,$0<|x_n-x_0|<\dfrac{1}{n}$,$|f(x_n)-A|>\varepsilon_0$. 数列 $\{x_n\}$ 满足 $x_n\to x_0$,且 $x_n\neq x_0$,但是 $f(x_n)$ 不趋向于 $A$,矛盾.

## 习题 2.2

1. 根据函数极限的定义证明:

(1) $\lim\limits_{x\to 3}(3x-1)=8$;　(2) $\lim\limits_{x\to -2}\dfrac{x^2-4}{x+2}=-4$;　(3) $\lim\limits_{x\to a}\sin x=\sin a$;

(4) $\lim\limits_{x\to a}\cos x=\cos a$;　(5) $\lim\limits_{x\to a}\sqrt[3]{x}=\sqrt[3]{a}$;　(6) $\lim\limits_{x\to 1}\dfrac{x-1}{x^2-1}=\dfrac{1}{2}$.

2. 求 $f(x)=\dfrac{x}{x},\varphi(x)=\dfrac{|x|}{x}$ 当 $x\to 0$ 时的左、右极限,并说明它们在 $x\to 0$ 时的极限是否存在.

3. 根据函数极限的定义证明:

(1) $\lim\limits_{x\to\infty}\dfrac{1+x^3}{2x^3}=\dfrac{1}{2}$;　(2) $\lim\limits_{x\to +\infty}\dfrac{\sin x}{\sqrt{x}}=0$.

4. 用单侧极限定义证明下列各式:

(1) $\lim\limits_{x\to 2^+}\dfrac{[x]^2-4}{x^2-4}=0$;　(2) $\lim\limits_{x\to 0^+}x^a=0(a>0)$.

5. 设

$$f(x)=\begin{cases}\dfrac{1}{x-1}, & x<0,\\ x, & 0<x<1,\\ 1, & x>1.\end{cases}$$

问 $f(x)$ 在 $x=0$ 与 $x=1$ 两点的极限是否存在? 为什么?

6. 证明:极限 $\lim\limits_{x\to 0^+}\cos\dfrac{1}{x}$ 不存在.

7. 证明 $\lim\limits_{x\to 0^+}x\left[\dfrac{1}{x}\right]=1$.

8. 证明:函数 $f(x)=|x|$ 当 $x\to 0$ 时的极限为零.

9. 证明:若 $x\to +\infty$ 及 $x\to -\infty$ 时,函数 $f(x)$ 的极限都存在且都等于 $A$,则 $\lim\limits_{x\to\infty}f(x)=A$.

10. 根据函数极限的定义证明:函数 $f(x)$ 当 $x\to x_0$ 时极限存在的充分必要条件是左极限、右极限各自存在并且相等.

11. 试给出 $x\to\infty$ 时函数极限的局部有界性的定理,并加以证明.

12. 已知 $\lim\limits_{x\to +\infty}f(x)=A$,且 $\lim\limits_{n\to\infty}x_n=+\infty$,证明 $\lim\limits_{n\to\infty}f(x_n)=A$.

# 2.3　无穷小与无穷大

## 2.3.1　无穷小

**定义 2.8**　在某一极限过程中(如 $n\to\infty$;$x\to x_0$;$x\to x_0^+$;$x\to x_0^-$;$x\to\infty$;$x\to +\infty$;$x\to -\infty$),以 0 为极限的变量称为**该极限过程中的无穷小量**.

例如,$\dfrac{1}{n}$ 是 $n\to\infty$ 时的无穷小量;$x-1$ 是 $x\to 1$ 时的无穷小量.

下面的定理说明无穷小与函数极限的关系.

**定理 2.12**　在自变量的同一变化过程中,函数 $f(x)$ 具有极限 $A$ 的充分必要

条件是 $f(x)=A+\alpha$,其中 $\alpha$ 是无穷小.

**证** 以自变量 $x \to x_0$ 为例来证.

**必要性** 设 $\lim\limits_{x \to x_0} f(x) = A$,则 $\forall \varepsilon > 0$,$\exists \delta > 0$,当 $0 < |x-x_0| < \delta$ 时,$|f(x)-A-0| = |f(x)-A| < \varepsilon$,所以 $\lim\limits_{x \to x_0}(f(x)-A) = 0$,即 $f(x)-A$ 是 $x \to x_0$ 时的无穷小. 令 $\alpha = f(x)-A$,则 $f(x)=A+\alpha$.

**充分性** 设 $f(x)=A+\alpha$,其中 $A$ 为常数,$\alpha$ 为无穷小. $\forall \varepsilon > 0$,$\exists \delta > 0$,当 $0 < |x-x_0| < \delta$ 时,$|f(x)-A| = |\alpha| = |\alpha - 0| < \varepsilon$,所以 $\lim\limits_{x \to x_0} f(x) = A$.

### 2.3.2 无穷大

如果在某一极限过程中,函数 $f(x)$ 的绝对值无限增大,就称 $f(x)$ 是此极限过程中的**无穷大**. 下面以 $x \to x_0$ 为例叙述其定义.

**定义 2.9** 设函数 $f(x)$ 在 $x_0$ 的某一去心邻域内有定义. 若对任意给定的 $M > 0$,无论它多么大,总存在 $\delta > 0$,使得当 $0 < |x-x_0| < \delta$ 时,

$$|f(x)| > M,$$

则称**函数** $f(x)$ 为 $x \to x_0$ **时的无穷大**. 记作

$$\lim_{x \to x_0} f(x) = \infty.$$

如果在定义中把 $|f(x)| > M$ 换成 $f(x) > M$(或 $f(x) < -M$),就得到正无穷大和负无穷大的定义,分别记作

$$\lim_{x \to x_0} f(x) = +\infty \quad (\text{或} \lim_{x \to x_0} f(x) = -\infty.)$$

类似地,可以给出其他极限过程中的无穷大的定义.

**例 2.12** 证明 $\lim\limits_{x \to 0} \dfrac{1}{x} = \infty$.

**证** $\forall M > 0$,令 $\delta = \dfrac{1}{M}$,则当 $0 < |x-0| = |x| < \delta$ 时,$\left| \dfrac{1}{x} \right| = \dfrac{1}{|x|} > \dfrac{1}{\delta} = M$,所以 $\lim\limits_{x \to 0} \dfrac{1}{x} = \infty$.

若 $\lim\limits_{x \to x_0} f(x) = \infty$,就称直线 $x = x_0$ 为函数 $f(x)$ 的图形的一条**铅直渐近线**.

无穷大与无穷小之间有一种简单的关系.

**定理 2.13** 在自变量的同一变化过程中,如果 $f(x)$ 为无穷大,则 $\dfrac{1}{f(x)}$ 为无穷小;反之,若 $f(x)$ 为无穷小,且 $f(x) \neq 0$,则 $\dfrac{1}{f(x)}$ 为无穷大.

**证** 以 $x \to x_0$ 时为例.

若 $\lim\limits_{x \to x_0} f(x) = \infty$,任给 $\varepsilon > 0$,对于 $M = \dfrac{1}{\varepsilon}$ 来说,存在 $\delta > 0$,使得当 $0 < |x-x_0| < \delta$

时，

$$| f(x) | > M = \frac{1}{\varepsilon},$$

即

$$\left| \frac{1}{f(x)} \right| < \varepsilon,$$

所以 $\frac{1}{f(x)}$ 为无穷小.

若 $\lim_{x \to x_0} f(x) = 0$，任给 $M > 0$，对于 $\varepsilon = \frac{1}{M}$ 来说，存在 $\delta > 0$，使得当 $0 < |x - x_0| < \delta$

时，

$$| f(x) | < \varepsilon = \frac{1}{M},$$

即

$$\left| \frac{1}{f(x)} \right| > M,$$

所以 $\frac{1}{f(x)}$ 是无穷大.

无穷大与无穷小

## 习题 2.3

1. 两个无穷小的商是否一定是无穷小? 举例说明.

2. 根据定义证明:

(1) $y = \frac{x^2 - 9}{x + 3}$ 为当 $x \to 3$ 时的无穷小;　(2) $y = x \sin \frac{1}{x}$ 为当 $x \to 0$ 时的无穷小.

3. 求下列极限并说明理由:

(1) $\lim_{x \to \infty} \frac{2x + 1}{x}$;　(2) $\lim_{x \to 0} \frac{1 - x^2}{1 - x}$.

4. 根据定义证明:函数 $y = \frac{1 + 2x}{x}$ 为当 $x \to 0$ 时的无穷大.

5. 函数 $y = x \cos x$ 在 $(-\infty, +\infty)$ 内是否有界? 这个函数是否为 $x \to +\infty$ 时的无穷大? 为什么?

6. 证明:函数 $y = \frac{1}{x} \sin \frac{1}{x}$ 在区间 $(0, 1]$ 上无界,但不是 $x \to 0^+$ 时的无穷大.

7. 求函数 $f(x) = \frac{4}{2 - x^2}$ 的图形的渐近线.

## 2.4 极限运算法则

### 2.4.1 无穷小运算法则

**定理 2.14** 两个无穷小的和是无穷小.

**证** 以 $x \to x_0$ 时为例.

设 $\alpha$ 和 $\beta$ 是 $x \to x_0$ 时的无穷小,而

$$\gamma = \alpha + \beta.$$

$\forall \varepsilon > 0, \exists \delta_1 > 0,$ 当 $0 < |x - x_0| < \delta_1$ 时,有

$$|\alpha| < \frac{\varepsilon}{2}.$$

无穷小运算法则

$\exists \delta_2 > 0,$ 当 $0 < |x - x_0| < \delta_2$ 时,有

$$|\beta| < \frac{\varepsilon}{2}.$$

取 $\delta = \min\{\delta_1, \delta_2\},$ 则当 $0 < |x - x_0| < \delta$ 时,有

$$|\alpha + \beta| \leqslant |\alpha| + |\beta| < \frac{\varepsilon}{2} + \frac{\varepsilon}{2} = \varepsilon.$$

所以 $\alpha + \beta$ 是无穷小.

**定理 2.15** 局部有界函数与无穷小的积是无穷小.

**证** 以 $x \to x_0$ 时为例.

设 $\alpha$ 是 $x \to x_0$ 时的无穷小,$u(x)$ 在 $x_0$ 的某去心邻域 $\mathring{U}(x_0, \delta_1)$ 内有界,即 $\exists M > 0,$ 使得对一切 $x \in \mathring{U}(x_0, \delta_1), |u(x)| \leqslant M$ 成立.

$\forall \varepsilon > 0, \exists \delta_2 > 0,$ 当 $0 < |x - x_0| < \delta_2$ 时,有

$$|\alpha| < \varepsilon.$$

取 $\delta = \min\{\delta_1, \delta_2\},$ 则当 $0 < |x - x_0| < \delta$ 时,有

$$|u\alpha| \leqslant M\varepsilon.$$

所以 $u\alpha$ 是无穷小.

**推论 2.3** 常数与无穷小的乘积是无穷小.

**推论 2.4** 两个无穷小的乘积是无穷小.

**推论 2.5** 两个无穷小的差是无穷小.

**推论 2.6** 有限个无穷小的和、差与积都是无穷小.

**定理 2.16** 若 $f(u)$ 是极限过程 1 中的无穷小,$u = g(x),$ 当 $x$ 满足极限过程 2 时,相应的 $u = g(x)$ 满足极限过程 1,则 $f(g(x))$ 是极限过程 2 中的无穷小.

**证** 以 $\lim\limits_{u \to u_0} f(u) = 0,$ 同时 $\lim\limits_{x \to x_0} g(x) = u_0,$ 并且 $\exists \delta_0 > 0,$ 使得当 $x \in \mathring{U}(x_0, \delta_0)$ 时 $g(x) \neq u_0$ 为例证明.

由 $\lim\limits_{u \to u_0} f(u) = 0$ 知 $\forall \varepsilon > 0, \exists \eta > 0$，当 $0 < |u - u_0| < \eta$ 时，$|f(u)| < \varepsilon$. 又由于 $\lim\limits_{x \to x_0} g(x) = u_0$，所以 $\exists \delta_1 > 0$，当 $0 < |x - x_0| < \delta_1$ 时，$|g(x) - u_0| < \eta$.

取 $\delta = \min\{\delta_0, \delta_1\}$，则当 $0 < |x - x_0| < \delta$ 时，$0 < |g(x) - u_0| < \eta$，故此时有
$$|f(g(x))| < \varepsilon.$$

所以 $f(g(x))$ 是无穷小.

### 2.4.2　极限运算法则

**定理 2.17**　如果 $\lim f(x) = A, \lim g(x) = B$，那么

(1) $\lim[f(x) \pm g(x)] = \lim f(x) \pm \lim g(x) = A \pm B$；

(2) $\lim[f(x) \cdot g(x)] = \lim f(x) \cdot \lim g(x) = A \cdot B$；

(3) 若又有 $B \neq 0$，则

极限运算法则

$$\lim \frac{f(x)}{g(x)} = \frac{\lim f(x)}{\lim g(x)} = \frac{A}{B}.$$

**证**　(1) $f(x) = A + \alpha, g(x) = B + \beta, \alpha$ 和 $\beta$ 为无穷小.
$$f(x) \pm g(x) = (A + \alpha) \pm (B + \beta) = (A \pm B) + (\alpha \pm \beta).$$
而 $\alpha \pm \beta$ 为无穷小. 由定理 2.12 可得结论.

(2) $f(x) \cdot g(x) = (A + \alpha) \cdot (B + \beta) = A \cdot B + (A\beta + B\alpha + \alpha\beta)$，而 $A\beta + B\alpha + \alpha\beta$ 是无穷小. 由定理 2.12 可得结论.

(3) $\dfrac{f(x)}{g(x)} = \dfrac{A}{B} + \left( \dfrac{f(x)}{g(x)} - \dfrac{A}{B} \right) = \dfrac{A}{B} + \dfrac{1}{Bg(x)}(B\alpha - A\beta)$，而 $\dfrac{1}{Bg(x)}(B\alpha - A\beta)$ 是无穷小. 由定理 2.12 可得结论. 此处用到了定理 2.9，它保证了 $|g(x)|$ 局部有正下界，故 $\dfrac{1}{Bg(x)}$ 局部有界.

**推论 2.7**　如果 $\lim f(x)$ 存在，$c$ 为常数，则
$$\lim[cf(x)] = c \lim f(x).$$

**推论 2.8**　如果 $\lim f(x)$ 存在，$n$ 是正整数，则
$$\lim[f(x)]^n = [\lim f(x)]^n.$$

**例 2.13**　设 $f(x) = a_n x^n + a_{n-1} x^{n-1} + \cdots + a_0$，求 $\lim\limits_{x \to x_0} f(x)$.

**解**
$$\begin{aligned}
\lim_{x \to x_0} f(x) &= \lim_{x \to x_0} (a_n x^n + a_{n-1} x^{n-1} + \cdots + a_0) \\
&= a_n (\lim_{x \to x_0} x)^n + a_{n-1} (\lim_{x \to x_0} x)^{n-1} + \cdots + \lim_{x \to x_0} a_0 \\
&= a_n x_0^n + a_{n-1} x_0^{n-1} + \cdots + a_0 = f(x_0)
\end{aligned}$$

**例 2.14**　设 $F(x) = \dfrac{P(x)}{Q(x)}$，其中 $P(x), Q(x)$ 都是多项式，$Q(x_0) \neq 0$，求 $\lim\limits_{x \to x_0} F(x)$.

**解** $\lim\limits_{x \to x_0} F(x) = \lim\limits_{x \to x_0} \dfrac{P(x)}{Q(x)} = \dfrac{\lim\limits_{x \to x_0} P(x)}{\lim\limits_{x \to x_0} Q(x)} = \dfrac{P(x_0)}{Q(x_0)} = F(x_0)$.

**例 2.15** 求 $\lim\limits_{x \to 1} \dfrac{x-1}{x^2-1}$.

**解** $\lim\limits_{x \to 1} \dfrac{x-1}{x^2-1} = \lim\limits_{x \to 1} \dfrac{1}{x+1} = \dfrac{1}{2}$.

**例 2.16** 求 $\lim\limits_{x \to 1} \dfrac{x+2}{x^2-1}$.

**解** 因为 $\lim\limits_{x \to 1} \dfrac{x^2-1}{x+2} = 0$, 所以 $\lim\limits_{x \to 1} \dfrac{x+2}{x^2-1} = \infty$.

**例 2.17** 求 $\lim\limits_{x \to \infty} \dfrac{a_m x^m + a_{m-1} x^{m-1} + \cdots + a_0}{b_n x^n + b_{n-1} x^{n-1} + \cdots + b_0}$, 其中 $a_m \neq 0, b_n \neq 0$.

**解** 当 $n = m$ 时,

$$\lim_{x \to \infty} \frac{a_m x^m + a_{m-1} x^{m-1} + \cdots + a_0}{b_n x^n + b_{n-1} x^{n-1} + \cdots + b_0} = \lim_{x \to \infty} \frac{a_n + a_{n-1} \dfrac{1}{x} + \cdots + a_0 \dfrac{1}{x^n}}{b_n + b_{n-1} \dfrac{1}{x} + \cdots + b_0 \dfrac{1}{x^n}} = \frac{a_n}{b_n};$$

当 $n > m$ 时,

$$\lim_{x \to \infty} \frac{a_m x^m + a_{m-1} x^{m-1} + \cdots + a_0}{b_n x^n + b_{n-1} x^{n-1} + \cdots + b_0} = \lim_{x \to \infty} \frac{a_m \dfrac{1}{x^{n-m}} + a_{m-1} \dfrac{1}{x^{n-m+1}} + \cdots + a_0 \dfrac{1}{x^n}}{b_n + b_{n-1} \dfrac{1}{x} + \cdots + b_0 \dfrac{1}{x^n}} = 0;$$

当 $n < m$ 时, 因为

$$\lim_{x \to \infty} \frac{b_n x^n + b_{n-1} x^{n-1} + \cdots + b_0}{a_m x^m + a_{m-1} x^{m-1} + \cdots + a_0} = 0,$$

所以

$$\lim_{x \to \infty} \frac{a_m x^m + a_{m-1} x^{m-1} + \cdots + a_0}{b_n x^n + b_{n-1} x^{n-1} + \cdots + b_0} = \infty.$$

**例 2.18** 求 $\lim\limits_{x \to 0} x \sin \dfrac{1}{x}$.

**解** 因为 $\lim\limits_{x \to 0} x = 0$, 而 $\sin \dfrac{1}{x}$ 有界, 所以 $\lim\limits_{x \to 0} x \sin \dfrac{1}{x} = 0$.

**定理 2.18**(复合函数的极限运算法则) 若 $f(u)$ 在极限过程 1 中存在极限 $A$, $u = g(x)$, 当 $x$ 满足极限过程 2 时, 相应的 $u = g(x)$ 满足极限过程 1, 则 $f(g(x))$ 在极限过程 2 中也存在极限 $A$.

**证** 以 $\lim\limits_{u \to u_0} f(u) = A$, 同时 $\lim\limits_{x \to x_0} g(x) = u_0$, 并且 $\exists \delta_0 > 0$, 使得当 $x \in \mathring{U}(x_0, \delta_0)$ 时 $g(x) \neq u_0$ 为例证明.

由 $\lim\limits_{u \to u_0} f(u) = A$ 知 $f(u) = A + \alpha(u)$，其中 $\alpha(u)$ 是无穷小. 所以 $f(g(x)) = A + \alpha(g(x))$，由定理 2.16 知 $\alpha(g(x))$ 也是无穷小. 再由定理 2.12 可得结论.

注：此定理的作用说明了在求极限过程中可以做代换，即

$$\lim_{\text{极限过程2}} f(g(x)) \xlongequal{u=g(x)} \lim_{\text{极限过程1}} f(u).$$

极限运算法则举例

**习题 2.4**

计算下列极限：

(1) $\lim\limits_{x \to 2} \dfrac{x^2+5}{x-3}$；  (2) $\lim\limits_{x \to 1} \dfrac{x^2-2x+1}{x^2-1}$；  (3) $\lim\limits_{x \to \infty} \left(2 - \dfrac{1}{x} + \dfrac{1}{x^2}\right)$；  (4) $\lim\limits_{x \to \infty} \dfrac{x^2-1}{2x^2-x-1}$；

(5) $\lim\limits_{x \to 0} \dfrac{x^2+x}{x^4-3x^2+1}$；  (6) $\lim\limits_{n \to \infty} \left(1 + \dfrac{1}{2} + \dfrac{1}{4} + \cdots + \dfrac{1}{2^n}\right)$；

(7) $\lim\limits_{n \to \infty} \dfrac{1+2+3+\cdots+(n-1)}{n^2}$；  (8) $\lim\limits_{x \to 1} \left(\dfrac{1}{1-x} - \dfrac{3}{1-x^3}\right)$；  (9) $\lim\limits_{n \to \infty} \dfrac{(-2)^n+3^n}{(-1)^{n+1}+3^{n+1}}$；

(10) $\lim\limits_{n \to \infty} \dfrac{\sqrt{n+1}-\sqrt{n}}{\sqrt{n+2}-\sqrt{n}}$；  (11) $\lim\limits_{n \to \infty} \dfrac{a^n-a^{-n}}{a^n+a^{-n}}(a>0)$；  (12) $\lim\limits_{x \to 2} \dfrac{x^3+2x^2}{(x-2)^2}$；  (13) $\lim\limits_{x \to \infty} \dfrac{x^2}{2x+1}$；

(14) $\lim\limits_{x \to +\infty} \left(\sqrt{x^2+x}-x\right)$；  (15) $\lim\limits_{x \to 0} \dfrac{5x}{\sqrt[3]{1+x}-\sqrt[3]{1-x}}$；  (16) $\lim\limits_{x \to 0} \dfrac{\sqrt[3]{1+3x}-\sqrt[3]{1-2x}}{x+x^2}$；

(17) $\lim\limits_{x \to a^+} \dfrac{\sqrt{x-a}+\sqrt{x-a}}{\sqrt{x^2-a^2}}(a>0)$；  (18) $\lim\limits_{x \to 1} \dfrac{\sqrt{3-x}-\sqrt{1+x}}{x^2-1}$；

(19) $\lim\limits_{x \to -\infty} \left[\sqrt{x^2+x+1}-\sqrt{x^2-x+1}\right]$；  (20) $\lim\limits_{x \to +\infty} x\left(\sqrt{x^2+1}-x\right)$；

(21) $\lim\limits_{x \to 0} x^2 \sin \dfrac{1}{x}$；  (22) $\lim\limits_{x \to \infty} \dfrac{\arctan x}{x}$.

## 2.5  极限存在准则  两个重要极限

### 2.5.1  夹逼准则和重要极限 $\lim\limits_{x \to 0} \dfrac{\sin x}{x} = 1$

**夹逼准则**  若存在 $\eta > 0$，使得当 $0 < |x-x_0| < \eta$ 时，有

$$f(x) \leqslant h(x) \leqslant g(x),$$

且

$$\lim_{x \to x_0} f(x) = \lim_{x \to x_0} g(x) = A,$$

则

夹逼准则和
第一个重要极限

$$\lim_{x \to x_0} h(x) = A.$$

**证** 因为 $\lim\limits_{x \to x_0} f(x) = \lim\limits_{x \to x_0} g(x) = A$,所以 $f(x) = A + \alpha, g(x) = A + \beta$,其中 $\alpha, \beta$ 为无穷小. 把 $h(x)$ 写成 $h(x) = A + (h(x) - A) = A + \gamma(x)$,则有 $\alpha \leqslant \gamma(x) \leqslant \beta$. 下面证明 $\gamma(x)$ 是无穷小. $\forall \varepsilon > 0, \exists \delta > 0$,当 $x \in \mathring{U}(x_0, \delta)$ 时,$-\varepsilon < \alpha < \varepsilon, -\varepsilon < \beta < \varepsilon$,所以 $-\varepsilon < \gamma(x) < \varepsilon$. 这说明 $\gamma(x)$ 是无穷小. $\lim\limits_{x \to x_0} h(x) = A$.

其他极限过程中也有类似的**夹逼准则**.

下面利用夹逼准则推导重要极限

$$\lim_{x \to 0} \frac{\sin x}{x} = 1.$$

作半径为 1 的圆,设锐角 $\angle AOB$ 的弧度数为 $x$(图 2.7).

显然有 $\triangle AOB$ 的面积 $<$ 扇形 $AOB$ 的面积 $< \triangle AOD$ 的面积,即

$$\frac{1}{2} \sin x < \frac{1}{2} x < \frac{1}{2} \tan x, \quad x \in \left(0, \frac{\pi}{2}\right).$$

亦即

$$\sin x < x < \tan x, \quad x \in \left(0, \frac{\pi}{2}\right).$$

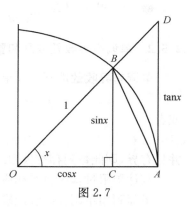

图 2.7

不等号两边都除以 $\sin x$,就有

$$1 < \frac{x}{\sin x} < \frac{1}{\cos x},$$

或

$$\cos x < \frac{\sin x}{x} < 1,$$

因为 $\cos x$ 和 $\dfrac{\sin x}{x}$ 都是偶函数,所以上式对于 $\left(-\dfrac{\pi}{2}, 0\right)$ 内的一切 $x$ 也成立.

**引理 2.1** $|\sin x| \leqslant |x|$,等号当且仅当 $x = 0$ 时成立.

**证** 上面已证当 $0 < |x| < \dfrac{\pi}{2}$ 时,$|\sin x| < |x|$ 成立. 当 $|x| \geqslant \dfrac{\pi}{2}$ 时,显然 $|\sin x| < |x|$ 成立. 而 $x = 0$ 时,显然等号成立.

下面证明 $\lim\limits_{x \to 0} \cos x = 1$.

事实上,$1 \geqslant \cos x = 1 - 2 \sin^2 \dfrac{x}{2} \geqslant 1 - 2 \left(\dfrac{x}{2}\right)^2 = 1 - \dfrac{x^2}{2}$,而显然 $\lim\limits_{x \to 0} \left(1 - \dfrac{x^2}{2}\right) = 1$,用夹逼准则得证 $\lim\limits_{x \to 0} \cos x = 1$.

再对 $\cos x < \dfrac{\sin x}{x} < 1$ 利用夹逼准则就得到了 $\lim\limits_{x \to 0} \dfrac{\sin x}{x} = 1$.

**例 2.19** 求 $\lim\limits_{x \to 0} \dfrac{\tan x}{x}$.

**解**　$\lim\limits_{x\to 0}\dfrac{\tan x}{x}=\lim\limits_{x\to 0}\left(\dfrac{\sin x}{x}\cdot\dfrac{1}{\cos x}\right)=\lim\limits_{x\to 0}\dfrac{\sin x}{x}\cdot\lim\limits_{x\to 0}\dfrac{1}{\cos x}=1.$

**例 2.20**　求 $\lim\limits_{x\to 0}\dfrac{1-\cos x}{x^2}$.

**解**　$\lim\limits_{x\to 0}\dfrac{1-\cos x}{x^2}=\lim\limits_{x\to 0}\dfrac{2\sin^2\dfrac{x}{2}}{x^2}=\dfrac{1}{2}\lim\limits_{x\to 0}\left(\dfrac{\sin\dfrac{x}{2}}{\dfrac{x}{2}}\right)^2=\dfrac{1}{2}.$

**例 2.21**　求 $\lim\limits_{x\to 0}\dfrac{\arcsin x}{x}$.

**解**　$\lim\limits_{x\to 0}\dfrac{\arcsin x}{x}=\lim\limits_{t\to 0}\dfrac{t}{\sin t}=1.$

### 2.5.2　单调有界收敛准则和重要极限 $\lim\limits_{x\to\infty}\left(1+\dfrac{1}{x}\right)^x=\mathrm{e}$

**单调有界收敛准则**　如果数列 $\{x_n\}$ 满足条件

$$x_1\leqslant x_2\leqslant x_3\leqslant\cdots\leqslant x_n\leqslant x_{n+1}\leqslant\cdots$$

或者

$$x_1\geqslant x_2\geqslant x_3\geqslant\cdots\geqslant x_n\geqslant x_{n+1}\geqslant\cdots$$

并且有界,则此数列存在极限.

其他极限过程中也有相应的**单调有界收敛准则**.

下面利用单调有界收敛准则推导重要极限

$$\lim\limits_{x\to\infty}\left(1+\dfrac{1}{x}\right)^x=\mathrm{e}.$$

分两步证明.

单调有界收敛准则
和第二个重要极限

(1) 证明 $\lim\limits_{n\to\infty}\left(1+\dfrac{1}{n}\right)^n=\mathrm{e}$.

设

$$x_n=\left(1+\dfrac{1}{n}\right)^n.$$

由二项式定理得

$$x_n=1+n\cdot\dfrac{1}{n}+\dfrac{n(n-1)}{2!}\cdot\dfrac{1}{n^2}+\dfrac{n(n-1)(n-2)}{3!}\cdot\dfrac{1}{n^3}+\cdots$$

$$+\dfrac{n(n-1)\cdots 3\cdot 2\cdot 1}{n!}\cdot\dfrac{1}{n^n}$$

$$=1+1+\dfrac{1}{2!}\left(1-\dfrac{1}{n}\right)+\dfrac{1}{3!}\left(1-\dfrac{1}{n}\right)\left(1-\dfrac{2}{n}\right)+\cdots$$

$$+\dfrac{1}{n!}\left(1-\dfrac{1}{n}\right)\left(1-\dfrac{2}{n}\right)\cdots\left(1-\dfrac{n-1}{n}\right).$$

同理可得

$$x_{n+1} = 1 + 1 + \frac{1}{2!}\left(1 - \frac{1}{n+1}\right) + \frac{1}{3!}\left(1 - \frac{1}{n+1}\right)\left(1 - \frac{2}{n+1}\right) + \cdots$$

$$+ \frac{1}{n!}\left(1 - \frac{1}{n+1}\right)\left(1 - \frac{2}{n+1}\right)\cdots\left(1 - \frac{n-1}{n+1}\right)$$

$$+ \frac{1}{(n+1)!}\left(1 - \frac{1}{n+1}\right)\left(1 - \frac{2}{n+1}\right)\cdots\left(1 - \frac{n}{n+1}\right).$$

可比较得出 $\{x_n\}$ 是单调上升数列.

又有

$$x_n < 1 + 1 + \frac{1}{2!} + \frac{1}{3!} + \cdots + \frac{1}{n!}$$

$$< 1 + 1 + \frac{1}{1 \cdot 2} + \frac{1}{2 \cdot 3} + \cdots + \frac{1}{(n-1)n}$$

$$= 1 + 1 + \left(1 - \frac{1}{2}\right) + \left(\frac{1}{2} - \frac{1}{3}\right) + \cdots + \left(\frac{1}{n-1} - \frac{1}{n}\right)$$

$$= 3 - \frac{1}{n} < 3.$$

根据单调有界收敛准则，$\lim\limits_{n\to\infty}\left(1 + \dfrac{1}{n}\right)^n$ 存在，将其值记为 e，即

$$\lim_{n\to\infty}\left(1 + \frac{1}{n}\right)^n = \mathrm{e}.$$

e 为自然对数的底.

（2）证明 $\lim\limits_{x\to\infty}\left(1 + \dfrac{1}{x}\right)^x = \mathrm{e}$.

先证 $\lim\limits_{x\to+\infty}\left(1 + \dfrac{1}{x}\right)^x = \mathrm{e}$. 因为 $x \to +\infty$，所以不妨设 $x > 1$. 令 $[x] = n$，则

$$n \leqslant x < n + 1,$$

从而 $\left(1 + \dfrac{1}{n+1}\right)^n < \left(1 + \dfrac{1}{x}\right)^x < \left(1 + \dfrac{1}{n}\right)^{n+1}$. 注意到

$$\lim_{n\to\infty}\left(1 + \frac{1}{n+1}\right)^n = \lim_{n\to\infty}\frac{\left(1 + \dfrac{1}{n+1}\right)^{n+1}}{1 + \dfrac{1}{n+1}} = \mathrm{e},$$

$$\lim_{n\to\infty}\left(1 + \frac{1}{n}\right)^{n+1} = \lim_{n\to\infty}\left(1 + \frac{1}{n}\right)^n \cdot \left(1 + \frac{1}{n}\right) = \mathrm{e},$$

由夹逼准则，得 $\lim\limits_{x\to+\infty}\left(1 + \dfrac{1}{x}\right)^x = \mathrm{e}$.

再证 $\lim\limits_{x\to-\infty}\left(1 + \dfrac{1}{x}\right)^x = \mathrm{e}$.

$$\lim_{x\to-\infty}\left(1 + \frac{1}{x}\right)^x = \lim_{y\to+\infty}\left(1 - \frac{1}{y}\right)^{-y} = \lim_{y\to+\infty}\left(1 + \frac{1}{y-1}\right)^{y-1} \cdot \left(1 + \frac{1}{y-1}\right) = \mathrm{e}.$$

综合上述结果得到 $\lim\limits_{x \to \infty}\left(1+\dfrac{1}{x}\right)^x = e$.

极限 $\lim\limits_{x \to \infty}\left(1+\dfrac{1}{x}\right)^x = e$ 有时也写成 $\lim\limits_{\alpha \to 0}(1+\alpha)^{\frac{1}{\alpha}} = e$.

**例 2.22**   求 $\lim\limits_{x \to \infty}\left(\dfrac{x^2-3}{x^2+2}\right)^{2x^2}$.

**解**

$$\lim_{x \to \infty}\left(\frac{x^2-3}{x^2+2}\right)^{2x^2} = \lim_{x \to \infty}\left(1+\frac{-5}{x^2+2}\right)^{2x^2} = \lim_{\alpha \to 0}(1+\alpha)^{\left(-4-\frac{10}{\alpha}\right)}$$

$$= \lim_{\alpha \to 0}\frac{1}{(1+\alpha)^4} \cdot \lim_{\alpha \to 0}\frac{1}{[(1+\alpha)^{1/\alpha}]^{10}} = \frac{1}{e^{10}}.$$

### 2.5.3  柯西收敛准则

**柯西收敛准则**   数列 $\{x_n\}$ 收敛的充分必要条件是：$\forall \varepsilon > 0$，$\exists$ 自然数 $N$，当 $m > N, n > N$ 时，有 $|x_m - x_n| < \varepsilon$.

**证**   只证必要性. 设 $\lim\limits_{n \to \infty}x_n = a$，则 $\forall \varepsilon > 0$，$\exists$ 自然数 $N$，当 $m > N, n > N$ 时，有 $|x_m - a| < \dfrac{\varepsilon}{2}$，$|x_n - a| < \dfrac{\varepsilon}{2}$. 此时，$|x_m - x_n| \leqslant |x_m - a| + |x_n - a| < \dfrac{\varepsilon}{2} + \dfrac{\varepsilon}{2} = \varepsilon$.

## 习题 2.5

1. 用单调有界数列必有极限的定理证明下列数列的极限存在：

(1) $x_n = 1 + \dfrac{1}{2^2} + \cdots + \dfrac{1}{n^2}$；

(2) $x_n = \dfrac{1}{5+10} + \dfrac{1}{5^2+10} + \cdots + \dfrac{1}{5^n+10}$；

(3) $x_n = \dfrac{1}{2} \cdot \dfrac{3}{4} \cdot \cdots \cdot \dfrac{2n-1}{2n}$；

(4) $x_n = \dfrac{1}{n} + \dfrac{1}{n+1} + \cdots + \dfrac{1}{2n}$.

2. 求下列数列的极限：

(1) $x_1 = \sqrt{2}, \cdots, x_{n+1} = \sqrt{2x_n}, n = 1, 2, \cdots$；

(2) $x_0 = 1, x_{n+1} = 1 + \dfrac{x_n}{1+x_n}$；

(3) $x_1 = \sin x, x_{n+1} = \sin x_n, n = 1, 2, \cdots$；

(4) $\lim\limits_{n \to \infty}\sqrt[n]{a_1^n + a_2^n + \cdots + a_k^n}\ (a_i > 0, i = 1, \cdots, k)$.

3. 计算下列极限：

(1) $\lim\limits_{x \to 0}\dfrac{\sin \omega x}{x}$；   (2) $\lim\limits_{x \to 0}\dfrac{\tan 3x}{x}$；   (3) $\lim\limits_{x \to 0}x \cot x$；   (4) $\lim\limits_{x \to 0}\dfrac{1-\cos 2x}{x \sin x}$；

(5) $\lim\limits_{x\to\infty}2^n\sin\dfrac{x}{2^n}$;    (6) $\lim\limits_{x\to0}\dfrac{\sin\alpha x}{\sin\beta x}(\beta\neq0)$;    (7) $\lim\limits_{x\to a}\dfrac{\cos x-\cos a}{x-a}$;

(8) $\lim\limits_{x\to a}\dfrac{\sin x-\sin a}{x-a}$;    (9) $\lim\limits_{x\to0}\dfrac{\arctan x}{x}$;    (10) $\lim\limits_{x\to\pi}\dfrac{\sqrt{1+\tan x}-\sqrt{1-\tan x}}{\sin2x}$;

(11) $\lim\limits_{x\to\infty}x\sin\dfrac{1}{x}$;    (12) $\lim\limits_{x\to0}x\sin\dfrac{1}{x}$;    (13) $\lim\limits_{x\to\frac{\pi}{2}}[\sec x-\tan x]$;

(14) $\lim\limits_{x\to0}\dfrac{\sqrt{1+\tan x}-\sqrt{1+\sin x}}{x^3}$;    (15) $\lim\limits_{x\to\frac{\pi}{4}}\tan2x\tan\left(\dfrac{\pi}{4}-x\right)$.

**4. 计算下列极限:**

(1) $\lim\limits_{x\to0}(1-x)^{\frac{1}{x}}$;    (2) $\lim\limits_{x\to0}(1+2x)^{\frac{1}{x}}$;    (3) $\lim\limits_{x\to\infty}\left(\dfrac{1+x}{x}\right)^{2x}$;

(4) $\lim\limits_{x\to\infty}\left(1-\dfrac{1}{x}\right)^{kx}$($k$ 为正整数);    (5) 若 $\lim\limits_{x\to\infty}\left(\dfrac{x+2a}{x-a}\right)^x=8$,求 $a$;

(6) $\lim\limits_{x\to1}(1+\sin\pi x)^{\cot\pi x}$;    (7) $\lim\limits_{x\to\frac{\pi}{4}}(\tan x)^{\tan2x}$;

(8) $\lim\limits_{x\to\infty}\left(\cos\dfrac{a}{x}\right)^{x^2}$($a\neq0$);    (9) $\lim\limits_{x\to\frac{\pi}{2}}(\sin x)^{\tan x}$.

**5. 利用极限存在准则证明:**

(1) $\lim\limits_{n\to\infty}\sqrt{1+\dfrac{1}{n}}=1$;

(2) $\lim\limits_{n\to\infty}n\left(\dfrac{1}{n^2+\pi}+\dfrac{1}{n^2+2\pi}+\cdots+\dfrac{1}{n^2+n\pi}\right)=1$;

(3) 数列 $\sqrt{2},\sqrt{2+\sqrt{2}},\sqrt{2+\sqrt{2+\sqrt{2}}},\cdots$ 的极限存在;

(4) $\lim\limits_{x\to0}\sqrt[n]{1+x}=1$;

(5) $\lim\limits_{x\to0^+}x\left[\dfrac{1}{x}\right]=1$;

(6) 设 $a>0$,证明 $\lim\limits_{n\to\infty}\dfrac{a^n}{(1+a)(1+a^2)\cdots(1+a^n)}=0$.

# 2.6 无穷小的比较

在同一极限过程中出现的几个无穷小量,尽管都以 0 为极限,但趋于 0 的快慢速度可能不一样. 在某些问题中,需要比较它们趋于 0 的速度.

**定义 2.10** 设 $\alpha$,$\beta$ 是同一极限过程中的两个无穷小量.

若 $\lim\dfrac{\alpha}{\beta}=c\neq0$,则称 $\alpha$ 与 $\beta$ 是**同阶无穷小**. 特别地,若 $\lim\dfrac{\alpha}{\beta}=1$,称 $\alpha$ 与 $\beta$ 是**等价无穷小**,记作

$$\alpha\sim\beta.$$

若 $\lim\dfrac{\alpha}{\beta}=0$,则称 $\alpha$ 是比 $\beta$ **高阶的无穷小**,记作

$$\alpha = o(\beta).$$

此时也称 $\beta$ 是比 $\alpha$ **低阶的无穷小**.

若 $\lim \dfrac{\alpha}{\beta}$ 不存在且不是无穷大,则称 $\alpha$ 与 $\beta$ **无法比较**.

若 $\lim \dfrac{\alpha}{\beta^k} = c \neq 0$,其中 $k > 0$,则称 $\alpha$ 是 $\beta$ 的 $k$ **阶无穷小**.

例如,易知 $x \to 0$ 时,$2x^2$ 是比 $x$ 高阶的无穷小,即 $2x^2 = o(x)$;$n \to \infty$ 时,$\dfrac{1}{n^2}$ 是比 $\dfrac{1}{n^3}$ 低阶的无穷小;$x \to 0$ 时,$\sin x$ 与 $x$ 是等价无穷小,即 $\sin x \sim x$;$x \to 0$ 时,$1 - \cos x$ 是 $x$ 的二阶无穷小;$n \to \infty$ 时,$\dfrac{1}{n}$ 与 $\dfrac{\sin n}{n}$ 是无法比较的两个无穷小.

无穷小的比较

**定理 2.19** $\beta$ 与 $\alpha$ 是等价无穷小的充分必要条件是

$$\beta = \alpha + o(\alpha).$$

**证 必要性** 设 $\beta \sim \alpha$,则 $\lim \dfrac{\beta - \alpha}{\alpha} = \lim \dfrac{\beta}{\alpha} - 1 = 0$,所以 $\beta - \alpha = o(\alpha)$,即 $\beta = \alpha + o(\alpha)$.

**充分性** 设 $\beta = \alpha + o(\alpha)$,则 $\lim \dfrac{\beta}{\alpha} = \lim \dfrac{\alpha + o(\alpha)}{\alpha} = 1$,即 $\beta$ 与 $\alpha$ 等价.

**例 2.23** 因为 $x \to 0$ 时,$\sin x \sim x$,$\tan x \sim x$,$\arcsin x \sim x$,$1 - \cos x \sim \dfrac{1}{2} x^2$,所以当 $x \to 0$ 时,有

$$\sin x = x + o(x), \tan x = x + o(x), \arcsin x = x + o(x), 1 - \cos x = \frac{1}{2} x^2 + o(x^2).$$

**定理 2.20** 假设在同一极限过程中有变量 $u$ 及非零无穷小量 $\alpha, \alpha_1, \beta, \beta_1$,且 $\alpha \sim \alpha_1, \beta \sim \beta_1$. 又 $\lim u \cdot \dfrac{\alpha_1}{\beta_1} = A$,则

$$\lim u \cdot \frac{\alpha}{\beta} = \lim u \cdot \frac{\alpha_1}{\beta_1} = A.$$

**证** $\lim u \cdot \dfrac{\alpha}{\beta} = \lim u \cdot \dfrac{\alpha}{\alpha_1} \cdot \dfrac{\alpha_1}{\beta_1} \cdot \dfrac{\beta_1}{\beta} = \lim \dfrac{\alpha}{\alpha_1} \lim u \cdot \dfrac{\alpha_1}{\beta_1} \cdot \lim \dfrac{\beta_1}{\beta} = A.$

定理 2.20 表明**在求极限时,无穷小量因子可由其等价无穷小代换**.

**例 2.24** 求 $\lim\limits_{x \to 0} \dfrac{\tan 3x}{\arcsin 5x}$.

**解** $\lim\limits_{x \to 0} \dfrac{\tan 3x}{\arcsin 5x} = \lim\limits_{x \to 0} \dfrac{3x}{5x} = \dfrac{3}{5}$.

**例 2.25** 求 $\lim\limits_{x \to 0} \dfrac{\tan 3x}{x^3 + 3x}$.

**解** $\lim\limits_{x\to0}\dfrac{\tan3x}{x^3+3x}=\lim\limits_{x\to0}\dfrac{3x}{3x}=1.$

### 习题 2.6

1. 当 $x\to0$ 时，$2x-x^2$ 与 $x^2-x^3$ 相比，哪一个是高阶无穷小？

2. 当 $x\to1$ 时，无穷小 $1-x$ 和 $1-x^3$，$\dfrac{1}{2}(1-x^2)$ 是否同阶？是否等价？

3. 证明：当 $x\to0$ 时，有

(1) $\arctan x\sim x$；　(2) $\sec x-1\sim\dfrac{x^2}{2}$.

4. 利用等价无穷小的性质，求下列极限：

(1) $\lim\limits_{x\to0}\dfrac{\tan3x}{2x}$；　(2) $\lim\limits_{x\to0}\dfrac{\sin(x^n)}{(\sin x)^m}$（$n,m$ 为正整数）；　(3) $\lim\limits_{x\to0}\dfrac{\tan x-\sin x}{\sin^3 x}$.

5. 证明下列各关系式：

(1) $(1+x)^k=1+kx+o(x)(x\to0)$，$k$ 为正整数；

(2) $\dfrac{1-x}{1+x}\sim1-\sqrt{x}(x\to1)$；

(3) $\sqrt{x+\sqrt{x+\sqrt{x}}}\sim\sqrt[8]{x}(x\to0^+)$.

6. 当 $x\to0$ 时，试确定下列各无穷小关于基本无穷小 $x$ 的阶数：

(1) $x^3+10^2x^2$；　(2) $\sqrt[3]{x^2}-\sqrt{x}(x>0)$；　(3) $\dfrac{x(x+1)}{1+\sqrt{x}}(x>0)$；　(4) $\sqrt{5+x^3}-\sqrt{5}$；

(5) $\sqrt[3]{\tan x}$；　(6) $\ln(1+x)$；　(7) $x+\sin x$；　(8) $\sin x-\tan x$.

7. 定出适当的 $p$，使下面各式成立：

(1) $\sqrt{1-\cos x}+\sqrt[3]{x\sin x}\sim x^p(x\to0)$；　(2) $\sin(2\pi\sqrt{n^2+1})\sim\dfrac{\pi}{n^p}(n\to\infty)$.

## 2.7　函数的连续性与间断点

### 2.7.1　函数的连续性

自然界中有许多现象是连续变化的，经常表现为当一个量有微小变化时，另一个依赖于它的量的变化也很微小. 如果这两个量之间有函数关系 $y=f(x)$，则这种连续变化可以用函数的如下性质描写，即自变量 $x$ 有微小变化时，其引起的因变量 $y$ 的变化也很微小. 这就是**函数连续性**的概念. 下面给出其严格定义.

设变量 $u$ 从它的一个初值 $u_1$ 变到终值 $u_2$，终值与初值的差 $u_2-u_1$ 就叫做变量 $u$ 的**增量**，记作 $\Delta u$，即

$$\Delta u=u_2-u_1.$$

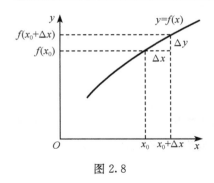

图 2.8

应该注意增量 $\Delta u$ 可正可负.

现在假定函数 $y=f(x)$ 在点 $x_0$ 的某一个邻域内有定义,当自变量 $x$ 在此邻域内从 $x_0$ 变到 $x_0+\Delta x$ 时,函数 $y$ 相应地从 $f(x_0)$ 变到 $f(x_0+\Delta x)$,其对应的增量记为 $\Delta y=f(x_0+\Delta x)-f(x_0)$(图 2.8).

**定义 2.11** 设函数 $y=f(x)$ 在点 $x_0$ 的某一个邻域内有定义,如果

$$\lim_{\Delta x \to 0} \Delta y = 0,$$

那么就称函数 $y=f(x)$**在点 $x_0$ 处连续**.

设 $x=x_0+\Delta x$,则 $\Delta x \to 0$ 等价于 $x \to x_0$. 而 $\Delta y \to 0$ 等价于 $f(x) \to f(x_0)$. 由此得 $y=f(x)$ 在点 $x_0$ 处连续的等价定义如下.

**定义 2.12** 设函数 $y=f(x)$ 在点 $x_0$ 的某一个邻域内有定义,如果

$$\lim_{x \to x_0} f(x) = f(x_0),$$

就称函数 $y=f(x)$**在点 $x_0$ 处连续**.

如果用 $\varepsilon$-$\delta$ 语言,可得 $y=f(x)$ 在点 $x_0$ 处连续的等价定义如下.

**定义 2.13** 设函数 $y=f(x)$ 在点 $x_0$ 的某一个邻域内有定义,如果

$$\forall \varepsilon > 0, \exists \delta > 0, \text{当} \mid x-x_0 \mid < \delta \text{ 时,有} \mid f(x)-f(x_0) \mid < \varepsilon,$$

就称函数 $y=f(x)$**在点 $x_0$ 处连续**.

下面给出单侧连续的概念.

**定义 2.14** 如果 $f(x_0^-)=f(x_0)$,就称函数 $y=f(x)$**在点 $x_0$ 处左连续**;如果 $f(x_0^+)=f(x_0)$,就称函数 $y=f(x)$**在点 $x_0$ 处右连续**.

显然 $y=f(x)$**在点 $x_0$ 处连续等价于** $y=f(x)$**在点 $x_0$ 处既是左连续的也是右连续的**.

**定义 2.15** 在区间上每一点都连续的函数,叫做**在该区间上的连续函数**. 如果区间包括端点,那么函数在左端点连续指的是右连续,在右端点连续指的是左连续.

连续函数的图形一般来说是一条连续而不间断的曲线.

**例 2.26** 常值函数 $y=c$ 是连续函数.

**例 2.27** 正弦函数 $y=\sin x$ 是连续的.

**证** 任意取定一点 $x$,给它一个增量 $\Delta x$,则

$$\Delta y = \sin(x+\Delta x) - \sin x = 2\sin\frac{\Delta x}{2}\cos\left(x+\frac{\Delta x}{2}\right).$$

函数的连续
性与间断点

所以 $0 \leqslant |\Delta y| \leqslant 2\left|\sin\dfrac{\Delta x}{2}\right| \leqslant |\Delta x|$，由夹逼准则知 $\lim\limits_{\Delta x \to 0}\Delta y = 0$，$y = \sin x$ 处处连续.

类似可证 $y = \cos x$ 是连续的.

### 2.7.2 函数的间断点

与连续对立的概念是间断，下面给出间断点的定义.

**定义 2.16** 设函数 $f(x)$ 在点 $x_0$ 的某去心邻域内有定义，如果函数 $f(x)$ 属于下列三种情形之一：

(1) 在 $x = x_0$ 处没有定义；

(2) 虽在 $x = x_0$ 处有定义，但 $\lim\limits_{x \to x_0}f(x)$ 不存在；

(3) 虽在 $x = x_0$ 处有定义，$\lim\limits_{x \to x_0}f(x)$ 也存在，但 $\lim\limits_{x \to x_0}f(x) \neq f(x_0)$，就称函数 $f(x)$ 在点 $x_0$ 处**不连续**，点 $x_0$ 称为 $f(x)$ 的**间断点**.

**例 2.28** $y = \dfrac{\sin x}{x}$ 在 $x = 0$ 处无定义，所以 $x = 0$ 是间断点，由于 $\lim\limits_{x \to 0}\dfrac{\sin x}{x} = 1$，所以补充定义后函数 $f(x) = \begin{cases} \dfrac{\sin x}{x}, & x \neq 0, \\ 1, & x = 0 \end{cases}$ 在 $x = 0$ 处是连续的. 因此，$x = 0$ 称为**可去间断点**（图 2.9）.

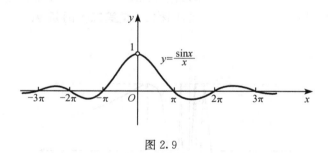

图 2.9

**例 2.29** $y = \begin{cases} x, & x \neq 0, \\ 1, & x = 0 \end{cases}$ 满足 $\lim\limits_{x \to 0}f(x) = \lim\limits_{x \to 0}x = 0 \neq 1 = f(0)$，所以 $x = 0$ 是间断点. 修改 $x = 0$ 处定义后得到的函数 $f(x) = x$ 在 $x = 0$ 处连续. 因此，$x = 0$ 也称为**可去间断点**（图 2.10）.

**例 2.30** $y = \begin{cases} x, & x \leqslant 0, \\ x+1, & x > 0 \end{cases}$ 满足 $f(0^+) = 1 \neq 0 = f(0^-)$，所以 $x = 0$ 是间断点. 这种左右极限都存在但不相等的间断点处函数的图形有一个跳跃，所以这种间断点称为**跳跃间断点**（图 2.11）.

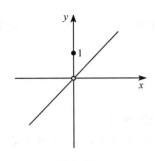

图 2.10

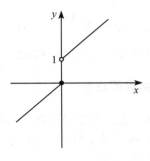

图 2.11

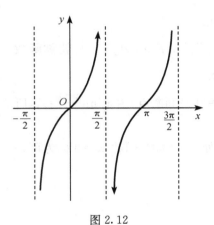

图 2.12

**例 2.31**　$y = \tan x$ 满足 $\lim\limits_{x \to \frac{\pi}{2}} f(x) = \infty$,

$x = \dfrac{\pi}{2}$ 称为**无穷间断点**(图 2.12).

**例 2.32**　$y = \sin\dfrac{1}{x}$ 满足 $x \to 0$ 时函数无穷

次振荡,极限不存在,$x = 0$ 称为**振荡间断点**
(图 2.13).

**定义 2.17**　如果点 $x_0$ 是 $f(x)$ 的间断点,
而 $f(x_0^-)$ 和 $f(x_0^+)$ 都存在,则称 $x_0$ 是**第一类
间断点**;如果 $f(x_0^-)$ 和 $f(x_0^+)$ 至少有一个不存
在,则称 $x_0$ 是**第二类间断点**.

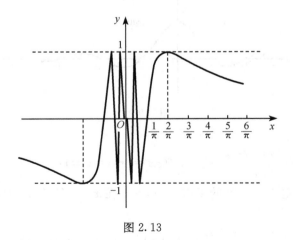

图 2.13

　　显然可去间断点和跳跃间断点是第一类间断点,而无穷间断点和振荡间断点
是第二类间断点.

## 习题 2.7

1. 研究下列函数的连续性:

(1) $f(x) = \begin{cases} x^2, & 0 \leqslant x \leqslant 1, \\ 2-x, & 1 < x \leqslant 2; \end{cases}$ (2) $f(x) = \begin{cases} x, & -1 \leqslant x \leqslant 1, \\ 1, & x < -1 \text{ 或 } x > 1. \end{cases}$

2. 求下列函数的间断点,并指出其类型:

(1) $f(x) = \begin{cases} x^2+1, & x \in [0,1], \\ 2-x^2, & x \in (1,2]; \end{cases}$ (2) $f(x) = \dfrac{x^2}{1+x}$; (3) $f(x) = \dfrac{1-x^2}{1-x}$;

(4) $f(x) = \cot\left(2x+\dfrac{\pi}{6}\right)$; (5) $f(x) = \ln(x^2-4)$; (6) $f(x) = \begin{cases} -1, & x < 0, \\ 0, & x = 0, \\ 1, & x > 0; \end{cases}$

(7) $f(x) = x\sin\dfrac{1}{x}$; (8) $f(x) = \sin\dfrac{1}{x}$; (9) $f(x) = \begin{cases} e^{\frac{1}{x-1}}, & x > 0, \\ \ln(1+x), & -1 < x \leqslant 0. \end{cases}$

3. 下列函数在指出的点处间断,说明这些间断点属于哪一类. 如果是可去间断点,则补充或改变函数的定义使其连续.

(1) $y = \dfrac{x^2-1}{x^2-3x+2}, x=1, x=2$; (2) $y = \dfrac{x}{\tan x}, x=k\pi, x=k\pi+\dfrac{\pi}{2}(k=0,\pm1,\pm2\cdots)$;

(3) $y = \cos^2\dfrac{1}{x}, x=0$; (4) $y = \begin{cases} x-1, & x \leqslant 1, \\ 3-x, & x > 1, \end{cases} x=1.$

4. 讨论函数 $f(x) = \lim\limits_{n\to\infty}\dfrac{1-x^{2n}}{1+x^{2n}}x$ 的连续性,若有间断点,判别其类型.

5. 证明:若函数 $f(x)$ 在点 $x_0$ 连续且 $f(x_0) \neq 0$,则存在 $x_0$ 的某一邻域 $U(x_0)$,当 $x \in U(x_0)$ 时,$f(x) \neq 0$.

6. 设

$$f(x) = \begin{cases} x, & x \in \mathbf{Q}, \\ 0, & x \in \mathbf{R}\backslash\mathbf{Q}, \end{cases}$$

证明:

(1) $f(x)$ 在 $x=0$ 连续;

(2) $f(x)$ 在非零的 $x$ 处都不连续.

7. 选择 $a$ 的值,使下列函数处处连续:

(1) $f(x) = \begin{cases} e^x, & x < 0, \\ a+x, & x \geqslant 0; \end{cases}$ (2) $f(x) = \begin{cases} \dfrac{2}{x}, & x \geqslant 1, \\ a\cos\pi x, & x < 1; \end{cases}$ (3) $f(x) = \begin{cases} x\sin\dfrac{1}{x}, & x > 0, \\ a+x^2, & x \leqslant 0. \end{cases}$

# 2.8 连续函数的运算与初等函数的连续性

## 2.8.1 连续函数的和、差、积、商的连续性

由函数在某点连续的定义和极限的四则运算法则,可得下面的结果.

**定理 2.21**  设函数 $f(x)$ 和 $g(x)$ 在点 $x_0$ 连续，则它们的和 $f+g$、差 $f-g$、积 $f \cdot g$ 在 $x_0$ 连续. 若 $g(x_0) \neq 0$，则商 $\dfrac{f}{g}$ 也在 $x_0$ 连续.

**例 2.33**  因 $\tan x = \dfrac{\sin x}{\cos x}$, $\cot x = \dfrac{\cos x}{\sin x}$, $\sec x = \dfrac{1}{\cos x}$, $\csc x = \dfrac{1}{\sin x}$, 再加上常值函数以及正弦函数和余弦函数的连续性，可得三角函数在其定义域内是连续的.

### 2.8.2  连续函数的反函数的连续性

**定理 2.22**  如果函数 $y = f(x)$ 在区间 $I_x$ 上单调递增（或单调递减）且连续，那么它的反函数 $x = f^{-1}(y)$ 也在对应的区间 $I_y = \{y \mid y = f(x), x \in I_x\}$ 上单调递增（或单调递减）且连续.

**例 2.34**  由于 $y = \sin x$ 在 $\left[-\dfrac{\pi}{2}, \dfrac{\pi}{2}\right]$ 上单调递增且连续，所以它的反函数 $y = \arcsin x$ 在闭区间 $[-1, 1]$ 上也是单调递增且连续的. 同理可证 $\arccos x$, $\arctan x$, $\text{arccot} x$ 在它们的定义域内也是连续的. 总之，反三角函数都是连续函数.

**例 2.35**  我们不加证明地指出，指数函数 $a^x (a > 0, a \neq 1)$ 是 $R$ 上的单调且连续的函数，值域为 $(0, +\infty)$. 所以它的反函数对数函数 $\log_a x (a > 0, a \neq 1)$ 是 $(0, +\infty)$ 上的单调且连续的函数.

### 2.8.3  连续函数的复合函数的连续性

**定理 2.23**  设函数 $y = f[g(x)]$ 是由函数 $u = g(x)$ 与函数 $y = f(u)$ 复合而成，$U(x_0) \subset D_{f \circ g}$. 若函数 $u = g(x)$ 在 $x = x_0$ 连续，且 $g(x_0) = u_0$，而函数 $y = f(u)$ 在 $u = u_0$ 连续，则复合函数 $y = f[g(x)]$ 在 $x = x_0$ 也连续.

**证**  $\lim\limits_{x \to x_0} f[g(x)] = \lim\limits_{u \to u_0} f(u) = f(u_0) = f[g(x_0)]$. 需要说明一点，$x \in \mathring{U}(x_0)$ 时有可能 $g(x) = u_0$，但此时 $f[g(x)] = f(u_0) = f[g(x_0)]$ 并不影响上述极限过程.

**例 2.36**  在 $(0, +\infty)$ 上，幂函数 $x^\mu$ 可改写为 $a^{\mu \log_a x}$，由指数函数与对数函数的连续性可得幂函数在 $(0, +\infty)$ 上的连续性. 实际上可以证明幂函数在其定义域内是处处连续的.

连续函数的运算与初等函数的连续性

### 2.8.4  初等函数的连续性

由于已经说明常值函数和三角函数、反三角函数、指数函数、对数函数、幂函数等基本初等函数的连续性，也已经说明连续函数的四则运算和复合运算仍然保持

连续性,那么根据初等函数的定义可以得到

**定理 2.24**　一切初等函数在其定义区间内都是连续的.

如果 $f(x)$ 是初等函数,且 $x_0$ 是 $f(x)$ 定义区间内的点,则根据连续的定义和初等函数的连续性有

$$\lim_{x \to x_0} f(x) = f(x_0).$$

**例 2.37**　求 $\lim\limits_{x \to 1} \arctan(e^{x^2-1})$.

**解**　$\lim\limits_{x \to 1} \arctan(e^{x^2-1}) = \arctan(e^{1^2-1}) = \dfrac{\pi}{4}$.

**例 2.38**　求 $\lim\limits_{x \to 0} \dfrac{\sqrt{1+x^2}-1}{x^2}$.

**解**

$$\lim_{x \to 0} \frac{\sqrt{1+x^2}-1}{x^2} = \lim_{x \to 0} \frac{(\sqrt{1+x^2}-1)(\sqrt{1+x^2}+1)}{x^2(\sqrt{1+x^2}+1)}$$
$$= \lim_{x \to 0} \frac{1}{\sqrt{1+x^2}+1} = \frac{1}{2}.$$

**例 2.39**　求 $\lim\limits_{x \to 0} \dfrac{\log_a(1+x)}{x}$.

**解**　$\lim\limits_{x \to 0} \dfrac{\log_a(1+x)}{x} = \lim\limits_{x \to 0}\log_a(1+x)^{\frac{1}{x}} = \log_a e = \dfrac{1}{\ln a}$.

特别地,$\lim\limits_{x \to 0} \dfrac{\ln(1+x)}{x} = 1$.

**例 2.40**　求 $\lim\limits_{x \to 0} \dfrac{a^x-1}{x}$.

**解**　令 $a^x-1=t$,则 $x=\log_a(1+t)$,当 $x \to 0$ 时 $t \to 0$. 于是

$$\lim_{x \to 0} \frac{a^x-1}{x} = \lim_{t \to 0} \frac{t}{\log_a(1+t)} = \ln a.$$

特别地,$\lim\limits_{x \to 0} \dfrac{e^x-1}{x} = 1$.

**例 2.41**　求 $\lim\limits_{x \to 0}(1+3\tan x)^{\frac{2}{\sin x}}$.

**解**

$$\lim_{x \to 0}(1+3\tan x)^{\frac{2}{\sin x}} = \lim_{x \to 0} e^{\frac{6\tan x}{\sin x}\ln(1+3\tan x)^{\frac{1}{3\tan x}}}$$
$$= e^{\lim\limits_{x \to 0}\frac{6\tan x}{\sin x}\ln(1+3\tan x)^{\frac{1}{3\tan x}}} = e^6$$

一般地,对于形如 $u(x)^{v(x)}$ $(u(x)>0)$ 的函数(通常称为**幂指函数**),如果

$$\lim u(x) = a > 0, \quad \lim v(x) = b,$$

那么
$$\lim u(x)^{v(x)} = a^b.$$

例 2.41 也可以这样解

$$\lim_{x \to 0}(1+3\tan x)^{\frac{2}{\sin x}} = \lim_{x \to 0}(1+3\tan x)^{\frac{1}{3\tan x} \cdot \frac{6\tan x}{\sin x}}$$

$$= (\lim_{x \to 0}(1+3\tan x)^{\frac{1}{3\tan x}})^{\lim_{x \to 0} \frac{6\tan x}{\sin x}} = e^6.$$

### 习题 2.8

1. 求函数 $f(x) = \dfrac{x^3 + 3x^2 - x - 3}{x^2 + x - 6}$ 的连续区间，并求极限 $\lim\limits_{x \to 0} f(x)$，$\lim\limits_{x \to -3} f(x)$ 及 $\lim\limits_{x \to 2} f(x)$.

2. 设函数 $f(x)$ 与 $g(x)$ 在点 $x_0$ 连续，证明函数

$$\varphi(x) = \max\{f(x), g(x)\}, \psi(x) = \min\{f(x), g(x)\}$$

在点 $x_0$ 也连续.

3. 求下列极限：

(1) $\lim\limits_{x \to 0} \dfrac{\sqrt{x+1}-1}{x}$；　(2) $\lim\limits_{x \to +\infty}(\sqrt{x^2+x}-\sqrt{x^2-x})$；　(3) $\lim\limits_{x \to 0} \dfrac{\sqrt[3]{x+1}\lg(2+x^2)}{(1-x)^2+\cos x}$；

(4) $\lim\limits_{n \to \infty}\ln\left(1+\dfrac{1}{2n}\right)^n$；　(5) $\lim\limits_{n \to \infty}e^{n\sin\frac{1}{n}}$；　(6) $\lim\limits_{x \to 0}e^{\frac{1}{x}}$；　(7) $\lim\limits_{x \to 0}\ln\dfrac{\sin x}{x}$；　(8) $\lim\limits_{x \to \infty}\left(1+\dfrac{1}{x}\right)^{\frac{x}{2}}$；

(9) $\lim\limits_{x \to 0}(1+3\tan^2 x)^{\cot^2 x}$；　(10) $\lim\limits_{x \to \infty}\left(\dfrac{3+x}{6+x}\right)^{\frac{x-1}{2}}$；　(11) $\lim\limits_{x \to 0}\dfrac{\sqrt{1+\tan x}-\sqrt{1+\sin x}}{x\sqrt{1+\sin^2 x}-x}$；

(12) $\lim\limits_{x \to \infty}\left(\dfrac{2x+2}{2x+1}\right)^x$；　(13) $\lim\limits_{x \to 1}\left(\dfrac{1-x}{1-x^2}\right)^{\frac{1-\sqrt{x}}{1-x}}$；　(14) $\lim\limits_{x \to \infty}\left(\dfrac{2x^2-x}{x^2+1}\right)^{\frac{3x-1}{x+1}}$；

(15) $\lim\limits_{x \to \infty}\left(\cos\dfrac{a}{x}+k\sin\dfrac{a}{x}\right)^x (a \cdot k \neq 0)$；　(16) $\lim\limits_{x \to 0}\left(\dfrac{a^x+b^x+c^x}{3}\right)^{\frac{1}{x}} (a>0, b>0, c>0)$.

## 2.9　有界闭区间上连续函数的性质

有界闭区间上的连续函数具有几个重要的性质，下面分别来叙述.

### 2.9.1　最大值最小值定理

先说明最大值和最小值的概念. 设函数 $f(x)$ 的定义域为 $D$，若存在 $x_0 \in D$，使得对于任意的 $x \in D$，都有

$$f(x) \leqslant f(x_0) \quad (f(x) \geqslant f(x_0)),$$

则称 $f(x_0)$ 是函数 $f(x)$ 在 $D$ 上的**最大值（最小值）**.

**定理 2.25**（最大值最小值定理）　有界闭区间上的连续函数在此区间上有最大值和最小值（图 2.14）.

**推论 2.9**(有界性定理)　有界闭区间上的连续函数在此区间上有界.

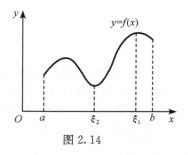

图 2.14

### 2.9.2 零点定理与介值定理

如果 $f(x_0)=0$,则称 $x_0$ 是 $f(x)$ 的零点.

**定理 2.26**(零点定理)　设函数 $f(x)$ 在有界闭区间 $[a,b]$ 上连续,$f(a)f(b)<0$,则在开区间 $(a,b)$ 内至少存在 $f(x)$ 的一个零点.

**几何意义**:如果连续曲线弧 $y=f(x)$ 的两个端点位于 $x$ 轴的不同侧,那么这段曲线弧与 $x$ 轴至少有一个交点(图 2.15).

**推论 2.10**(介值定理)　设函数 $f(x)$ 在有界闭区间 $[a,b]$ 上连续,
$$f(a)=A, \quad f(b)=B,$$
则对于 $A$ 与 $B$ 之间的任意一个数 $C$,在开区间 $(a,b)$ 内至少存在一点 $\xi$,使得
$$f(\xi)=C \quad (\text{图 2.16}).$$

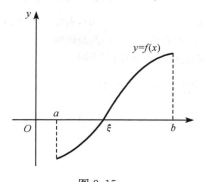

图 2.15

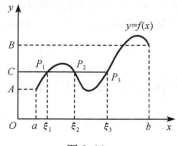

图 2.16

**推论 2.11**　设函数 $f(x)$ 在有界闭区间 $[a,b]$ 上连续,则此函数可取到介于最大值和最小值之间的任何值.

**例 2.42**　证明方程 $x^5-3x=1$ 在区间 $(1,2)$ 内至少有一个根.

**证**　设 $f(x)=x^5-3x-1$,它在 $[1,2]$ 上连续
$$f(1)=-3<0,$$
$$f(2)=25>0,$$
由零点定理,$f(x)$ 在 $(1,2)$ 内至少有一个零点,即方程 $x^5-3x=1$ 在区间 $(1,2)$ 内至少有一个根.

有界闭区间上连续函数的性质

## 习题 2.9

1. 假设函数 $f(x)$ 在闭区间 $[0,1]$ 上连续，并且对 $[0,1]$ 上任一点 $x$ 有 $0 \leqslant f(x) \leqslant 1$. 试证明 $[0,1]$ 中必存在一点 $c$，使得 $f(c) = c$ ($c$ 称为**函数 $f(x)$ 的不动点**).

2. 证明方程 $x = a\sin x + b$，其中 $a > 0, b > 0$，至少有一个正根，并且它不超过 $a + b$.

3. 证明方程 $\sin x + x + 1 = 0$ 在开区间 $\left( -\dfrac{\pi}{2}, \dfrac{\pi}{2} \right)$ 内至少有一个根.

4. 若 $f(x)$ 在 $[a,b]$ 上连续，$a < x_1 < x_2 < \cdots < x_n < b (n \geqslant 3)$，则在 $(x_1, x_n)$ 内至少有一点 $\xi$，使 $f(\xi) = \dfrac{f(x_1) + f(x_2) + \cdots + f(x_n)}{n}$.

5. 证明：若 $f(x)$ 在 $(-\infty, +\infty)$ 内连续，且 $\lim\limits_{x \to \infty} f(x)$ 存在，则 $f(x)$ 必在 $(-\infty, +\infty)$ 内有界.

6. 设 $f(x)$ 在 $(a,b)$ 上连续，且 $\lim\limits_{x \to a^+} f(x) = \lim\limits_{x \to b^-} f(x) = B$，又存在 $x_1 \in (a,b)$，使得 $f(x_1) \geqslant B$，证明 $f(x)$ 在 $(a,b)$ 上有最大值.

7. 设 $f(x)$ 在 $(a,b)$ 上连续，且 $\lim\limits_{x \to a^+} f(x) = \lim\limits_{x \to b^-} f(x) = +\infty$，证明 $f(x)$ 在 $(a,b)$ 上有最小值.

8. 如果存在直线 $L: y = kx + b$，使得当 $x \to \infty$ (或 $x \to +\infty$, $x \to -\infty$) 时，曲线 $y = f(x)$ 上的动点 $M(x, f(x))$ 到直线 $L$ 的距离 $d(M, L) \to 0$，则称 $L$ 为曲线 $y = f(x)$ 的**渐近线**.

(1) 证明：直线 $L: y = kx + b$ 为曲线 $y = f(x)$ 的渐近线的充分必要条件是

$$k = \lim_{\substack{x \to \infty \\ (x \to +\infty \\ x \to -\infty)}} \frac{f(x)}{x}, \quad b = \lim_{\substack{x \to \infty \\ (x \to +\infty \\ x \to -\infty)}} \left[ f(x) - kx \right];$$

(2) 求曲线 $y = (2x - 1)\mathrm{e}^{\frac{1}{x}}$ 的渐近线.

# 第 3 章　导数与微分

微分学是微积分的重要组成部分,它的基本概念是导数与微分.本章主要讨论导数和微分的概念以及它们的计算方法.

## 3.1　导数与微分的概念

### 3.1.1　引例

在自然科学和工程技术问题中,往往需要考虑某个函数的因变量随自变量变化的快慢程度(即变化速率).导数的概念正是从求函数变化率的问题中概括、抽象出来的.先看两个例子.

**例 3.1**　质点做变速直线运动的瞬时速度.

大家知道,匀速直线运动的速度就是平均速度.但对变速直线运动来说,只知道平均速度是不够的,还需要知道运动质点在每个时刻的瞬时速度.怎样求瞬时速度呢?

设质点 $P$ 沿一直线做变速运动.用 $s$ 表示从某一选定的时刻开始到时刻 $t$ 为止质点所走过的路程,则 $s$ 是 $t$ 的函数,即 $s = s(t)$.现在的问题是已知质点 $P$ 的运动规律 $s = s(t)$,试求质点 $P$ 在时刻 $t_0$ 的瞬时速度 $v(t_0)$.

当时间从 $t_0$ 时刻变到 $t_0 + \Delta t$ 时刻时,质点 $P$ 所走过的路程为

$$\Delta s = s(t_0 + \Delta t) - s(t_0).$$

如果质点做匀速运动,那么,速度是一个常数,它可以用质点所走过的路程 $\Delta s$ 与所用时间 $\Delta t$ 的比值,即平均速度来计算,即

$$\bar{v} = \frac{\Delta s}{\Delta t} = \frac{s(t_0 + \Delta t) - s(t_0)}{\Delta t},$$

这也是质点在时刻 $t_0$ 的瞬时速度 $v(t_0)$.

当质点 $P$ 做变速直线运动时,速度每时每刻都可能不同,因此,比值 $\bar{v} = \frac{\Delta s}{\Delta t}$ 不能表示质点 $P$ 在时刻 $t_0$ 的速度,而只能表示质点 $P$ 在 $\Delta t$ 这段时间内的平均速度.不过,一般说来,当 $|\Delta t|$ 很小时,质点的运动速度来不及有多大改变,因此可以把运动近似看成是匀速的,这样,平均速度 $\bar{v} = \frac{\Delta s}{\Delta t}$ 就可以近似地描述瞬时速度 $v(t_0)$.一般说来,当 $|\Delta t|$ 越小,则 $\bar{v} = \frac{\Delta s}{\Delta t}$ 越接近于 $v(t_0)$,因而当 $\Delta t \to 0$ 时,平均速度的极限

就是瞬时速度,即

$$v(t_0) = \lim_{\Delta t \to 0} \frac{\Delta s}{\Delta t} = \lim_{\Delta t \to 0} \frac{s(t_0 + \Delta t) - s(t_0)}{\Delta t}.$$

**例 3.2**  曲线上一点处切线的斜率.

先明确一个问题,什么是曲线的切线?

图 3.1

在中学数学里,大家学过圆的切线,它的定义是,与圆(周)只有一个交点的直线(图 3.1).但是,对于一般曲线,这种用交点个数来定义切线的做法是不适用的.例如,抛物线 $y = x^2$ 与 $y$ 轴只有一个交点,然而 $y$ 轴显然不是它的切线.又如,在图 3.2 中,直线 $M_0 M_1$ 与曲线 $C$ 的交点不止一个,但从直观上看,却没有理由说 $M_0 M_1$ 不是曲线 $C$ 在点 $M_0$ 处的切线.

因此,对于一般曲线的切线,需要重新下定义.

设有曲线 $C$,为了求出它在点 $M_0$ 处的切线,在曲线 $C$ 上任取另外一点 $N$,连接点 $M_0$ 和 $N$,得到割线 $M_0 N$.让点 $N$ 沿着曲线 $C$ 朝着点 $M_0$ 移动,于是割线 $M_0 N$ 便绕着点 $M_0$ 转动;当点 $N$ 无限接近于点 $M_0$ 时,若割线 $M_0 N$ 有一个极限位置 $M_0 T$,则称直线 $M_0 T$ 为**曲线 $C$ 在点 $M_0$ 处的切线**(图 3.3).简言之,**割线的极限位置就是切线**.

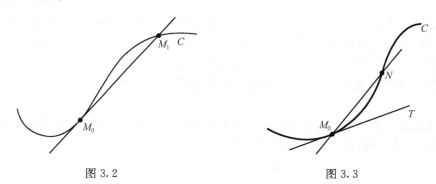

图 3.2                                              图 3.3

显然,切线的这个定义对于圆也是适用的.

有了切线的定义,下面来讨论例 3.2.

设有曲线 $C$,其方程为 $y = f(x)$,$M_0(x_0, f(x_0))$ 为其上一点.为了求曲线 $C$ 在点 $M_0$ 处切线的斜率,在曲线 $C$ 上另取一点 $N$,设其坐标为 $(x_0 + \Delta x, f(x_0 + \Delta x))$,连接点 $M_0$ 和 $N$.易知割线 $M_0 N$ 的斜率为

$$\frac{\Delta y}{\Delta x} = \frac{f(x_0 + \Delta x) - f(x_0)}{\Delta x}.$$

当点 $N$ 沿曲线 $C$ 移动并无限接近于点 $M_0$(即 $\Delta x \to 0$)时,割线 $M_0 N$ 也随之变化而

趋近于切线 $M_0T$,于是割线的斜率就趋向于切线的斜率,即有

$$\tan\theta = \lim_{\Delta x \to 0} \frac{\Delta y}{\Delta x} = \lim_{\Delta x \to 0} \frac{f(x_0 + \Delta x) - f(x_0)}{\Delta x},$$

其中 $\theta$ 为切线 $M_0T$ 与 $x$ 轴正向的夹角(图 3.4).

虽然例 3.1 是运动学问题,而例 3.2 是几何学问题,但是它们在数学的处理方法上却是相同的,都是**求函数的局部变化率**,即函数的改变量与自变量的改变量之比(这是平均变化率)当后者趋向于 0 时的极限. 这类求函数变化率的问题

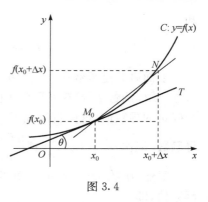

图 3.4

在科学技术领域中是很多的,如瞬时功率问题,比热问题,温度梯度问题,线密度问题,瞬时电流问题,化学反应速率问题,生物繁殖率问题等. 这些概念都是用函数在某点处的变化率来刻画的. 这种变化率在数学上称为**导数**.

### 3.1.2 导数的定义

从上面所讨论的两个问题可以看出,非匀速直线运动的速度和切线的斜率都归结为

$$\lim_{x \to x_0} \frac{f(x) - f(x_0)}{x - x_0},$$

其中 $x - x_0$ 和 $f(x) - f(x_0)$ 分别为函数 $y = f(x)$ 自变量的增量 $\Delta x$ 和函数的增量 $\Delta y$

$$\Delta x = x - x_0,$$
$$\Delta y = f(x) - f(x_0) = f(x_0 + \Delta x) - f(x_0).$$

因 $x \to x_0$ 相当于 $\Delta x \to 0$,故上式也可写成

$$\lim_{\Delta x \to 0} \frac{\Delta y}{\Delta x} \quad \text{或} \lim_{\Delta x \to 0} \frac{f(x_0 + \Delta x) - f(x_0)}{\Delta x}.$$

**定义 3.1** 设函数 $y = f(x)$ 在点 $x_0$ 的某个邻域内有定义,当自变量 $x$ 在 $x_0$ 处取得增量 $\Delta x$ 时,相应的的函数取得增量 $\Delta y = f(x_0 + \Delta x) - f(x_0)$;如果 $\Delta y$ 与 $\Delta x$ 之比当 $\Delta x \to 0$ 时的极限存在,则称**函数 $y = f(x)$在点 $x_0$ 处可导**,并称这个极限为**函数 $y = f(x)$在点 $x_0$ 处的导数**,记为 $f'(x_0)$,即

$$f'(x_0) = \lim_{\Delta x \to 0} \frac{\Delta y}{\Delta x} = \lim_{\Delta x \to 0} \frac{f(x_0 + \Delta x) - f(x_0)}{\Delta x},$$

也可记作 $y'|_{x=x_0}, \dfrac{\mathrm{d}y}{\mathrm{d}x}\Big|_{x=x_0}$ 或 $\dfrac{\mathrm{d}f(x)}{\mathrm{d}x}\Big|_{x=x_0}$.

导数的定义式也可取不同的形式,常见的有

$$f'(x_0) = \lim_{h \to 0} \frac{f(x_0 + h) - f(x_0)}{h}$$

和

$$f'(x_0) = \lim_{x \to x_0} \frac{f(x) - f(x_0)}{x - x_0}.$$

上面讲的是函数在一点处可导. 如果函数 $y = f(x)$ 在开区间 $I$ 内的每点处都可导, 就称**函数 $f(x)$ 在开区间 $I$ 内可导**. 这时, 对于任一 $x \in I$, 都对应着 $f(x)$ 的一个确定的导数值. 这样就构成了一个新的函数, 这个函数叫做原来函数 $y = f(x)$ 的**导函数**, 记作 $y'$, $f'(x)$, $\dfrac{\mathrm{d}y}{\mathrm{d}x}$ 或 $\dfrac{\mathrm{d}f(x)}{\mathrm{d}x}$.

显然, 函数 $f(x)$ 在点 $x_0$ 处的导数 $f'(x_0)$ 就是导函数 $f'(x)$ 在点 $x = x_0$ 处的函数值, 即

$$f'(x_0) = f'(x) \,|_{x = x_0}.$$

导数的定义

微分的概念

### 3.1.3  微分的定义

先分析一个具体问题. 一块正方形金属薄片受温度变化的影响, 其边长由 $x_0$ 变到 $x_0 + \Delta x$ (图 3.5), 问此薄片的面积改变了多少?

设此薄片的边长为 $x$, 面积为 $A$, 则 $A$ 与 $x$ 存在函数关系 $A = x^2$. 薄片受温度变化的影响时面积的改变量, 可以看成是当自变量 $x$ 自 $x_0$ 取得增量 $\Delta x$ 时, 函数 $A = x^2$ 相应的增量 $\Delta A$, 即

$$\Delta A = (x_0 + \Delta x)^2 - x_0^2 = 2x_0 \Delta x + (\Delta x)^2.$$

从上式可以看出, $\Delta A$ 分成两部分, 第一部分 $2x_0 \Delta x$ 是 $\Delta x$ 的线性函数, 即图 3.5 中带有斜线的两个矩形面积之和, 而第二部分 $(\Delta x)^2$ 在图中是带有交叉斜线的小正方形的面积, 当

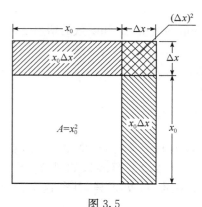

图 3.5

$\Delta x \to 0$ 时, 第二部分 $(\Delta x)^2$ 是比 $\Delta x$ 高阶的无穷小, 即 $(\Delta x)^2 = o(\Delta x)$. 由此可见, 如果边长改变很微小, 即 $|\Delta x|$ 很小时, 面积的改变量 $\Delta A$ 可近似地用第一部分来代替.

一般地, 如果函数 $y = f(x)$ 满足一定条件, 则增量 $\Delta y$ 可表示为

$$\Delta y = A \Delta x + o(\Delta x),$$

其中 $A$ 为不依赖于 $\Delta x$ 的常数, 因此 $A \Delta x$ 是 $\Delta x$ 的线性函数, 且它与 $\Delta y$ 之差

$$\Delta y - A \Delta x = o(\Delta x)$$

是比 $\Delta x$ 高阶的无穷小,所以,当 $A\neq 0$,且 $|\Delta x|$ 很小时,就可以用 $\Delta x$ 的线性函数 $A\Delta x$ 来近似代替 $\Delta y$.

**定义 3.2** 设函数 $y=f(x)$ 在点 $x_0$ 的某个邻域内有定义,如果增量

$$\Delta y = f(x_0 + \Delta x) - f(x_0)$$

可表示为

$$\Delta y = A\Delta x + o(\Delta x),$$

其中 $A$ 为不依赖于 $\Delta x$ 的常数,则称函数 $y=f(x)$ 在点 $x_0$ 是**可微的**,而 $A\Delta x$ 叫做函数 $y=f(x)$ 在点 $x_0$ 相应于自变量增量 $\Delta x$ 的**微分**,记作 $\mathrm{d}y$,即

$$\mathrm{d}y = A\Delta x.$$

### 3.1.4 可微与可导的关系

**定理 3.1** 函数 $y=f(x)$ 在点 $x_0$ 处可微的充要条件是 $f(x)$ 在点 $x_0$ 处可导. 此时有

$$\mathrm{d}y = f'(x_0)\Delta x.$$

**证 必要性** 设 $y=f(x)$ 在点 $x_0$ 处可微,由定义知

$$\Delta y = A\Delta x + o(\Delta x),$$

所以

$$\frac{\Delta y}{\Delta x} = A + \frac{o(\Delta x)}{\Delta x},$$

$$\lim_{\Delta x \to 0} \frac{\Delta y}{\Delta x} = \lim_{\Delta x \to 0} A + \lim_{\Delta x \to 0} \frac{o(\Delta x)}{\Delta x} = A,$$

即 $f(x)$ 在点 $x_0$ 处可导,且 $f'(x_0)=A$,即

$$\mathrm{d}y = f'(x_0)\Delta x.$$

**充分性** 设 $y=f(x)$ 在点 $x_0$ 处可导,即极限

$$\lim_{\Delta x \to 0} \frac{\Delta y}{\Delta x} = f'(x_0)$$

存在,则有

$$\frac{\Delta y}{\Delta x} = f'(x_0) + \alpha,$$

其中 $\alpha$ 为无穷小,所以

$$\Delta y = f'(x_0)\Delta x + \alpha\Delta x = f'(x_0)\Delta x + o(\Delta x),$$

即 $y=f(x)$ 在点 $x_0$ 处可微,且

$$\mathrm{d}y = f'(x_0)\Delta x.$$

### 3.1.5 导数与微分的几何意义

在直角坐标系中,函数 $y=f(x)$ 的图形是一条曲线. 对于某一固定的 $x_0$ 值,曲

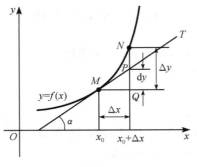

图 3.6

线上有一个确定点 $M(x_0, y_0)$,当自变量 $x$ 有微小增量 $\Delta x$ 时,就得到曲线上另一点 $N(x_0 + \Delta x, y_0 + \Delta y)$. 从图 3.6 可知

$$MQ = \Delta x,$$
$$QN = \Delta y.$$

过点 $M$ 作曲线的切线 $MT$,它的倾角为 $\alpha$,则导数 $f'(x_0)$ 就是 $MT$ 的**斜率**,即 $f'(x_0) = \tan\alpha$,而

$$QP = MQ \cdot \tan\alpha = \Delta x \cdot f'(x_0),$$

即

$$dy = QP.$$

由此可见,对于可微函数 $y = f(x)$ 而言,当 $\Delta y$ 是曲线 $y = f(x)$ 上的点的纵坐标的增量时,$dy$ 就是曲线的切线上点的纵坐标的相应增量. 当 $|\Delta x|$ 很小时,$|\Delta y - dy|$ 比 $|\Delta x|$ 小得多. 因此在点 $M$ 的邻近,可以用切线段来近似代替曲线段. 在局部范围内用线性函数近似代替非线性函数,在几何上就是局部用切线段近似代替曲线段,这在数学上称为**非线性函数的局部线性化**,是微分学的基本思想方法之一. 这种思想方法在自然科学和工程问题的研究中经常采用.

### 3.1.6 求导数与微分举例

**例 3.3** 求函数 $f(x) = C$ 的导数与微分.

**解　方法一**　$f'(x) = \lim\limits_{h \to 0} \dfrac{f(x+h) - f(x)}{h} = \lim\limits_{h \to 0} \dfrac{C - C}{h} = 0$,所以 $(C)' = 0$,$d(C) = 0$.

**方法二**　因为 $\Delta y = C - C = 0 = 0 \cdot \Delta x + 0$,所以 $(C)' = 0$,$d(C) = 0$.

**例 3.4** 求函数 $f(x) = x^n (n \in \mathbf{N}^+)$ 在 $x = a$ 处的的导数与微分.

**解　方法一**

$$f'(a) = \lim\limits_{h \to 0} \frac{f(a+h) - f(a)}{h} = \lim\limits_{h \to 0} \frac{(a+h)^n - a^n}{h}$$
$$= \lim\limits_{h \to 0} \left[ na^{n-1} + \frac{n(n-1)}{2} a^{n-2} h + \cdots + h^{n-1} \right] = na^{n-1}.$$

所以 $f'(a) = na^{n-1}$,$dy = na^{n-1}\Delta x$.

**方法二**　因为

$$\Delta y = (a + \Delta x)^n - a^n = na^{n-1}\Delta x + \frac{n(n-1)}{2} a^{n-2} (\Delta x)^2 + \cdots + (\Delta x)^n$$
$$= na^{n-1}\Delta x + o(\Delta x),$$

所以 $dy = na^{n-1}\Delta x$,$f'(a) = na^{n-1}$.

在上例中,若取 $n=1$,则 $\mathrm{d}y=\mathrm{d}x=\Delta x$. 通常把自变量 $x$ 的增量 $\Delta x$ 称为**自变量的微分**,记作 $\mathrm{d}x$,即 $\mathrm{d}x=\Delta x$. 于是函数 $y=f(x)$ 的微分又可记作

$$\mathrm{d}y=f'(x)\mathrm{d}x.$$

从而有

$$\frac{\mathrm{d}y}{\mathrm{d}x}=f'(x).$$

这就是说,函数的微分 $\mathrm{d}y$ 与自变量的微分 $\mathrm{d}x$ 之商等于该函数的导数. 因此,导数也叫做"**微商**".

**例 3.5** 求函数 $f(x)=\sin x$ 的导数与微分.

**解 方法一**

$$f'(x)=\lim_{h\to0}\frac{f(x+h)-f(x)}{h}=\lim_{h\to0}\frac{\sin(x+h)-\sin x}{h}$$

$$=\lim_{h\to0}\cos\left(x+\frac{h}{2}\right)\cdot\frac{\sin\dfrac{h}{2}}{\dfrac{h}{2}}=\cos x.$$

所以 $(\sin x)'=\cos x$,$\mathrm{d}\sin x=\cos x\mathrm{d}x$.

**方法二**

$$\Delta y=\sin(x+\Delta x)-\sin x=2\cos\left(x+\frac{\Delta x}{2}\right)\sin\frac{\Delta x}{2},$$

由 $\cos x$ 的连续性知 $\cos\left(x+\dfrac{\Delta x}{2}\right)=\cos x+o(1)$. 以后我们也用 $o(1)$ 表示无穷小.

由 $\lim\limits_{\Delta x\to0}\dfrac{\sin\dfrac{\Delta x}{2}}{\dfrac{\Delta x}{2}}=1$ 知,$\sin\dfrac{\Delta x}{2}=\dfrac{\Delta x}{2}+o(\Delta x)$,所以

$$\Delta y=2\cos\left(x+\frac{\Delta x}{2}\right)\sin\frac{\Delta x}{2}=2(\cos x+o(1))\left(\frac{\Delta x}{2}+o(\Delta x)\right)=(\cos x)\cdot\Delta x+o(\Delta x)$$

由此可知,$\mathrm{d}\sin x=\cos x\mathrm{d}x$,$(\sin x)'=\cos x$.

类似可以证明:$\mathrm{d}\cos x=-\sin x\mathrm{d}x$,$(\cos x)'=-\sin x$.

**例 3.6** 求函数 $f(x)=a^x(a>0,a\neq1)$ 的导数与微分.

**解 方法一**

$$f'(x)=\lim_{h\to0}\frac{f(x+h)-f(x)}{h}=\lim_{h\to0}\frac{a^{x+h}-a^x}{h}=a^x\lim_{h\to0}\frac{a^h-1}{h}=a^x\ln a.$$

所以 $\mathrm{d}a^x=a^x\ln a\mathrm{d}x$,$(a^x)'=a^x\ln a$.

**方法二**

$$\Delta y=a^{x+\Delta x}-a^x=a^x(a^{\Delta x}-1),$$

由 $\lim\limits_{\Delta x\to0}\dfrac{a^{\Delta x}-1}{\Delta x}=\ln a$ 知 $a^{\Delta x}-1=(\ln a)\Delta x+o(\Delta x)$. 所以

$$\Delta y = (a^x \ln a) \Delta x + o(\Delta x)$$

由此可知,$\mathrm{d}a^x = a^x \ln a \mathrm{d}x, (a^x)' = a^x \ln a.$

特别地，$\mathrm{d}e^x = e^x \mathrm{d}x, (e^x)' = e^x.$

**例 3.7**　求函数 $f(x) = \log_a x (a > 0, a \neq 1)$ 的导数与微分.

**解　方法一**

$$f'(x) = \lim_{h \to 0} \frac{f(x+h) - f(x)}{h} = \lim_{h \to 0} \frac{\log_a(x+h) - \log_a x}{h}$$

$$= \lim_{h \to 0} \frac{1}{h} \log_a \frac{x+h}{x} = \frac{1}{x} \lim_{h \to 0} \frac{\log_a\left(1 + \frac{h}{x}\right)}{\frac{h}{x}} = \frac{1}{x \ln a}.$$

所以 $\mathrm{d}\log_a x = \frac{1}{x \ln a} \mathrm{d}x, (\log_a x)' = \frac{1}{x \ln a}.$

**方法二**

$$\Delta y = \log_a(x + \Delta x) - \log_a x = \log_a\left(1 + \frac{\Delta x}{x}\right),$$

由 $\lim\limits_{\Delta x \to 0} \dfrac{\log_a\left(1 + \frac{\Delta x}{x}\right)}{\frac{\Delta x}{x}} = \dfrac{1}{\ln a}$ 知,$\log_a\left(1 + \dfrac{\Delta x}{x}\right) = \dfrac{1}{x \ln a} \Delta x + o(\Delta x).$ 所以

$$\Delta y = \frac{1}{x \ln a} \Delta x + o(\Delta x).$$

由此可知,$\mathrm{d}\log_a x = \dfrac{1}{x \ln a} \mathrm{d}x, (\log_a x)' = \dfrac{1}{x \ln a}.$

特别地,$\mathrm{d}\ln x = \dfrac{1}{x} \mathrm{d}x, (\ln x)' = \dfrac{1}{x}.$

**例 3.8**　求函数 $f(x) = |x|$ 在 $x = 0$ 处的导数与微分.

**解**　$\lim\limits_{h \to 0} \dfrac{f(0+h) - f(0)}{h} = \lim\limits_{h \to 0} \dfrac{|h|}{h}$,而

$$\lim_{h \to 0^+} \frac{|h|}{h} = \lim_{h \to 0^+} \frac{h}{h} = 1, \lim_{h \to 0^-} \frac{|h|}{h} = \lim_{h \to 0^-} \frac{-h}{h} = -1.$$

求导数与微分举例

所以 $\lim\limits_{h \to 0} \dfrac{f(0+h) - f(0)}{h}$ 不存在,即 $f(x) = |x|$ 在 $x = 0$ 处不可导,也不可微.

### 3.1.7　单侧导数

**定义 3.3**　若 $\lim\limits_{h \to 0^-} \dfrac{f(x_0 + h) - f(x_0)}{h}$ 存在,则称其为 $f(x)$ 在 $x_0$ 处的左导数,

记作 $f'_-(x_0)$;若 $\lim\limits_{h \to 0^+} \dfrac{f(x_0 + h) - f(x_0)}{h}$ 存在,则称其为 $f(x)$ 在 $x_0$ 处的右导数,记

作 $f'_+(x_0)$. 这两种导数统称为**单侧导数**. 根据极限与单侧极限的关系,可以得到如下定理.

**定理 3.2**　函数 $y=f(x)$ 在点 $x_0$ 处可导的充要条件是 $f(x)$ 在点 $x_0$ 处的左右导数都存在且相等.

如果函数 $f(x)$ 在开区间 $(a,b)$ 内可导,且 $f'_+(a)$ 和 $f'_-(b)$ 都存在,就说 $f(x)$ 在闭区间 $[a,b]$ 上可导.

### 3.1.8　函数可微性与连续性的关系

设函数 $y=f(x)$ 在点 $x$ 处可微,则
$$\Delta y = f'(x)\Delta x + o(\Delta x),$$
显然当 $\Delta x \to 0$ 时, $\Delta y \to 0$. 这就是说,函数 $y=f(x)$ 在点 $x$ 处是连续的.

反之,若 $y=f(x)$ 在点 $x$ 处是连续的,则 $y=f(x)$ 在点 $x$ 处不一定可微. 例 3.8 中的函数 $y=|x|$ 在 $x=0$ 处就是一个反例.

## 习题 3.1

1. 证明 $(\cos x)' = -\sin x$.

2. 根据导数定义求下列函数的导数:

(1) $y=ax+c$;　　(2) $y=\dfrac{1}{x}$;　　(3) $y=\sqrt{x}(x>0)$;　　(4) $y=x^2+x$;

(5) $f(x)=\begin{cases} x^2\sin\dfrac{1}{x}, & x\neq 0, \\ 0, & x=0, \end{cases}$ 求 $f'(0)$.

3. 证明 $y=|\sin x|$ 在 $x=0$ 点不可导.

4. 证明 $y=x^{\frac{2}{3}}$ 在 $x=0$ 点的右导数为 $+\infty$,而左导数为 $-\infty$.

5. 求下列函数 $f(x)$ 的 $f'_-(0)$ 及 $f'_+(0)$,且判断 $f'(0)$ 是否存在:

(1) $f(x)=\begin{cases} \sin x, & x<0, \\ \ln(1+x), & x\geq 0; \end{cases}$　　(2) $f(x)=\begin{cases} \dfrac{x}{1+\mathrm{e}^{\frac{1}{x}}}, & x\neq 0, \\ 0, & x=0; \end{cases}$

(3) $f(x)=\begin{cases} x^2, & x\geq 0, \\ -x, & x<0. \end{cases}$

6. 已知物体的运动规律为 $s=t^3(\mathrm{m})$,求这物体在 $t=2(\mathrm{s})$ 时的速度.

7. 如果 $f(x)$ 为偶函数,且 $f'(0)$ 存在,证明 $f'(0)=0$.

8. 证明若函数 $f(x)$ 在 $(-\infty,+\infty)$ 上是可导的奇(或偶)函数,则 $f'(x)$ 在 $(-\infty,+\infty)$ 上是偶(或奇)函数.

9. 设 $f(x)$ 在 $x_0$ 点可导, $\alpha_n,\beta_n$ 分别为趋于零的正数列,证明
$$\lim_{n\to\infty} \frac{f(x_0+\alpha_n)-f(x_0-\beta_n)}{\alpha_n+\beta_n} = f'(x_0).$$

10. 求曲线 $y=\sin x$ 在具有下列横坐标的各点处切线的斜率：

$$x=\frac{2}{3}\pi, \quad x=\pi.$$

11. 求曲线 $y=\cos x$ 上点 $\left(\frac{\pi}{3},\frac{1}{2}\right)$ 处的切线方程和法线方程.

12. 在抛物线 $y=x^2$ 上取横坐标为 $x_1=1$ 及 $x_2=3$ 的两点，作过这两点的割线. 问该抛物线上哪一点的切线平行于这条割线？

13. 设函数

$$f(x)=\begin{cases} x^2, & x\leqslant 1, \\ ax+b, & x>1. \end{cases}$$

如果函数 $f(x)$ 在 $x=1$ 处连续且可导，$a,b$ 应取什么值？

14. 已知 $f(x)=\begin{cases} \sin x, & x<0, \\ x, & x\geqslant 0, \end{cases}$ 求 $f'(x)$.

15. 证明：双曲线 $xy=a^2$ 上任一点处的切线与两坐标轴构成的三角形的面积都等于 $2a^2$.

# 3.2　微分和求导的法则

## 3.2.1　函数的和、差、积、商的微分与求导法则

**定理 3.3**　如果函数 $u=u(x)$ 及 $v=v(x)$ 都在点 $x$ 可微，那么它们的和、差、积、商（除分母为零的点外）都在点 $x$ 可微，且

(1) $\mathrm{d}[u(x)\pm v(x)]=\mathrm{d}u(x)\pm\mathrm{d}v(x)$；　$[u(x)\pm v(x)]'=u'(x)\pm v'(x)$.

(2) $\mathrm{d}[u(x)v(x)]=v(x)\mathrm{d}u(x)+u(x)\mathrm{d}v(x)$；　$[u(x)v(x)]'=u'(x)v(x)+u(x)v'(x)$.

(3) $\mathrm{d}\left[\dfrac{u(x)}{v(x)}\right]=\dfrac{v(x)\mathrm{d}u(x)-u(x)\mathrm{d}v(x)}{v^2(x)}$；　$\left[\dfrac{u(x)}{v(x)}\right]'=\dfrac{u'(x)v(x)-u(x)v'(x)}{v^2(x)}$.

**证**　(1) **方法一**

$$[u(x)\pm v(x)]'$$
$$=\lim_{\Delta x\to 0}\frac{[u(x+\Delta x)\pm v(x+\Delta x)]-[u(x)\pm v(x)]}{\Delta x}$$
$$=\lim_{\Delta x\to 0}\frac{u(x+\Delta x)-u(x)}{\Delta x}\pm\lim_{\Delta x\to 0}\frac{v(x+\Delta x)-v(x)}{\Delta x}$$
$$=u'(x)\pm v'(x).$$

所以(1)成立.

**方法二**　由 $\Delta u=\mathrm{d}u+o(\Delta x)$，$\Delta v=\mathrm{d}v+o(\Delta x)$，可得

$$\Delta(u\pm v)=\Delta u\pm\Delta v=\mathrm{d}u\pm\mathrm{d}v+o(\Delta x).$$

所以(1)成立.

(2) **方法一**

$$[u(x)v(x)]'$$

$$=\lim_{\Delta x \to 0}\frac{u(x+\Delta x)v(x+\Delta x)-u(x)v(x)}{\Delta x}$$

$$=\lim_{\Delta x \to 0}\left[\frac{u(x+\Delta x)-u(x)}{\Delta x}\cdot v(x+\Delta x)+u(x)\cdot\frac{v(x+\Delta x)-v(x)}{\Delta x}\right]$$

$$=u'(x)v(x)+u(x)v'(x).$$

所以(2)成立.

**方法二** 由 $\Delta u=\mathrm{d}u+o(\Delta x),\Delta v=\mathrm{d}v+o(\Delta x)$,可得

$$\Delta(uv)=u(x+\Delta x)v(x+\Delta x)-u(x)v(x)$$

$$=(u+\Delta u)(v+\Delta v)-uv=(\Delta u)v+u\Delta v+\Delta u\Delta v$$

$$=(\mathrm{d}u+o(\Delta x))v+u(\mathrm{d}v+o(\Delta x))+(\mathrm{d}u+o(\Delta x))(\mathrm{d}v+o(\Delta x))$$

$$=v\mathrm{d}u+u\mathrm{d}v+o(\Delta x).$$

所以(2)成立.

（3）**方法一**

$$\left[\frac{u(x)}{v(x)}\right]'=\lim_{\Delta x \to 0}\frac{\dfrac{u(x+\Delta x)}{v(x+\Delta x)}-\dfrac{u(x)}{v(x)}}{\Delta x}$$

$$=\lim_{\Delta x \to 0}\frac{u(x+\Delta x)v(x)-u(x)v(x+\Delta x)}{v(x+\Delta x)v(x)\Delta x}$$

$$=\lim_{\Delta x \to 0}\frac{[u(x+\Delta x)-u(x)]v(x)-u(x)[v(x+\Delta x)-v(x)]}{v(x+\Delta x)v(x)\Delta x}$$

$$=\lim_{\Delta x \to 0}\frac{\dfrac{u(x+\Delta x)-u(x)}{\Delta x}v(x)-u(x)\dfrac{v(x+\Delta x)-v(x)}{\Delta x}}{v(x+\Delta x)v(x)}$$

$$=\frac{u'(x)v(x)-u(x)v'(x)}{v^2(x)}.$$

所以(3)成立.

**方法二** 由 $\Delta u=\mathrm{d}u+o(\Delta x),\Delta v=\mathrm{d}v+o(\Delta x)$,可得

$$\Delta\left(\frac{1}{v}\right)=\frac{1}{v(x+\Delta x)}-\frac{1}{v(x)}$$

$$=\frac{v(x)-v(x+\Delta x)}{v(x+\Delta x)v(x)}=-\frac{\mathrm{d}v+o(\Delta x)}{v^2(x)}\cdot\frac{v^2(x)}{v^2(x)+o(1)}$$

$$=-\left(\frac{\mathrm{d}v}{v^2}+o(\Delta x)\right)\cdot(1+o(1))=-\frac{1}{v^2}\mathrm{d}v+o(\Delta x),$$

所以 $\mathrm{d}\left(\dfrac{1}{v}\right)=-\dfrac{1}{v^2}\mathrm{d}v.$ 进而

$$\mathrm{d}\left(\frac{u}{v}\right)=\frac{1}{v}\mathrm{d}u+u\mathrm{d}\left(\frac{1}{v}\right)=\frac{1}{v}\mathrm{d}u-\frac{u}{v^2}\mathrm{d}v$$

$$=\frac{v\mathrm{d}u-u\mathrm{d}v}{v^2},$$

所以(3)成立.

**注**　和、差与积的求导和微分法则可以推广到任意有限个可导函数的情形. 例如,设 $u=u(x),v=v(x),w=w(x)$ 均可导,则有

$$(u+v-w)'=u'+v'-w',\quad \mathrm{d}(u+v-w)=\mathrm{d}u+\mathrm{d}v-\mathrm{d}w.$$
$$(uvw)'=u'vw+uv'w+uvw',\quad \mathrm{d}(uvw)=vw\mathrm{d}u+uw\mathrm{d}v+uv\mathrm{d}w.$$

**例 3.9**　求函数 $f(x)=\tan x$ 的导数与微分.

**解**　**方法一**

$$(\tan x)'=\left(\frac{\sin x}{\cos x}\right)'=\frac{(\sin x)'\cos x-\sin x(\cos x)'}{\cos^2 x}$$
$$=\frac{\cos^2 x+\sin^2 x}{\cos^2 x}=\sec^2 x.$$

所以 $\mathrm{d}\tan x=\sec^2 x\mathrm{d}x.$

**方法二**

$$\mathrm{d}\tan x=\mathrm{d}\left(\frac{\sin x}{\cos x}\right)=\frac{\cos x\mathrm{d}\sin x-\sin x\mathrm{d}\cos x}{\cos^2 x}$$
$$=\frac{1}{\cos^2 x}\mathrm{d}x=\sec^2 x\mathrm{d}x,$$

所以 $(\tan x)'=\sec^2 x.$

**例 3.10**　求函数 $f(x)=\sec x$ 的导数与微分.

**解**　**方法一**

$$(\sec x)'=\left(\frac{1}{\cos x}\right)'=\frac{\sin x}{\cos^2 x}=\sec x\tan x.$$

所以 $\mathrm{d}\sec x=\sec x\tan x\mathrm{d}x.$

**方法二**

$$\mathrm{d}\sec x=\mathrm{d}\left(\frac{1}{\cos x}\right)=-\frac{\mathrm{d}\cos x}{\cos^2 x}$$
$$=\frac{\sin x}{\cos^2 x}\mathrm{d}x=\sec x\tan x\mathrm{d}x,$$

所以 $(\sec x)'=\sec x\tan x.$

同理可得

$$\mathrm{d}\cot x=-\csc^2 x\mathrm{d}x;\quad (\cot x)'=-\csc^2 x.$$
$$\mathrm{d}\csc x=-\csc x\cot x\mathrm{d}x;\quad (\csc x)'=-\csc x\cot x.$$

微分与求导的四则运算法则

### 3.2.2　反函数的微分与求导法则

**定理 3.4**　如果函数 $x=f(y)$ 在区间 $I_y$ 内单调、可微且 $f'(y)\neq 0$,则它的反

函数 $y=f^{-1}(x)$ 在区间 $I_x=\{x\,|\,x=f(y),y\in I_y\}$ 内也可微,且

$$\mathrm{d}y=\frac{1}{f'(y)}\mathrm{d}x, \quad \frac{\mathrm{d}y}{\mathrm{d}x}=\frac{1}{f'(y)} \text{ 或者 } \mathrm{d}y=\frac{1}{\frac{\mathrm{d}x}{\mathrm{d}y}}\mathrm{d}x, \frac{\mathrm{d}y}{\mathrm{d}x}=\frac{1}{\frac{\mathrm{d}x}{\mathrm{d}y}}.$$

**证 方法一** $\dfrac{\mathrm{d}y}{\mathrm{d}x}=\left[f^{-1}(x)\right]'=\lim\limits_{\Delta x\to 0}\dfrac{\Delta y}{\Delta x}=\lim\limits_{\Delta y\to 0}\dfrac{1}{\dfrac{\Delta x}{\Delta y}}=\dfrac{1}{f'(y)}=\dfrac{1}{\dfrac{\mathrm{d}x}{\mathrm{d}y}}.$ 所以定理的结

论成立.

**方法二** 由 $\Delta x=f'(y)\Delta y+o(\Delta y)$,得到 $\Delta y=\dfrac{1}{f'(y)}\Delta x+\dfrac{o(\Delta y)}{f'(y)}=\dfrac{1}{f'(y)}$ $\Delta x+o(\Delta x)$,所以定理的结论成立.

**例 3.11** 求函数 $y=\arcsin x$ 的导数与微分.

**解** 设 $x=\sin y, y\in\left[-\dfrac{\pi}{2},\dfrac{\pi}{2}\right]$ 为直接函数,则 $y=\arcsin x$ 是它的反函数. 函数 $x=\sin y$ 在开区间 $I_y=\left(-\dfrac{\pi}{2},\dfrac{\pi}{2}\right)$ 内单调、可导,且

$$(\sin y)'=\cos y>0.$$

因此,在对应区间 $I_x=(-1,1)$ 内有

$$\mathrm{d}y=\frac{1}{(\sin y)'}\mathrm{d}x=\frac{1}{\cos y}\mathrm{d}x, \quad \frac{\mathrm{d}y}{\mathrm{d}x}=\frac{1}{\cos y}.$$

但 $\cos y=\sqrt{1-\sin^2 y}=\sqrt{1-x^2}$,所以可得

$$\mathrm{d}(\arcsin x)=\frac{1}{\sqrt{1-x^2}}\mathrm{d}x, \quad (\arcsin x)'=\frac{1}{\sqrt{1-x^2}}.$$

类似可得 $\mathrm{d}(\arccos x)=-\dfrac{1}{\sqrt{1-x^2}}\mathrm{d}x, \quad (\arccos x)'=-\dfrac{1}{\sqrt{1-x^2}}.$

**例 3.12** 求函数 $y=\arctan x$ 的导数与微分.

**解** 设 $x=\tan y, y\in\left(-\dfrac{\pi}{2},\dfrac{\pi}{2}\right)$ 为直接函数,则 $y=\arctan x$ 是它的反函数. 函数 $x=\tan y$ 在开区间 $I_y=\left(-\dfrac{\pi}{2},\dfrac{\pi}{2}\right)$ 内单调、可导,且

$$(\tan y)'=\sec^2 y>0.$$

因此,在对应区间 $I_x=(-\infty,+\infty)$ 内有

$$\mathrm{d}y=\frac{1}{(\tan y)'}\mathrm{d}x=\frac{1}{\sec^2 y}\mathrm{d}x, \quad \frac{\mathrm{d}y}{\mathrm{d}x}=\frac{1}{\sec^2 y}.$$

但 $\sec^2 y=1+\tan^2 y=1+x^2$,所以可得

$$\mathrm{d}(\arctan x)=\frac{1}{1+x^2}\mathrm{d}x, \quad (\arctan x)'=\frac{1}{1+x^2}.$$

类似可得

$$\mathrm{d}(\mathrm{arccot}x) = -\frac{1}{1+x^2}\mathrm{d}x, \quad (\mathrm{arccot}x)' = -\frac{1}{1+x^2}.$$

### 3.2.3　复合函数的微分与求导法则

**定理 3.5**　如果函数 $u = g(x)$ 在点 $x$ 可微，而 $y = f(u)$ 在点 $u = g(x)$ 可微，则复合函数 $y = f[g(x)]$ 在点 $x$ 可微，且

$$\mathrm{d}y = f'(u)\mathrm{d}u, \quad \frac{\mathrm{d}y}{\mathrm{d}x} = \frac{\mathrm{d}y}{\mathrm{d}u} \cdot \frac{\mathrm{d}u}{\mathrm{d}x}.$$

**证**　由 $\Delta y = f'(u)\Delta u + o(\Delta u)$，$\Delta u = \mathrm{d}u + o(\Delta x) = g'(x)\mathrm{d}x + o(\Delta x)$，得到

$$\begin{aligned}
\Delta y &= f'(u)(\mathrm{d}u + o(\Delta x)) + o(\Delta u) = f'(u)\mathrm{d}u + o(\Delta x) \\
&= f'(u)g'(x)\mathrm{d}x + o(\Delta x),
\end{aligned}$$

所以定理的结论成立.

**注**　当 $y = f(u)$，$u$ 是自变量时，当然有 $\mathrm{d}y = f'(u)\mathrm{d}u$. 本定理证明了当 $y = f(u)$，$u$ 是中间变量时，$\mathrm{d}y = f'(u)\mathrm{d}u$ 仍然成立，这被称为**一阶微分的形式不变性**.

**例 3.13**　求函数 $y = x^\mu (x > 0)$ 的导数与微分.

**解　方法一**　$y = x^\mu = \mathrm{e}^{\mu\ln x}$，令 $u = \mu\ln x$，则 $y = \mathrm{e}^u$.

$$\frac{\mathrm{d}y}{\mathrm{d}x} = \frac{\mathrm{d}y}{\mathrm{d}u} \cdot \frac{\mathrm{d}u}{\mathrm{d}x} = \mathrm{e}^u \cdot \frac{\mu}{x} = x^\mu \cdot \frac{\mu}{x} = \mu x^{\mu-1}.$$

所以 $\mathrm{d}(\mu\ln x) = \mu x^{\mu-1}\mathrm{d}x$.

**方法二**　$y = x^\mu = \mathrm{e}^{\mu\ln x}$，令 $u = \mu\ln x$，则 $y = \mathrm{e}^u$.

$$\mathrm{d}y = \mathrm{e}^u \mathrm{d}u = \mathrm{e}^{\mu\ln x}\mathrm{d}(\mu\ln x) = \mathrm{e}^{\mu\ln x}\frac{\mu}{x}\mathrm{d}x = \mu x^{\mu-1}\mathrm{d}x,$$

所以 $(x^\mu)' = \mu x^{\mu-1}$.

复合函数的求导法则被称为**链锁法则**，可以推广到多个中间变量的情形.

我们以两个中间变量为例，设 $y = f(u)$，$u = \varphi(v)$，$v = \psi(x)$，则符合函数 $y = f\{\varphi[\psi(x)]\}$ 的导数为 $\dfrac{\mathrm{d}y}{\mathrm{d}x} = \dfrac{\mathrm{d}y}{\mathrm{d}u} \cdot \dfrac{\mathrm{d}u}{\mathrm{d}v} \cdot \dfrac{\mathrm{d}v}{\mathrm{d}x}$.

比如 $y = \ln\cos(\mathrm{e}^x)$ 可以看成 $y = \ln u$，$u = \cos v$，$v = \mathrm{e}^x$ 复合而成.

$$\frac{\mathrm{d}y}{\mathrm{d}x} = \frac{\mathrm{d}y}{\mathrm{d}u} \cdot \frac{\mathrm{d}u}{\mathrm{d}v} \cdot \frac{\mathrm{d}v}{\mathrm{d}x} = \frac{1}{u} \cdot (-\sin v) \cdot \mathrm{e}^x = -\frac{\sin(\mathrm{e}^x)}{\cos(\mathrm{e}^x)} \cdot \mathrm{e}^x = -\mathrm{e}^x\tan(\mathrm{e}^x).$$

当然，做得熟练之后，可以不写出中间变量，直接写为

$$\frac{\mathrm{d}y}{\mathrm{d}x} = [\ln\cos(\mathrm{e}^x)]' = \frac{1}{\cos(\mathrm{e}^x)}[\cos(\mathrm{e}^x)]' = \frac{-\sin(\mathrm{e}^x)}{\cos(\mathrm{e}^x)}(\mathrm{e}^x)' = -\mathrm{e}^x\tan(\mathrm{e}^x).$$

但是若用求微分的方法，则多少中间变量在形式上区别不大. 对本例来说，可以写成

$$d\left[\ln\cos(e^x)\right]=\frac{1}{\cos(e^x)}d\left[\cos(e^x)\right]=\frac{-\sin(e^x)}{\cos(e^x)}de^x=-e^x\tan(e^x)dx.$$

反函数与复合函数的微分与求导法则

## 习题 3.2

1. 推导余切函数及余割函数的导数公式：
$$(\cot x)'=-\csc^2 x,\quad(\csc x)'=-\csc x\cot x.$$

2. 求下列函数的导数：

(1) $y=x^3+\dfrac{7}{x^4}-\dfrac{2}{x}+12$;　(2) $y=5x^3-2^x+3e^x$;　(3) $y=2\tan x+\sec x-1$;

(4) $y=\sin x\cdot\cos x$;　(5) $y=x^2\ln x$;　(6) $y=3e^x\cos x$;　(7) $y=\dfrac{\ln x}{x}$;　(8) $y=\dfrac{e^x}{x^2}+\ln 3$;

(9) $y=x^2(\ln x)\cos x$;　(10) $s=\dfrac{1+\sin t}{1+\cos t}$.

3. 求下列函数的微分：

(1) $y=\dfrac{1}{x}+2\sqrt{x}$;　(2) $y=x\sin 2x$;　(3) $y=\dfrac{x}{\sqrt{x^2+1}}$;　(4) $y=\ln^2(1-x)$;

(5) $y=x^2e^{2x}$;　(6) $y=e^{-x}\cos(3-x)$;　(7) $y=\arcsin\sqrt{1-x^2}$;　(8) $y=\tan^2(1+2x^2)$;

(9) $y=\arctan\dfrac{1-x^2}{1+x^2}$;　(10) $s=A\sin(\omega t+\varphi)$.

4. 以初速度 $v_0$ 竖直上抛的物体,其上升高度 $s$ 与时间 $t$ 的关系是 $s=v_0t-\dfrac{1}{2}gt^2$. 求：

(1) 该物体的速度 $v(t)$;　(2) 该物体达到最高点的时刻.

5. 求曲线 $y=2\sin x+x^2$ 上横坐标为 $x=0$ 的点处的切线方程和法线方程.

6. 讨论函数
$$f(x)=\begin{cases}x\sin\dfrac{1}{x},&x\neq0,\\0,&x=0\end{cases}$$

在 $x=0$ 处的连续性与可导性.

7. 求下列函数的导数：

(1) $y=(2x+5)^4$;　(2) $y=\cos(4-3x)$;　(3) $y=e^{-3x^2}$;　(4) $y=\ln(1+x^2)$;

(5) $y=\sin^2 x$;　(6) $y=\sqrt{a^2-x^2}$;　(7) $y=\tan x^2$;　(8) $y=\arctan(e^x)$;

(9) $y=(\arcsin x)^2$;　(10) $y=\ln\cos x$;　(11) $y=x-\dfrac{1}{2}x^2+\dfrac{1}{3}x^3$;

(12) $y=\dfrac{1}{x}+\dfrac{1}{\sqrt{x}}+\dfrac{1}{\sqrt[3]{x}}$;　(13) $y=\dfrac{ax+b}{cx+d}$;　(14) $y=(x-a)(x-b)^2(x-c)^3$;

(15) $y=x\sin x+\dfrac{\sin x}{x}$;　(16) $y=x\cdot 10^x$.

**8. 求下列函数的导数:**

(1) $y=\arcsin(1-2x)$;　(2) $y=\dfrac{1}{\sqrt{1-x^2}}$;　(3) $y=\mathrm{e}^{-\frac{x}{2}}\cos 3x$;　(4) $y=\arccos\dfrac{1}{x}$;

(5) $y=\dfrac{1-\ln x}{1+\ln x}$;　(6) $y=\dfrac{\sin 2x}{x}$;　(7) $y=\arcsin\sqrt{x}$;　(8) $y=\ln(x+\sqrt{a^2+x^2})$;

(9) $y=\ln(\sec x+\tan x)$;　(10) $y=\ln(\csc x-\cot x)$;　(11) $y=\arcsin(\sin x)$;

(12) $y=\arctan\dfrac{1+x}{1-x}$;　(13) $y=\ln\tan\dfrac{x}{2}-\cos x\cdot\ln\tan x$;　(14) $y=\ln(\mathrm{e}^x+\sqrt{1+\mathrm{e}^{2x}})$;

(15) $y=x^{\frac{1}{x}}\ (x>0)$;　(16) $y=\mathrm{e}^{ax}\sin bx$;　(17) $y=\arcsin\dfrac{x}{a}$;　(18) $y=\dfrac{1}{a}\arctan\dfrac{x}{a}$;

(19) $y=\cos^5 x$;　(20) $y=\ln\tan 3x$;　(21) $y=\ln\dfrac{t^2}{\sqrt{1+t^2}}$;　(22) $y=\arcsin\dfrac{2x}{x^2+1}$;

(23) $y=\dfrac{2}{\sqrt{a^2-b^2}}\arctan\left(\sqrt{\dfrac{a-b}{a+b}}\tan\dfrac{x}{2}\right)(a>b\geqslant 0)$;　(24) $y=\dfrac{1}{2a}\ln\left|\dfrac{x-a}{x+a}\right|$;

(25) $y=\dfrac{x}{2}\sqrt{x^2+a^2}+\dfrac{a^2}{2}\ln|x+\sqrt{x^2+a^2}|\ (a\neq 0)$;

(26) $y=\dfrac{x}{2}\sqrt{x^2-a^2}-\dfrac{a^2}{2}\ln|x+\sqrt{x^2-a^2}|\ (a\neq 0)$.

**9. 求下列函数的导数:**

(1) $y=\left(\arcsin\dfrac{x}{2}\right)^2$;　(2) $y=\ln\tan\dfrac{x}{2}$;　(3) $y=\sqrt{1+\ln^2 x}$;

(4) $y=\mathrm{e}^{\arctan\sqrt{x}}$;　(5) $y=\sin^n x\cos nx$;　(6) $y=\dfrac{\arcsin x}{\arccos x}$;　(7) $y=\ln\ln\ln x$;

(8) $y=\dfrac{\sqrt{1+x}-\sqrt{1-x}}{\sqrt{1+x}+\sqrt{1-x}}$;　(9) $y=\arcsin\sqrt{\dfrac{1-x}{1+x}}$.

**10.** 设函数 $f(x)$ 和 $g(x)$ 可导,且 $f^2(x)+g^2(x)\neq 0$,试求函数 $y=\sqrt{f^2(x)+g^2(x)}$ 的导数.

**11.** 设 $f(x)$ 可导,求下列函数的导数:

(1) $y=f(x^2)$;　(2) $y=f(\sin^2 x)+f(\cos^2 x)$.

**12. 求下列函数的导数:**

(1) $y=\mathrm{e}^{-x}(x^2-2x+3)$;　(2) $y=\sin^2 x\cdot\sin(x^2)$;　(3) $y=\left(\arctan\dfrac{x}{2}\right)^2$;　(4) $y=\dfrac{\ln x}{x^n}$;

(5) $y=\dfrac{\mathrm{e}^t-\mathrm{e}^{-t}}{\mathrm{e}^t+\mathrm{e}^{-t}}$;　(6) $y=\ln\cos\dfrac{1}{x}$;　(7) $y=\mathrm{e}^{-\sin^2\frac{1}{x}}$;　(8) $y=\sqrt{x+\sqrt{x}}$;

(9) $y=x\arcsin\dfrac{x}{2}+\sqrt{4-x^2}$.

**13. 求下列函数的微分:**

(1) $y=\dfrac{1}{x}$;　(2) $y=\cos x$;　(3) $y=a^x$;　(4) $y=\ln x$;　(5) $y=\dfrac{\ln x}{\sqrt{x}}$;

(6) $y=\sqrt{x^2+a^2}$;　(7) $y=\tan^2 x+\ln|\cos x|$;　(8) $y=\mathrm{e}^{x^2}\cos^4 x$.

14. 用微分的运算法则求下列函数的微分：

(1) $y=(x^2+4x+1)(x^2-\sqrt{x})$；   (2) $y=\dfrac{x^2-1}{x^3+1}$；   (3) $y=\tan x+\dfrac{1}{\cos x}$；   (4) $y=\cos x^2$；

(5) $y=\arccos\dfrac{1}{x}$；   (6) $y=\arctan(\ln x)$.

15. 设 $u(x),v(x),w(x)$ 都是 $x$ 的可微函数，求下列函数的微分：

(1) $y=u\cdot v\cdot w$；   (2) $y=\ln\sqrt{u^2+v^2}$；   (3) $y=\arctan\dfrac{u}{v}$；   (4) $y=(u^2+v^2+w^2)^{3/2}$；

(5) $y=e^{u\cdot v}$；   (6) $y=e^v\sin u$；   (7) $y=e^{\arctan(u\cdot v)}$.

16. 设函数 $f(x)$ 和 $g(x)$ 均在点 $x_0$ 的某一邻域内有定义，$f(x)$ 在 $x_0$ 处可导，$f(x_0)=0$，$g(x)$ 在 $x_0$ 处连续，试讨论 $f(x)g(x)$ 在 $x_0$ 处的可导性.

17. 设函数 $f(x)$ 满足下列条件：

(1) $f(x+y)=f(x)\cdot f(y)$，对一切 $x,y\in\mathbf{R}$；

(2) $f(x)=1+xg(x)$，而 $\lim\limits_{x\to0}g(x)=1$.

试证明 $f(x)$ 在 $\mathbf{R}$ 上处处可导，且 $f'(x)=f(x)$.

# 3.3 高阶导数

## 3.3.1 定义

设函数 $y=f(x)$ 的导函数 $y'=f'(x)$ 存在. 若 $y'=f'(x)$ 在点 $x_0$ 处的导数存在，则称它为函数 $y=f(x)$ 的二阶导数，记作

$$f''(x_0),\quad y''(x_0)\quad\text{或}\dfrac{\mathrm{d}^2y}{\mathrm{d}x^2}\bigg|_{x=x_0}.$$

若函数 $y=f(x)$ 在区间 $X$ 内每一点 $x$ 处都有二阶导数，则得到**二阶导函数**

$$f''(x),\quad y''(x)\quad\text{或}\dfrac{\mathrm{d}^2y}{\mathrm{d}x^2}.$$

同样地，可以定义函数 $y=f(x)$ 在点 $x_0$ 处的三阶、四阶、$\cdots$ 导数

$$f'''(x_0),f^{(4)}(x_0),\cdots$$

以及三阶、四阶、$\cdots$ 导函数

$$f'''(x),f^{(4)}(x),\cdots.$$

一般地，若函数 $y=f(x)$ 的 $(n-1)$ 阶导数 $f^{(n-1)}(x)$ 在点 $x_0$ 处的导数存在，则称其为 $y=f(x)$ 的 $n$ **阶导数**，记作

$$f^{(n)}(x_0)=\lim_{\Delta x\to0}\dfrac{f^{(n-1)}(x_0+\Delta x)-f^{(n-1)}(x_0)}{\Delta x},$$

有时也写作

$$f^{(n)}(x_0)=\lim_{x\to x_0}\dfrac{f^{(n-1)}(x)-f^{(n-1)}(x_0)}{x-x_0}.$$

若 $y=f(x)$ 在区间 $X$ 内每一点 $x$ 处都有 $n$ 阶导数,则得到 $n$ **阶导函数** $f^{(n)}(x)$,$y^{(n)}$ 或 $\dfrac{\mathrm{d}^n y}{\mathrm{d} x^n}$.

二阶导数 $y''=f''(x)$ 的力学意义:若质点做变速直线运动,其运动规律为 $s=s(t)$,则一阶导数 $s'(t)=v(t)$ 表示质点的瞬时速度;二阶导数 $s''(t)=a(t)$ 表示质点的瞬时加速度.

高阶导数

### 3.3.2 例子

**例 3.14** 设 $y=x^n(n=1,2,\cdots)$,求 $y',y'',\cdots,y^{(m)}$.

**解**
$$y'=nx^{n-1},$$
$$y''=n(n-1)x^{n-2},$$
$$\cdots\cdots$$
$$y^{(n)}=n!,$$
$$y^{(n+1)}=y^{(n+2)}=\cdots=0.$$

**例 3.15** 设 $y=x^{\alpha}(x>0,\alpha$ 为常数),求 $y^{(n)}$.

**解**
$$y'=\alpha x^{\alpha-1},$$
$$y''=\alpha(\alpha-1)x^{\alpha-2},$$
$$\cdots\cdots$$
$$y^{(n)}=\alpha(\alpha-1)(\alpha-2)\cdots(\alpha-n+1)x^{\alpha-n}.$$

**特例** 设 $y=\dfrac{1}{x}$,即 $\alpha=-1$,则
$$\left(\frac{1}{x}\right)^{(n)}=(-1)(-2)(-3)\cdots(-n)x^{-1-n}$$
$$=\frac{(-1)^n \cdot n!}{x^{n+1}}.$$

**例 3.16** 设 $y=a^x(a>0,a\neq1)$,求 $y^{(n)}$.

**解**
$$y'=a^x\ln a,$$
$$y''=a^x(\ln a)^2,$$
$$\cdots\cdots$$
$$y^{(n)}=a^x(\ln a)^n.$$

**特例** $(\mathrm{e}^x)^{(n)}=\mathrm{e}^x.$

**例 3.17** 设 $y=\ln x$,求 $y^{(n)}$.

**解** $y'=\dfrac{1}{x}$,因此
$$y^{(n)}=\left(\frac{1}{x}\right)^{(n-1)}=\frac{(-1)^{n-1}\cdot(n-1)!}{x^n},$$

即

$$(\ln x)^{(n)} = \frac{(-1)^{n-1} \cdot (n-1)!}{x^n}.$$

**例 3.18** 设 $y = \sin x$，求 $y^{(n)}$.

**解** $(\sin x)' = \cos x = \sin\left(x + \frac{\pi}{2}\right)$,

$(\sin x)'' = \left[\sin\left(x + \frac{\pi}{2}\right)\right]' = \cos\left(x + \frac{\pi}{2}\right) = \sin\left(x + 2 \cdot \frac{\pi}{2}\right)$,

$(\sin x)''' = \left[\sin\left(x + 2 \cdot \frac{\pi}{2}\right)\right]' = \cos\left(x + 2 \cdot \frac{\pi}{2}\right) = \sin\left(x + 3 \cdot \frac{\pi}{2}\right)$,

用数学归纳法可以证明

$$(\sin x)^{(n)} = \sin\left(x + n \cdot \frac{\pi}{2}\right).$$

类似可得 $(\cos x)^{(n)} = \cos\left(x + n \cdot \frac{\pi}{2}\right)$.

### 3.3.3 运算法则

如果函数 $u = u(x)$ 及 $v = v(x)$ 都在点 $x$ 处具有 $n$ 阶导数，那么显然 $u(x) + v(x)$ 及 $u(x) - v(x)$ 也在点 $x$ 处具有 $n$ 阶导数，且

$$(u \pm v)^{(n)} = u^{(n)} \pm v^{(n)}.$$

但乘积 $u(x) \cdot v(x)$ 的 $n$ 阶导数并不如此简单，由

$$(uv)' = u'v + uv'$$

首先得出

$$(uv)'' = u''v + 2u'v' + v'',$$

$$(uv)''' = u'''v + 3u''v' + 3u'v'' + uv'''.$$

用数学归纳法可以证明

$$(uv)^{(n)} = \sum_{k=0}^{n} C_n^k u^{(n-k)} v^{(k)}.$$

上式称为**莱布尼茨公式**.

**例 3.19** 设 $y = x^2 \cdot e^{3x}$，求 $y^{(n)}$.

**解** 令 $u = e^{3x}, v = x^2$，则

$$v' = 2x, \quad v'' = 2, \quad v''' = v^{(4)} = \cdots = v^{(n)} = 0;$$

$$u^{(n)} = 3^n \cdot e^{3x}, \quad u^{(n-1)} = 3^{n-1} \cdot e^{3x}, \quad u^{(n-2)} = 3^{n-2} \cdot e^{3x}.$$

由莱布尼茨公式得到

$$y^{(n)} = (x^2 \cdot e^{3x})^{(n)} = (e^{3x} \cdot x^2)^{(n)}$$

$$= (e^{3x})^{(n)} \cdot x^2 + n(e^{3x})^{(n-1)} \cdot (x^2)' + \frac{n(n-1)}{2!}(e^{3x})^{(n-2)} \cdot (x^2)'' + 0$$

$$= 3^n x^2 e^{3x} + 2n \cdot 3^{n-1} x e^{3x} + n(n-1) 3^{n-2} e^{3x}$$

$$= 3^{n-2} \cdot e^{3x}[9x^2 + 6nx + n(n-1)].$$

**习题 3.3**

1. 求下列函数的二阶导数：

(1) $y=2x^2+\ln x$；   (2) $y=\mathrm{e}^{2x-1}$；   (3) $y=x\cos x$；   (4) $y=\mathrm{e}^{-t}\sin t$；

(5) $y=\sqrt{a^2-x^2}$；   (6) $y=\ln(1-x^2)$；   (7) $y=\tan x$；   (8) $y=\dfrac{1}{x^3+1}$；

(9) $y=(1+x^2)\arctan x$；   (10) $y=\dfrac{\mathrm{e}^x}{x}$；   (11) $y=x\mathrm{e}^{x^2}$；   (12) $y=\ln(x+\sqrt{1+x^2})$；

(13) $y=\cos^2 x \cdot \ln x$；   (14) $y=\dfrac{x}{\sqrt{1-x^2}}$.

2. 设 $f''(x)$ 存在，求下列函数的二阶导数 $\dfrac{\mathrm{d}^2 y}{\mathrm{d}x^2}$：

(1) $y=f(x^2)$；   (2) $y=\ln[f(x)]$.

3. 试从 $\dfrac{\mathrm{d}x}{\mathrm{d}y}=\dfrac{1}{y'}$ 导出：

(1) $\dfrac{\mathrm{d}^2 x}{\mathrm{d}y^2}=-\dfrac{y''}{(y')^3}$；   (2) $\dfrac{\mathrm{d}^3 x}{\mathrm{d}y^3}=\dfrac{3(y'')^2-y'y'''}{(y')^5}$.

4. 已知物体的运动规律为 $s=A\sin\omega t\,(A,\omega$ 是常数)，求物体运动的加速度，并验证

$$\frac{\mathrm{d}^2 s}{\mathrm{d}t^2}+\omega^2 s = 0.$$

5. 密度大的陨星进入大气层时，当它离地心为 $s$ km 时的速度与 $\sqrt{s}$ 成反比. 试证陨星的加速度与 $s^2$ 成反比.

6. 验证函数 $y=C_1\mathrm{e}^{\lambda x}+C_2\mathrm{e}^{-\lambda x}(\lambda,C_1,C_2$ 是常数)满足关系式：

$$y''-\lambda^2 y = 0.$$

7. 求下列函数所指定阶的导数：

(1) $y=\mathrm{e}^x\cos x$，求 $y^{(4)}$；   (2) $y=x^2\sin 2x$，求 $y^{(50)}$；

(3) $y=x^2(2x-1)^2(x+3)^2$，求 $y^{(6)}$，$y^{(7)}$.

8. 求下列函数的 $n$ 阶导数的一般表达式：

(1) $y=x^n+a_1 x^{n-1}+a_2 x^{n-2}+\cdots+a_{n-1}x+a_n(a_1,a_2,\cdots,a_n$ 都是常数)；

(2) $y=\sin^2 x$；   (3) $y=x\ln x$；   (4) $y=x\mathrm{e}^x$；

(5) $y=(x^2+2x+2)\mathrm{e}^{-x}$；   (6) $y=\dfrac{1}{1-x}$；   (7) $y=\dfrac{1}{1-x^2}$；   (8) $y=\dfrac{x^n}{1+x}$；   (9) $y=\dfrac{1}{x}\mathrm{e}^x$.

9. 求函数 $f(x)=x^2\ln(1+x)$ 在 $x=0$ 处的 $n$ 阶导数 $f^{(n)}(0)(n\geqslant 3)$.

## 3.4   隐函数及由参数方程所确定的函数的导数   相关变化率

### 3.4.1   隐函数的导数

函数 $y=f(x)$ 也称为**显函数**，这是因为因变量 $y$ 直接用自变量 $x$ 的一个式子

表示了出来，$y$ 与 $x$ 之间的函数关系很明显.

有时，因变量 $y$ 与自变量 $x$ 之间的对应关系没有用公式 $y=f(x)$ 明显地给出，或者不能用 $y=f(x)$ 明显给出，而是用 $x,y$ 之间的一个方程式 $F(x,y)=0$ 来表示的. 我们把由方程 $F(x,y)=0$ 所确定的函数称为 **隐函数**.

从方程 $F(x,y)=0$ 中有时可以解出 $y$ 来，这时便得到了显函数. 这叫做 **隐函数的显化**. 例如，可从隐函数方程 $3x+5y+1=0$ 解出显函数

$$y=-\frac{3}{5}x-\frac{1}{5}.$$

但是，有时隐函数并不能表为显函数的形式或者表示出来后形式很复杂. 我们的问题是：假定方程 $F(x,y)=0$ 确定 $y$ 是 $x$ 的隐函数，并且 $y$ 对 $x$ 可导，那么，在不解出 $y$ 的情况下，怎样求导数 $y'$？下面我们通过例子来解决这个问题.

**例 3.20** 求由方程 $e^y+xy-e=0$ 所确定的隐函数的导数 $\dfrac{dy}{dx}$.

**解 方法一** 把方程两边分别对 $x$ 求导数，注意 $y=y(x)$.

$$\frac{d}{dx}(e^y+xy-e)=e^y\frac{dy}{dx}+y+x\frac{dy}{dx}=0.$$

从而 $\dfrac{dy}{dx}=-\dfrac{y}{e^y+x}$.

**方法二** 等式两边求微分得

$$d(e^y+xy-e)=d(0)=0,$$
$$e^y dy+x dy+y dx=0,$$
$$dy=-\frac{y}{e^y+x}dx.$$

所以

$$\frac{dy}{dx}=-\frac{y}{e^y+x}.$$

**例 3.21** 求由方程 $y^5+2y-x-3x^7=0$ 所确定的隐函数在 $x=0$ 处的导数 $\dfrac{dy}{dx}\Big|_{x=0}$.

**解 方法一** 把方程两边分别对 $x$ 求导数，注意 $y=y(x)$.

$$5y^4\frac{dy}{dx}+2\frac{dy}{dx}-1-21x^6=0.$$

当 $x=0$ 时，从原方程得 $y=0$，代入上式，得

$$2\frac{dy}{dx}\Big|_{x=0}-1=0.$$

所以

$$\frac{\mathrm{d}y}{\mathrm{d}x}\Big|_{x=0}=\frac{1}{2}.$$

**方法二**  等式两边求微分得

$$\mathrm{d}(y^5+2y-x-3x^7)=\mathrm{d}(0)=0,$$
$$5y^4\mathrm{d}y+2\mathrm{d}y-\mathrm{d}x-21x^6\mathrm{d}x=0.$$

当 $x=0$ 时,从原方程得 $y=0$,代入上式,得

$$2\mathrm{d}y=\mathrm{d}x.$$

所以

$$\frac{\mathrm{d}y}{\mathrm{d}x}\Big|_{x=0}=\frac{1}{2}.$$

**例 3.22**  求椭圆$\frac{x^2}{16}+\frac{y^2}{9}=1$ 在点 $\left(2,\frac{3}{2}\sqrt{3}\right)$处的切线方程(图 3.7).

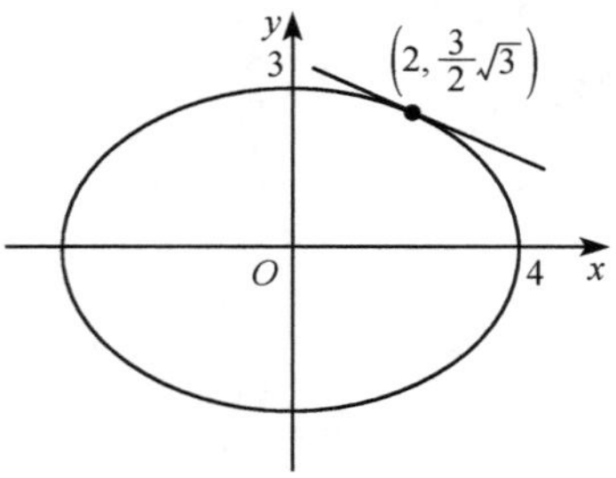

**解**  由导数的几何意义知道,所求切线的斜率为

$$k=y'\big|_{x=2}.$$

**方法一**  在椭圆方程两边分别对 $x$ 求导数,注意 $y=y(x)$.

$$\frac{x}{8}+\frac{2}{9}y\cdot\frac{\mathrm{d}y}{\mathrm{d}x}=0.$$

从而

$$\frac{\mathrm{d}y}{\mathrm{d}x}=-\frac{9x}{16y}.$$

当 $x=2$ 时,$y=\frac{3}{2}\sqrt{3}$,代入上式得

$$\frac{\mathrm{d}y}{\mathrm{d}x}\Big|_{x=2}=-\frac{\sqrt{3}}{4}.$$

图 3.7

**方法二**  在椭圆方程两边求微分,得

$$\mathrm{d}\left(\frac{x^2}{16}+\frac{y^2}{9}\right)=\mathrm{d}(1)=0,$$
$$\frac{x}{8}\mathrm{d}x+\frac{2y}{9}\mathrm{d}y=0.$$

把 $x=2,y=\frac{3}{2}\sqrt{3}$代入上式得

$$\frac{\mathrm{d}y}{\mathrm{d}x}\Big|_{x=2}=-\frac{\sqrt{3}}{4}.$$

于是所求的切线方程为

$$y-\frac{3}{2}\sqrt{3}=-\frac{\sqrt{3}}{4}(x-2),$$

即

$$\sqrt{3}x+4y-8\sqrt{3}=0.$$

**例 3.23** 求由方程 $x-y+\frac{1}{2}\sin y=0$ 所确定的隐函数的二阶导数 $\dfrac{\mathrm{d}^2 y}{\mathrm{d}x^2}$.

**解 方法一** 把方程两边分别对 $x$ 求导数,注意 $y=y(x)$.

$$1-\frac{\mathrm{d}y}{\mathrm{d}x}+\frac{1}{2}\cos y \cdot \frac{\mathrm{d}y}{\mathrm{d}x}=0.$$

于是

$$\frac{\mathrm{d}y}{\mathrm{d}x}=\frac{2}{2-\cos y}.$$

上式两边再对 $x$ 求导,得

$$\frac{\mathrm{d}^2 y}{\mathrm{d}x^2}=\frac{-2\sin y \dfrac{\mathrm{d}y}{\mathrm{d}x}}{(2-\cos y)^2}=\frac{-4\sin y}{(2-\cos y)^3}.$$

**方法二** 等式两边求微分,得

$$\mathrm{d}\left(x-y+\frac{1}{2}\sin y\right)=\mathrm{d}(0)=0,$$

$$\mathrm{d}x-\mathrm{d}y+\frac{1}{2}\cos y\,\mathrm{d}y=0,$$

$$\mathrm{d}y=\frac{2}{2-\cos y}\mathrm{d}x.$$

所以

$$\frac{\mathrm{d}y}{\mathrm{d}x}=\frac{2}{2-\cos y}.$$

上式两边再求微分得

$$\mathrm{d}\left(\frac{\mathrm{d}y}{\mathrm{d}x}\right)=\mathrm{d}\left(\frac{2}{2-\cos y}\right),$$

$$\frac{\mathrm{d}^2 y}{\mathrm{d}x^2}\mathrm{d}x=\frac{(2-\cos y)\mathrm{d}(2)-2\mathrm{d}(2-\cos y)}{(2-\cos y)^2}=\frac{-2\sin y\,\mathrm{d}y}{(2-\cos y)^2}=\frac{-4\sin y}{(2-\cos y)^3}\mathrm{d}x,$$

$$\frac{\mathrm{d}^2 y}{\mathrm{d}x^2}=\frac{-4\sin y}{(2-\cos y)^3}.$$

**方法三** 把方程两边分别对 $x$ 求导数,注意 $y=y(x)$.

$$1-\frac{\mathrm{d}y}{\mathrm{d}x}+\frac{1}{2}\cos y \cdot \frac{\mathrm{d}y}{\mathrm{d}x}=0.$$

再对 $x$ 求导得

$$-\frac{d^2y}{dx^2}-\frac{1}{2}\sin y\cdot\left(\frac{dy}{dx}\right)^2+\frac{1}{2}\cos y\cdot\frac{d^2y}{dx^2}=0.$$

于是

$$\frac{dy}{dx}=\frac{2}{2-\cos y},$$

$$\frac{d^2y}{dx^2}=\frac{\frac{1}{2}\sin y\left(\frac{dy}{dx}\right)^2}{\frac{1}{2}\cos y-1}=\frac{\sin y\cdot\frac{4}{(2-\cos y)^2}}{\cos y-2}=\frac{-4\sin y}{(2-\cos y)^3}.$$

**方法四**   等式两边求微分,得

$$d\left(x-y+\frac{1}{2}\sin y\right)=d(0)=0,$$

$$dx-dy+\frac{1}{2}\cos y dy=0,$$

$$1-\frac{dy}{dx}+\frac{1}{2}\cos y\frac{dy}{dx}=0,$$

再求微分,得

$$-\frac{d^2y}{dx^2}dx-\frac{1}{2}\sin y dy\frac{dy}{dx}+\frac{1}{2}\cos y\frac{d^2y}{dx^2}dx=0,$$

所以

$$\frac{dy}{dx}=\frac{2}{2-\cos y}.$$

$$\frac{d^2y}{dx^2}=\frac{\frac{1}{2}\sin y\left(\frac{dy}{dx}\right)^2}{\frac{1}{2}\cos y-1}=\frac{\sin y\cdot\frac{4}{(2-\cos y)^2}}{\cos y-2}=\frac{-4\sin y}{(2-\cos y)^3}.$$

**例 3.24**   求 $y=x^{\sin x}(x>0)$ 的导数.

**解**   等式两边取对数,得

$$\ln y=\sin x\cdot\ln x.$$

再在等式两边求微分,得

$$\frac{1}{y}dy=\left(\cos x\cdot\ln x+\sin x\cdot\frac{1}{x}\right)dx.$$

于是

$$\frac{dy}{dx}=y\left(\cos x\cdot\ln x+\sin x\cdot\frac{1}{x}\right)=x^{\sin x}\left(\cos x\cdot\ln x+\sin x\cdot\frac{1}{x}\right).$$

或者等式两边分别对 $x$ 求导数,注意 $y=y(x)$.

$$\frac{1}{y}\frac{\mathrm{d}y}{\mathrm{d}x}=\cos x \cdot \ln x+\sin x \cdot \frac{1}{x}.$$

$$\frac{\mathrm{d}y}{\mathrm{d}x}=x^{\sin x}\left(\cos x \cdot \ln x+\sin x \cdot \frac{1}{x}\right).$$

上面的求导方法叫做**对数求导法**. 对于一般形式的幂指函数

$$y=u(x)^{v(x)}(u(x)>0).$$

如果 $u(x),v(x)$ 都可导,则可象例 3.24 一样利用对数求导法求出导数. 也可把此幂指函数表示为

$$y=\mathrm{e}^{v\ln u}.$$

这样,便可直接求导得

$$y'=\mathrm{e}^{v\ln u}\left(v' \cdot \ln u+v \cdot \frac{u'}{u}\right)=u^{v}\left(v' \cdot \ln u+\frac{vu'}{u}\right).$$

**例 3.25** 求 $y=\sqrt[3]{\dfrac{(x^2-1)(2-x)}{3x+5}}$ 的导数.

**解** 等式两边取绝对值,得

$$|y|=\sqrt[3]{\frac{|x^2-1| \cdot |2-x|}{|3x+5|}},$$

再对上式取对数:

$$\ln|y|=\frac{1}{3}\big[\ln|x^2-1|+\ln|2-x|-\ln|3x+5|\big],$$

两边求微分,得

$$\frac{1}{y}\mathrm{d}y=\frac{1}{3}\left[\frac{2x}{x^2-1}+\frac{1}{x-2}-\frac{3}{3x+5}\right]\mathrm{d}x.$$

所以

$$y'=\frac{y}{3}\left[\frac{2x}{x^2-1}+\frac{1}{x-2}-\frac{3}{3x+5}\right].$$

## 3.4.2 由参数方程所确定的函数的导数

研究物体运动的轨迹时,常遇到参数方程. 例如,研究抛射体的运动问题时,如果空气阻力忽略不记,则抛射体的运动轨迹可表示为

$$\begin{cases} x=v_1 t, \\ y=v_2 t-\dfrac{1}{2}gt^2, \end{cases}$$

其中 $v_1$、$v_2$ 分别为抛射体初速度的水平、铅直分量;$g$ 为重力加速度;$t$ 为飞行时间;$x$ 和 $y$ 分别为飞行中抛射体在铅直平面上的位置的横坐标和纵坐标(图3.8).

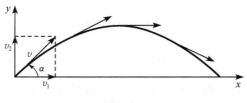

图 3.8

在上式中, $x, y$ 都与 $t$ 存在函数关系. 如果把对应于同一个 $t$ 值的 $y$ 与 $x$ 的值看作是对应的, 这样就得到 $y$ 与 $x$ 之间的函数关系, 即

$$y = \frac{v_2}{v_1}x - \frac{g}{2v_1^2}x^2.$$

一般地, 若参数方程

$$\begin{cases} x = \varphi(t), \\ y = \psi(t) \end{cases}$$

确定 $y$ 与 $x$ 间的函数关系, 则称此函数关系所表达的函数为**由参数方程所确定的函数**.

在实际问题中, 需要计算由参数方程所确定的函数的导数. 但并不是所有的参数方程确定的函数都能够显式化, 有时虽然能够显式化, 但显式化后的函数很复杂. 因此需要一种方法能直接由参数方程算出它所确定的函数的导数. 为此, 假定函数 $x = \varphi(t), y = \psi(t)$ 都可导, 而且 $\varphi'(t) \neq 0$.

对 $x = \varphi(t)$ 两边取微分得 $\mathrm{d}x = \varphi'(t)\mathrm{d}t$, 所以 $\mathrm{d}t = \dfrac{1}{\varphi'(t)}\mathrm{d}x$; 对 $y = \psi(t)$ 两边取微分得 $\mathrm{d}y = \psi'(t)\mathrm{d}t$, 所以 $\mathrm{d}y = \dfrac{\psi'(t)}{\varphi'(t)}\mathrm{d}x$, 即

$$\frac{\mathrm{d}y}{\mathrm{d}x} = \frac{\psi'(t)}{\varphi'(t)}$$

或者

$$\frac{\mathrm{d}y}{\mathrm{d}x} = \frac{\dfrac{\mathrm{d}y}{\mathrm{d}t}}{\dfrac{\mathrm{d}x}{\mathrm{d}t}}.$$

这就是**参数方程的求导公式**.

如果 $x = \varphi(t), y = \psi(t)$ 二阶可导, 则有

$$\frac{\mathrm{d}^2 y}{\mathrm{d}x^2} = \frac{\mathrm{d}}{\mathrm{d}x}\left(\frac{\mathrm{d}y}{\mathrm{d}x}\right) = \frac{\mathrm{d}}{\mathrm{d}t}\left(\frac{\psi'(t)}{\varphi'(t)}\right) \cdot \frac{\mathrm{d}t}{\mathrm{d}x} = \frac{\psi''(t)\varphi'(t) - \psi'(t)\varphi''(t)}{\varphi'^3(t)}.$$

**例 3.26**　已知抛射体的运动轨迹的参数方程为

$$\begin{cases} x = v_1 t, \\ y = v_2 t - \dfrac{1}{2} g t^2, \end{cases}$$

求抛射体在时刻 $t$ 的运动速度.

**解** 先求速度的大小.

由于速度的水平分量为

$$\frac{\mathrm{d}x}{\mathrm{d}t} = v_1,$$

铅直分量为

$$\frac{\mathrm{d}y}{\mathrm{d}t} = v_2 - gt,$$

所以抛射体运动速度的大小为

$$v = \sqrt{\left(\frac{\mathrm{d}x}{\mathrm{d}t}\right)^2 + \left(\frac{\mathrm{d}y}{\mathrm{d}t}\right)^2} = \sqrt{v_1^2 + (v_2 - gt)^2}.$$

再求速度的方向,也就是轨迹的切线方向.

设 $\alpha$ 是切线的倾角,则根据导数的几何意义,得

$$\tan\alpha = \frac{\mathrm{d}y}{\mathrm{d}x} = \frac{\dfrac{\mathrm{d}y}{\mathrm{d}t}}{\dfrac{\mathrm{d}x}{\mathrm{d}t}} = \frac{v_2 - gt}{v_1}.$$

**例 3.27** 已知椭圆的参数方程为

$$\begin{cases} x = a\cos t, \\ y = b\sin t, \end{cases}$$

求椭圆在 $t = \dfrac{\pi}{4}$ 相应的点处的切线方程(图 3.9).

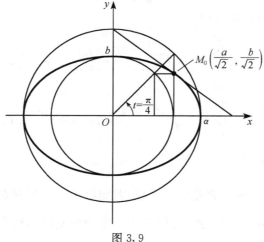

图 3.9

**解**  当 $t=\dfrac{\pi}{4}$ 时,椭圆上的相应点 $M_0$ 的坐标是

$$x_0 = a\cos\frac{\pi}{4} = \frac{a\sqrt{2}}{2},$$

$$y_0 = b\sin\frac{\pi}{4} = \frac{b\sqrt{2}}{2},$$

曲线在点 $M_0$ 的切线斜率为

$$\frac{\mathrm{d}y}{\mathrm{d}x}\Big|_{t=\frac{\pi}{4}} = \frac{(b\sin t)'}{(a\cos t)'}\Big|_{t=\frac{\pi}{4}} = \frac{b\cos t}{-a\sin t}\Big|_{t=\frac{\pi}{4}} = -\frac{b}{a}.$$

代入点斜式方程,即得椭圆在点 $M_0$ 处的切线方程

$$y - \frac{b\sqrt{2}}{2} = -\frac{b}{a}\Big(x - \frac{a\sqrt{2}}{2}\Big).$$

化简后得

$$bx + ay - \sqrt{2}ab = 0.$$

**例 3.28**  计算由摆线(图 3.10)的参数方程

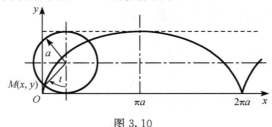

图 3.10

$$\begin{cases} x = a(t - \sin t), \\ y = a(1 - \cos t) \end{cases}$$

所确定的函数 $y=y(x)$ 的二阶导数.

**解**
$$\frac{\mathrm{d}y}{\mathrm{d}x} = \frac{\dfrac{\mathrm{d}y}{\mathrm{d}t}}{\dfrac{\mathrm{d}x}{\mathrm{d}t}} = \frac{a\sin t}{a(1-\cos t)} = \frac{\sin t}{1-\cos t} = \cot\frac{t}{2},$$

$$\frac{\mathrm{d}^2 y}{\mathrm{d}x^2} = \frac{\mathrm{d}}{\mathrm{d}t}\Big(\cot\frac{t}{2}\Big) \cdot \frac{1}{\dfrac{\mathrm{d}x}{\mathrm{d}t}} = -\frac{1}{2\sin^2\dfrac{t}{2}} \cdot \frac{1}{a(1-\cos t)} = -\frac{1}{a(1-\cos t)^2}.$$

### 3.4.3  相关变化率

设 $x=x(t)$ 及 $y=y(t)$ 都是可导函数,而变量 $x$ 与 $y$ 间存在某种关系,从而变化率 $\dfrac{\mathrm{d}x}{\mathrm{d}t}$ 与 $\dfrac{\mathrm{d}y}{\mathrm{d}t}$ 间也存在一定关系. 这两个相互依赖的变化率称为**相关变化率**. 相关

变化率的问题就是研究这两个变化率之间的关系,以便从其中一个变化率求出另一个变化率.

**例 3. 29** 一个倒圆锥形的蓄水池,高 $H$ 为 $10\mathrm{m}$,底半径 $R$ 为 $4\mathrm{m}$,水以 $5\mathrm{m}^3/\min$ 的速率流进水池.试求当水深为 $5\mathrm{m}$ 时,水面上升的速率(图 3.11).

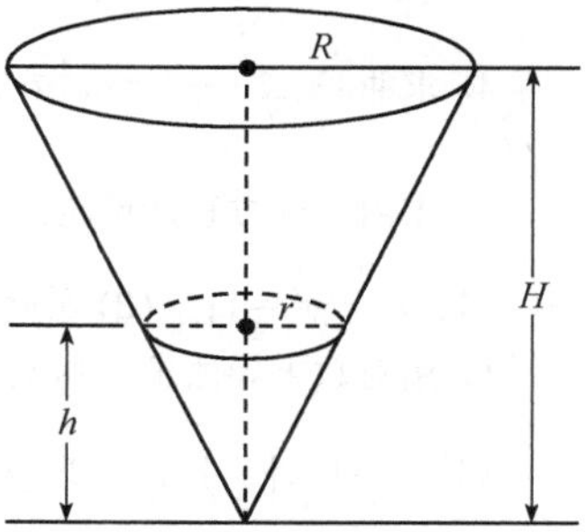

**解** 令 $h$ 表示在时刻 $t$ 水池内的水面高度.显然,$h$ 是 $t$ 的函数:$h=h(t)$.水池内水的体积 $v$ 与 $h$ 的关系为

$$v=\frac{1}{3}\pi r^2 h,$$

其中 $r$ 为小圆锥的底半径.利用相似三角形可解出

$$v=\frac{1}{3}\cdot\frac{\pi R^2}{H^2}\cdot h^3.$$

图 3.11

两端对 $t$ 求导,得

$$\frac{\mathrm{d}v}{\mathrm{d}t}=\frac{1}{3}\cdot\frac{\pi R^2}{H^2}\cdot 3h^2\frac{\mathrm{d}h}{\mathrm{d}t},$$

于是

$$\frac{\mathrm{d}h}{\mathrm{d}t}=\frac{H^2}{\pi R^2}\cdot\frac{1}{h^2}\frac{\mathrm{d}v}{\mathrm{d}t}.$$

当 $h=5\mathrm{m}$ 时,有

$$\frac{\mathrm{d}h}{\mathrm{d}t}\Big|_{h=5}=\frac{10^2}{\pi 4^2}\cdot\frac{1}{25}\cdot 5=\frac{5}{4\pi}.$$

隐函数的导数

由参数方程所确定的函数的导数 相关变化率

**习题 3. 4**

1. 求由下列方程所确定的隐函数的导数 $\dfrac{\mathrm{d}y}{\mathrm{d}x}$:

(1) $y^2-2xy+9=0$; (2) $x^3+y^3-3axy=0$; (3) $xy=\mathrm{e}^{x+y}$; (4) $y=1-x\mathrm{e}^y$;

(5) $\sqrt{x}+\sqrt{y}=\sqrt{a}$; (6) $y=\cos(x+y)$; (7) $y\sin x-\cos(x-y)=0$; (8) $x+\sqrt{xy}+y=0$.

2. 求下列隐函数在指定点的导数 $\dfrac{\mathrm{d}y}{\mathrm{d}x}$:

(1) $y=\cos x+\frac{1}{2}\sin y$,点 $\left(\frac{\pi}{2},0\right)$; (2) $y\mathrm{e}^x+\ln y=1$,点 $(0,1)$.

3. 求下列方程确定的隐函数的微分 $\mathrm{d}y$：

(1) $\dfrac{x^2}{a^2}+\dfrac{y^2}{b^2}=1$；　(2) $x^y=y^x$.

4. 求曲线 $x^{\frac{2}{3}}+y^{\frac{2}{3}}=a^{\frac{2}{3}}$ 在点 $\left(\dfrac{\sqrt{2}}{4}a,\dfrac{\sqrt{2}}{4}a\right)$ 处的切线方程和法线方程.

5. 求由下列方程所确定的隐函数的二阶导数 $\dfrac{\mathrm{d}^2 y}{\mathrm{d}x^2}$：

(1) $x^2-y^2=1$；　(2) $b^2x^2+a^2y^2=a^2b^2$；　(3) $y=\tan(x+y)$；　(4) $y=1+x\mathrm{e}^y$.

6. 用对数求导法求下列函数的导数：

(1) $y=\left(\dfrac{x}{1+x}\right)^x$；　(2) $y=\sqrt[5]{\dfrac{x-5}{\sqrt[5]{x^2+2}}}$；　(3) $y=\dfrac{\sqrt{x+2}(3-x)^4}{(x+1)^5}$；

(4) $y=\sqrt{x\sin x\sqrt{1-\mathrm{e}^x}}$；　(5) $y=\sqrt[x]{\dfrac{1-x}{1+x}}$；　(6) $y=\dfrac{x^2}{1+x}\sqrt{\dfrac{x+1}{1+x+x^2}}$；

(7) $y=(x-b_1)^{a_1}(x-b_2)^{a_2}\cdots(x-b_n)^{a_n}$；　(8) $y=(1+x^2)^x$.

7. 求下列参数方程所确定的函数的导数 $\dfrac{\mathrm{d}y}{\mathrm{d}x}$：

(1) $\begin{cases}x=at^2,\\ y=bt^3;\end{cases}$　(2) $\begin{cases}x=\theta(1-\sin\theta),\\ y=\theta\cos\theta.\end{cases}$

8. 写出下列曲线在所给参数值相应的点处的切线方程和法线方程：

(1) $\begin{cases}x=\sin t,\\ y=\cos 2t,\end{cases}$ 在 $t=\dfrac{\pi}{4}$ 处；　(2) $\begin{cases}x=\dfrac{3at}{1+t^2},\\ y=\dfrac{3at^2}{1+t^2},\end{cases}$ 在 $t=2$ 处.

9. 求下列参数方程所确定的函数的二阶导数 $\dfrac{\mathrm{d}^2 y}{\mathrm{d}x^2}$：

(1) $\begin{cases}x=\dfrac{t^2}{2},\\ y=1-t;\end{cases}$　(2) $\begin{cases}x=a\cos t,\\ y=b\sin t;\end{cases}$　(3) $\begin{cases}x=3\mathrm{e}^{-t},\\ y=2\mathrm{e}^t;\end{cases}$

(4) $\begin{cases}x=f'(t),\\ y=tf'(t)-f(t),\end{cases}$ 设 $f''(t)$ 存在且不为零；　(5) $\begin{cases}x=t-\sin t,\\ y=1-\cos t;\end{cases}$

(6) $\begin{cases}x=a\mathrm{ch}\,t,\\ y=b\mathrm{sh}\,t;\end{cases}$　(7) $\begin{cases}x=a\cos^3\theta,\\ y=a\sin^3\theta;\end{cases}$　(8) $\begin{cases}x=\ln\sqrt{1+t^2},\\ y=\arctan t.\end{cases}$

10. 求下列参数方程所确定的函数的三阶导数 $\dfrac{\mathrm{d}^3 y}{\mathrm{d}x^3}$：

(1) $\begin{cases}x=1-t^2,\\ y=t-t^3;\end{cases}$　(2) $\begin{cases}x=\ln(1+t^2),\\ y=t-\arctan t.\end{cases}$

11. 已知 $f(x)$ 是周期为 5 的连续函数，它在 $x=0$ 的某个邻域内满足关系式
$$f(1+\sin x)-3f(1-\sin x)=8x+o(x),$$
且 $f(x)$ 在 $x=1$ 处可导，求曲线 $y=f(x)$ 在点 $(6,f(6))$ 处的切线方程.

12. 当正在高度 $H$ 水平飞行的飞机开始向机场跑道下降时，如图 3.12 所示，从飞机到机

场的水平地面距离为 $L$. 假设飞机下降的路径为三次函数 $y=ax^3+bx^2+cx+d$ 的图形, 其中 $y|_{x=-L}=H$, $y|_{x=0}=0$. 试确定飞机的降落路径.

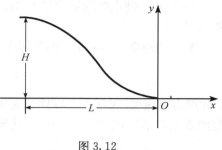

图 3.12

13. 落在平静水面上的石头, 产生同心波纹. 若最外一圈波半径的增大速率总是 6m/s, 问在 2s 末扰动水面面积增大的速率为多少?

14. 注水入深 8m 上顶直径 8m 的正圆锥形容器中, 其速率为 4m³/min. 当水深为 5m 时, 其表面上升的速率为多少?

15. 溶液自深 18cm 顶直径 12cm 的正圆锥形漏斗中漏入一直径为 10cm 的圆柱形筒中. 开始时漏斗中盛满了溶液. 已知当溶液在漏斗中深为 12cm 时, 其表面下降的速率为 1cm/min. 问此时圆柱形筒中溶液表面上升的速率为多少?

16. 一个人以 8km/h 的速度面向一个 62m 高的塔前进, 当他距塔底 80m 时, 他的头顶以什么速度接近塔顶(设人高为 2m)?

17. 有一长 5m 的梯子, 靠在垂直的墙上, 设下端沿地面以 3m/s 的速度离开墙脚滑动, 求当下端离开墙脚 1.5m 时, 梯子上端下滑的速度.

18. 甲船以 6km/h 的速率向东行驶, 乙船以 8km/h 的速率向南行驶. 在中午 12 点整, 乙船位于甲船之北 16km 处. 问下午 1 点正两船相离的速率为多少?

# 3.5　微分的简单应用

### 3.5.1　近似计算

在工程问题中, 经常会遇到一些复杂的计算公式. 如果直接用这些公式进行计算, 那是很费力的. 利用微分往往可以把一些复杂的计算公式用简单的近似公式来代替.

在 3.1.4 节可微与可导的关系中说过, 如果 $y=f(x)$ 在点 $x_0$ 处的导数 $f'(x_0)\neq 0$, 且 $|\Delta x|$ 很小时, 有

$$\Delta y \approx \mathrm{d}y = f'(x_0)\Delta x.$$

这个式子也可以写为

$$\Delta y = f(x_0+\Delta x) - f(x_0) \approx f'(x_0)\Delta x,$$

或

$$f(x_0+\Delta x) \approx f(x_0) + f'(x_0)\Delta x.$$

令 $x=x_0+\Delta x$, 即 $\Delta x=x-x_0$, 则上式可改写为

$$f(x) \approx f(x_0) + f'(x_0)(x-x_0).$$

**例 3.30**  钟摆的周期原来是 1s. 在冬季, 摆长缩短了 0.01cm, 问这钟每天大约快多少?

**解**  物理学告诉我们, 单摆的周期 $T$ 与摆长 $l$ 之间有关系式

$$T = 2\pi\sqrt{\frac{l}{g}},$$

$g$ 为重力加速度. 现在因天冷摆长有了改变量 $\Delta l = -0.01$cm, 于是引起周期有相应的改变量 $\Delta T$. 因为 $|\Delta l| = 0.01$ 比较小, 所以可用微分 $\mathrm{d}T$ 来近似计算 $\Delta T$.

设原来的周期为 $T_0$, 摆长为 $l_0$, 则由公式 $T_0 = 2\pi\sqrt{\dfrac{l_0}{g}}$, 得到

$$l_0 = \frac{T_0^2 g}{(2\pi)^2}.$$

由 $T = 2\pi\sqrt{\dfrac{l}{g}}$, 有

$$\frac{\mathrm{d}T}{\mathrm{d}l} = \frac{2\pi}{\sqrt{g}} \cdot \frac{1}{2\sqrt{l}} = \frac{\pi}{\sqrt{g}} \cdot \frac{1}{\sqrt{l}},$$

于是

$$\frac{\mathrm{d}T}{\mathrm{d}l}\bigg|_{l=l_0} = \frac{\pi}{\sqrt{g}} \cdot \frac{1}{\sqrt{l_0}} = \frac{\pi}{\sqrt{g}} \cdot \frac{2\pi}{T_0\sqrt{g}} = \frac{2\pi^2}{T_0 g}.$$

从而由近似公式得到

$$\Delta T \approx \mathrm{d}T = \frac{\mathrm{d}T}{\mathrm{d}l}\bigg|_{l=l_0} \cdot \Delta l = \frac{2\pi^2}{T_0 g} \cdot \Delta l.$$

设 $T_0 = 1$s, 又已知 $\Delta l = -0.01$cm, 因此

$$\Delta T \approx \frac{2(3.14)^2}{980}(-0.01)\mathrm{s} \approx -0.0002\mathrm{s}.$$

这表示, 由于摆长缩短了 0.01cm, 摆的周期也缩短了大约 0.0002s, 也就是说, 每秒钟大约快 0.0002s, 因此每天大约快

$$86400 \times 0.0002\mathrm{s} = 17.28\mathrm{s}.$$

**例 3.31**  求 $\cos 60°12'$ 的近似值.

**解**  $\cos 60°12' = \cos\left(\dfrac{\pi}{3} + \dfrac{12}{60} \cdot \dfrac{\pi}{180}\right) = \cos\left(\dfrac{\pi}{3} + \dfrac{12\pi}{10800}\right).$

令 $f(x) = \cos x, x_0 = \dfrac{\pi}{3}, \Delta x = \dfrac{12\pi}{10800}$, 则

$$f(x_0) = \cos\frac{\pi}{3}, \quad f'(x_0) = -\sin\frac{\pi}{3}.$$

由近似公式得

$$\cos 60°12' \approx \cos\frac{\pi}{3} - \sin\frac{\pi}{3} \cdot \frac{12\pi}{10800} = \frac{1}{2} - \frac{\sqrt{3}}{2} \cdot \frac{12\pi}{10800} \approx 0.4970.$$

下面推导一些常用的近似公式. 取 $x_0 = 0$, 于是

$$f(x) \approx f(0) + f'(0)x.$$

应用此式可以推得以下几个在工程上常用的近似公式（下面都假定 $|x|$ 是较小的数值）：

(1) $(1+x)^a \approx 1 + ax$；

(2) $\sin x \approx x$；

(3) $\tan x \approx x$；

(4) $e^x \approx 1 + x$；

(5) $\ln(1+x) \approx x$.

**例 3.32** 近似计算 $\sqrt[3]{8.0034}$.

**解** $\sqrt[3]{8.0034} = \sqrt[3]{8(1+0.0034/8)} = 2\sqrt[3]{1+0.0034/8}$.

再对 $\sqrt[3]{1+0.0034/8}$ 利用近似公式

$$\sqrt[3]{1+x} = (1+x)^{1/3} \approx 1 + \frac{1}{3}x,$$

将 $x = 0.0034/8$ 代入，得到

$$\sqrt[3]{1+0.0034/8} \approx 1 + \frac{1}{3} \times \frac{0.0034}{8},$$

从而

$$\sqrt[3]{8.0034} \approx 2\left(1 + \frac{1}{3} \times \frac{0.0034}{8}\right) \approx 2.0003.$$

### 3.5.2 估计误差

在生产实践中，经常要测量各种数据. 但是有的数据不易直接测量，这时就通过测量其他有关数据后，根据某种公式算出所要的数据. 例如，要计算圆钢的截面积 $A$，可先用卡尺测量圆钢截面的直径 $D$，然后根据公式 $A = \frac{\pi}{4}D^2$ 算出 $A$.

由于测量仪器的精度、测量的条件和测量的方法等各种因素的影响，测得的数据往往带有误差，而根据带有误差的数据计算所得的结果也会有误差，这种误差叫做**间接测量误差**.

下面就讨论怎样利用微分来估计间接测量误差.

先说明什么叫绝对误差、什么叫相对误差.

如果某个量的精确值为 $A$，它的近似值为 $a$，那么 $|A-a|$ 叫做 $a$ 的**绝对误差**，而绝对误差与 $|a|$ 的比值 $\dfrac{|A-a|}{|a|}$ 叫做 $a$ 的**相对误差**.

在实际工作中，某个量的精确值往往是无法知道的，于是绝对误差和相对误差也就无法求得. 但是根据测量仪器的精度等因素，有时能够确定误差在某一个范围内. 如果某个量的精确值是 $A$，测得它的近似值是 $a$，又知道它的误差不超过 $\delta_A$，即

$$| A - a | \leqslant \delta_A,$$

那么 $\delta_A$ 叫做测量 $A$ 的**绝对误差限**,而 $\dfrac{\delta_A}{|a|}$ 叫做测量 $A$ 的**相对误差限**.

**例 3.33**　设测得圆钢截面的直径 $D = 60.03\mathrm{mm}$,测得 $D$ 的绝对误差限 $\delta_D = 0.05\mathrm{mm}$. 利用公式

$$A = \frac{\pi}{4} D^2$$

计算圆钢的截面积时,试估计面积的误差.

**解**　把测量 $D$ 时所产生的误差当作自变量 $D$ 的增量 $\Delta D$,那么,利用公式 $A = \dfrac{\pi}{4} D^2$ 计算 $A$ 时所产生的误差就是函数 $A$ 的对应增量 $\Delta A$. 当 $|\Delta D|$ 很小时,可以利用微分 $\mathrm{d}A$ 近似地代替增量 $\Delta A$,即

$$\Delta A \approx \mathrm{d}A = A' \cdot \Delta D = \frac{\pi}{2} D \cdot \Delta D.$$

由于 $D$ 的绝对误差限为 $\delta_D = 0.05\mathrm{mm}$,所以

$$| \Delta D | \leqslant \delta_D = 0.05,$$

而

$$| \Delta A | \approx | \mathrm{d}A | = \frac{\pi}{2} D \cdot | \Delta D | \leqslant \frac{\pi}{2} D \cdot \delta_D.$$

因此得出 $A$ 的绝对误差限约为

$$\delta_A = \frac{\pi}{2} D \cdot \delta_D = \frac{\pi}{2} \times 60.03 \times 0.05 \approx 4.715(\mathrm{mm}^2),$$

$A$ 的相对误差限约为

$$\frac{\delta_A}{A} = \frac{\dfrac{\pi}{2} D \cdot \delta_D}{\dfrac{\pi}{4} D^2} = 2\frac{\delta_D}{D} = 2 \times \frac{0.05}{60.03} \approx 0.17\%.$$

一般地,根据直接测量的 $x$ 值按公式 $y = f(x)$ 计算 $y$ 值时,如果已知测量 $x$ 的绝对误差限是 $\delta_x$,即

$$| \Delta x | \leqslant \delta_x,$$

那么,当 $y' \neq 0$ 时,$y$ 的绝对误差

$$| \Delta y | \approx | \mathrm{d}y | = | y' | \cdot | \Delta x | \leqslant | y' | \cdot \delta_x,$$

即 $y$ 的绝对误差限约为

$$\delta_y = | y' | \cdot \delta_x,$$

$y$ 的相对误差限约为

$$\frac{\delta_y}{| y |} = \left| \frac{y'}{y} \right| \cdot \delta_x.$$

以后常把绝对误差限与相对误差限简称为绝对误差与相对误差.

微分的简单应用

## 3.6 本章内容对开普勒问题的应用

考虑在平面上运动的一个质点,它在时刻 $t$ 的位置可以用从原点到这点的有向线段(向径)来表示,也就是说,可以用向量 $\boldsymbol{B}(t)=\{x(t),y(t)\}$ 来表示. 从时刻 $t$ 到时刻 $t+\Delta t$,质点从 $(x(t),y(t))$ 运动到 $(x(t+\Delta t),y(t+\Delta t))$,它的位移可以用向量

$$\Delta \boldsymbol{B}(t) = \boldsymbol{B}(t+\Delta t) - \boldsymbol{B}(t)$$

来表示. 在这段时间里,质点的平均速度为

$$\frac{\Delta \boldsymbol{B}(t)}{\Delta t} = \frac{\boldsymbol{B}(t+\Delta t) - \boldsymbol{B}(t)}{\Delta t},$$

这是一个向量. 让 $\Delta t \to 0$,得到瞬时速度

$$\boldsymbol{v}(t) = \lim_{\Delta t \to 0} \frac{\Delta \boldsymbol{B}(t)}{\Delta t} = \frac{\mathrm{d}\boldsymbol{B}(t)}{\mathrm{d}t} = \{x'(t), y'(t)\}.$$

瞬时速度也是一个向量,它正好沿着质点运动轨迹的切线方向. 瞬时速度向量的模

$$|\boldsymbol{v}(t)| = \left| \frac{\mathrm{d}\boldsymbol{B}(t)}{\mathrm{d}t} \right| = \sqrt{(x'(t))^2 + (y'(t))^2}$$

正好等于质点通过的路程 $s$ 对时间的导数. 为说明这一事实,需要指出

$$\frac{\mathrm{d}s}{\mathrm{d}t} = \sqrt{(x'(t))^2 + (y'(t))^2}.$$

这一事实暂且承认,其证明将在定积分的应用一章中给出. 这样,瞬时速度向量 $\boldsymbol{v}(t)=\dfrac{\mathrm{d}\boldsymbol{B}(t)}{\mathrm{d}t}$ 很好地描述了运动的瞬时状况:它的大小即路程对时间的导数,它的方向即运动轨迹的切线方向.

根据同样的道理,运动的加速度也表示为一个向量

$$\boldsymbol{a} = \frac{\mathrm{d}\boldsymbol{v}}{\mathrm{d}t} = \frac{\mathrm{d}^2 \boldsymbol{B}}{\mathrm{d}t^2}.$$

于是,对于质点的平面运动,牛顿第二定律的数学表示为

$$m \frac{\mathrm{d}^2 \boldsymbol{B}}{\mathrm{d}t^2} = \boldsymbol{F},$$

这里作用力 $\boldsymbol{F}$ 也是平面上的向量.

为了以下讨论方便,这里先推导质点运动方程的极坐标形式. 质点在每一处都有一个与其向径同方向的单位向量 $e_r = \{\cos\theta(t), \sin\theta(t)\}$,也有一个与 $e_r$ 垂直与切线方向重合的单位向量 $e_\theta = \{-\sin\theta(t), \cos\theta(t)\}$. 在极坐标系下,有

$$\{x(t), y(t)\} = \{r(t)\cos\theta(t), r(t)\sin\theta(t)\},$$

所以

$$
\begin{aligned}
v(t) &= \{x'(t), y'(t)\} \\
&= \{r'(t)\cos\theta(t) - r(t)\theta'(t)\sin\theta(t), r'(t)\sin\theta(t) + r(t)\theta'(t)\cos\theta(t)\} \\
&= r'e_r + r\theta'e_\theta.
\end{aligned}
$$

同理,有

$$
\begin{aligned}
a(t) &= \{x''(t), y''(t)\} \\
&= \{r''(t)\cos\theta(t) - r(t)(\theta'(t))^2\cos\theta(t) - 2r'(t)\theta'(t)\sin\theta(t) - r(t)\theta''(t)\sin\theta(t), \\
&\quad\ r''(t)\sin\theta(t) + 2r'(t)\theta'(t)\cos\theta(t) + r\theta''(t)\cos\theta(t) - r(t)(\theta'(t))^2\sin\theta(t)\} \\
&= (r'' - r(\theta')^2)e_r + (2r'\theta' + r\theta'')e_\theta \\
&= a_r e_r + a_\theta e_\theta,
\end{aligned}
$$

其中

$$a_r = r'' - r(\theta')^2, \quad a_\theta = 2r'\theta' + r\theta''.$$

作用在质点上的力 $F$ 也沿这两方向分解,即

$$F = F_r e_r + F_\theta e_\theta.$$

把运动方程

$$mB'' = F$$

改写成

$$ma_r e_r + ma_\theta e_\theta = F_r e_r + F_\theta e_\theta,$$

所以

$$ma_r = F_r, \quad ma_\theta = F_\theta,$$

即

$$m(r'' - r(\theta')^2) = F_r, \quad m(2r'\theta' + r\theta'') = F_\theta.$$

这就是**质点运动方程的极坐标形式**(适用于质点的平面运动).

下面从开普勒定律导出万有引力定律. 开普勒第二定律说:从太阳中心指向一个行星的向径,在相等的时间内扫过相等的面积. 换句话说就是向径的面积速度等于常数. 先承认面积速度的分析表达式为

$$\frac{\mathrm{d}A}{\mathrm{d}t} = \frac{1}{2}r^2\frac{\mathrm{d}\theta}{\mathrm{d}t},$$

即

$$A' = \frac{1}{2}r^2\theta'.$$

具体的证明在定积分的应用部分给出.

这样,开普勒第二定律的数学表示即为

$$r^2\theta' = h(\text{常数}).$$

对上式求导,得

$$2rr'\theta' + r^2\theta'' = 0.$$

由此得到

$$2r'\theta' + r\theta'' = 0.$$

于是,得

$$F_\theta = m(2r'\theta' + r\theta'') = 0,$$
$$\boldsymbol{F} = F_r\boldsymbol{e}_r + F_\theta\boldsymbol{e}_\theta = F_r\boldsymbol{e}_r.$$

这就是说,行星所受的力作用在太阳与行星的连线上.

其次,根据开普勒第一定律,行星绕太阳运行的轨道是一个椭圆,太阳中心在椭圆的一个焦点上.用极坐标写出轨道的方程

$$r = \frac{p}{1 + \varepsilon\cos\theta}.$$

由此得到

$$\frac{1}{r} = \frac{1}{p}(1 + \varepsilon\cos\theta) = \frac{1}{p} + \frac{\varepsilon}{p}\cos\theta,$$

两边对 $t$ 求导,得

$$-\frac{r'}{r^2} = -\frac{\varepsilon}{p} \cdot \sin\theta \cdot \theta',$$

$$r' = \frac{\varepsilon}{p}(r^2\theta')\sin\theta = \frac{\varepsilon h}{p}\sin\theta.$$

于是,得

$$a_r = r'' - r(\theta')^2 = r'' - \frac{(r^2\theta')^2}{r^3} = \frac{\varepsilon h^2}{pr^2}\cos\theta - \frac{h^2}{r^3}$$

$$= \frac{h^2}{r^2}\left(\frac{\varepsilon}{p}\cos\theta - \frac{1}{r}\right) = -\frac{h^2}{p}\frac{1}{r^2},$$

$$F_r = ma_r = -\frac{mh^2}{p}\frac{1}{r^2} = -km\frac{1}{r^2}.$$

下面指出 $k = h^2/p$ 是一个常数(对太阳系中所有的行星都是一样的). 注意到:面积速度 $\dfrac{\mathrm{d}A}{\mathrm{d}t} = \dfrac{1}{2}r^2\theta' = \dfrac{1}{2}h$ 与周期 $T$ 相乘应该得到椭圆的面积

$$\frac{1}{2}hT = \pi ab.$$

这里暂且承认椭圆的面积是以上表达式,具体证明在定积分应用部分给出.

由此得到

$$h = \frac{2\pi ab}{T}, \quad h^2 = \frac{4\pi^2 a^2 b^2}{T^2}.$$

根据开普勒第三定律,应有

$$T^2 = \lambda a^3,$$

其中比值 $\lambda$ 对太阳系中所有的行星都相同. 于是

$$h^2 = \frac{4\pi^2}{\lambda} \frac{b^2}{a} = \frac{4\pi^2}{\lambda} p,$$

$$k = \frac{h^2}{p} = \frac{4\pi^2}{\lambda} \quad （常数）.$$

得

$$F_r = -km \frac{1}{r^2} \quad （k \text{ 是常数}）.$$

这就是说:行星所受的力指向太阳,它的大小与行星的质量成正比,与行星到太阳的距离的平方成反比.

牛顿正是从这些结论出发,通过进一步的思考,总结出著名的万有引力定律.

# 第 4 章　定积分与不定积分

本章讨论微积分学的另一个大问题,即积分问题.下面将给出定积分与不定积分的概念与计算方法.

## 4.1　定积分的概念和性质

### 4.1.1　两个实例

#### 1. 曲边梯形的面积

设曲边梯形由连续曲线 $y=f(x)(f(x)\geqslant0)$,$x$ 轴和直线 $x=a,x=b$ 围成,求它的面积 $A$(图 4.1).

困难在于有一边是"曲"的.为了克服这个困难,我们先把曲边梯形分细,对于每一个小曲边梯形,可用一个小矩形去近似代替它,这就是"以直代曲".求出面积后,再一个个相加,于是得到一个大的阶梯形面积,它是原来大曲边梯形面积 $A$ 的一个近似值.为了得到 $A$ 的精确值,让分割无限变细,最后得到的极限值就是 $A$.

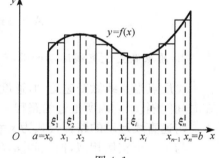

图 4.1

具体做法可分为以下四步.

(1) **分割**　把区间 $[a,b]$ 任意分成 $n$ 个小区间,设分点为
$$a = x_0 < x_1 < x_2 < \cdots < x_{n-1} < x_n = b,$$
小区间的长度为
$$\Delta x_i = x_i - x_{i-1}, \quad i = 1,2,\cdots,n.$$
过每个分点 $x_i(i=1,2,\cdots,n)$ 作平行于 $y$ 轴的直线,把原曲边梯形分为 $n$ 个小曲边梯形,它们的面积分别记作
$$\Delta A_1, \Delta A_2, \cdots, \Delta A_n.$$

(2) **近似代替**　"以直代曲":考虑有代表性的小区间
$$[x_{i-1}, x_i], \quad i = 1,2,\cdots,n,$$
因为 $f(x)$ 是连续函数,所以当分割充分细密时,$f(x)$ 在小区间 $[x_{i-1},x_i]$ 上的值变化不大,从而可用一个小矩形去近似代替小曲边梯形.这个小矩形的底与小曲边梯

形的底相同, 而高是函数值 $f(\xi_i)$, 于是得到

$$\Delta A_i \approx f(\xi_i) \cdot \Delta x_i, \quad i = 1, 2, \cdots, n,$$

其中 $\xi_i$ 是小区间 $[x_{i-1}, x_i]$ 上的任意一点.

(3) **求和**  将各小区间上的函数值求和得到 $A$ 的近似值

$$\begin{aligned}
A &= \Delta A_1 + \Delta A_2 + \cdots + \Delta A_n \\
&\approx f(\xi_1) \cdot \Delta x_1 + f(\xi_2) \cdot \Delta x_2 + \cdots + f(\xi_n) \cdot \Delta x_n \\
&= \sum_{i=1}^{n} f(\xi_i) \cdot \Delta x_i,
\end{aligned}$$

这是一个阶梯形面积.

(4) **取极限**  显然, 阶梯形面积 $\sum\limits_{i=1}^{n} f(\xi_i) \cdot \Delta x_i$ 既依赖于区间 $[a, b]$ 的分割方法, 也依赖于中间点 $\xi_i (i = 1, 2, \cdots, n)$ 的取法. 但是, 容易看出, 当分割充分细时, $\sum\limits_{i=1}^{n} f(\xi_i) \cdot \Delta x_i$ 就可以任意接近所求面积 $A$; 并且当分割无限细下去 (表现为 $\lambda = \max\limits_{1 \leqslant i \leqslant n} \{\Delta x_i\} \to 0$) 时, 就有

$$A = \lim_{\lambda \to 0} \sum_{i=1}^{n} f(\xi_i) \cdot \Delta x_i.$$

**2. 质点做变速直线运动的路程**

设质点沿直线做变速运动, 速度为 $v = v(t)$, 假定 $v(t)$ 是 $t$ 的连续函数, 求质点在时间间隔 $[a, b]$ 内所走过的路程 $s$.

匀速直线运动的路程公式为 $s = vt$, 变速运动怎样求路程呢?

与上一个实例相似, 把区间 $[a, b]$ 分细, 以便在每个局部, 可以把运动近似看成是匀速的. 这就是"以匀代变".

具体步骤如下:

(1) **分割**  将区间 $[a, b]$ 任意分成 $n$ 份, 设分点为

$$a = t_0 < t_1 < t_2 < \cdots < t_{n-1} < t_n = b,$$

小区间的长度为

$$\Delta t_i = t_i - t_{i-1}, \quad i = 1, 2, \cdots, n.$$

(2) **近似代替**  "以匀代变": 考虑小区间 $[t_{i-1}, t_i] (i = 1, 2, \cdots, n)$. 由于区间很小, 速度 $v(t)$ 又是连续变化的, 因此可把质点在小区间上的运动近似看成匀速运动. 具体地说, 可在区间 $[t_{i-1}, t_i]$ 上任取一点 $\tau_i (t_{i-1} \leqslant \tau_i \leqslant t_i)$, 用质点在时刻 $\tau_i$ 的速度 $v(\tau_i)$ 去近似代替变速 $v(t)$, 于是得到

$$\Delta s_i \approx v(\tau_i) \cdot \Delta t_i, \quad i = 1, 2, \cdots, n.$$

(3) **求和**

$$s = \Delta s_1 + \Delta s_2 + \cdots + \Delta s_n$$

$$\approx v(\tau_1) \cdot \Delta t_1 + v(\tau_2) \cdot \Delta t_2 + \cdots + v(\tau_n) \cdot \Delta t_n$$

$$= \sum_{i=1}^{n} v(\tau_i) \cdot \Delta t_i.$$

（4）**取极限** 记 $\lambda = \max\limits_{1 \leqslant i \leqslant n}\{\Delta t_i\}$，令 $\lambda \to 0$，则

$$s = \lim_{\lambda \to 0} \sum_{i=1}^{n} v(\tau_i) \cdot \Delta t_i.$$

### 4.1.2 定积分的定义

从上面两个例子可以看到，问题最后都归结为求某种和式的极限. 类似的实际问题还有很多，如变力做功问题，转动惯量问题，引力问题，旋转体的体积问题，曲线的弧长问题等. 把处理这些问题的数学方法加以概括和抽象，便得到了定积分的定义.

**定义 4.1**（定积分） 设函数 $f(x)$ 在区间 $[a,b]$ 上有定义. 用分点

$$a = x_0 < x_1 < x_2 < \cdots < x_{n-1} < x_n = b$$

将区间 $[a,b]$ 任意分成 $n$ 个小区间，小区间的长度为

$$\Delta x_i = x_i - x_{i-1}, \quad i = 1,2,\cdots,n,$$

记 $\lambda = \max\limits_{1 \leqslant i \leqslant n}\{\Delta x_i\}$. 在每个小区间 $[x_{i-1}, x_i]$ 上任取一点 $\xi_i (x_{i-1} \leqslant \xi_i \leqslant x_i)$，作乘积

$$f(\xi_i) \cdot \Delta x_i, \quad i = 1,2,\cdots,n.$$

将这些乘积相加，得到和式

$$\sigma_n = \sum_{i=1}^{n} f(\xi_i) \cdot \Delta x_i,$$

这个和称为函数 $f(x)$ 在区间 $[a,b]$ 上的**积分和**. 令 $\lambda \to 0$，若积分和 $\sigma_n$ 有极限 $I$（这个值 $I$ 不依赖于 $[a,b]$ 的分法以及中间点 $\xi_i$ 的取法（$i=1,2,\cdots,n$）），则称此极限值为 $f(x)$ 在 $[a,b]$ 上的定积分，记作

$$I = \lim_{\lambda \to 0} \sum_{i=1}^{n} f(\xi_i) \cdot \Delta x_i = \int_a^b f(x) \mathrm{d}x,$$

其中 $a$ 和 $b$ 分别称为**定积分的下限与上限**，$[a,b]$ 称为**积分区间**.

定积分的这一定义，在历史上首先是由黎曼（Riemann）给出的，因此这种意义上的定积分也称为**黎曼积分**.

若 $f(x)$ 在 $[a,b]$ 上的定积分存在，则称 $f(x)$ 在 $[a,b]$ 上**可积**（或黎曼可积）.

定积分 $\int_a^b f(x) \mathrm{d}x$ 也可用 "$\varepsilon$-$\delta$" 语言给出定义.

设 $f(x)$ 在 $[a,b]$ 上有定义，$I$ 为常数. 任给 $\varepsilon > 0$，若存在 $\delta > 0$，使得对于 $[a,b]$ 的任意分法以及中间点 $\xi_i (x_{i-1} \leqslant \xi_i \leqslant x_i)$ 的任意取法，只要

$$\lambda = \max_{1 \leqslant i \leqslant n} \{\Delta x_i\} < \delta,$$

就有

$$\mid \sigma_n - I \mid = \Big| \sum_{i=1}^{n} f(\xi_i) \cdot \Delta x_i - I \Big| < \varepsilon,$$

则称 $I$ 为 $f(x)$ 在 $[a,b]$ 上的**定积分**,记作

$$I = \lim_{\lambda \to 0} \sum_{i=1}^{n} f(\xi_i) \cdot \Delta x_i = \int_a^b f(x) \mathrm{d}x,$$

有了定积分的概念以后,上面的两个实例就可以用定积分来表示.

在第一个实例中,曲边梯形的面积 $A$ 是曲边函数 $y = f(x)$ 在区间 $[a,b]$ 上的定积分,即

$$A = \int_a^b f(x) \mathrm{d}x, \quad f(x) \geqslant 0.$$

在第二个实例中,做变速直线运动的质点所走过的路程 $s$ 是速度函数 $v = v(t)$ 在时间区间 $[a,b]$ 上的定积分,即

$$s = \int_a^b v(t) \mathrm{d}t.$$

定积分的概念

### 4.1.3　函数的可积性

若 $f(x)$ 在 $[a,b]$ 上的定积分存在,则称 $f(x)$ 在 $[a,b]$ 上可积,那么,什么样的函数是可积的呢? 有下面的重要定理.

**定理 4.1**　若 $f(x)$ 在 $[a,b]$ 上连续,则 $f(x)$ 在 $[a,b]$ 上可积.

**定理 4.2**　若 $f(x)$ 在 $[a,b]$ 上只有有限个间断点,并且有界,则 $f(x)$ 在 $[a,b]$ 上可积.

### 4.1.4　积分的几何意义

在 $[a,b]$ 上 $f(x) \geqslant 0$ 时,定积分 $\int_a^b f(x)\mathrm{d}x$ 在几何上表示由曲线 $y = f(x)$,两条直线 $x = a, x = b$ 与 $x$ 轴所围成的曲边梯形的面积;在 $[a,b]$ 上 $f(x) \leqslant 0$ 时,由曲线 $y = f(x)$、两条直线 $x = a, x = b$ 与 $x$ 轴所围成的曲边梯形位于 $x$ 轴的下方,定积分 $\int_a^b f(x)\mathrm{d}x$ 在几何上表示上述曲边梯形面积的负值;在 $[a,b]$ 上 $f(x)$ 既取得正值又取得负值时,函数 $f(x)$ 的图形某些部分在 $x$ 轴的上方,而其他部分在 $x$ 轴下方. 此时定积分 $\int_a^b f(x)\mathrm{d}x$ 表示 $x$ 轴上方图形面积减去 $x$ 轴下方图形面积所得之差(图 4.2).

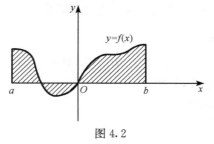

图 4.2

**例 4.1** 利用定义计算定积分 $\int_0^1 x^2 \mathrm{d}x$.

**解** 因为被积函数 $f(x)=x^2$ 在积分区间 $[0,1]$ 上连续,而**连续函数是可积的**,所以积分与区间 $[0,1]$ 的分法及点 $\xi_i$ 的取法无关. 因此,为了便于计算,不妨把区间 $[0,1]$ 分成 $n$ 等份,分点为 $x_i = \dfrac{i}{n}$,$i=1,2,\cdots,n-1$,这样,每个小区间 $[x_{i-1},x_i]$ 的长度 $\Delta x_i = \dfrac{1}{n}$,$i=1,2,\cdots,n$,取 $\xi_i = x_i$,$i=1,2,\cdots,n$,于是,得和式

$$\sum_{i=1}^n f(\xi_i)\Delta x_i = \sum_{i=1}^n \xi_i^2 \Delta x_i = \sum_{i=1}^n x_i^2 \Delta x_i$$

$$= \sum_{i=1}^n \left(\frac{i}{n}\right)^2 \cdot \frac{1}{n} = \frac{1}{n^3}\sum_{i=1}^n i^2$$

$$= \frac{1}{n^3} \cdot \frac{1}{6}n(n+1)(2n+1)$$

$$= \frac{1}{6}\left(1+\frac{1}{n}\right)\left(2+\frac{1}{n}\right).$$

当 $\lambda \to 0$,即 $n \to \infty$ 时,取上式右端的极限. 由定积分的定义,即得所要计算的积分

$$\int_0^1 x^2 \mathrm{d}x = \lim_{\lambda \to 0}\sum_{i=1}^n \xi_i^2 \Delta x_i = \lim_{n \to \infty}\frac{1}{6}\left(1+\frac{1}{n}\right)\left(2+\frac{1}{n}\right) = \frac{1}{3}.$$

### 4.1.5 定积分的近似计算

设定积分 $\int_a^b f(x)\mathrm{d}x$ 存在,考虑如何得到它的一个近似值.

用分点 $a=x_0,x_1,x_2,\cdots,x_n=b$ 将 $[a,b]$ 分成 $n$ 个长度相等的小区间,每个小区间的长为

$$\Delta x = \frac{b-a}{n},$$

在小区间 $[x_{i-1},x_i]$ 上,取 $\xi_i = x_{i-1}$,应有

$$\int_a^b f(x)\mathrm{d}x = \lim_{n \to \infty}\frac{b-a}{n}\sum_{i=1}^n f(x_{i-1}),$$

从而对于任意确定的正整数 $n$,有

$$\int_a^b f(x)\mathrm{d}x \approx \frac{b-a}{n}\sum_{i=1}^n f(x_{i-1}).$$

记 $f(x_i)=y_i (i=0,1,2,\cdots,n)$,上式可记作

$$\int_a^b f(x)\mathrm{d}x \approx \frac{b-a}{n}(y_0 + y_1 + \cdots + y_{n-1}).$$

如果取 $\xi_i = x_i$,则可得近似公式

$$\int_a^b f(x)\mathrm{d}x \approx \frac{b-a}{n}(y_1 + y_2 + \cdots + y_n).$$

　　以上求定积分近似值的方法称为矩形法,公式称为**矩形法公式**.

　　矩形法的几何意义是用窄条矩形的面积作为窄条曲边梯形面积的近似值.整体上用台阶型的面积作为曲边梯形面积的近似值(图 4.3).

　　求定积分近似值的方法,常用的还有**梯形法**和**抛物线法**(又称**辛普森法**),简单介绍如下.

　　和矩形法一样,将区间 $[a,b]$ $n$ 等分. 设 $f(x_i)=y_i$,曲线 $y=f(x)$ 上的点 $(x_i,y_i)$ 记作 $M_i(i=0,1,2,\cdots,n)$.

　　梯形法的原理是将曲线 $y=f(x)$ 上的小弧段 $\overgroup{M_{i-1}M_i}$ 用直线段 $\overline{M_{i-1}M_i}$ 代替,也就是把窄条曲边梯形用窄条梯形代替(图 4.4),由此得到定积分的近似值为

$$\int_a^b f(x)\mathrm{d}x\approx\frac{b-a}{n}\left(\frac{y_0+y_1}{2}+\frac{y_1+y_2}{2}+\cdots+\frac{y_{n-1}+y_n}{2}\right)$$

$$=\frac{b-a}{n}\left(\frac{y_0+y_n}{2}+y_1+y_2+\cdots+y_{n-1}\right).$$

显然,梯形法公式所得近似值就是矩形法公式所得两个近似值的平均值.

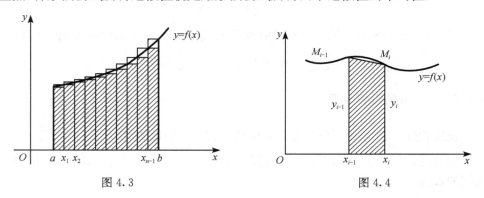

图 4.3　　　　　　　　　　　　　　　　　　　图 4.4

　　**例 4.2**　有一条河,宽 200m.从一岸到对岸,每隔 20m 测量一次水深,测得数据如下表:

| $x$(宽)/m | 0 | 20 | 40 | 60 | 80 | 100 | 120 | 140 | 160 | 180 | 200 |
|---|---|---|---|---|---|---|---|---|---|---|---|
| $y$(深)/m | 2 | 4 | 6 | 9 | 12 | 16 | 18 | 13 | 8 | 6 | 2 |

求此河的横断面面积 $A$ 的近似值.

　　**解**　设此河横断面的底边方程为 $y=f(x)$,则所求面积为

$$A=\int_0^{200} f(x)\mathrm{d}x.$$

利用梯形公式,由于 $n=10$,$\dfrac{b-a}{n}=20$m,因此

$$A=\int_0^{200} f(x)\mathrm{d}x$$

$$\approx 20\left[\frac{2+2}{2}+4+6+9+12+16+18+13+8+6\right]$$

$$=1880(\text{m}^2).$$

抛物线法的原理是将曲线 $y=f(x)$ 上的两个小弧段 $\overset{\frown}{M_{i-1}M_i}$ 和 $\overset{\frown}{M_iM_{i+1}}$ 合起来,用过 $M_{i-1},M_i,$ $M_{i+1}$ 三点的抛物线 $y=px^2+qx+r$ 代替(图 4.5). 经推导可得,以此抛物线弧段为曲边、以 $[x_{i-1},$ $x_{i+1}]$ 为底的曲边梯形面积为

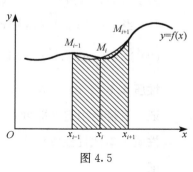

$$\frac{1}{6}(y_{i-1}+4y_i+y_{i+1})\cdot 2\Delta x$$

$$=\frac{b-a}{3n}(y_{i-1}+4y_i+y_{i+1}).$$

图 4.5

取 $n$ 为偶数,得到定积分的近似值为

$$\int_a^b f(x)\mathrm{d}x\approx\frac{b-a}{3n}\left[(y_0+4y_1+y_2)+(y_2+4y_3+y_4)+\cdots+(y_{n-2}+4y_{n-1}+y_n)\right]$$

$$=\frac{b-a}{3n}\left[y_0+y_n+4(y_1+y_3+\cdots+y_{n-1})+2(y_2+y_4+\cdots+y_{n-2})\right].$$

**例 4.3** 用抛物线公式近似计算定积分 $\int_0^1 e^{-x^2}\mathrm{d}x$.

**解** 取分点和相应的函数值用下表给出:

| $i$ | 0 | 1 | 2 | 3 | 4 | 5 |
|---|---|---|---|---|---|---|
| $x$ | 0.0 | 0.1 | 0.2 | 0.3 | 0.4 | 0.5 |
| $y$ | 1.00000 | 0.99005 | 0.96079 | 0.91393 | 0.85214 | 0.77880 |
| $i$ | 6 | 7 | 8 | 9 | 10 | |
| $x$ | 0.6 | 0.7 | 0.8 | 0.9 | 1.0 | |
| $y$ | 0.69768 | 0.61263 | 0.52729 | 0.44486 | 0.36788 | |

于是由抛物线公式,得到

$$\int_0^1 e^{-x^2}\mathrm{d}x\approx\frac{b-a}{3n}\left[(y_0+y_{10})+4(y_1+y_3+y_5+y_7+y_9)+2(y_2+y_4+y_6+y_8)\right]$$

$$=\frac{1}{30}\left[1.36788+2\times3.03790+4\times3.74027\right]$$

$$=0.74683.$$

定积分的近似计算

### 4.1.6　定积分的基本性质

为了以后计算及应用方便起见,对定积分做以下两点补充规定:

(1) 当 $a = b$ 时,$\int_a^b f(x)\mathrm{d}x = 0$;

(2) 当 $a > b$ 时,$\int_a^b f(x)\mathrm{d}x = -\int_b^a f(x)\mathrm{d}x.$

**性质 4.1** $\int_a^b \mathrm{d}x = b - a.$

**证**　直接运用定义即可.

**性质 4.2**(线性性质)　$\int_a^b [k_1 f(x) + k_2 g(x)]\mathrm{d}x = k_1 \int_a^b f(x)\mathrm{d}x + k_2 \int_a^b g(x)\mathrm{d}x.$

**证**

$$\int_a^b [k_1 f(x) + k_2 g(x)]\mathrm{d}x$$

$$= \lim_{\lambda \to 0} \sum_{i=1}^n [k_1 f(\xi_i) + k_2 g(\xi_i)] \cdot \Delta x_i$$

$$= \lim_{\lambda \to 0} \Big[ k_1 \sum_{i=1}^n f(\xi_i) \cdot \Delta x_i + k_2 \sum_{i=1}^n g(\xi_i) \cdot \Delta x_i \Big]$$

$$= k_1 \lim_{\lambda \to 0} \sum_{i=1}^n f(\xi_i) \cdot \Delta x_i + k_2 \lim_{\lambda \to 0} \sum_{i=1}^n g(\xi_i) \cdot \Delta x_i$$

$$= k_1 \int_a^b f(x)\mathrm{d}x + k_2 \int_a^b g(x)\mathrm{d}x.$$

**推论 4.1** $\int_a^b [f(x) \pm g(x)]\mathrm{d}x = \int_a^b f(x)\mathrm{d}x \pm \int_a^b g(x)\mathrm{d}x.$

**推论 4.2** $\int_a^b k f(x)\mathrm{d}x = k \int_a^b f(x)\mathrm{d}x.$

**性质 4.3** $\int_a^b f(x)\mathrm{d}x = \int_a^c f(x)\mathrm{d}x + \int_c^b f(x)\mathrm{d}x.$

**证**　先设 $a < c < b$. 因为函数 $f(x)$ 在区间 $[a,b]$ 上可积,所以不论 $[a,b]$ 怎样分,积分和的极限总是不变的. 因此,在分区间时,可以使 $c$ 永远是个分点.那么,$[a,b]$ 上的积分和等于 $[a,c]$ 上的积分和加 $[c,b]$ 上的积分和,记为

$$\sum_{[a,b]} f(\xi_i)\Delta x_i = \sum_{[a,c]} f(\xi_i)\Delta x_i + \sum_{[c,b]} f(\xi_i)\Delta x_i.$$

令 $\lambda \to 0$,上式两端同时取极限,即得

$$\int_a^b f(x)\mathrm{d}x = \int_a^c f(x)\mathrm{d}x + \int_c^b f(x)\mathrm{d}x.$$

其他情形的证明从略.

**性质 4.4**　若 $a < b, f(x) \leqslant g(x)$,则 $\int_a^b f(x)\mathrm{d}x \leqslant \int_a^b g(x)\mathrm{d}x.$

证 因为 $f(x) \leqslant g(x)(a \leqslant x \leqslant b)$，所以对于区间 $[a,b]$ 的任意分割以及中间点 $\xi_i(i=1,2,\cdots,n)$ 的任意取法，都有

$$f(\xi_i) \leqslant g(\xi_i), \quad i=1,2,\cdots,n,$$

从而

$$\sum_{i=1}^{n} f(\xi_i) \cdot \Delta x_i \leqslant \sum_{i=1}^{n} g(\xi_i) \cdot \Delta x_i.$$

令 $\lambda \to 0$，上式两端取极限，得

$$\lim_{\lambda \to 0} \sum_{i=1}^{n} f(\xi_i) \cdot \Delta x_i \leqslant \lim_{\lambda \to 0} \sum_{i=1}^{n} g(\xi_i) \cdot \Delta x_i,$$

即

$$\int_a^b f(x)\mathrm{d}x \leqslant \int_a^b g(x)\mathrm{d}x.$$

**推论 4.3** 若 $a<b, f(x) \geqslant 0$，则 $\int_a^b f(x)\mathrm{d}x \geqslant 0$.

**推论 4.4** 若 $a<b, m \leqslant f(x) \leqslant M$，则 $m(b-a) \leqslant \int_a^b f(x)\mathrm{d}x \leqslant M(b-a)$.

**推论 4.5** $\left| \int_a^b f(x)\mathrm{d}x \right| \leqslant \int_a^b |f(x)|\,\mathrm{d}x$ $(a<b)$.

**性质 4.5(定积分中值定理)** (图 4.6)
若 $f(x)$ 在 $[a,b]$ 上连续，则至少有一点 $\xi \in [a,b]$，使得

$$\int_a^b f(x)\mathrm{d}x = f(\xi)(b-a).$$

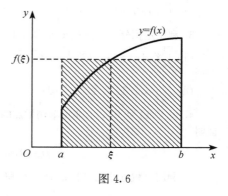

图 4.6

证 因为 $f(x)$ 在 $[a,b]$ 上连续，所以 $f(x)$ 在 $[a,b]$ 上必有最大值 $M$ 和最小值 $m$，由推论 4.4 得

$$m(b-a) \leqslant \int_a^b f(x)\mathrm{d}x \leqslant M(b-a),$$

$$m \leqslant \frac{1}{b-a} \int_a^b f(x)\mathrm{d}x \leqslant M,$$

则 $\frac{1}{b-a} \int_a^b f(x)\mathrm{d}x$ 为介于 $m$ 与 $M$ 之间的一个数. 由闭区间上连续函数的介值定理知，至少有一点 $\xi \in [a,b]$，使得 $f(\xi) = \frac{1}{b-a} \int_a^b f(x)\mathrm{d}x$，即

$$\int_a^b f(x)\mathrm{d}x = f(\xi)(b-a), \quad a \leqslant \xi \leqslant b.$$

**例 4.4** 估计 $\int_{\frac{1}{2}}^1 x^3 \mathrm{d}x$ 的值.

**解**　因为被积函数 $f(x)=x^3$ 在积分区间 $\left[\dfrac{1}{2},1\right]$ 上单调上升,所以最大值为 1,最小值为 $\dfrac{1}{8}$. 由推论 4.4 得

$$\frac{1}{16} \leqslant \int_{\frac{1}{2}}^{1} x^3 \, \mathrm{d}x \leqslant \frac{1}{2}.$$

定积分的基本性质

**习题 4.1**

1. 利用定积分定义计算由抛物线 $y=x^2+1$,两直线 $x=a,x=b(b>a)$ 及 $x$ 轴所围成的图形的面积.

2. 利用定积分定义计算下列积分:

(1) $\displaystyle\int_a^b x\,\mathrm{d}x(a<b)$;　(2) $\displaystyle\int_0^1 \mathrm{e}^x\,\mathrm{d}x$;　(3) $\displaystyle\int_a^b (cx+d)\,\mathrm{d}x$;　(4) $\displaystyle\int_0^1 x^3\,\mathrm{d}x$.

3. 利用定积分的几何意义,证明下列等式:

(1) $\displaystyle\int_0^1 2x\,\mathrm{d}x=1$;　(2) $\displaystyle\int_0^1 \sqrt{1-x^2}\,\mathrm{d}x=\frac{\pi}{4}$;　(3) $\displaystyle\int_{-\pi}^{\pi} \sin x\,\mathrm{d}x=0$;

(4) $\displaystyle\int_{-\frac{\pi}{2}}^{\frac{\pi}{2}} \cos x\,\mathrm{d}x=2\int_0^{\frac{\pi}{2}} \cos x\,\mathrm{d}x$.

4. 设 $f(x)$ 为 $[0,a]$ 上非负单调增加的连续函数,$g(x)$ 是它的反函数,从定积分的几何意义证明

$$\int_0^a f(x)\,\mathrm{d}x+\int_{f(0)}^{f(a)} g(y)\,\mathrm{d}y=af(a).$$

5. 利用定积分的几何意义,求下列积分:

(1) $\displaystyle\int_0^t x\,\mathrm{d}x(t>0)$;　(2) $\displaystyle\int_{-2}^4 \left(\frac{x}{2}+3\right)\mathrm{d}x$;　(3) $\displaystyle\int_{-1}^2 |x|\,\mathrm{d}x$;　(4) $\displaystyle\int_{-3}^3 \sqrt{9-x^2}\,\mathrm{d}x$;

(5) $\displaystyle\int_a^b \sqrt{(x-a)(b-x)}\,\mathrm{d}x$;　(6) $\displaystyle\int_a^b \left|x-\frac{a+b}{2}\right|\mathrm{d}x$.

6. 设 $a<b$. 问 $a,b$ 取什么值时,积分 $\displaystyle\int_a^b (x-x^2)\,\mathrm{d}x$ 取得最大值?

7. 设 $\displaystyle\int_{-1}^1 3f(x)\,\mathrm{d}x=18,\int_{-1}^3 f(x)\,\mathrm{d}x=4,\int_{-1}^3 g(x)\,\mathrm{d}x=3$. 求

(1) $\displaystyle\int_{-1}^1 f(x)\,\mathrm{d}x$;　(2) $\displaystyle\int_1^3 f(x)\,\mathrm{d}x$;　(3) $\displaystyle\int_3^{-1} g(x)\,\mathrm{d}x$;　(4) $\displaystyle\int_{-1}^3 \frac{1}{3}[4f(x)+3g(x)]\,\mathrm{d}x$.

8. 水利工程中要计算拦水闸门所受的水压力. 已知闸门上水的压强 $p$ 与水深 $h$ 存在函数关系,且有 $p=9.8h(\mathrm{kN/m^2})$. 若闸门高 $H=3\mathrm{m}$,宽 $L=2\mathrm{m}$,求水面与闸门顶相齐时闸门所受的水压力 $P$.

9. 设 $f(x)$ 在 $[0,1]$ 上连续,证明 $\displaystyle\int_0^1 f^2(x)\,\mathrm{d}x \geqslant \left(\int_0^1 f(x)\,\mathrm{d}x\right)^2$.

10. 设 $f(x)$ 及 $g(x)$ 在 $[a,b]$ 上连续,证明:

(1) 若在 $[a,b]$ 上,$f(x) \geqslant 0$,且 $\int_a^b f(x)\mathrm{d}x = 0$,则在 $[a,b]$ 上 $f(x) \equiv 0$;

(2) 若在 $[a,b]$ 上,$f(x) \geqslant 0$,且 $f(x)$ 不恒等于零,则 $\int_a^b f(x)\mathrm{d}x > 0$;

(3) 若在 $[a,b]$ 上,$f(x) \leqslant g(x)$,且 $\int_a^b f(x)\mathrm{d}x = \int_a^b g(x)\mathrm{d}x$,则在 $[a,b]$ 上 $f(x) \equiv g(x)$.

11. 判断下列各对积分哪一个的值较大:

(1) $\int_0^1 x^2 \mathrm{d}x$ 还是 $\int_0^1 x^3 \mathrm{d}x$?　(2) $\int_1^2 x^2 \mathrm{d}x$ 还是 $\int_1^2 x^3 \mathrm{d}x$?　(3) $\int_1^2 \ln x \mathrm{d}x$ 还是 $\int_1^2 (\ln x)^2 \mathrm{d}x$?

12. 设 $f(x)$ 在区间 $[a,b]$ 上连续,$g(x)$ 在区间 $[a,b]$ 上连续且不变号. 证明至少存在一点 $\xi \in [a,b]$,使下式成立

$$\int_a^b f(x)g(x)\mathrm{d}x = f(\xi)\int_a^b g(x)\mathrm{d}x.$$

## 4.2　微积分基本公式

定积分对于解决实际问题具有重大的意义,但直接按定义来计算定积分很不容易,所以必须寻求计算定积分的新方法.

### 4.2.1　启发

有一物体在一直线上运动. 在这直线上取定原点、正向及长度单位,使它成一数轴. 设时刻 $t$ 时物体所在位置为 $s(t)$,速度为 $v(t)$.

物体在时间间隔 $[T_1, T_2]$ 内经过的路程可以用速度函数 $v(t)$ 在 $[T_1, T_2]$ 上的定积分

$$\int_{T_1}^{T_2} v(t)\mathrm{d}t$$

来表达;另外,这段路程又可以通过位置函数 $s(t)$ 在区间 $[T_1, T_2]$ 上的增量

$$s(T_2) - s(T_1)$$

来表达. 由此可见,位置函数 $s(t)$ 与速度函数 $v(t)$ 之间的关系为

$$\int_{T_1}^{T_2} v(t)\mathrm{d}t = s(T_2) - s(T_1).$$

因为 $s'(t) = v(t)$,为了叙述上的方便,引入原函数的概念.

**定义 4.2**　对于区间 $I$ 上的 $f(x)$,如果存在可导函数 $F(x)$ 满足

$$F'(x) = f(x) \quad \text{或} \quad \mathrm{d}F(x) = f(x)\mathrm{d}x,$$

称 $F(x)$ 为 $f(x)$ 在区间 $I$ 上的一个原函数.

由原函数的定义可知,如 $F(x)$ 是 $f(x)$ 的一个原函数,显然 $F(x)+C$($C$ 为任意一个常数)也是 $f(x)$ 的原函数. 由此可知,如果 $f(x)$ 存在原函数,则原函数有无穷多个. 以后会证明,若 $F(x)$、$G(x)$ 均为 $f(x)$ 的原函数,则它们之间相差一个常

数,所以 $\{F(x)+C\}$($C$ 为任意一个常数)是 $f(x)$ 的全部的原函数.

有了原函数的概念,就可以说:$v(t)$ 在 $[T_1,T_2]$ 上的定积分可以用它的一个原函数在积分区间的两个端点处的函数值之差来表示.试着猜想一下,对于一般的定积分 $\int_a^b f(x)\mathrm{d}x$ 来说,如果 $F'(x)=f(x)$,是否有计算公式

$$\int_a^b f(x)\mathrm{d}x = F(b)-F(a).$$

回答是肯定的,但是证明它还需要一些预备知识.

### 4.2.2　积分上限的函数及其导数

设函数 $f(x)$ 在区间 $[a,b]$ 上连续,并且设 $x$ 为 $[a,b]$ 上的一点.考虑 $f(x)$ 在部分区间 $[a,x]$ 上的定积分

$$\int_a^x f(t)\mathrm{d}t.$$

如果上限 $x$ 在区间 $[a,b]$ 上任意变动,则对于每一个取定的 $x$ 值,定积分有一个对应值,所以它在 $[a,b]$ 上定义了一个函数,记作 $\Phi(x)$,且

$$\Phi(x) = \int_a^x f(t)\mathrm{d}t, \quad a \leqslant x \leqslant b.$$

**定理 4.3**　如果函数 $f(x)$ 在区间 $[a,b]$ 上连续,则积分上限的函数

$$\Phi(x) = \int_a^x f(t)\mathrm{d}t$$

在 $[a,b]$ 上可导,并且它的导数

$$\Phi'(x) = \frac{\mathrm{d}}{\mathrm{d}x}\int_a^x f(t)\mathrm{d}t = f(x), \quad a \leqslant x \leqslant b.$$

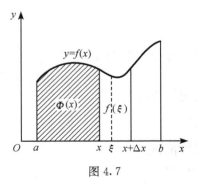

图 4.7

**证**　若 $x \in (a,b)$,设 $x$ 获得增量 $\Delta x$,满足 $x+\Delta x \in (a,b)$,则(图 4.7)

$$\begin{aligned}
\Delta\Phi &= \Phi(x+\Delta x) - \Phi(x) \\
&= \int_a^{x+\Delta x} f(t)\mathrm{d}t - \int_a^x f(t)\mathrm{d}t \\
&= \int_x^{x+\Delta x} f(t)\mathrm{d}t.
\end{aligned}$$

再利用积分中值定理,即有等式

$$\Delta\Phi = f(\xi)\Delta x,$$

其中 $\xi$ 位于 $x$ 与 $x+\Delta x$ 之间.

所以

$$\Phi'(x) = \lim_{\Delta x \to 0}\frac{\Delta\Phi}{\Delta x} = \lim_{\Delta x \to 0}f(\xi) = f(x).$$

这里用到了 $f(x)$ 的连续性.

若 $x=a$,取 $\Delta x>0$,则同理可证 $\Phi'_+(a)=f(a)$;若 $x=b$,取 $\Delta x<0$,则同理可证 $\Phi'_-(b)=f(b)$.

**定理 4.4** 如果函数 $f(x)$ 在区间 $[a,b]$ 上连续,则函数

$$\Phi(x)=\int_a^x f(t)\mathrm{d}t$$

就是 $f(x)$ 在 $[a,b]$ 上的一个原函数.

下面我们总结和推广一下变限积分的导数公式:

1. 如果 $f(x)$ 连续,则 $\dfrac{\mathrm{d}}{\mathrm{d}x}\int_a^x f(t)\mathrm{d}t=f(x)$.

2. 如果 $f(x)$ 连续,则 $\dfrac{\mathrm{d}}{\mathrm{d}x}\int_x^b f(t)\mathrm{d}t=\dfrac{\mathrm{d}}{\mathrm{d}x}\left(-\int_b^x f(t)\mathrm{d}t\right)=-f(x)$.

3. 如果 $f(x)$ 连续,$\varphi(x)$ 可导,则 $\dfrac{\mathrm{d}}{\mathrm{d}x}\int_a^{\varphi(x)} f(t)\mathrm{d}t=f(\varphi(x))\varphi'(x)$.

这只要把 $\displaystyle\int_a^{\varphi(x)} f(t)\mathrm{d}t$ 看成 $\displaystyle\int_a^u f(t)\mathrm{d}t$ 和 $u=\varphi(x)$ 的复合函数,利用复合函数求导的链锁法则即可得到.

4. 如果 $f(x)$ 连续,$\psi(x)$ 可导,则

$$\frac{\mathrm{d}}{\mathrm{d}x}\int_{\psi(x)}^b f(t)\mathrm{d}t=\frac{\mathrm{d}}{\mathrm{d}x}\left(-\int_b^{\psi(x)} f(t)\mathrm{d}t\right)=-f(\psi(x))\psi'(x).$$

5. 如果 $f(x)$ 连续,$\varphi(x),\psi(x)$ 可导,则

$$\frac{\mathrm{d}}{\mathrm{d}x}\int_{\psi(x)}^{\varphi(x)} f(t)\mathrm{d}t=\frac{\mathrm{d}}{\mathrm{d}x}\left(\int_c^{\varphi(x)} f(t)\mathrm{d}t-\int_c^{\psi(x)} f(t)\mathrm{d}t\right)=f(\varphi(x))\varphi'(x)-f(\psi(x))\psi'(x).$$

### 4.2.3 牛顿-莱布尼茨公式

**定理 4.5** 如果函数 $F(x)$ 是连续函数 $f(x)$ 在区间 $[a,b]$ 上的一个原函数,则

$$\int_a^b f(x)\mathrm{d}x=F(b)-F(a).$$

**证** 已知函数 $F(x)$ 是连续函数 $f(x)$ 的一个原函数,又因积分上限的函数

$$\Phi(x)=\int_a^x f(t)\mathrm{d}t$$

也是 $f(x)$ 的一个原函数. 于是这两个原函数之差 $F(x)-\Phi(x)$ 在 $[a,b]$ 上必定是某一个常数 $C$,即

$$F(x)-\Phi(x)=C, \quad a\leqslant x\leqslant b.$$

在上式中令 $x=a$,得 $C=F(a)$,再代回上式得 $\Phi(x)=F(x)-F(a)$. 令 $x=b$,得

$$\int_a^b f(x)\mathrm{d}x=F(b)-F(a).$$

为了方便起见,以后把 $F(x)-F(a)$ 记成 $[F(x)]_a^b$. 于是上式又可写成

$$\int_a^b f(x)\mathrm{d}x = \big[F(x)\big]_a^b.$$

这个公式叫做**牛顿-莱布尼茨公式**,它表明:一个连续函数在区间$[a,b]$上的定积分等于它的任一个原函数在区间$[a,b]$上的增量. 这就给定积分提供了一个有效而简便的计算方法,大大简化了定积分的计算手续.

通常也把牛顿-莱布尼茨公式叫做**微积分基本公式**.

微积分基本公式

**例 4.5**　求 $\int_0^1 x^2\mathrm{d}x.$

**解**　易验证$\dfrac{x^3}{3}$是 $x^2$ 的一个原函数,所以按牛顿-莱布尼茨公式,有

$$\int_0^1 x^2\mathrm{d}x = \left[\frac{x^3}{3}\right]_0^1 = \frac{1}{3}.$$

**例 4.6**　求 $\int_{\frac{1}{2}}^1 x^3\mathrm{d}x$ 的值.

**解**　易验证$\dfrac{x^4}{4}$是 $x^3$ 的一个原函数,所以按牛顿-莱布尼茨公式,有

$$\int_{\frac{1}{2}}^1 x^3\mathrm{d}x = \left[\frac{x^4}{4}\right]_{\frac{1}{2}}^1 = \frac{15}{64}.$$

**例 4.7**　求 $\int_0^1 \dfrac{1}{1+x^2}\mathrm{d}x$ 的值.

**解**　易验证 $\arctan x$ 是$\dfrac{1}{1+x^2}$的一个原函数,所以按牛顿-莱布尼茨公式,有

$$\int_0^1 \frac{1}{1+x^2}\mathrm{d}x = \big[\arctan x\big]_0^1 = \frac{\pi}{4}.$$

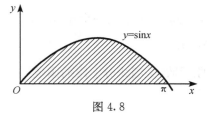

图 4.8

**例 4.8**　计算正弦曲线 $y=\sin x$ 在$[0,\pi]$上与 $x$ 轴所围成的平面图形(图 4.8)的面积.

**解**　这图形是曲边梯形的一个特例. 它的面积

$$A = \int_0^\pi \sin x\,\mathrm{d}x.$$

易验证$-\cos x$ 是 $\sin x$ 的一个原函数,所以按牛顿-莱布尼茨公式,有

$$A = \int_0^\pi \sin x\,\mathrm{d}x = \big[-\cos x\big]_0^\pi = 2.$$

**例 4.9**　汽车以每小时 36km 速度行驶,到某处需要减速停车. 设汽车以等加速度 $a=-5\mathrm{m/s^2}$ 刹车. 问从开始刹车到停车,汽车驶过了多少距离?

**解**　首先要算出从开始刹车到停车经过的时间. 设开始刹车的时刻为 $t=0$,此时汽车速度为

$$v_0 = 36\mathrm{km/h} = \frac{36 \times 1000}{3600}\mathrm{m/s} = 10\mathrm{m/s}.$$

刹车后汽车减速行驶,其速度为
$$v(t) = v_0 + at = 10 - 5t.$$
当汽车停住时,速度 $v(t) = 0$,故由
$$v(t) = 10 - 5t = 0$$
解得
$$t = \frac{10}{5} = 2(\text{s}).$$
于是在这段时间内,汽车所驶过的距离为
$$s = \int_0^2 v(t)\,dt = \int_0^2 (10 - 5t)\,dt = \left[ 10t - \frac{5t^2}{2} \right]_0^2 = 10(\text{m}).$$

**例 4.10**　求 $\lim\limits_{n\to\infty} \left( \dfrac{1}{n+1} + \dfrac{1}{n+2} + \cdots + \dfrac{1}{n+n} \right).$

**解**　将和式改写成
$$\frac{1}{n+1} + \frac{1}{n+2} + \cdots + \frac{1}{n+n} = \frac{1}{n} \left( \frac{1}{1+\frac{1}{n}} + \frac{1}{1+\frac{2}{n}} + \cdots + \frac{1}{1+\frac{n}{n}} \right).$$

上式可以看成是函数 $f(x) = \dfrac{1}{1+x}$ 在 $[0,1]$ 上的黎曼和
$$\sum_{i=1}^n f(\xi_i) \Delta x_i, \quad \xi_i = \frac{i}{n}, \Delta x_i = \frac{1}{n}.$$
于是
$$\lim_{n\to\infty} \left( \frac{1}{n+1} + \frac{1}{n+2} + \cdots + \frac{1}{n+n} \right) = \lim_{n\to\infty} \sum_{i=1}^n \frac{1}{1+\frac{i}{n}} \cdot \frac{1}{n}$$
$$= \int_0^1 \frac{1}{1+x}\,dx = \left[ \ln(1+x) \right]_0^1 = \ln 2.$$

**习题 4.2**

1. 试求函数 $y = \int_0^x \sin t\,dt$ 当 $x = 0$ 及 $x = \dfrac{\pi}{4}$ 时的导数.

2. 求由参数表达式 $x = \int_0^t \sin u\,du, y = \int_0^t \cos u\,du$ 所确定的函数对 $x$ 的导数 $\dfrac{dy}{dx}$.

3. 求由 $\int_0^y e^t\,dt + \int_0^x \cos t\,dt = 0$ 所决定的隐函数对 $x$ 的导数 $\dfrac{dy}{dx}$.

4. 计算下列各导数:

(1) $\dfrac{d}{dx} \int_0^{x^2} \sqrt{1+t^2}\,dt$;　(2) $\dfrac{d}{dx} \int_{x^2}^{x^3} \dfrac{dt}{\sqrt{1+t^4}}$;　(3) $\dfrac{d}{dx} \int_{\sin x}^{\cos x} \cos(\pi t^2)\,dt$;　(4) $\dfrac{d}{dx} \int_a^b \sin x^2\,dx.$

5. 计算下列各定积分:

(1) $\int_0^a (3x^2 - x + 1)\,dx$;　(2) $\int_1^2 \left( x^2 + \dfrac{1}{x^4} \right)dx$;　(3) $\int_4^9 \sqrt{x}(1+\sqrt{x})\,dx$;

(4) $\int_{\frac{1}{\sqrt{3}}}^{\sqrt{3}} \frac{\mathrm{d}x}{1+x^2}$;　(5) $\int_{-\frac{1}{2}}^{\frac{1}{2}} \frac{\mathrm{d}x}{\sqrt{1-x^2}}$;　(6) $\int_0^{\sqrt{3}a} \frac{\mathrm{d}x}{a^2+x^2}$;　(7) $\int_0^1 \frac{\mathrm{d}x}{\sqrt{4-x^2}}$;

(8) $\int_{-1}^0 \frac{3x^4+3x^2+1}{x^2+1}\mathrm{d}x$;　(9) $\int_{-\mathrm{e}-1}^{-2} \frac{\mathrm{d}x}{1+x}$;　(10) $\int_0^{\frac{\pi}{4}} \tan^2\theta\mathrm{d}\theta$;　(11) $\int_0^{2\pi} |\sin x| \,\mathrm{d}x$;

(12) $\int_0^2 f(x)\mathrm{d}x$, 其中 $f(x) = \begin{cases} x+1, & x \leqslant 1, \\ \dfrac{1}{2}x^2, & x > 1; \end{cases}$　(13) $\int_0^{\frac{a}{2}} \frac{\mathrm{d}x}{(x-a)(x-2a)}$;

(14) $\int_{\mathrm{sh}1}^{\mathrm{sh}2} \frac{\mathrm{d}x}{\sqrt{1+x^2}}$.

**6.** 求下列函数：

(1) $f(x) = \int_0^x \mathrm{sgn}t\mathrm{d}t$;　(2) $f(x) = \int_0^x |t| \,\mathrm{d}t$;　(3) $f(x) = \int_0^1 |x-t| \,\mathrm{d}t$;

(4) $f(x) = \int_0^1 t |x-t| \,\mathrm{d}t$.

**7.** 设 $k$ 为正整数. 试证下列各题：

(1) $\int_{-\pi}^{\pi} \cos kx\mathrm{d}x = 0$;　(2) $\int_{-\pi}^{\pi} \sin kx\mathrm{d}x = 0$;　(3) $\int_{-\pi}^{\pi} \cos^2 kx\mathrm{d}x = \pi$;

(4) $\int_{-\pi}^{\pi} \sin^2 kx\mathrm{d}x = \pi$.

**8.** 设 $k \neq l$ 为两个正整数. 证明：

(1) $\int_{-\pi}^{\pi} \cos kx\sin lx\mathrm{d}x = 0$;　(2) $\int_{-\pi}^{\pi} \cos kx\cos lx\mathrm{d}x = 0$;　(3) $\int_{-\pi}^{\pi} \sin kx\sin lx\mathrm{d}x = 0$.

**9.** 设

$$f(x) = \begin{cases} x^2, & x \in [0,1), \\ x, & x \in [1,2]. \end{cases}$$

求 $\Phi(x) = \int_0^x f(t)\mathrm{d}t$ 在 $[0,2]$ 上的表达式，并讨论 $\Phi(x)$ 在 $(0,2)$ 内的连续性.

**10.** 设

$$f(x) = \begin{cases} \dfrac{1}{2}\sin x, & 0 \leqslant x \leqslant \pi, \\ 0, & x < 0 \text{ 或 } x > \pi. \end{cases}$$

求 $\Phi(x) = \int_0^x f(t)\mathrm{d}t$ 在 $(-\infty,+\infty)$ 内的表达式.

**11.** 用定积分求下列各和数的极限：

(1) $\lim\limits_{n\to\infty} \left( \dfrac{n}{n^2+1^2} + \dfrac{n}{n^2+2^2} + \cdots + \dfrac{n}{n^2+n^2} \right)$;　(2) $\lim\limits_{n\to\infty} \dfrac{1}{n} \left( \sin\dfrac{\pi}{n} + \sin\dfrac{2\pi}{n} + \cdots + \sin\dfrac{n-1}{n}\pi \right)$;

(3) $\lim\limits_{n\to\infty} \left( \sqrt{\dfrac{n+1}{n^3}} + \sqrt{\dfrac{n+2}{n^3}} + \cdots + \sqrt{\dfrac{n+n}{n^3}} \right)$;　(4) $\lim\limits_{n\to\infty} \dfrac{1^p+2^p+\cdots+n^p}{n^{p+1}} \, (p>0)$.

**12.** 求极限 $\lim\limits_{n\to\infty} \dfrac{1}{n^3} [1^2+3^2+\cdots+(2n-1)^2]$.

**13.** 证明下列极限：

(1) $\lim\limits_{n\to\infty} \int_0^1 \dfrac{x^n}{1+x}\mathrm{d}x = 0$;　(2) $\lim\limits_{n\to\infty} \int_0^a \sin^n x\mathrm{d}x = 0 \left( 0 < a < \dfrac{\pi}{2} \right)$;　(3) $\lim\limits_{n\to\infty} \int_0^{\frac{\pi}{2}} \sin^n x\mathrm{d}x = 0$.

14. 设 $p>0$,证明

$$\frac{p}{p+1}<\int_0^1\frac{\mathrm{d}x}{1+x^p}<1.$$

15. 设函数 $f(x),g(x)$ 在 $[a,b]$ 上连续,证明

$$\left|\int_a^b f\cdot g\,\mathrm{d}x\right|\leqslant\sqrt{\int_a^b f^2\,\mathrm{d}x}\cdot\sqrt{\int_a^b g^2\,\mathrm{d}x}.$$

16. 设函数 $f(x),g(x)$ 在 $[a,b]$ 上连续,证明

$$\sqrt{\int_a^b(f+g)^2\,\mathrm{d}x}\leqslant\sqrt{\int_a^b f^2\,\mathrm{d}x}+\sqrt{\int_a^b g^2\,\mathrm{d}x}.$$

17. 设 $f(x)$ 在区间 $[a,b]$ 上连续,且 $f(x)>0$. 证明

$$\int_a^b f(x)\,\mathrm{d}x\cdot\int_a^b\frac{\mathrm{d}x}{f(x)}\geqslant(b-a)^2.$$

# 4.3 不定积分的概念与性质

由微积分基本公式知,计算定积分的关键在于求出被积函数的原函数. 本节将研究如何求一个函数的原函数,给出求原函数的方法——**不定积分**,它是求导运算的逆运算.

## 4.3.1 不定积分的概念

由 4.2 节知道,如果一个函数 $f(x)$ 有原函数,则 $f(x)$ 有无穷多个原函数,任意两个原函数之间相差一个常数. 因此,只要求得 $f(x)$ 的任一个原函数 $F(x)$,则 $F(x)+C$ 就是 $f(x)$ 的全部原函数($C$ 为任意常数).

**定义 4.3** 如果 $F(x)$ 是函数 $f(x)$ 的一个原函数,称 $f(x)$ 的原函数全体为 $f(x)$ 的不定积分,记作

$$\int f(x)\,\mathrm{d}x=F(x)+C,$$

其中 $C$ 为任意常数;$x$ 为积分变量;$f(x)$ 为被积函数;$f(x)\mathrm{d}x$ 为被积表达式;$\int$ 为积分号.

由定义知,求不定积分 $\int f(x)\,\mathrm{d}x$ 就是由一个函数的微分 $f(x)\mathrm{d}x$ 去求这个函数本身. 因此,微分运算"d"与不定积分运算"$\int$"构成了一对广义的逆运算

$$\mathrm{d}\left[\int f(x)\,\mathrm{d}x\right]=f(x)\mathrm{d}x\left\{\text{即}\frac{\mathrm{d}}{\mathrm{d}x}\left[\int f(x)\,\mathrm{d}x\right]=f(x)\right\}$$

与

$$\int\mathrm{d}F(x)=F(x)+C.$$

**例 4.11**   求 $\displaystyle\int \frac{1}{x}\mathrm{d}x$.

**解**   当 $x>0$ 时,由于 $(\ln x)'=\dfrac{1}{x}$,所以 $\ln x$ 是 $\dfrac{1}{x}$ 在 $(0,+\infty)$ 内的一个原函数. 因此,在 $(0,+\infty)$ 内

$$\int \frac{1}{x}\mathrm{d}x = \ln x + C.$$

当 $x<0$ 时,由于 $[\ln(-x)]'=\dfrac{1}{-x}(-1)=\dfrac{1}{x}$,所以 $\ln(-x)$ 是 $\dfrac{1}{x}$ 在 $(-\infty,0)$ 内的一个原函数. 因此,在 $(-\infty,0)$ 内

$$\int \frac{1}{x}\mathrm{d}x = \ln(-x) + C.$$

把在 $x>0$ 及 $x<0$ 内的结果合起来,可写作

$$\int \frac{1}{x}\mathrm{d}x = \ln|x| + C.$$

**例 4.12**   设曲线通过点 $(1,2)$,且其上任一点处的切线斜率等于这点横坐标的两倍,求此曲线的方程.

**解**   设所求的曲线方程为 $y=f(x)$,由题设,曲线上任一点 $(x,y)$ 处的切线斜率为

$$\frac{\mathrm{d}y}{\mathrm{d}x} = 2x,$$

即 $f(x)$ 是 $2x$ 的一个原函数.

因为

$$\int 2x\mathrm{d}x = x^2 + C,$$

故必有某个常数 $C$ 使 $f(x)=x^2+C$,即曲线方程为 $y=x^2+C$. 因所求曲线通过点 $(1,2)$,故

$$2 = 1 + C, \quad C = 1.$$

于是所求曲线方程为

$$y = x^2 + 1.$$

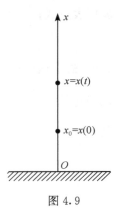

图 4.9

**例 4.13**   质点以初速度 $v_0$ 铅直上抛,不计阻力,求它的运动规律.

**解**   所谓运动规律,是指质点的位置关于时间 $t$ 的函数关系. 为表示质点的位置,取坐标系如下:把质点所在的铅直线取作坐标轴,指向朝上,轴与地面的交点取作坐标原点. 设质点抛出时刻为 $t=0$,当 $t=0$ 时质点所在位置的坐标为 $x_0$,在时刻 $t$ 时坐标为 $x$(图 4.9),$x=x(t)$ 就是要求的函数.

由导数的物理意义, 知

$$\frac{\mathrm{d}x}{\mathrm{d}t} = v(t)$$

即为质点在时刻 $t$ 时向上运动的速度, 且

$$\frac{\mathrm{d}^2 x}{\mathrm{d}t^2} = \frac{\mathrm{d}v}{\mathrm{d}t} = a(t)$$

即为质点在时刻 $t$ 时向上运动的加速度. 按题意, 有 $a(t) = -g$, 即

$$\frac{\mathrm{d}v}{\mathrm{d}t} = -g \quad \text{或} \quad \frac{\mathrm{d}^2 x}{\mathrm{d}t^2} = -g.$$

先求 $v(t)$. 由 $\frac{\mathrm{d}v}{\mathrm{d}t} = -g$, 即 $v(t)$ 是 $(-g)$ 的原函数, 故

$$v(t) = \int (-g)\mathrm{d}t = -gt + C_1,$$

由 $v(0) = v_0$, 得 $v_0 = C_1$, 于是

$$v(t) = -gt + v_0.$$

再求 $x(t)$. 由 $\frac{\mathrm{d}x}{\mathrm{d}t} = v(t)$, 即 $x(t)$ 是 $v(t)$ 的原函数, 故

$$x(t) = \int v(t)\mathrm{d}t = \int (-gt + v_0)\mathrm{d}t = -\frac{1}{2}gt^2 + v_0 t + C_2,$$

由 $x(0) = x_0$, 得 $x_0 = C_2$, 于是所求运动规律为

$$x = -\frac{1}{2}gt^2 + v_0 t + x_0, \quad t \in [0, T],$$

其中 $T$ 表示质点落地的时刻.

### 4.3.2 基本积分表

由不定积分的定义, 结合导数的基本公式, 不难得到下面的基本积分:

(1) $\int k\mathrm{d}x = kx + C$($k$ 是常数);

(2) $\int x^\mu \mathrm{d}x = \frac{x^{\mu+1}}{\mu+1} + C$($\mu \neq -1$);

(3) $\int \frac{1}{x}\mathrm{d}x = \ln|x| + C$;

(4) $\int \frac{\mathrm{d}x}{1+x^2} = \arctan x + C$;

(5) $\int \frac{\mathrm{d}x}{\sqrt{1-x^2}} = \arcsin x + C$;

(6) $\int \cos x\mathrm{d}x = \sin x + C$;

(7) $\displaystyle\int \sin x \mathrm{d}x = -\cos x + C;$

(8) $\displaystyle\int \frac{\mathrm{d}x}{\cos^2 x} = \int \sec^2 x \mathrm{d}x = \tan x + C;$

(9) $\displaystyle\int \frac{\mathrm{d}x}{\sin^2 x} = \int \csc^2 x \mathrm{d}x = -\cot x + C;$

(10) $\displaystyle\int \sec x \tan x \mathrm{d}x = \sec x + C;$

(11) $\displaystyle\int \csc x \cot x \mathrm{d}x = -\csc x + C;$

(12) $\displaystyle\int a^x \mathrm{d}x = \frac{a^x}{\ln a} + C (a > 0, a \neq 1);$

(13) $\displaystyle\int \mathrm{sh} x \mathrm{d}x = \mathrm{ch} x + C;$

(14) $\displaystyle\int \mathrm{ch} x \mathrm{d}x = \mathrm{sh} x + C;$

(15) $\displaystyle\int \frac{1}{\mathrm{ch}^2 x} \mathrm{d}x = \mathrm{th} x + C;$

(16) $\displaystyle\int \frac{1}{\mathrm{sh}^2 x} \mathrm{d}x = -\coth x + C.$

### 4.3.3　不定积分的性质

根据不定积分的定义,可以推得如下两个性质:

**性质 4.6**　设函数 $f(x)$ 及 $g(x)$ 的原函数存在,则

$$\int [f(x) + g(x)] \mathrm{d}x = \int f(x) \mathrm{d}x + \int g(x) \mathrm{d}x.$$

**性质 4.7**　设函数 $f(x)$ 的原函数存在,$k$ 为非零常数,则

$$\int k f(x) \mathrm{d}x = k \int f(x) \mathrm{d}x.$$

利用基本积分表以及不定积分的这两个性质,可以求出一些简单函数的不定积分.

**例 4.14**　求 $\displaystyle\int \left( \sqrt{2} x^3 - \mathrm{e}^x + 3\sin x - \frac{5}{x} - \frac{2}{x^2} \right) \mathrm{d}x.$

**解**　原式 $= \sqrt{2} \displaystyle\int x^3 \mathrm{d}x - \int \mathrm{e}^x \mathrm{d}x + 3\int \sin x \mathrm{d}x - 5\int \frac{1}{x} \mathrm{d}x - 2\int \frac{1}{x^2} \mathrm{d}x$

$$= \frac{\sqrt{2}}{4} x^4 - \mathrm{e}^x - 3\cos x - 5\ln |x| + \frac{2}{x} + C.$$

**例 4.15**　求 $\displaystyle\int (2^x - 3^x)^2 \mathrm{d}x.$

**解**
$$原式 = \int \left[ (2^x)^2 - 2(2^x) \cdot (3^x) + (3^x)^2 \right] \mathrm{d}x$$
$$= \int 4^x \mathrm{d}x - 2\int 6^x \mathrm{d}x + \int 9^x \mathrm{d}x$$
$$= \frac{4^x}{\ln 4} - \frac{2}{\ln 6} 6^x + \frac{9^x}{\ln 9} + C.$$

**例 4.16** 求 $\int \tan^2 x \mathrm{d}x$.

**解**
$$原式 = \int \left( \frac{1}{\cos^2 x} - 1 \right) \mathrm{d}x$$
$$= \int \frac{1}{\cos^2 x} \mathrm{d}x - \int 1 \mathrm{d}x$$
$$= \tan x - x + C.$$

**例 4.17** 求 $\int \frac{1}{\sin^2 x \cdot \cos^2 x} \mathrm{d}x$.

**解**
$$原式 = \int \frac{\sin^2 x + \cos^2 x}{\sin^2 x \cos^2 x} \mathrm{d}x$$
$$= \int \sec^2 x \mathrm{d}x + \int \csc^2 x \mathrm{d}x$$
$$= \tan x - \cot x + C.$$

**例 4.18** 求 $\int \frac{x^2}{1+x^2} \mathrm{d}x$.

**解**
$$原式 = \int \frac{(1+x^2)-1}{1+x^2} \mathrm{d}x = \int 1 \mathrm{d}x - \int \frac{1}{1+x^2} \mathrm{d}x$$
$$= x - \arctan x + C.$$

不定积分的概念与性质

**习题 4.3**

1. 求下列不定积分：

(1) $\int \frac{\mathrm{d}x}{x^2}$; (2) $\int (x^2 - 3x + 2) \mathrm{d}x$; (3) $\int (x^2+1)^2 \mathrm{d}x$; (4) $\int (\sqrt{x}+1)(\sqrt{x^3}-1) \mathrm{d}x$;

(5) $\int \frac{(1-x)^2}{\sqrt{x}} \mathrm{d}x$; (6) $\int \left( 2\mathrm{e}^x + \frac{3}{x} \right) \mathrm{d}x$; (7) $\int \left( \frac{3}{1+x^2} - \frac{2}{\sqrt{1-x^2}} \right) \mathrm{d}x$;

(8) $\int \mathrm{e}^x \left( 1 - \frac{\mathrm{e}^{-x}}{\sqrt{x}} \right) \mathrm{d}x$; (9) $\int 3^x \mathrm{e}^x \mathrm{d}x$; (10) $\int \frac{2 \cdot 3^x - 5 \cdot 2^x}{3^x} \mathrm{d}x$;

(11) $\int \sec x(\sec x - \tan x)\mathrm{d}x$;　(12) $\int \cos^2 \dfrac{x}{2}\mathrm{d}x$;　(13) $\int \dfrac{\mathrm{d}x}{1+\cos 2x}$;

(14) $\int \dfrac{\cos 2x}{\cos x - \sin x}\mathrm{d}x$;　(15) $\int \dfrac{\cos 2x}{\cos^2 x \sin^2 x}\mathrm{d}x$;　(16) $\int \cot^2 x\mathrm{d}x$;

(17) $\int \cos\theta(\tan\theta + \sec\theta)\mathrm{d}\theta$;　(18) $\int \dfrac{x^2}{x^2+1}\mathrm{d}x$;　(19) $\int \dfrac{3x^4+2x^2}{x^2+1}\mathrm{d}x$;

(20) $\int \sqrt{x\sqrt{x\sqrt{x}}}\,\mathrm{d}x$;　(21) $\int \dfrac{\sqrt{x^4+2+x^{-4}}}{x^4}\mathrm{d}x$;　(22) $\int |x|\,\mathrm{d}x$.

2. 一曲线通过点 $(\mathrm{e}^2,3)$,且在任一点处的切线的斜率等于该点横坐标的倒数,求该曲线的方程.

3. 一物体由静止开始运动,经 $t(\mathrm{s})$ 后的速度是 $3t^2(\mathrm{m/s})$,问:

(1) 在 3s 后物体离开出发点的距离是多少?

(2) 物体走完 360m 需要多少时间?

4. 证明函数 $\arcsin(2x-1)$,$\arccos(1-2x)$ 和 $2\arctan\sqrt{\dfrac{x}{1-x}}$ 都是 $\dfrac{1}{\sqrt{x-x^2}}$ 的原函数.

# 4.4　换元积分法

利用基本积分表与积分的性质,所能计算的不定积分是非常有限的. 因此,有必要进一步来研究不定积分的求法. 本节把复合函数的微分法反过来用于求不定积分,利用中间变量的代换,得到复合函数的积分法,称为**换元积分法**,简称**换元法**.

### 4.4.1　第一类换元法(凑微分法)

设 $f(u)$ 具有原函数 $F(u)$,即
$$F'(u) = f(u), \quad \int f(u)\mathrm{d}u = F(u) + C.$$
如果 $u$ 是中间变量,且 $u=\varphi(x)$,设 $\varphi(x)$ 可微,则根据复合函数微分法,有
$$\mathrm{d}F[\varphi(x)] = f[\varphi(x)]\varphi'(x)\mathrm{d}x,$$
从而由不定积分的定义,得
$$\int f[\varphi(x)]\varphi'(x)\mathrm{d}x = F[\varphi(x)] + C = \left[\int f(u)\mathrm{d}u\right]_{u=\varphi(x)}.$$
于是有下述定理:

**定理 4.6**　设 $f(u)$ 具有原函数,$u=\varphi(x)$ 可导,则有换元公式
$$\int f[\varphi(x)]\varphi'(x)\mathrm{d}x = \left[\int f(u)\mathrm{d}u\right]_{u=\varphi(x)}.$$

**例 4.19**　求 $\int 2\cos 2x\mathrm{d}x$.

**解**

$$原式 = \int \cos 2x \cdot 2 \mathrm{d}x = \int \cos 2x \cdot (2x)' \mathrm{d}x$$

$$= \int \cos u \mathrm{d}u = \sin u + C = \sin 2x + C.$$

**例 4.20** 求 $\int \dfrac{1}{\sqrt{1-3x}} \mathrm{d}x$.

**解**

$$原式 = -\frac{1}{3} \int \frac{1}{\sqrt{1-3x}} \mathrm{d}(1-3x) = -\frac{1}{3} \int \frac{1}{\sqrt{u}} \mathrm{d}u$$

$$= -\frac{2}{3} \sqrt{u} + C = -\frac{2}{3} \sqrt{1-3x} + C.$$

**例 4.21** 求 $\int \dfrac{1}{3+2x} \mathrm{d}x$.

**解**

$$原式 = \frac{1}{2} \int \frac{1}{3+2x} (3+2x)' \mathrm{d}x = \frac{1}{2} \int \frac{1}{u} \mathrm{d}u$$

$$= \frac{1}{2} \ln |u| + C = \frac{1}{2} \ln |3+2x| + C.$$

一般地,对于积分 $\int f(ax+b) \mathrm{d}x$,总可作变换 $u = ax+b$,把它化为

$$\int f(ax+b) \mathrm{d}x = \int \frac{1}{a} f(ax+b) \mathrm{d}(ax+b) = \frac{1}{a} \left[ \int f(u) \mathrm{d}u \right]_{u=ax+b}.$$

**例 4.22** 求 $\int 2x \mathrm{e}^{x^2} \mathrm{d}x$.

**解**

$$原式 = \int \mathrm{e}^{x^2} \mathrm{d}(x^2) = \int \mathrm{e}^u \mathrm{d}u$$

$$= \mathrm{e}^u + C = \mathrm{e}^{x^2} + C.$$

**例 4.23** 求 $\int x \sqrt{1-x^2} \mathrm{d}x$.

**解**

$$原式 = -\frac{1}{2} \int \sqrt{1-x^2} \mathrm{d}(1-x^2) = -\frac{1}{2} \int \sqrt{u} \mathrm{d}u$$

$$= -\frac{1}{3} u^{\frac{3}{2}} + C = -\frac{1}{3} (1-x^2)^{\frac{3}{2}} + C.$$

**例 4.24** 求 $\int \dfrac{1}{a^2+x^2} \mathrm{d}x$.

解

$$原式 = \frac{1}{a^2} \int \frac{1}{1 + \left(\frac{x}{a}\right)^2} \mathrm{d}x = \frac{1}{a} \int \frac{1}{1 + \left(\frac{x}{a}\right)^2} \mathrm{d}\frac{x}{a}$$

$$= \frac{1}{a} \arctan \frac{x}{a} + C.$$

**例 4.25**　求 $\int \frac{\mathrm{d}x}{\sqrt{a^2 - x^2}} \ (a > 0)$ .

解

$$原式 = \frac{1}{a} \int \frac{\mathrm{d}x}{\sqrt{1 - \left(\frac{x}{a}\right)^2}} = \int \frac{\mathrm{d}\frac{x}{a}}{\sqrt{1 - \left(\frac{x}{a}\right)^2}}$$

$$= \arcsin \frac{x}{a} + C.$$

**例 4.26**　求 $\int \frac{1}{x^2 - a^2} \mathrm{d}x$ .

解

$$原式 = \frac{1}{2a} \int \left( \frac{1}{x-a} - \frac{1}{x+a} \right) \mathrm{d}x = \frac{1}{2a} \left( \int \frac{1}{x-a} \mathrm{d}x - \int \frac{1}{x+a} \mathrm{d}x \right)$$

$$= \frac{1}{2a} \left[ \int \frac{1}{x-a} \mathrm{d}(x-a) - \int \frac{1}{x+a} \mathrm{d}(x+a) \right]$$

$$= \frac{1}{2a} \ln \left| \frac{x-a}{x+a} \right| + C.$$

**例 4.27**　求 $\int \sin^3 x \mathrm{d}x$ .

解

$$原式 = \int \sin^2 x \sin x \mathrm{d}x = -\int (1 - \cos^2 x) \mathrm{d}(\cos x)$$

$$= -\cos x + \frac{1}{3} \cos^3 x + C.$$

**例 4.28**　求 $\int \sin^2 x \cos^5 x \mathrm{d}x$ .

解

$$原式 = \int \sin^2 x \cos^4 x \cos x \mathrm{d}x = \int \sin^2 x (1 - \sin^2 x)^2 \mathrm{d}(\sin x)$$

$$= \int (\sin^2 x - 2\sin^4 x + \sin^6 x) \mathrm{d}(\sin x)$$

$$= \frac{1}{3} \sin^3 x - \frac{2}{5} \sin^5 x + \frac{1}{7} \sin^7 x + C.$$

**例 4.29** 求 $\int \tan x \mathrm{d}x$.

**解**

$$原式 = \int \frac{\sin x}{\cos x}\mathrm{d}x = -\int \frac{1}{\cos x}\mathrm{d}(\cos x)$$
$$= -\ln|\cos x| + C.$$

类似可得

$$\int \cot x \mathrm{d}x = \ln|\sin x| + C.$$

**例 4.30** 求 $\int \cos^2 x \mathrm{d}x$.

**解**

$$原式 = \int \frac{1+\cos 2x}{2}\mathrm{d}x = \frac{1}{2}\left(\int \mathrm{d}x + \int \cos 2x \mathrm{d}x\right)$$
$$= \frac{1}{2}\int \mathrm{d}x + \frac{1}{4}\int \cos 2x \mathrm{d}(2x)$$
$$= \frac{x}{2} + \frac{\sin 2x}{4} + C.$$

**例 4.31** 求 $\int \sin^2 x \cos^4 x \mathrm{d}x$.

**解**

$$原式 = \frac{1}{8}\int (1-\cos 2x)(1+\cos 2x)^2 \mathrm{d}x$$
$$= \frac{1}{8}\int (1+\cos 2x - \cos^2 2x - \cos^3 2x)\mathrm{d}x$$
$$= \frac{1}{8}\int (\cos 2x - \cos^3 2x)\mathrm{d}x + \frac{1}{8}\int (1-\cos^2 2x)\mathrm{d}x$$
$$= \frac{1}{8}\int \sin^2 2x \cdot \frac{1}{2}\mathrm{d}(\sin 2x) + \frac{1}{8}\int \frac{1}{2}(1-\cos 4x)\mathrm{d}x$$
$$= \frac{1}{48}\sin^3 2x + \frac{x}{16} - \frac{1}{64}\sin 4x + C.$$

**例 4.32** 求 $\int \sec^6 x \mathrm{d}x$.

**解**

$$原式 = \int (\sec^2 x)^2 \sec^2 x \mathrm{d}x$$
$$= \int (1+\tan^2 x)^2 \mathrm{d}(\tan x)$$
$$= \int (1+2\tan^2 x + \tan^4 x)\mathrm{d}(\tan x)$$

$$= \tan x + \frac{2}{3}\tan^3 x + \frac{1}{5}\tan^5 x + C.$$

**例 4.33**   求 $\int \tan^5 x \sec^3 x \mathrm{d}x$.

**解**

$$原式 = \int \tan^4 x \sec^2 x \sec x \tan x \mathrm{d}x$$

$$= \int (\sec^2 x - 1)^2 \sec^2 x \mathrm{d}(\sec x)$$

$$= \int (\sec^6 x - 2\sec^4 x + \sec^2 x) \mathrm{d}(\sec x)$$

$$= \frac{1}{7}\sec^7 x - \frac{2}{5}\sec^5 x + \frac{1}{3}\sec^5 x + C.$$

**例 4.34**   求 $\int \csc x \mathrm{d}x$.

**解**

$$原式 = \int \frac{\mathrm{d}x}{\sin x} = \int \frac{\mathrm{d}x}{2\sin\frac{x}{2}\cos\frac{x}{2}}$$

$$= \int \frac{\mathrm{d}\frac{x}{2}}{\tan\frac{x}{2}\cos^2\frac{x}{2}} = \int \frac{\mathrm{d}\left(\tan\frac{x}{2}\right)}{\tan\frac{x}{2}}$$

$$= \ln\left|\tan\frac{x}{2}\right| + C.$$

因为

$$\tan\frac{x}{2} = \frac{\sin\frac{x}{2}}{\cos\frac{x}{2}} = \frac{2\sin^2\frac{x}{2}}{\sin x} = \frac{1 - \cos x}{\sin x} = \csc x - \cot x,$$

所以上述不定积分又可表示为

$$\int \csc x \mathrm{d}x = \ln|\csc x - \cot x| + C.$$

**例 4.35**   求 $\int \sec x \mathrm{d}x$.

**解**   利用例 4.34 的结果,

$$原式 = \int \csc\left(x + \frac{\pi}{2}\right)\mathrm{d}\left(x + \frac{\pi}{2}\right)$$

$$= \ln\left|\csc\left(x + \frac{\pi}{2}\right) - \cot\left(x + \frac{\pi}{2}\right)\right| + C$$

$$= \ln|\sec x + \tan x| + C.$$

**例 4.36** 求 $\int \cos 3x \cos 2x \mathrm{d}x$.

**解**

$$原式 = \frac{1}{2} \int (\cos x + \cos 5x) \mathrm{d}x$$

$$= \frac{1}{2} \left( \int \cos x \mathrm{d}x + \frac{1}{5} \int \cos 5x \mathrm{d}(5x) \right)$$

$$= \frac{1}{2} \sin x + \frac{1}{10} \sin 5x + C.$$

由微积分基本公式知,对于定积分的计算,凑微分法或第一类换元法也同样适用.

**例 4.37** 计算 $I = \int_0^{\frac{\pi}{2}} \cos^5 x \sin x \mathrm{d}x$.

**解** $I = -\int_0^{\frac{\pi}{2}} \cos^5 x \mathrm{d}\cos x = -\frac{1}{6} \cos^6 x \Big|_0^{\frac{\pi}{2}} = \frac{1}{6}$.

**例 4.38** 计算 $I = \int_0^1 (\mathrm{e}^x - 1)^4 \mathrm{e}^x \mathrm{d}x$.

**解** $I = \int_0^1 (\mathrm{e}^x - 1)^4 \mathrm{d}(\mathrm{e}^x - 1) = \frac{1}{5} (\mathrm{e}^x - 1)^5 \Big|_0^1 = \frac{1}{5} (\mathrm{e} - 1)^5$.

**例 4.39** 计算 $I = \int_0^{\pi} \sqrt{\sin^3 x - \sin^5 x} \mathrm{d}x$.

**解**

$$I = \int_0^{\frac{\pi}{2}} \sin^{\frac{3}{2}} x \cos x \mathrm{d}x + \int_{\frac{\pi}{2}}^{\pi} \sin^{\frac{3}{2}} x (-\cos x) \mathrm{d}x$$

$$= \int_0^{\frac{\pi}{2}} \sin^{\frac{3}{2}} x \mathrm{d}\sin x - \int_{\frac{\pi}{2}}^{\pi} \sin^{\frac{3}{2}} x \mathrm{d}\sin x$$

$$= \frac{2}{5} \sin^{\frac{5}{2}} x \Big|_0^{\frac{\pi}{2}} - \frac{2}{5} \sin^{\frac{5}{2}} x \Big|_{\frac{\pi}{2}}^{\pi} = \frac{2}{5} - \left( -\frac{2}{5} \right) = \frac{4}{5}.$$

第一类换元法

第一类换元法(续)

### 4.4.2 第二类换元法

**定理 4.7** 设 $x = \psi(t)$ 是单调的、可导的函数,并且 $\psi'(t) \neq 0$. 又设 $f[\psi(t)]\psi'(t)$ 具有原函数,则有换元公式

$$\int f(x)\,\mathrm{d}x = \left[\int f[\psi(t)]\psi'(t)\,\mathrm{d}t\right]_{t=\psi^{-1}(x)},$$

其中 $\psi^{-1}(x)$ 是 $x=\psi(t)$ 的反函数.

**证**　设 $f[\psi(t)]\psi'(t)$ 的原函数为 $\Phi(t)$,记 $\Phi[\psi^{-1}(x)]=F(x)$,利用复合函数及反函数的求导法则,得

$$F'(x) = \frac{\mathrm{d}\Phi}{\mathrm{d}t}\cdot\frac{\mathrm{d}t}{\mathrm{d}x} = f[\psi(t)]\psi'(t)\cdot\frac{1}{\psi'(t)} = f[\psi(t)] = f(x),$$

即 $F(x)$ 是 $f(x)$ 的原函数,所以有

$$\int f(x)\,\mathrm{d}x = F(x)+C = \Phi[\psi^{-1}(x)]+C = \left[\int f(\psi(t))\psi'(t)\,\mathrm{d}t\right]_{t=\psi^{-1}(x)},$$

这就完成了定理的证明.

**例 4.40**　求 $\displaystyle\int \sqrt{a^2-x^2}\,\mathrm{d}x\,(a>0)$.

**解**　设 $x=a\sin t,-\dfrac{\pi}{2}<t<\dfrac{\pi}{2}$,那么

$$\sqrt{a^2-x^2} = \sqrt{a^2-a^2\sin^2 t} = a\cos t,\quad \mathrm{d}x = a\cos t\,\mathrm{d}t,$$

所以

$$\int \sqrt{a^2-x^2}\,\mathrm{d}x = \int a\cos t\cdot a\cos t\,\mathrm{d}t = a^2\int\cos^2 t\,\mathrm{d}t$$

$$= a^2\left(\frac{t}{2}+\frac{\sin 2t}{4}\right)+C = \frac{a^2}{2}t+\frac{a^2}{2}\sin t\cos t+C.$$

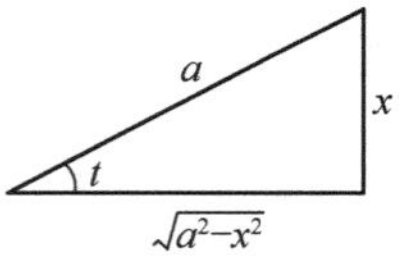

作辅助三角形(图 4.10)可得

图 4.10

$$t = \arcsin\frac{x}{a},\quad \sin t = \frac{x}{a},\quad \cos t = \frac{\sqrt{a^2-x^2}}{a},$$

于是

$$\int \sqrt{a^2-x^2}\,\mathrm{d}x = \frac{a^2}{2}\arcsin\frac{x}{a}+\frac{1}{2}x\sqrt{a^2-x^2}+C.$$

**例 4.41**　求 $\displaystyle\int \frac{\mathrm{d}x}{\sqrt{x^2+a^2}}\,(a>0)$.

**解**　设 $x=a\tan t,-\dfrac{\pi}{2}<t<\dfrac{\pi}{2}$,那么

$$\sqrt{x^2+a^2} = \sqrt{a^2+a^2\tan^2 t} = a\sqrt{1+\tan^2 t} = a\sec t,\quad \mathrm{d}x = a\sec^2 t\,\mathrm{d}t,$$

所以

$$\int \frac{\mathrm{d}x}{\sqrt{x^2+a^2}} = \int \frac{a\sec^2 t}{a\sec t}\,\mathrm{d}t = \int\sec t\,\mathrm{d}t$$

$$= \ln|\sec t+\tan t|+C.$$

作辅助三角形(图 4.11),可得

$$\sec t = \frac{\sqrt{x^2 + a^2}}{a},$$

$$\tan t = \frac{x}{a},$$

于是

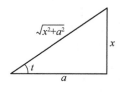

图 4.11

$$\int \frac{\mathrm{d}x}{\sqrt{x^2 + a^2}} = \ln\left(\frac{x}{a} + \frac{\sqrt{x^2 + a^2}}{a}\right) + C = \ln(x + \sqrt{x^2 + a^2}) + C.$$

**例 4.42** 求 $\displaystyle\int \frac{\mathrm{d}x}{\sqrt{x^2 - a^2}}$ $(a > 0)$.

**解** 当 $x > a$ 时,设 $x = a\sec t, 0 < t < \dfrac{\pi}{2}$,那么

$$\sqrt{x^2 - a^2} = \sqrt{a^2 \sec^2 t - a^2} = a\sqrt{\sec^2 t - 1} = a\tan t, \quad \mathrm{d}x = a\sec t \tan t \mathrm{d}t,$$

所以

$$\int \frac{\mathrm{d}x}{\sqrt{x^2 - a^2}} = \int \frac{a\sec t \tan t}{a\tan t}\mathrm{d}t = \int \sec t \mathrm{d}t$$

$$= \ln(\sec t + \tan t) + C.$$

作辅助三角形(图 4.12),可得 $\sec t = \dfrac{x}{a}, \tan t = \dfrac{\sqrt{x^2 - a^2}}{a}$,于是

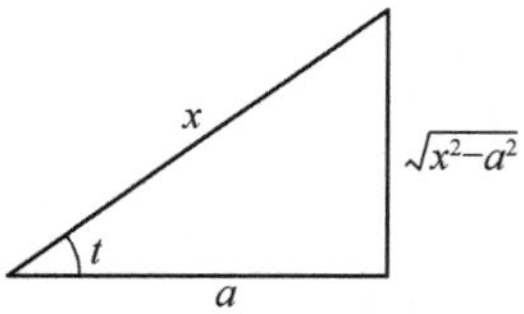

图 4.12

$$\int \frac{\mathrm{d}x}{\sqrt{x^2 - a^2}} = \ln\left(\frac{x}{a} + \frac{\sqrt{x^2 - a^2}}{a}\right) + C$$

$$= \ln(x + \sqrt{x^2 - a^2}) + C.$$

当 $x < -a$ 时,令 $x = -u$,那么 $u > a$,由上段结果有

$$\int \frac{\mathrm{d}x}{\sqrt{x^2 - a^2}} = -\int \frac{\mathrm{d}u}{\sqrt{u^2 - a^2}} = -\ln(u + \sqrt{u^2 - a^2}) + C$$

$$= -\ln(-x + \sqrt{x^2 - a^2}) + C = \ln(-x - \sqrt{x^2 - a^2}) + C.$$

把在 $x > a$ 及 $x < -a$ 内的结果合起来,可写作

$$\int \frac{\mathrm{d}x}{\sqrt{x^2 - a^2}} = \ln|x + \sqrt{x^2 - a^2}| + C.$$

**注** 在例 4.41 中,也可用双曲代换 $x = a\operatorname{sh}t$;在例 4.42 中,也可用双曲代换 $x = a\operatorname{ch}t$.

**例 4.43** 求 $\displaystyle\int \frac{\sqrt{a^2 - x^2}}{x^4}\mathrm{d}x$.

**解** 设 $x = \dfrac{1}{t}$,那么 $\mathrm{d}x = -\dfrac{\mathrm{d}t}{t^2}$,于是

$$\int \frac{\sqrt{a^2-x^2}}{x^4}\mathrm{d}x = \int \frac{\sqrt{a^2-\dfrac{1}{t^2}}\cdot\left(-\dfrac{\mathrm{d}t}{t^2}\right)}{\dfrac{1}{t^4}}$$

$$=-\int (a^2t^2-1)^{\frac{1}{2}}\mid t\mid \mathrm{d}t,$$

当 $x>0$ 时,有

$$\int \frac{\sqrt{a^2-x^2}}{x^4}\mathrm{d}x = -\frac{1}{2a^2}\int (a^2t^2-1)^{\frac{1}{2}}\mathrm{d}(a^2t^2-1)$$

$$=-\frac{(a^2t^2-1)^{\frac{3}{2}}}{3a^2}+C = -\frac{(a^2-x^2)^{\frac{3}{2}}}{3a^2x^3}+C,$$

当 $x<0$ 时,有相同的结果.

再把一些结果作为基本公式总结一下, 有

(17) $\displaystyle\int \tan x\mathrm{d}x = -\ln\mid \cos x\mid +C;$

(18) $\displaystyle\int \cot x\mathrm{d}x = \ln\mid \sin x\mid +C;$

(19) $\displaystyle\int \sec x\mathrm{d}x = \ln\mid \sec +\tan x\mid +C;$

(20) $\displaystyle\int \csc x\mathrm{d}x = \ln\mid \csc x-\cot x\mid +C;$

(21) $\displaystyle\int \frac{\mathrm{d}x}{a^2+x^2} = \frac{1}{a}\arctan\frac{x}{a}+C(a\neq 0);$

(22) $\displaystyle\int \frac{\mathrm{d}x}{x^2-a^2}\mathrm{d}x = \frac{1}{2a}\ln\left|\frac{x-a}{x+a}\right|+C(a\neq 0);$

(23) $\displaystyle\int \frac{\mathrm{d}x}{\sqrt{a^2-x^2}} = \arcsin\frac{x}{a}+C(a\neq 0);$

(24) $\displaystyle\int \frac{\mathrm{d}x}{\sqrt{x^2+a^2}} = \ln(x+\sqrt{x^2+a^2})+C;$

(25) $\displaystyle\int \frac{\mathrm{d}x}{\sqrt{x^2-a^2}} = \ln\mid x+\sqrt{x^2-a^2}\mid +C.$

**例 4.44**　计算 $I = \displaystyle\int_0^{\frac{\sqrt{2}}{2}} \frac{1}{(1-x^2)^{3/2}}\mathrm{d}x.$

**解**　设 $x=\sin t,t\in\left[-\dfrac{\pi}{2},\dfrac{\pi}{2}\right],\mathrm{d}x=\cos t\mathrm{d}t,$ 则

$$\int \frac{1}{(1-x^2)^{3/2}}\mathrm{d}x = \int \frac{\cos t}{\cos^3 t}\mathrm{d}t = \int \sec^2 t\mathrm{d}t = \tan t+C$$

$$=\frac{x}{\sqrt{1-x^2}}+C.$$

根据微积分基本公式,得

$$I = \frac{x}{\sqrt{1-x^2}} \bigg|_0^{\frac{\sqrt{2}}{2}} = 1.$$

在本题的计算过程中,如果直接对定积分进行换元,化为新变量下的定积分,可以避免从变量 $t$ 回代成变量 $x$ 的弯路,运算比较简洁.事实上,当 $x=0$ 时,$t=0$;当 $x=\frac{\sqrt{2}}{2}$ 时,$t=\frac{\pi}{4}$,则

$$I = \int_0^{\frac{\pi}{4}} \sec^2 t \mathrm{d}t = \tan t \bigg|_0^{\frac{\pi}{4}} = 1.$$

很自然的问题是这种思想对一般的定积分计算是否仍然成立.为此给出定积分的第二类换元法.

**定理 4.8** 设 $f(x)$ 在 $[a,b]$ 上连续,作变换 $x=\varphi(t)$,其中 $\varphi(t)$ 满足

(1) $\varphi(\alpha)=a,\varphi(\beta)=b$,且当 $t\in[\alpha,\beta]$ 时,$\varphi(t)\in[a,b]$;

(2) $\varphi(t)$ 在 $[\alpha,\beta]$ 上具有连续导数,则

$$\int_a^b f(x)\mathrm{d}x = \int_\alpha^\beta f[\varphi(t)]\varphi'(t)\mathrm{d}t.$$

**证** 由于 $f(x)$ 在 $[a,b]$ 上连续,$f[\varphi(t)]\varphi'(t)$ 在 $[\alpha,\beta]$ 上连续,因此公式等号两边的定积分存在.故可设 $f(x)$ 在 $[a,b]$ 上的一个原函数为 $F(x)$,这时

$$\frac{\mathrm{d}F[\varphi(t)]}{\mathrm{d}t} = F'[\varphi(t)]\varphi'(t) = f[\varphi(t)]\varphi'(t).$$

这说明 $F[\varphi(t)]$ 是 $f[\varphi(t)]\varphi'(t)$ 在 $[\alpha,\beta]$ 上的原函数.由微积分基本公式,得

$$\int_a^b f(x)\mathrm{d}x = F(b) - F(a) = F[\varphi(\beta)] - F[\varphi(\alpha)] = \int_\alpha^\beta f[\varphi(t)]\varphi'(t)\mathrm{d}t,$$

故换元公式成立.

**例 4.45** 计算 $I = \int_4^9 \frac{1}{\sqrt{x}-1}\mathrm{d}x.$

**解** 设 $\sqrt{x}=t,\mathrm{d}x=2t\mathrm{d}t$,当 $x=4$ 时,$t=2$;$x=9$ 时,$t=3$,故

$$I = \int_2^3 \frac{2t}{t-1}\mathrm{d}t = \int_2^3 \left(2 + \frac{2}{t-1}\right)\mathrm{d}t = [2t + 2\ln(t-1)] \mid_2^3 = 2 + \ln4.$$

**例 4.46** 证明:

(1) 若 $f(x)$ 在 $[-a,a]$ 上是连续的偶函数,则

$$\int_{-a}^a f(x)\mathrm{d}x = 2\int_0^a f(x)\mathrm{d}x;$$

(2) 若 $f(x)$ 在 $[-a,a]$ 上是连续的奇函数,则

$$\int_{-a}^a f(x)\mathrm{d}x = 0.$$

**证** 因为

$$\int_{-a}^{a} f(x)\mathrm{d}x = \int_{-a}^{0} f(x)\mathrm{d}x + \int_{0}^{a} f(x)\mathrm{d}x,$$

对积分 $\int_{-a}^{0} f(x)\mathrm{d}x$ 作代换 $x=-t$，得

$$\int_{-a}^{0} f(x)\mathrm{d}x = -\int_{a}^{0} f(-t)\mathrm{d}t = \int_{0}^{a} f(-t)\mathrm{d}t = \int_{0}^{a} f(-x)\mathrm{d}x.$$

于是

$$\int_{-a}^{a} f(x)\mathrm{d}x = \int_{0}^{a} f(-x)\mathrm{d}x + \int_{0}^{a} f(x)\mathrm{d}x = \int_{0}^{a} \left[ f(x) + f(-x) \right]\mathrm{d}x.$$

(1) 若 $f(x)$ 是偶函数，则

$$f(x) + f(-x) = 2f(x),$$

从而

$$\int_{-a}^{a} f(x)\mathrm{d}x = 2\int_{0}^{a} f(x)\mathrm{d}x.$$

(2) 若 $f(x)$ 是奇函数，则

$$f(x) + f(-x) = 0,$$

从而

$$\int_{-a}^{a} f(x)\mathrm{d}x = 0.$$

**例 4.47**　若 $f(x)$ 在 $[0,1]$ 上连续，证明：

(1) $\int_{0}^{\frac{\pi}{2}} f(\sin x)\mathrm{d}x = \int_{0}^{\frac{\pi}{2}} f(\cos x)\mathrm{d}x$；

(2) $\int_{0}^{\pi} x f(\sin x)\mathrm{d}x = \dfrac{\pi}{2}\int_{0}^{\pi} f(\sin x)\mathrm{d}x.$

**证**　(1) 设 $x=\dfrac{\pi}{2}-t$，则 $\mathrm{d}x=-\mathrm{d}t$，且当 $x=0$ 时，$t=\dfrac{\pi}{2}$；当 $x=\dfrac{\pi}{2}$ 时，$t=0$.

于是

$$\int_{0}^{\frac{\pi}{2}} f(\sin x)\mathrm{d}x = -\int_{\frac{\pi}{2}}^{0} f\left[ \sin\left( \frac{\pi}{2}-t \right) \right]\mathrm{d}t = \int_{0}^{\frac{\pi}{2}} f(\cos t)\mathrm{d}t = \int_{0}^{\frac{\pi}{2}} f(\cos x)\mathrm{d}x.$$

(2) 设 $x=\pi-t$，则 $\mathrm{d}x=-\mathrm{d}t$，且当 $x=0$ 时，$t=\pi$；当 $x=\pi$ 时，$t=0$. 于是

$$\int_{0}^{\pi} x f(\sin x)\mathrm{d}x = -\int_{\pi}^{0} (\pi-t) f\left[ \sin(\pi-t) \right]\mathrm{d}t$$

$$= \int_{0}^{\pi} (\pi-t) f(\sin t)\mathrm{d}t$$

$$= \pi\int_{0}^{\pi} f(\sin t)\mathrm{d}t - \int_{0}^{\pi} t f(\sin t)\mathrm{d}t$$

$$= \pi\int_{0}^{\pi} f(\sin x)\mathrm{d}x - \int_{0}^{\pi} x f(\sin x)\mathrm{d}x,$$

所以

$$\int_0^\pi x f(\sin x)\mathrm{d}x = \frac{\pi}{2}\int_0^\pi f(\sin x)\mathrm{d}x.$$

**例 4.48** 计算 $\displaystyle\int_0^\pi \frac{x\sin x}{1+\cos^2 x}\mathrm{d}x.$

**解**

$$\begin{aligned}
\int_0^\pi \frac{x\sin x}{1+\cos^2 x}\mathrm{d}x &= \frac{\pi}{2}\int_0^\pi \frac{\sin x}{1+\cos^2 x}\mathrm{d}x = -\frac{\pi}{2}\int_0^\pi \frac{\mathrm{d}(\cos x)}{1+\cos^2 x}\\
&= -\frac{\pi}{2}\big[\arctan(\cos x)\big]_0^\pi\\
&= -\frac{\pi}{2}\left(-\frac{\pi}{4}-\frac{\pi}{4}\right) = \frac{\pi^2}{4}.
\end{aligned}$$

**例 4.49** 设 $f(x)$ 是连续的周期函数,周期为 $T$,证明:

(1) $\displaystyle\int_a^{a+T} f(x)\mathrm{d}x = \int_0^T f(x)\mathrm{d}x;$

(2) $\displaystyle\int_a^{a+nT} f(x)\mathrm{d}x = n\int_0^T f(x)\mathrm{d}x\,(n\in\mathbf{N}).$

**证** (1) $\displaystyle\int_a^{a+T} f(x)\mathrm{d}x = \int_a^0 f(x)\mathrm{d}x + \int_0^T f(x)\mathrm{d}x + \int_T^{a+T} f(x)\mathrm{d}x,$

设 $x = t+T$,则 $\mathrm{d}x = \mathrm{d}t$,且当 $x=T$ 时,$t=0$;当 $x=a+T$ 时,$t=a$. 于是

$$\int_T^{a+T} f(x)\mathrm{d}x = \int_0^a f(t+T)\mathrm{d}t = \int_0^a f(t)\mathrm{d}t = -\int_a^0 f(x)\mathrm{d}x,$$

所以

$$\int_a^{a+T} f(x)\mathrm{d}x = \int_0^T f(x)\mathrm{d}x.$$

(2) $\displaystyle\int_a^{a+nT} f(x)\mathrm{d}x = \sum_{k=0}^{n-1}\int_{a+kT}^{a+kT+T} f(x)\mathrm{d}x = n\int_0^T f(x)\mathrm{d}x.$

**例 4.50** 计算 $\displaystyle\int_0^{n\pi}\sqrt{1+\sin 2x}\,\mathrm{d}x.$

**解** 由于 $\sqrt{1+\sin 2x}$ 是以 $\pi$ 为周期的周期函数,所以

$$\begin{aligned}
\int_0^{n\pi}\sqrt{1+\sin 2x}\,\mathrm{d}x &= n\int_0^\pi\sqrt{1+\sin 2x}\,\mathrm{d}x = n\int_0^\pi |\sin x+\cos x|\,\mathrm{d}x\\
&= \sqrt{2}n\int_0^\pi\left|\sin\left(x+\frac{\pi}{4}\right)\right|\mathrm{d}x = \sqrt{2}n\int_{\frac{\pi}{4}}^{\frac{5\pi}{4}}|\sin t|\,\mathrm{d}t\\
&= \sqrt{2}n\int_0^\pi |\sin t|\,\mathrm{d}t = \sqrt{2}n\int_0^\pi\sin t\,\mathrm{d}t = 2\sqrt{2}n.
\end{aligned}$$

第二类换元法

第二类换元法(续)

## 习题 4.4

1. 求下列不定积分：

(1) $\int e^{5t}dt$；　(2) $\int(3-2x)^3dx$；　(3) $\int\dfrac{dx}{1-2x}$；　(4) $\int\dfrac{dx}{\sqrt[3]{2-3x}}$；

(5) $\int(\sin ax-e^{\frac{x}{b}})dx$；　(6) $\int\dfrac{\sin\sqrt{t}}{\sqrt{t}}dt$；　(7) $\int xe^{-x^2}dx$；　(8) $\int x\cos(x^2)dx$；

(9) $\int\dfrac{x}{\sqrt{2-3x^2}}dx$；　(10) $\int\dfrac{3x^3}{1-x^4}dx$；　(11) $\int\dfrac{x+1}{x^2+2x+5}dx$；

(12) $\int\cos^2(\omega t+\varphi)\sin(\omega t+\varphi)dt$；　(13) $\int\dfrac{\sin x}{\cos^3 x}dx$；　(14) $\int\dfrac{\sin x+\cos x}{\sqrt[3]{\sin x-\cos x}}dx$；

(15) $\int\tan^{10}x\cdot\sec^2 xdx$；　(16) $\int\dfrac{dx}{x\ln x\ln\ln x}$；　(17) $\int\dfrac{dx}{(\arcsin x)^2\sqrt{1-x^2}}$；

(18) $\int\dfrac{10^{2\arccos x}}{\sqrt{1-x^2}}dx$；　(19) $\int\tan\sqrt{1+x^2}\cdot\dfrac{xdx}{\sqrt{1+x^2}}$；　(20) $\int\dfrac{\arctan\sqrt{x}}{\sqrt{x}(1+x)}dx$；

(21) $\int\dfrac{1+\ln x}{(x\ln x)^2}dx$；　(22) $\int\dfrac{dx}{\sin x\cos x}$；　(23) $\int\dfrac{\ln\tan x}{\cos x\sin x}dx$；　(24) $\int\cos^3 xdx$；

(25) $\int\cos^2(\omega t+\varphi)dt$；　(26) $\int\sin 2x\cos 3xdx$；　(27) $\int\cos x\cos\dfrac{x}{2}dx$；

(28) $\int\sin 5x\sin 7xdx$；　(29) $\int\tan^3 x\sec xdx$；　(30) $\int\dfrac{dx}{e^x+e^{-x}}$；　(31) $\int\dfrac{1-x}{\sqrt{9-4x^2}}dx$；

(32) $\int\dfrac{x^3}{9+x^2}dx$；　(33) $\int\dfrac{dx}{2x^2-1}$；　(34) $\int\dfrac{dx}{(x+1)(x-2)}$；

(35) $\int\dfrac{x}{x^2-x-2}dx$；　(36) $\int\dfrac{x^2dx}{\sqrt{a^2-x^2}}(a>0)$；　(37) $\int\dfrac{dx}{x\sqrt{x^2-1}}$；

(38) $\int\dfrac{dx}{\sqrt{(x^2+1)^3}}$；　(39) $\int\dfrac{\sqrt{x^2-9}}{x}dx$；　(40) $\int\dfrac{dx}{1+\sqrt{2x}}$；　(41) $\int\dfrac{dx}{1+\sqrt{1-x^2}}$；

(42) $\int\dfrac{dx}{x+\sqrt{1-x^2}}$；　(43) $\int\dfrac{x-1}{x^2+2x+3}dx$；　(44) $\int\dfrac{x^3+1}{(x^2+1)^2}dx$；　(45) $\int\dfrac{dx}{e^x-e^{-x}}$；

(46) $\int\dfrac{x}{(1-x)^3}dx$；　(47) $\int\dfrac{x^2}{a^6-x^6}dx(a>0)$；　(48) $\int\dfrac{1+\cos x}{x+\sin x}dx$；

(49) $\int\dfrac{\sin x\cos x}{1+\sin^4 x}dx$；　(50) $\int\tan^4 xdx$；　(51) $\int\sin x\sin 2x\sin 3xdx$；

(52) $\int\dfrac{dx}{x(x^6+4)}$；　(53) $\int\sqrt{\dfrac{a+x}{a-x}}dx(a>0)$；　(54) $\int\dfrac{dx}{\sqrt{x}(1+x)}$；

(55) $\int\dfrac{dx}{\sqrt{1+e^x}}$；　(56) $\int\dfrac{dx}{x^2\sqrt{x^2-1}}$；　(57) $\int\dfrac{dx}{(a^2-x^2)^{5/2}}$；　(58) $\int\dfrac{dx}{x^4\sqrt{1+x^2}}$；

(59) $\int\dfrac{\sin^2 x}{\cos^3 x}dx$；　(60) $\int\dfrac{\sqrt{1+\cos x}}{\sin x}dx$；　(61) $\int\dfrac{x^3}{(1+x^8)^2}dx$；　(62) $\int\dfrac{x^{11}}{x^8+3x^4+2}dx$；

(63) $\int \dfrac{\mathrm{d}x}{16-x^4}$; (64) $\int \dfrac{\sin x}{1+\sin x}\mathrm{d}x$; (65) $\int \dfrac{\sqrt[3]{x}}{x(\sqrt{x}+\sqrt[3]{x})}\mathrm{d}x$; (66) $\int \dfrac{\mathrm{d}x}{(1+\mathrm{e}^x)^2}$;

(67) $\int \dfrac{\mathrm{e}^{3x}+\mathrm{e}^x}{\mathrm{e}^{4x}-\mathrm{e}^{2x}+1}\mathrm{d}x$; (68) $\int \dfrac{1}{2x+5}\mathrm{d}x$; (69) $\int (3x-1)^{100}\mathrm{d}x$; (70) $\int \dfrac{\mathrm{d}x}{(2x+11)^{5/2}}$;

(71) $\int \dfrac{\mathrm{d}x}{2+3x^2}$; (72) $\int \dfrac{\mathrm{d}x}{\sqrt{2-5x^2}}$; (73) $\int \dfrac{\mathrm{d}x}{\sqrt{x(1-x)}}$; (74) $\int \dfrac{\mathrm{e}^x}{2+\mathrm{e}^x}\mathrm{d}x$;

(75) $\int \dfrac{\mathrm{d}x}{\mathrm{ch}x}$; (76) $\int \dfrac{\mathrm{d}x}{\mathrm{sh}x}$; (77) $\int \dfrac{\ln^2 x}{x}\mathrm{d}x$; (78) $\int \dfrac{\mathrm{d}x}{1+\cos x}$; (79) $\int \dfrac{\mathrm{d}x}{1-\sin x}$;

(80) $\int \dfrac{x^2\,\mathrm{d}x}{(8x^3+27)^{3/2}}$; (81) $\int \dfrac{1+x}{1-x}\mathrm{d}x$; (82) $\int \dfrac{\mathrm{d}x}{(x-1)(x-3)}$; (83) $\int \dfrac{\mathrm{d}x}{x^2+x-2}$;

(84) $\int \dfrac{\mathrm{d}x}{2+\mathrm{e}^{2x}}$; (85) $\int \dfrac{\tan\sqrt{x}}{\sqrt{x}}\mathrm{d}x$; (86) $\int \dfrac{x^{14}}{(x^5+1)^4}\mathrm{d}x$; (87) $\int \dfrac{x^{2n-1}}{x^n-1}\mathrm{d}x$;

(88) $\int \dfrac{\mathrm{d}x}{x(x^n+a)}\,(a\neq 0)$; (89) $\int \dfrac{\ln(x+1)-\ln x}{x(x+1)}\mathrm{d}x$; (90) $\int \dfrac{1}{x^2-a^2}\mathrm{d}x$;

(91) $\int \dfrac{x\mathrm{d}x}{\sqrt{a^2-x^2}}$; (92) $\int \dfrac{\ln x}{x\,\sqrt{1+\ln x}}\mathrm{d}x$; (93) $\int \dfrac{\mathrm{d}x}{x^4\,\sqrt{x^2+a^2}}$; (94) $\int \dfrac{\mathrm{d}x}{x^2\,\sqrt{a^2-x^2}}$;

(95) $\int \dfrac{\sqrt{a^2-x^2}}{x}\mathrm{d}x$; (96) $\int \dfrac{\sqrt{x^2+a^2}}{x}\mathrm{d}x$; (97) $\int \dfrac{\mathrm{d}x}{x\,\sqrt{x^2+a^2}}$; (98) $\int \dfrac{\mathrm{d}x}{x\,\sqrt{x^2-a^2}}$;

(99) $\int \dfrac{x^2}{\sqrt{a^2-x^2}}\mathrm{d}x$; (100) $\int \dfrac{x^2\,\mathrm{d}x}{\sqrt{1+x^6}}$; (101) $\int \dfrac{\mathrm{d}x}{\sqrt{1+\mathrm{e}^{2x}}}$; (102) $\int \dfrac{\mathrm{e}^{2x}}{\sqrt[4]{\mathrm{e}^x+1}}\mathrm{d}x$;

(103) $\int \dfrac{\mathrm{d}x}{\sqrt{5+x-x^2}}$; (104) $\int \sqrt{2+x-x^2}\,\mathrm{d}x$; (105) $\int \dfrac{x\mathrm{d}x}{\sqrt{4x-x^2}}$;

(106) $\int \dfrac{\mathrm{d}x}{\sqrt{x^2-2x+10}}$; (107) $\int \dfrac{x+1}{\sqrt{x^2+x+1}}\mathrm{d}x$.

2. 计算下列定积分:

(1) $\displaystyle\int_{\frac{\pi}{3}}^{\pi} \sin\left(x+\dfrac{\pi}{3}\right)\mathrm{d}x$; (2) $\displaystyle\int_{-2}^{1} \dfrac{\mathrm{d}x}{(11+5x)^3}$; (3) $\displaystyle\int_{0}^{\frac{\pi}{2}} \sin\varphi\cos^3\varphi\mathrm{d}\varphi$;

(4) $\displaystyle\int_{0}^{\pi} (1-\sin^3\theta)\mathrm{d}\theta$; (5) $\displaystyle\int_{\frac{\pi}{6}}^{\frac{\pi}{2}} \cos^2 u\mathrm{d}u$; (6) $\displaystyle\int_{0}^{\sqrt{2}} \sqrt{2-x^2}\,\mathrm{d}x$;

(7) $\displaystyle\int_{-\sqrt{2}}^{\sqrt{2}} \sqrt{8-2y^2}\,\mathrm{d}y$; (8) $\displaystyle\int_{\frac{1}{\sqrt{2}}}^{1} \dfrac{\sqrt{1-x^2}}{x^2}\mathrm{d}x$; (9) $\displaystyle\int_{0}^{a} x^2\,\sqrt{a^2-x^2}\,\mathrm{d}x\,(a>0)$;

(10) $\displaystyle\int_{1}^{\sqrt{3}} \dfrac{\mathrm{d}x}{x^2\,\sqrt{1+x^2}}$; (11) $\displaystyle\int_{-1}^{1} \dfrac{x\mathrm{d}x}{\sqrt{5-4x}}$; (12) $\displaystyle\int_{1}^{4} \dfrac{\mathrm{d}x}{1+\sqrt{x}}$;

(13) $\displaystyle\int_{\frac{3}{4}}^{1} \dfrac{\mathrm{d}x}{\sqrt{1-x}-1}$; (14) $\displaystyle\int_{0}^{\sqrt{2}a} \dfrac{x\mathrm{d}x}{\sqrt{3a^2-x^2}}\,(a>0)$; (15) $\displaystyle\int_{0}^{1} te^{-\frac{t^2}{2}}\mathrm{d}t$;

(16) $\displaystyle\int_{1}^{\mathrm{e}^2} \dfrac{\mathrm{d}x}{x\,\sqrt{1+\ln x}}$; (17) $\displaystyle\int_{-2}^{0} \dfrac{(x+2)\mathrm{d}x}{x^2+2x+2}$; (18) $\displaystyle\int_{0}^{2} \dfrac{x\mathrm{d}x}{(x^2-2x+2)^2}$;

(19) $\displaystyle\int_{-\pi}^{\pi} x^4\sin x\mathrm{d}x$; (20) $\displaystyle\int_{-\frac{\pi}{2}}^{\frac{\pi}{2}} 4\cos^4\theta\mathrm{d}\theta$; (21) $\displaystyle\int_{-\frac{1}{2}}^{\frac{1}{2}} \dfrac{(\arcsin x)^2}{\sqrt{1-x^2}}\mathrm{d}x$;

(22) $\displaystyle\int_{-5}^{5} \dfrac{x^3\sin^2 x}{x^4+2x^2+1}\mathrm{d}x$; (23) $\displaystyle\int_{-\frac{\pi}{2}}^{\frac{\pi}{2}} \cos x\cos 2x\mathrm{d}x$; (24) $\displaystyle\int_{-\frac{\pi}{2}}^{\frac{\pi}{2}} \sqrt{\cos x-\cos^3 x}\,\mathrm{d}x$;

(25) $\int_0^\pi \sqrt{1+\cos 2x}\,\mathrm{d}x$；　(26) $\int_0^{2\pi} |\sin(x+1)|\,\mathrm{d}x$；　(27) $\int_0^{\frac{\pi}{4}} \ln(1+\tan x)\,\mathrm{d}x$；

(28) $\int_0^a \dfrac{\mathrm{d}x}{x+\sqrt{a^2-x^2}}(a>0)$；　(29) $\int_0^{\frac{\pi}{2}} \sqrt{1-\sin 2x}\,\mathrm{d}x$；　(30) $\int_0^{\frac{\pi}{2}} \dfrac{\mathrm{d}x}{1+\cos^2 x}$；

(31) $\int_0^\pi x\sqrt{\cos^2 x-\cos^4 x}\,\mathrm{d}x$；　(32) $\int_0^x \max\{t^3,t^2,1\}\mathrm{d}t$；　(33) $\int_0^1 x(2-x^2)^{12}\,\mathrm{d}x$；

(34) $\int_{-1}^1 \dfrac{x\mathrm{d}x}{x^2+x+1}$；　(35) $\int_0^{\frac{\pi}{2}} \sin x\sin 2x\sin 3x\,\mathrm{d}x$；　(36) $\int_1^2 |1-x|\,\mathrm{d}x$；

(37) $\int_0^2 f(x)\mathrm{d}x$，其中 $f(x)=\begin{cases} x^2, & 0\leqslant x\leqslant 1, \\ 2-x, & 1<x\leqslant 2; \end{cases}$

(38) $\int_0^2 x|x-a|\,\mathrm{d}x(0<a<2)$；　(39) $\int_{-2}^2 |x^2-1|\,\mathrm{d}x$；

(40) $\int_{-5}^5 \dfrac{x^3\sin^2 x}{x^4+x^2+1}\,\mathrm{d}x$；　(41) $\int_0^a \dfrac{x^2\,\mathrm{d}x}{\sqrt{a^2-x^2}}$；　(42) $\int_0^1 \dfrac{\mathrm{d}x}{(x+1)\sqrt{x^2+1}}$；

(43) $\int_0^1 \sqrt{(1-x^2)^3}\,\mathrm{d}x$；　(44) $\int_0^{16} \dfrac{\mathrm{d}x}{\sqrt{x+9}-\sqrt{x}}$；　(45) $\int_0^{\frac{\pi}{4}} \tan^4 x\,\mathrm{d}x$.

3. 求 $\int_0^2 f(x-1)\mathrm{d}x$，其中

$$f(x)=\begin{cases} \dfrac{1}{1+x}, & x\geqslant 0, \\[2mm] \dfrac{1}{1+\mathrm{e}^x}, & x<0. \end{cases}$$

4. 设 $f(x)$ 在 $[a,b]$ 上连续，证明

$$\int_a^b f(x)\mathrm{d}x = \int_a^b f(a+b-x)\mathrm{d}x.$$

5. 证明 $\int_0^\pi \sin^n x\,\mathrm{d}x = 2\int_0^{\pi/2} \sin^n x\,\mathrm{d}x,\ \int_0^\pi \cos^{2n}x\,\mathrm{d}x = 2\int_0^{\pi/2} \cos^{2n}x\,\mathrm{d}x$.

6. 证明 $\int_x^1 \dfrac{\mathrm{d}t}{1+t^2} = \int_1^{\frac{1}{x}} \dfrac{\mathrm{d}t}{1+t^2}(x>0)$.

7. 证明 $\int_0^1 x^m(1-x)^n\,\mathrm{d}x = \int_0^1 x^n(1-x)^m\,\mathrm{d}x(m,n\in\mathbf{N})$.

8. 设 $f(x)$ 是周期为 $T$ 的连续函数，证明

$$\lim_{x\to+\infty} \frac{1}{x}\int_0^x f(t)\mathrm{d}t = \frac{1}{T}\int_0^T f(t)\mathrm{d}t.$$

9. 设 $f(x)$ 在 $[A,B]$ 上连续，$A<a<b<B$. 求证

$$\lim_{h\to 0}\int_a^b \frac{f(x+h)-f(x)}{h}\mathrm{d}x = f(b)-f(a).$$

10. 设 $f(x)$ 在 $[0,1]$ 上连续，$n\in\mathbf{Z}$，证明

$$\int_{\frac{n}{2}\pi}^{\frac{n+1}{2}\pi} f(|\sin x|)\mathrm{d}x = \int_{\frac{n}{2}\pi}^{\frac{n+1}{2}\pi} f(|\cos x|)\mathrm{d}x = \int_0^{\frac{\pi}{2}} f(\sin x)\mathrm{d}x.$$

11. 若 $f(t)$ 是连续的奇函数，证明 $\int_0^x f(t)\mathrm{d}t$ 是偶函数；若 $f(t)$ 是连续的偶函数，证明 $\int_0^x f(t)\mathrm{d}t$ 是奇函数.

# 4.5 分部积分法

4.4 节在复合函数求导法则的基础上,得到了换元积分法.现在利用两个函数乘积的求导法则,来推得另一个求积分的基本方法——分部积分法.

设函数 $u=u(x)$ 及 $v=v(x)$ 具有连续导数,那么,两个函数乘积的导数公式为

$$(uv)' = u'v + uv',$$

移项,得

$$uv' = (uv)' - u'v.$$

对这个等式两边求不定积分,得

$$\int uv' \mathrm{d}x = uv - \int u'v \mathrm{d}x.$$

这个公式称为**分部积分公式**.它也可以写成

$$\int u \mathrm{d}v = uv - \int v \mathrm{d}u.$$

**例 4.51** 求 $\int x\cos x \mathrm{d}x$.

**解** $\int x\cos x \mathrm{d}x = \int x \mathrm{d}\sin x = x\sin x - \int \sin x \mathrm{d}x = x\sin x + \cos x + C.$

**例 4.52** 求 $\int x^2 \mathrm{e}^x \mathrm{d}x$.

**解**

$$\int x^2 \mathrm{e}^x \mathrm{d}x = \int x^2 \mathrm{d}\mathrm{e}^x = x^2 \mathrm{e}^x - 2\int x\mathrm{e}^x \mathrm{d}x$$
$$= x^2 \mathrm{e}^x - 2\int x \mathrm{d}\mathrm{e}^x = x^2 \mathrm{e}^x - 2x\mathrm{e}^x + 2\int \mathrm{e}^x \mathrm{d}x$$
$$= x^2 \mathrm{e}^x - 2x\mathrm{e}^x + 2\mathrm{e}^x + C.$$

**例 4.53** 求 $\int x\ln x \mathrm{d}x$.

**解**

$$\int x\ln x \mathrm{d}x = \int \ln x \mathrm{d}\frac{x^2}{2} = \frac{x^2}{2}\ln x - \int \frac{x^2}{2} \mathrm{d}\ln x$$
$$= \frac{x^2}{2}\ln x - \frac{1}{2}\int x \mathrm{d}x = \frac{x^2}{2}\ln x - \frac{x^2}{4} + C.$$

**例 4.54** 求 $\int \arccos x \mathrm{d}x$.

**解**

$$\int \arccos x \mathrm{d}x = x\arccos x - \int x \mathrm{d}\arccos x$$

$$= x \arccos x + \int \frac{x}{\sqrt{1-x^2}} \mathrm{d}x$$

$$= x \arccos x - \sqrt{1-x^2} + C.$$

**例 4.55**　求 $\int x \arctan x \mathrm{d}x$.

**解**

$$\int x \arctan x \mathrm{d}x = \frac{1}{2} \int \arctan x \mathrm{d}(x^2)$$

$$= \frac{x^2}{2} \arctan x - \frac{1}{2} \int \frac{x^2}{1+x^2} \mathrm{d}x$$

$$= \frac{1}{2}(x^2 + 1) \arctan x - \frac{x}{2} + C.$$

**例 4.56**　求 $\int \mathrm{e}^x \sin x \mathrm{d}x$.

**解**

$$\int \mathrm{e}^x \sin x \mathrm{d}x = \int \sin x \mathrm{d}(\mathrm{e}^x) = \mathrm{e}^x \sin x - \int \mathrm{e}^x \mathrm{d} \sin x$$

$$= \mathrm{e}^x \sin x - \int \cos x \mathrm{d}\mathrm{e}^x = \mathrm{e}^x \sin x - \mathrm{e}^x \cos x - \int \mathrm{e}^x \sin x \mathrm{d}x,$$

所以

$$\int \mathrm{e}^x \sin x \mathrm{d}x = \frac{\mathrm{e}^x}{2}(\sin x - \cos x) + C.$$

**例 4.57**　求 $\int \mathrm{e}^{\sqrt{x}} \mathrm{d}x$.

**解**　令 $\sqrt{x} = t$, 则 $x = t^2$, $\mathrm{d}x = 2t\mathrm{d}t$. 于是

$$\int \mathrm{e}^{\sqrt{x}} \mathrm{d}x = 2 \int t \mathrm{e}^t \mathrm{d}t = 2 \int t \mathrm{d}\mathrm{e}^t = 2t\mathrm{e}^t - 2 \int \mathrm{e}^t \mathrm{d}t = 2t\mathrm{e}^t - 2\mathrm{e}^t + C.$$

用 $\sqrt{x} = t$ 代回, 得

$$\int \mathrm{e}^{\sqrt{x}} \mathrm{d}x = 2\mathrm{e}^{\sqrt{x}}(\sqrt{x} - 1) + C.$$

对于定积分, 有类似的分部积分公式.

设 $u(x), v(x)$ 在 $[a,b]$ 上具有连续导数, 则

$$\int_a^b u(x) \mathrm{d}v(x) = u(x)v(x) \Big|_a^b - \int_a^b v(x) \mathrm{d}u(x).$$

**例 4.58**　计算 $I = \int_0^{\frac{1}{2}} \arcsin x \mathrm{d}x$.

**解**

$$I = x \arcsin x \Big|_0^{\frac{1}{2}} - \int_0^{\frac{1}{2}} \frac{x}{\sqrt{1-x^2}} \mathrm{d}x$$

$$= \frac{\pi}{12} + \frac{1}{2} \int_0^{\frac{1}{2}} (1-x^2)^{-\frac{1}{2}} \mathrm{d}(1-x^2)$$

$$= \frac{\pi}{12} + \sqrt{1-x^2} \Big|_0^{\frac{1}{2}} = \frac{\pi}{12} + \frac{\sqrt{3}}{2} - 1.$$

**例 4.59** 证明

$$I_n = \int_0^{\frac{\pi}{2}} \sin^n x \, \mathrm{d}x = \int_0^{\frac{\pi}{2}} \cos^n x \, \mathrm{d}x$$

$$= \begin{cases} \dfrac{n-1}{n} \cdot \dfrac{n-3}{n-2} \cdots \dfrac{3}{4} \cdot \dfrac{1}{2} \cdot \dfrac{\pi}{2}, & n \text{ 为正偶数}, \\[2mm] \dfrac{n-1}{n} \cdot \dfrac{n-3}{n-2} \cdots \dfrac{4}{5} \cdot \dfrac{2}{3}, & n \text{ 为正奇数}. \end{cases}$$

**证** 令 $x = \frac{\pi}{2} - t$，则

$$\int_0^{\frac{\pi}{2}} \sin^n x \, \mathrm{d}x = -\int_{\frac{\pi}{2}}^0 \cos^n t \, \mathrm{d}t = \int_0^{\frac{\pi}{2}} \cos^n x \, \mathrm{d}x.$$

当 $n \geq 2$ 时，

$$I_n = \int_0^{\frac{\pi}{2}} \sin^n x \, \mathrm{d}x = -\int_0^{\frac{\pi}{2}} \sin^{n-1} x \, \mathrm{d}\cos x$$

$$= -\cos x \sin^{n-1} x \Big|_0^{\frac{\pi}{2}} + \int_0^{\frac{\pi}{2}} (n-1) \sin^{n-2} x \cos^2 x \, \mathrm{d}x$$

$$= (n-1) \int_0^{\frac{\pi}{2}} \sin^{n-2} x \, \mathrm{d}x - (n-1) \int_0^{\frac{\pi}{2}} \sin^n x \, \mathrm{d}x$$

$$= (n-1) I_{n-2} - (n-1) I_n.$$

于是，得递推公式

$$I_n = \frac{n-1}{n} I_{n-2}.$$

当 $n$ 为正偶数时，$I_n = \dfrac{n-1}{n} \cdot \dfrac{n-3}{n-2} \cdots \dfrac{3}{4} \cdot \dfrac{1}{2} I_0$；

当 $n$ 为正奇数时，$I_n = \dfrac{n-1}{n} \cdot \dfrac{n-3}{n-2} \cdots \dfrac{3}{4} \cdot \dfrac{2}{3} I_1$.

又因为

$$I_1 = \int_0^{\frac{\pi}{2}} \sin x \, \mathrm{d}x = 1,$$

$$I_0 = \int_0^{\frac{\pi}{2}} \mathrm{d}x = \frac{\pi}{2}.$$

故

$$I_n = \begin{cases} \dfrac{n-1}{n} \cdot \dfrac{n-3}{n-2} \cdots \dfrac{3}{4} \cdot \dfrac{1}{2} \cdot \dfrac{\pi}{2}, & n \text{ 为正偶数；} \\[4mm] \dfrac{n-1}{n} \cdot \dfrac{n-3}{n-2} \cdots \dfrac{4}{5} \cdot \dfrac{2}{3}, & n \text{ 为正奇数.} \end{cases}$$

不定积分的分部积分法　　　　　　　定积分的分部积分法

## 习题 4.5

1. 求下列不定积分：

(1) $\displaystyle\int x\sin x\mathrm{d}x$;　(2) $\displaystyle\int \ln x\mathrm{d}x$;　(3) $\displaystyle\int \arcsin x\mathrm{d}x$;　(4) $\displaystyle\int x\mathrm{e}^{-x}\mathrm{d}x$;

(5) $\displaystyle\int x^2\ln x\mathrm{d}x$;　(6) $\displaystyle\int \mathrm{e}^{-x}\cos x\mathrm{d}x$;　(7) $\displaystyle\int \mathrm{e}^{-2x}\sin\frac{x}{2}\mathrm{d}x$;　(8) $\displaystyle\int x\cos\frac{x}{2}\mathrm{d}x$;

(9) $\displaystyle\int x^2\arctan x\mathrm{d}x$;　(10) $\displaystyle\int x\tan^2 x\mathrm{d}x$;　(11) $\displaystyle\int x^2\cos x\mathrm{d}x$;　(12) $\displaystyle\int t\mathrm{e}^{-2t}\mathrm{d}t$;

(13) $\displaystyle\int \ln^2 x\mathrm{d}x$;　(14) $\displaystyle\int x\sin x\cos x\mathrm{d}x$;　(15) $\displaystyle\int x^2\cos^2\frac{x}{2}\mathrm{d}x$;　(16) $\displaystyle\int x\ln(x-1)\mathrm{d}x$;

(17) $\displaystyle\int (x^2-1)\sin 2x\mathrm{d}x$;　(18) $\displaystyle\int \frac{\ln^3 x}{x^2}\mathrm{d}x$;　(19) $\displaystyle\int \mathrm{e}^{\sqrt[3]{x}}\mathrm{d}x$;　(20) $\displaystyle\int \cos\ln x\mathrm{d}x$;

(21) $\displaystyle\int (\arcsin x)^2\mathrm{d}x$;　(22) $\displaystyle\int \mathrm{e}^x\sin^2 x\mathrm{d}x$;　(23) $\displaystyle\int x\ln^2 x\mathrm{d}x$;　(24) $\displaystyle\int \mathrm{e}^{\sqrt{3x+9}}\mathrm{d}x$;

(25) $\displaystyle\int x\mathrm{ch}x\mathrm{d}x$;　(26) $\displaystyle\int x^2\mathrm{e}^{-2x}\mathrm{d}x$;　(27) $\displaystyle\int \ln(x+\sqrt{1+x^2})\mathrm{d}x$;

(28) $\displaystyle\int \frac{x\ln x}{(1+x^2)^2}\mathrm{d}x$;　(29) $\displaystyle\int \sqrt{x}\arctan\sqrt{x}\mathrm{d}x$;　(30) $\displaystyle\int \frac{\arcsin x}{(1-x^2)^{3/2}}\mathrm{d}x$;

(31) $\displaystyle\int \sin x\ln(\tan x)\mathrm{d}x$;　(32) $\displaystyle\int x^3(\ln x)^2\mathrm{d}x$;　(33) $\displaystyle\int \frac{\arctan \mathrm{e}^x}{\mathrm{e}^x}\mathrm{d}x$;

(34) $\displaystyle\int x\mathrm{e}^x\sin^2 x\mathrm{d}x$;　(35) $\displaystyle\int \frac{x\arctan x}{(1+x^2)^{3/2}}\mathrm{d}x$;　(36) $\displaystyle\int \arcsin\sqrt{1-x^2}\mathrm{d}x$;

(37) $\displaystyle\int \frac{\ln\ln x}{x}\mathrm{d}x$;　(38) $\displaystyle\int x\cos^2 x\mathrm{d}x$;　(39) $\displaystyle\int \mathrm{e}^{ax}\cos bx\mathrm{d}x$;　(40) $\displaystyle\int \sqrt{x}\sin\sqrt{x}\mathrm{d}x$;

(41) $\displaystyle\int \ln(1+x^2)\mathrm{d}x$;　(42) $\displaystyle\int \arctan\sqrt{x}\mathrm{d}x$;　(43) $\displaystyle\int \frac{x+\sin x}{1+\cos x}\mathrm{d}x$;

(44) $\displaystyle\int \mathrm{e}^{\sin x}\frac{x\cos^3 x-\sin x}{\cos^2 x}\mathrm{d}x$;　(45) $\displaystyle\int \frac{x\mathrm{e}^x}{(\mathrm{e}^x+1)^2}\mathrm{d}x$;　(46) $\displaystyle\int \ln^2(x+\sqrt{1+x^2})\mathrm{d}x$;

(47) $\displaystyle\int \frac{\ln x}{(1+x^2)^{\frac{3}{2}}}\mathrm{d}x$;　(48) $\displaystyle\int \sqrt{1-x^2}\arcsin x\mathrm{d}x$;　(49) $\displaystyle\int \frac{x^3\arccos x}{\sqrt{1-x^2}}\mathrm{d}x$;

(50) $\int \dfrac{\cot x}{1+\sin x}\mathrm{d}x$; (51) $\int \dfrac{\mathrm{d}x}{\sin^3 x\cos x}$; (52) $\int \dfrac{\mathrm{d}x}{(2+\cos x)\sin x}$.

2. 计算下列定积分:

(1) $\int_0^1 x\mathrm{e}^{-x}\mathrm{d}x$; (2) $\int_1^{\mathrm{e}} x\ln x\mathrm{d}x$; (3) $\int_0^{\frac{2\pi}{\omega}} t\sin\omega t\,\mathrm{d}t$; (4) $\int_{\frac{\pi}{4}}^{\frac{\pi}{3}} \dfrac{x}{\sin^2 x}\mathrm{d}x$;

(5) $\int_1^4 \dfrac{\ln x}{\sqrt{x}}\mathrm{d}x$; (6) $\int_0^1 x\arctan x\mathrm{d}x$; (7) $\int_0^{\frac{\pi}{2}} \mathrm{e}^{2x}\cos x\mathrm{d}x$; (8) $\int_1^2 x\log_2 x\mathrm{d}x$;

(9) $\int_0^{\pi} (x\sin x)^2\mathrm{d}x$; (10) $\int_1^{\mathrm{e}} \sin(\ln x)\mathrm{d}x$; (11) $\int_{\frac{1}{\mathrm{e}}}^{\mathrm{e}} |\ln x|\mathrm{d}x$;

(12) $\int_0^1 (1-x^2)^{\frac{m}{2}}\mathrm{d}x\,(m\in\mathbf{N}^+)$; (13) $J_m=\int_0^{\pi} x\sin^m x\mathrm{d}x\,(m\in\mathbf{N}^+)$;

(14) $\int_0^1 \arcsin x\mathrm{d}x$; (15) $\int_0^{\pi} \ln(x+\sqrt{x^2+a^2})\mathrm{d}x$;

(16) $\int_0^{\frac{1}{2}} (\arcsin x)^2\mathrm{d}x$; (17) $\int_0^{\pi} x\sin^{10}x\mathrm{d}x$; (18) $\int_0^1 x^{10}\sqrt{1-x^2}\mathrm{d}x$;

(19) $\int_0^1 (1-x^2)^4\sqrt{1-x^2}\mathrm{d}x$; (20) $\int_0^1 x(\arctan x)^2\mathrm{d}x$; (21) $\int_0^3 \arcsin\sqrt{\dfrac{x}{1+x}}\mathrm{d}x$;

(22) $\int_0^{\frac{\pi}{2}} \dfrac{x+\sin x}{1+\cos x}\mathrm{d}x$; (23) $\int_0^{\pi} x^2|\cos x|\mathrm{d}x$; (24) $\int_1^{\mathrm{e}} (x\ln x)^2\mathrm{d}x$; (25) $\int_0^1 \ln(1+\sqrt{x})\mathrm{d}x$.

# 4.6 有理函数的积分

## 4.6.1 有理函数的积分

两个多项式的商 $\dfrac{P(x)}{Q(x)}$ 称为**有理函数**,又称为**有理分式**. 这里总假定分子多项式 $P(x)$ 与分母多项式 $Q(x)$ 之间是没有公因式的. 当分子多项式 $P(x)$ 的次数小于分母多项式 $Q(x)$ 的次数时,称此有理函数为**真分式**,否则称为**假分式**.

利用多项式的除法,总可以将一个假分式化成一个多项式与一个真分式之和的形式,如

$$\frac{2x^4+x^2+3}{x^2+1}=2x^2-1+\frac{4}{x^2+1}.$$

由于多项式的积分容易求,故重点讨论真分式的积分方法.

对于真分式 $\dfrac{P_n(x)}{Q_m(x)}$,首先将 $Q_m(x)$ 在实数范围内进行因式分解,分解的结果不外乎两种类型,一种是 $(x-a)^k$,另外一种是 $(x^2+px+q)^l$,其中 $k,l$ 是正整数且 $p^2-4q<0$;其次,根据因式分解的结果,将真分式拆成若干个分式之和.

具体的做法如下:

若 $Q_m(x)$ 分解后含有因式 $(x-a)^k$,则和式中对应地含有以下 $k$ 个分式之和

$$\frac{A_1}{(x-a)}+\frac{A_2}{(x-a)^2}+\cdots+\frac{A_k}{(x-a)^k},$$

其中 $A_1, \cdots, A_k$ 为待定常数.

若 $Q_m(x)$ 分解后含有因式 $(x^2 + px + q)^l$,则和式中对应地含有 $l$ 个分式之和

$$\frac{M_1 x + N_1}{(x^2 + px + q)} + \frac{M_2 x + N_2}{(x^2 + px + q)^2} + \cdots + \frac{M_l x + N_l}{(x^2 + px + q)^l},$$

其中 $M_i, N_i (i = 1, 2, \cdots, l)$ 为待定常数.

以上这些常数可通过待定系数法来确定.上述步骤称为**把真分式化为部分分式之和**,所以,有理函数的积分最终归结为部分分式的积分.

**例 4.60**　求 $\int \frac{x+1}{x^2 - 5x + 6} dx$.

**解**　被积函数的分母分解成 $(x-3)(x-2)$,故可设

$$\frac{x+1}{x^2 - 5x + 6} = \frac{A}{x-3} + \frac{B}{x-2},$$

其中 $A, B$ 为待定系数.上式两端去分母后,得

$$x + 1 = A(x-2) + B(x-3),$$

即

$$x + 1 = (A+B)x - 2A - 3B.$$

比较上式两端同次幂的系数,即有

$$\begin{cases} A + B = 1, \\ 2A + 3B = -1. \end{cases}$$

从而解得

$$A = 4, \quad B = -3,$$

于是

$$\begin{aligned} \int \frac{x+1}{x^2 - 5x + 6} dx &= \int \left( \frac{4}{x-3} - \frac{3}{x-2} \right) dx \\ &= 4\ln|x-3| - 3\ln|x-2| + C. \end{aligned}$$

**例 4.61**　求 $\int \frac{x+2}{(2x+1)(x^2 + x + 1)} dx$.

**解**　设

$$\frac{x+2}{(2x+1)(x^2 + x + 1)} = \frac{A}{2x+1} + \frac{Bx+C}{x^2 + x + 1},$$

则

$$x + 2 = A(x^2 + x + 1) + (Bx + C)(2x + 1),$$

即

$$x + 2 = (A + 2B)x^2 + (A + B + 2C)x + A + C,$$

有

$$\begin{cases} A+2B=0, \\ A+B+2C=1, \\ A+C=2. \end{cases}$$

解得

$$\begin{cases} A=2, \\ B=-1, \\ C=0. \end{cases}$$

于是

$$\begin{aligned} \int \frac{x+2}{(2x+1)(x^2+x+1)} \mathrm{d}x &= \int \left( \frac{2}{2x+1} - \frac{x}{x^2+x+1} \right) \mathrm{d}x \\ &= \ln|2x+1| - \frac{1}{2} \int \frac{(2x+1)-1}{x^2+x+1} \mathrm{d}x \\ &= \ln|2x+1| - \frac{1}{2} \int \frac{\mathrm{d}(x^2+x+1)}{x^2+x+1} + \frac{1}{2} \int \frac{\mathrm{d}x}{\left( x+\frac{1}{2} \right)^2 + \frac{3}{4}} \\ &= \ln|2x+1| - \frac{1}{2} \ln(x^2+x+1) + \frac{1}{\sqrt{3}} \arctan \frac{2x+1}{\sqrt{3}} + C. \end{aligned}$$

**例 4.62** 求 $\displaystyle \int \frac{x-3}{(x-1)^2(x+1)} \mathrm{d}x$.

**解 设**

$$\frac{x-3}{(x-1)^2(x+1)} = \frac{A}{(x-1)} + \frac{B}{(x-1)^2} + \frac{C}{(x+1)},$$

则

$$x-3 = A(x^2-1) + B(x+1) + C(x-1)^2,$$

即

$$x-3 = (A+C)x^2 + (B-2C)x + (-A+B+C),$$

有

$$\begin{cases} A+C=0, \\ B-2C=1, \\ -A+B+C=-3. \end{cases}$$

解得

$$\begin{cases} A=1, \\ B=-1, \\ C=-1. \end{cases}$$

于是

$$\int \frac{x-3}{(x-1)^2(x+1)} \mathrm{d}x = \int \left( \frac{1}{x-1} + \frac{-1}{(x-1)^2} + \frac{-1}{x+1} \right) \mathrm{d}x$$

$$= \ln|x-1| + \frac{1}{x-1} - \ln|x+1| + C.$$

有理函数的积分　　　　　　　　　　可化为有理函数的积分

### 4.6.2　可化为有理函数的积分举例

**例 4.63**　求 $\displaystyle\int \frac{1+\sin x}{\sin x(1+\cos x)}\mathrm{d}x$ .

**解**　由三角函数知道，$\sin x$ 与 $\cos x$ 都可以用 $\tan\dfrac{x}{2}$ 的有理式表示，即

$$\sin x = 2\sin\frac{x}{2}\cos\frac{x}{2} = \frac{2\tan\dfrac{x}{2}}{\sec^2\dfrac{x}{2}} = \frac{2\tan\dfrac{x}{2}}{1+\tan^2\dfrac{x}{2}},$$

$$\cos x = \cos^2\frac{x}{2} - \sin^2\frac{x}{2} = \frac{1-\tan^2\dfrac{x}{2}}{\sec^2\dfrac{x}{2}} = \frac{1-\tan^2\dfrac{x}{2}}{1+\tan^2\dfrac{x}{2}}.$$

如果作变换 $u = \tan\dfrac{x}{2}\,(-\pi < x < \pi)$，则有

$$\sin x = \frac{2u}{1+u^2},\quad \cos x = \frac{1-u^2}{1+u^2},$$

而 $x = 2\arctan u$，从而

$$\mathrm{d}x = \frac{2}{1+u^2}\mathrm{d}u.$$

于是

$$\int \frac{1+\sin x}{\sin x(1+\cos x)}\mathrm{d}x = \int \frac{\left(1+\dfrac{2u}{1+u^2}\right)\dfrac{2\mathrm{d}u}{1+u^2}}{\dfrac{2u}{1+u^2}\left(1+\dfrac{1-u^2}{1+u^2}\right)}$$

$$= \frac{1}{2}\int\left(u+2+\frac{1}{u}\right)\mathrm{d}u = \frac{1}{2}\left(\frac{u^2}{2}+2u+\ln|u|\right)+C$$

$$= \frac{1}{4}\tan^2\frac{x}{2} + \tan\frac{x}{2} + \frac{1}{2}\ln\left|\tan\frac{x}{2}\right| + C.$$

**例 4.64**　求 $\displaystyle\int \frac{\sqrt{x-1}}{x}\mathrm{d}x$ .

**解**　设 $\sqrt{x-1}=u$，于是 $x=u^2+1$，$\mathrm{d}x=2u\mathrm{d}u$，从而所求积分为

$$\int \frac{\sqrt{x-1}}{x} \mathrm{d}x = \int \frac{u}{u^2+1} \cdot 2u\mathrm{d}u = 2\int \frac{u^2}{u^2+1} \mathrm{d}u$$

$$= 2\int \left(1 - \frac{1}{1+u^2}\right)\mathrm{d}u = 2(u - \arctan u) + C$$

$$= 2(\sqrt{x-1} - \arctan\sqrt{x-1}) + C.$$

**例 4.65** 求 $\displaystyle\int \frac{\mathrm{d}x}{1+\sqrt[3]{x+2}}$.

**解** 设 $\sqrt[3]{x+2}=u$,于是 $x=u^3-2$,$\mathrm{d}x=3u^2\mathrm{d}u$,从而所求积分为

$$\int \frac{\mathrm{d}x}{1+\sqrt[3]{x+2}} = \int \frac{3u^2}{1+u}\mathrm{d}u$$

$$= 3\int \left(u-1+\frac{1}{1+u}\right)\mathrm{d}u$$

$$= 3\left(\frac{u^2}{2} - u + \ln|1+u|\right) + C$$

$$= \frac{3}{2}\sqrt[3]{(x+2)^2} - 3\sqrt[3]{x+2} + 3\ln|1+\sqrt[3]{x+2}| + C.$$

**例 4.66** 求 $\displaystyle\int \frac{\mathrm{d}x}{(1+\sqrt[3]{x})\sqrt{x}}$.

**解** 设 $x=t^6$,于是 $\mathrm{d}x=6t^5\mathrm{d}t$,从而所求积分为

$$\int \frac{\mathrm{d}x}{(1+\sqrt[3]{x})\sqrt{x}} = \int \frac{6t^5}{(1+t^2)t^3}\mathrm{d}t = 6\int \frac{t^2}{1+t^2}\mathrm{d}t$$

$$= 6\int \left(1 - \frac{1}{1+t^2}\right)\mathrm{d}t = 6(t - \arctan t) + C$$

$$= 6(\sqrt[6]{x} - \arctan\sqrt[6]{x}) + C.$$

**例 4.67** 求 $\displaystyle\int \frac{1}{x}\sqrt{\frac{1+x}{x}}\mathrm{d}x$.

**解** 设 $\sqrt{\dfrac{1+x}{x}}=t$,于是 $\dfrac{1+x}{x}=t^2$,$x=\dfrac{1}{t^2-1}$,$\mathrm{d}x=-\dfrac{2t\mathrm{d}t}{(t^2-1)^2}$,从而所求积分为

$$\int \frac{1}{x}\sqrt{\frac{1+x}{x}}\mathrm{d}x = \int (t^2-1)t \cdot \frac{-2t}{(t^2-1)^2}\mathrm{d}t = -2\int \frac{t^2}{t^2-1}\mathrm{d}t$$

$$= -2\int \left(1 + \frac{1}{t^2-1}\right)\mathrm{d}t = -2t - \ln\left|\frac{t-1}{t+1}\right| + C$$

$$= -2t + 2\ln(t+1) - \ln|t^2-1| + C$$

$$= -2\sqrt{\frac{1+x}{x}} + 2\ln\left(\sqrt{\frac{1+x}{x}}+1\right) + \ln|x| + C.$$

## 习题 4.6

求下列不定积分：

(1) $\int \dfrac{x^3}{x+3}\mathrm{d}x$；　(2) $\int \dfrac{2x+3}{x^2+3x-10}\mathrm{d}x$；　(3) $\int \dfrac{x+1}{x^2-2x+5}\mathrm{d}x$；　(4) $\int \dfrac{\mathrm{d}x}{x(x^2+1)}$；

(5) $\int \dfrac{3}{x^3+1}\mathrm{d}x$；　(6) $\int \dfrac{x^2+1}{(x+1)^2(x-1)}\mathrm{d}x$；　(7) $\int \dfrac{x\mathrm{d}x}{(x+1)(x+2)(x+3)}$；

(8) $\int \dfrac{x^5+x^4-8}{x^3-x}\mathrm{d}x$；　(9) $\int \dfrac{\mathrm{d}x}{(x^2+1)(x^2+x)}$；　(10) $\int \dfrac{1}{x^4-1}\mathrm{d}x$；

(11) $\int \dfrac{\mathrm{d}x}{(x^2+1)(x^2+x+1)}$；　(12) $\int \dfrac{(x+1)^2}{(x^2+1)^2}\mathrm{d}x$；　(13) $\int \dfrac{-x^2-2}{(x^2+x+1)^2}\mathrm{d}x$；

(14) $\int \dfrac{\mathrm{d}x}{3+\sin^2 x}$；　(15) $\int \dfrac{\mathrm{d}x}{3+\cos x}$；　(16) $\int \dfrac{\mathrm{d}x}{2+\sin x}$；　(17) $\int \dfrac{\mathrm{d}x}{1+\sin x+\cos x}$；

(18) $\int \dfrac{\mathrm{d}x}{2\sin x-\cos x+5}$；　(19) $\int \dfrac{\mathrm{d}x}{1+\sqrt[3]{x+1}}$；　(20) $\int \dfrac{(\sqrt{x})^3-1}{\sqrt{x}+1}\mathrm{d}x$；

(21) $\int \dfrac{\sqrt{x+1}-1}{\sqrt{x+1}+1}\mathrm{d}x$；　(22) $\int \dfrac{\mathrm{d}x}{\sqrt{x}+\sqrt[4]{x}}$；　(23) $\int \sqrt{\dfrac{1-x}{1+x}}\dfrac{\mathrm{d}x}{x}$；

(24) $\int \dfrac{\mathrm{d}x}{\sqrt[3]{(x+1)^2(x-1)^4}}$；　(25) $\int \dfrac{\mathrm{d}x}{(x^2-4x+4)(x^2-4x+5)}$；　(26) $\int \dfrac{x^2+5x+4}{x^4+5x^2+4}\mathrm{d}x$；

(27) $\int \dfrac{x^5}{x+1}\mathrm{d}x$；　(28) $\int \dfrac{\mathrm{d}x}{2-3x^2}$；　(29) $\int \dfrac{\mathrm{d}x}{(x^2-2)(x^2+3)}$；　(30) $\int \dfrac{x^3\,\mathrm{d}x}{x^4-x^2+2}$；

(31) $\int \dfrac{\mathrm{d}x}{(x+2)(x^2+2x+2)}$；　(32) $\int \dfrac{x\mathrm{d}x}{(x+a)(x^2+b^2)}$；　(33) $\int \dfrac{x^5+1}{x^6+x^4}\mathrm{d}x$；

(34) $\int \dfrac{x^{3n-1}}{(x^{2n}+1)^2}\mathrm{d}x$；　(35) $\int \dfrac{x^2+1}{(x+1)^2(x-1)}\mathrm{d}x$；　(36) $\int \dfrac{x^3+1}{x^3-5x^2+6x}\mathrm{d}x$；

(37) $\int \dfrac{x}{x^3-1}\mathrm{d}x$；　(38) $\int \dfrac{\mathrm{d}x}{x^3+1}$；　(39) $\int \dfrac{\mathrm{d}x}{(x+1)(x+2)^2(x+3)}$；

(40) $\int \dfrac{x\mathrm{d}x}{(x^2+1)(x+2)}$；　(41) $\int \cos\dfrac{x}{2}\cos\dfrac{x}{3}\mathrm{d}x$；　(42) $\int \sin\left(2x-\dfrac{\pi}{6}\right)\cos\left(3x+\dfrac{\pi}{4}\right)\mathrm{d}x$；

(43) $\int \cos x\cos 2x\cos 3x\mathrm{d}x$；　(44) $\int \cos^4 x\mathrm{d}x$；　(45) $\int \cos^5 x\mathrm{d}x$；　(46) $\int \sin^2 x\cos^5 x\mathrm{d}x$；

(47) $\int \sec^2 x\sin^3 x\mathrm{d}x$；　(48) $\int \sin^2 x\cos^4 x\mathrm{d}x$；　(49) $\int \dfrac{\mathrm{d}x}{\sin x+\cos x}$；

(50) $\int \dfrac{\cos x}{\sqrt{2+\cos 2x}}\mathrm{d}x$；　(51) $\int \dfrac{\sin x\cos x}{\sin^4 x+\cos^4 x}\mathrm{d}x$；　(52) $\int \sec^3 x\mathrm{d}x$；

(53) $\int \csc^3 x\mathrm{d}x$；　(54) $\int \cos^3 x\sin 2x\mathrm{d}x$；　(55) $\int \dfrac{\mathrm{d}x}{1+\varepsilon\cos x}(|\varepsilon|<1)$；

(56) $\int \dfrac{\sin x\cos x}{\sin x+\cos x}\mathrm{d}x$；　(57) $\int \dfrac{\mathrm{d}x}{\cos^4 x}$；　(58) $\int \dfrac{\cos 2x}{\sin^4 x+\cos^4 x}\mathrm{d}x$；

(59) $\int \mathrm{sh}x\,\mathrm{sh}2x\mathrm{d}x$；　(60) $\int \mathrm{ch}x\,\mathrm{ch}3x\mathrm{d}x$；　(61) $\int \sqrt{\dfrac{1+x}{1-x}}\mathrm{d}x$；　(62) $\int \dfrac{1-\sqrt{x+1}}{1+\sqrt[3]{x+1}}\mathrm{d}x$；

(63) $\int \dfrac{\sqrt{x+1}-\sqrt{x-1}}{\sqrt{x+1}+\sqrt{x-1}}\mathrm{d}x$; (64) $\int \dfrac{\mathrm{d}x}{x(1+2\sqrt[6]{x})}$; (65) $\int \dfrac{\mathrm{d}x}{\sqrt[3]{(x+1)^2(x-1)^4}}$;

(66) $\int \dfrac{x\mathrm{d}x}{\sqrt{x^2-x+2}}$; (67) $\int \dfrac{x-\sqrt{x^2+3x+2}}{x+\sqrt{x^2+3x+2}}\mathrm{d}x$; (68) $\int x\sqrt{x^2-2x+2}\mathrm{d}x$;

(69) $\int \dfrac{\mathrm{d}x}{(x+1)\sqrt{x^2+1}}$; (70) $\int \dfrac{\mathrm{d}x}{1+2\sqrt{x-x^2}}$; (71) $\int \dfrac{x\mathrm{d}x}{(1+x^{1/3})^{1/2}}$.

# 4.7 反常积分

在一些实际问题中,常会遇到积分区间为无穷区间,或者被积函数为无界函数的积分,它们已经不属于一般的定积分了.因此,本节对定积分作两种推广,从而形成反常积分的概念.

## 4.7.1 无穷限的反常积分

**定义 4.4** 设函数 $f(x)$ 在区间 $[a,+\infty)$ 上连续,取 $t>a$,如果极限

$$\lim_{t\to+\infty}\int_a^t f(x)\mathrm{d}x$$

存在,则称此极限为**函数 $f(x)$ 在无穷区间 $[a,+\infty)$ 上的反常积分**,记作 $\displaystyle\int_a^{+\infty}f(x)\mathrm{d}x$,即

$$\int_a^{+\infty}f(x)\mathrm{d}x = \lim_{t\to+\infty}\int_a^t f(x)\mathrm{d}x,$$

这时也称**反常积分** $\displaystyle\int_a^{+\infty}f(x)\mathrm{d}x$ **收敛**;如果上述极限不存在,则函数 $f(x)$ 在无穷区间 $[a,+\infty)$ 上的反常积分 $\displaystyle\int_a^{+\infty}f(x)\mathrm{d}x$ 就没有意义,习惯上称为**反常积分** $\displaystyle\int_a^{+\infty}f(x)\mathrm{d}x$ **发散**,这时记号 $\displaystyle\int_a^{+\infty}f(x)\mathrm{d}x$ 不再表示数值了.

类似地,设函数 $f(x)$ 在区间 $(-\infty,b]$ 上连续,取 $t<b$,如果极限

$$\lim_{t\to-\infty}\int_t^b f(x)\mathrm{d}x$$

存在,则称此极限为函数 $f(x)$ 在无穷区间 $(-\infty,b]$ 上的**反常积分**,记作 $\displaystyle\int_{-\infty}^b f(x)\mathrm{d}x$,即

$$\int_{-\infty}^b f(x)\mathrm{d}x = \lim_{t\to-\infty}\int_t^b f(x)\mathrm{d}x,$$

这时也称**反常积分** $\displaystyle\int_{-\infty}^b f(x)\mathrm{d}x$ **收敛**. 如果上述极限不存在,则称**反常积分**

$\int_{-\infty}^{b} f(x)\mathrm{d}x$ **发散**.

设函数 $f(x)$ 在区间 $(-\infty, +\infty)$ 上连续, 如果反常积分

$$\int_{-\infty}^{0} f(x)\mathrm{d}x, \quad \int_{0}^{+\infty} f(x)\mathrm{d}x$$

都收敛, 则称上述两反常积分之和为函数 $f(x)$ 在无穷区间 $(-\infty, +\infty)$ 上的**反常积分**, 记作 $\int_{-\infty}^{+\infty} f(x)\mathrm{d}x$, 即

$$\int_{-\infty}^{+\infty} f(x)\mathrm{d}x = \int_{-\infty}^{0} f(x)\mathrm{d}x + \int_{0}^{+\infty} f(x)\mathrm{d}x,$$

这时也称**反常积分** $\int_{-\infty}^{+\infty} f(x)\mathrm{d}x$ **收敛**. 否则就称**反常积分** $\int_{-\infty}^{+\infty} f(x)\mathrm{d}x$ **发散**.

上述反常积分统称为**无穷限的反常积分**.

由上述定义及牛顿-莱布尼茨公式, 可得如下结果.

设 $F(x)$ 为 $f(x)$ 在 $[a, +\infty)$ 上的一个原函数, 若 $\lim\limits_{x \to +\infty} F(x)$ 存在, 则反常积分

$$\int_{a}^{+\infty} f(x)\mathrm{d}x = \lim_{x \to +\infty} F(x) - F(a);$$

若 $\lim\limits_{x \to +\infty} F(x)$ 不存在, 则反常积分 $\int_{a}^{+\infty} f(x)\mathrm{d}x$ 发散.

如果记 $F(+\infty) = \lim\limits_{x \to +\infty} F(x)$, $[F(x)]_{a}^{+\infty} = F(+\infty) - F(a)$, 则当 $F(+\infty)$ 存在时

$$\int_{a}^{+\infty} f(x)\mathrm{d}x = [F(x)]_{a}^{+\infty};$$

当 $F(+\infty)$ 不存在时, 反常积分 $\int_{a}^{+\infty} f(x)\mathrm{d}x$ 发散.

类似地, 若在 $(-\infty, b]$ 上 $F'(x) = f(x)$, 则当 $F(-\infty)$ 存在时,

$$\int_{-\infty}^{b} f(x)\mathrm{d}x = [F(x)]_{-\infty}^{b};$$

当 $F(-\infty)$ 不存在时, 反常积分 $\int_{-\infty}^{b} f(x)\mathrm{d}x$ 发散.

若在 $(-\infty, +\infty)$ 内 $F'(x) = f(x)$, 则当 $F(-\infty)$ 与 $F(+\infty)$ 都存在时,

$$\int_{-\infty}^{+\infty} f(x)\mathrm{d}x = [F(x)]_{-\infty}^{+\infty};$$

当 $F(-\infty)$ 与 $F(+\infty)$ 有一个不存在时, 反常积分 $\int_{-\infty}^{+\infty} f(x)\mathrm{d}x$ 发散.

**例 4.68**  计算反常积分 $\int_{-\infty}^{+\infty} \dfrac{1}{1+x^2}\mathrm{d}x$.

**解**  $\int_{-\infty}^{+\infty} \dfrac{1}{1+x^2}\mathrm{d}x = [\arctan x]_{-\infty}^{+\infty}$

$$= \lim_{x \to +\infty} \arctan x - \lim_{x \to -\infty} \arctan x$$

$$= \frac{\pi}{2} - \left(-\frac{\pi}{2}\right) = \pi.$$

这个反常积分的几何意义是位于曲线 $y = \dfrac{1}{1+x^2}$ 的下方，$x$ 轴上方的图形面积（图 4.13）.

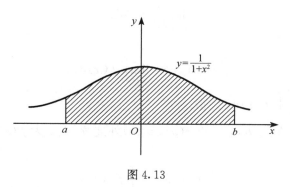

图 4.13

**例 4.69** 证明反常积分 $\displaystyle\int_a^{+\infty} \frac{\mathrm{d}x}{x^p}(a>0)$ 当 $p>1$ 时收敛，当 $p \leqslant 1$ 时发散.

**证** 当 $p=1$ 时，

$$\int_a^{+\infty} \frac{\mathrm{d}x}{x^p} = \int_a^{+\infty} \frac{\mathrm{d}x}{x} = [\ln x]_a^{+\infty} = +\infty.$$

当 $p \neq 1$ 时，

$$\int_a^{+\infty} \frac{\mathrm{d}x}{x^p} = \left[\frac{x^{1-p}}{1-p}\right]_a^{+\infty} = \begin{cases} +\infty, & p<1, \\ \dfrac{a^{1-p}}{p-1}, & p>1. \end{cases}$$

因此，当 $p>1$ 时，此反常积分收敛，其值为 $\dfrac{a^{1-p}}{p-1}$；当 $p \leqslant 1$ 时，此反常积分发散.

### 4.7.2 无界函数的反常积分

下面把定积分推广到被积函数为无界函数的情形.

如果函数 $f(x)$ 在点 $a$ 的任一邻域内都无界，那么点 $a$ 称为函数 $f(x)$ 的**瑕点**. 无界函数的反常积分又称为**瑕积分**.

**定义 4.5** 设函数 $f(x)$ 在 $(a,b]$ 上连续，点 $a$ 为 $f(x)$ 的瑕点. 取 $t>a$，如果极限

$$\lim_{t \to a^+} \int_t^b f(x)\mathrm{d}x$$

存在，则称此极限为函数 $f(x)$ 在 $(a,b]$ 上的**反常积分**，仍然记作 $\displaystyle\int_a^b f(x)\mathrm{d}x$，即

$$\int_a^b f(x)\mathrm{d}x = \lim_{t\to a^+}\int_t^b f(x)\mathrm{d}x,$$

这时也称**反常积分** $\int_a^b f(x)\mathrm{d}x$ **收敛**. 如果上述极限不存在,则称**反常积分** $\int_a^b f(x)\mathrm{d}x$ **发散**.

　　类似地,设函数 $f(x)$ 在 $[a,b]$ 上连续,点 $b$ 为 $f(x)$ 的瑕点. 取 $t<b$,如果极限

$$\lim_{t\to b^-}\int_a^t f(x)\mathrm{d}x$$

存在,则定义

$$\int_a^b f(x)\mathrm{d}x = \lim_{t\to b^-}\int_a^t f(x)\mathrm{d}x,$$

否则,称反常积分 $\int_a^b f(x)\mathrm{d}x$ 发散.

　　设函数 $f(x)$ 在 $[a,b]$ 上除点 $c(a<c<b)$ 外连续,点 $c$ 为 $f(x)$ 的瑕点. 如果两个反常积分

$$\int_a^c f(x)\mathrm{d}x, \quad \int_c^b f(x)\mathrm{d}x$$

都收敛,则定义

$$\int_a^b f(x)\mathrm{d}x = \int_a^c f(x)\mathrm{d}x + \int_c^b f(x)\mathrm{d}x,$$

否则称反常积分 $\int_a^b f(x)\mathrm{d}x$ 发散.

　　计算无界函数的反常积分,也可借助于牛顿-莱布尼茨公式.

　　设 $x=a$ 为 $f(x)$ 的瑕点,在 $(a,b]$ 上 $F'(x)=f(x)$,如果极限 $\lim\limits_{x\to a^+}F(x)$ 存在,则反常积分

$$\int_a^b f(x)\mathrm{d}x = F(b) - \lim_{x\to a^+}F(x) = F(b) - F(a^+);$$

如果 $\lim\limits_{x\to a^+}F(x)$ 不存在,则反常积分 $\int_a^b f(x)\mathrm{d}x$ 发散.

　　如果仍用记号 $\left[F(x)\right]_a^b$ 来表示 $F(b)-F(a^+)$,则形式上仍有

$$\int_a^b f(x)\mathrm{d}x = \left[F(x)\right]_a^b.$$

　　对于 $f(x)$ 在 $[a,b)$ 上连续,$b$ 为瑕点的反常积分,也有类似的计算公式,这里不再详述.

　　**例 4.70**　计算反常积分

$$\int_0^a \frac{\mathrm{d}x}{\sqrt{a^2-x^2}} \quad (a>0).$$

　　**解**　因为

$$\lim_{x \to a^-} \frac{1}{\sqrt{a^2 - x^2}} = +\infty,$$

所以点 $a$ 是瑕点,于是

$$\int_0^a \frac{\mathrm{d}x}{\sqrt{a^2 - x^2}} = \left[\arcsin \frac{x}{a}\right]_0^a = \lim_{x \to a^-} \arcsin \frac{x}{a} - 0 = \frac{\pi}{2}.$$

这个反常积分值的几何意义是位于曲线 $y = \frac{1}{\sqrt{a^2 - x^2}}$ 之下,直线 $x=0$ 与 $x=a$ 之间的图形面积(图 4.14).

**例 4.71** 讨论反常积分 $\int_{-1}^{1} \frac{\mathrm{d}x}{x^2}$ 的收敛性.

**解** 被积函数 $f(x) = \frac{1}{x^2}$ 在积分区间 $[-1,1]$ 上除 $x=0$ 外连续,且 $\lim\limits_{x \to 0} \frac{1}{x^2} = \infty$.

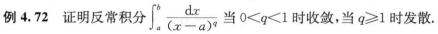

图 4.14

由于

$$\int_{-1}^{0} \frac{\mathrm{d}x}{x^2} = \left[-\frac{1}{x}\right]_{-1}^{0} = \lim_{x \to 0^-}\left(-\frac{1}{x}\right) - 1 = +\infty,$$

即反常积分 $\int_{-1}^{0} \frac{\mathrm{d}x}{x^2}$ 发散,所以反常积分 $\int_{-1}^{1} \frac{\mathrm{d}x}{x^2}$ 发散.

**例 4.72** 证明反常积分 $\int_a^b \frac{\mathrm{d}x}{(x-a)^q}$ 当 $0 < q < 1$ 时收敛,当 $q \geqslant 1$ 时发散.

**证** 当 $q=1$ 时

$$\int_a^b \frac{\mathrm{d}x}{(x-a)^q} = \int_a^b \frac{\mathrm{d}x}{x-a} = \left[\ln(x-a)\right]_a^b$$
$$= \ln(b-a) - \lim_{x \to a^+}\ln(x-a) = +\infty.$$

当 $q \neq 1$ 时

$$\int_a^b \frac{\mathrm{d}x}{(x-a)^q} = \left[\frac{(x-a)^{1-q}}{1-q}\right]_a^b = \begin{cases} \dfrac{(b-a)^{1-q}}{1-q}, & 0 < q < 1, \\ +\infty, & q > 1. \end{cases}$$

因此,当 $0 < q < 1$ 时,此反常积分收敛,其值为 $\dfrac{(b-a)^{1-q}}{1-q}$;当 $q \geqslant 1$ 时,此反常积分发散.

反常积分

## 习题 4. 7

1. 判定下列各反常积分的收敛性,如果收敛,计算反常积分的值:

(1) $\int_1^{+\infty} \dfrac{\mathrm{d}x}{x^4}$;　(2) $\int_1^{+\infty} \dfrac{\mathrm{d}x}{\sqrt{x}}$;　(3) $\int_0^{+\infty} \mathrm{e}^{-ax}\mathrm{d}x(a>0)$;　(4) $\int_0^{+\infty} \dfrac{\mathrm{d}x}{(1+x)(1+x^2)}$;

(5) $\int_0^{+\infty} \mathrm{e}^{-pt}\sin\omega t\,\mathrm{d}t(p>0,\omega>0)$;　(6) $\int_{-\infty}^{+\infty} \dfrac{\mathrm{d}x}{x^2+2x+2}$;　(7) $\int_0^1 \dfrac{x\mathrm{d}x}{\sqrt{1-x^2}}$;

(8) $\int_0^2 \dfrac{\mathrm{d}x}{(1-x)^2}$;　(9) $\int_1^2 \dfrac{x\mathrm{d}x}{\sqrt{x-1}}$;　(10) $\int_1^{\mathrm{e}} \dfrac{\mathrm{d}x}{x\sqrt{1-(\ln x)^2}}$;　(11) $\int_0^{+\infty} \dfrac{\mathrm{d}x}{\mathrm{e}^{x+1}+\mathrm{e}^{3-x}}$;

(12) $\int_{\frac{1}{2}}^{\frac{3}{2}} \dfrac{\mathrm{d}x}{\sqrt{|x^2-x|}}$;　(13) $\int_0^{+\infty} \mathrm{e}^{-x}\cos x\,\mathrm{d}x$;　(14) $\int_2^{+\infty} \dfrac{\mathrm{d}x}{x^2-x}$;　(15) $\int_1^{+\infty} \dfrac{\mathrm{d}x}{x\sqrt{x-1}}$;

(16) $\int_{-\infty}^{+\infty} \dfrac{\mathrm{d}x}{(1+x^2)^n}$;　(17) $\int_0^1 x\ln^n x\,\mathrm{d}x$;　(18) $\int_a^b \dfrac{x\mathrm{d}x}{\sqrt{(x-a)(b-x)}}(a<b)$;

(19) $\int_1^{+\infty} \dfrac{\arctan x}{x^2}\mathrm{d}x$;　(20) $\int_1^2 \dfrac{\mathrm{d}x}{x\sqrt{x^2-1}}$;　(21) $\int_0^1 \dfrac{x\mathrm{d}x}{\sqrt{1-x^2}}$;　(22) $\int_0^{+\infty} \dfrac{\mathrm{d}x}{1+x^3}$;

(23) $\int_1^{+\infty} \dfrac{\ln^2 x}{x^2}\mathrm{d}x$;　(24) $\int_{-\infty}^0 x\mathrm{e}^{-x^2}\mathrm{d}x$;　(25) $\int_0^{+\infty} \dfrac{\arctan x}{(1+x^2)^{3/2}}\mathrm{d}x$;

(26) $\int_0^{+\infty} \dfrac{\mathrm{d}x}{(x^2+a^2)(x^2+b^2)}(a\cdot b\neq 0)$;　(27) $\int_0^1 \dfrac{\mathrm{d}x}{(2-x)\sqrt{1-x}}$;　(28) $\int_1^5 \dfrac{x\mathrm{d}x}{\sqrt{5-x}}$.

2. 当 $k$ 为何值时,反常积分 $\int_2^{+\infty} \dfrac{\mathrm{d}x}{x(\ln x)^k}$ 收敛? 当 $k$ 为何值时,此反常积分发散?

3. 利用递推公式计算反常积分 $I_n = \int_0^{+\infty} x^n \mathrm{e}^{-x}\mathrm{d}x(n\in\mathbf{N})$.

4. 计算下列反常积分:

(1) $\int_0^{\frac{\pi}{2}} \ln\sin x\,\mathrm{d}x$;　(2) $\int_0^{+\infty} \dfrac{\mathrm{d}x}{(1+x^2)(1+x^a)}(a\geqslant 0)$;

(3) $\int_2^{+\infty} \dfrac{x\ln x}{(x^2-1)^2}\mathrm{d}x$;　(4) $\int_0^{\frac{\pi}{2}} \ln\cos x\,\mathrm{d}x$;　(5) $\int_1^{+\infty} \dfrac{\mathrm{d}x}{x\sqrt{1+x^5+x^{10}}}$.

5. 求由曲线 $y=x\mathrm{e}^{-2x^2}$ 和 $x$ 轴的正方向所围成的面积.

6. 设位于坐标原点 $O$ 处有一质量为 $m$ 的质点,另有一单位质量的质点 $P$ 位于 $x$ 轴上距原点 $O$ 为 $x$ 处. 由万有引力定律知,此两质点间的引力为 $F=\dfrac{km}{x^2}$,其中 $k$ 为常数. 试求质点 $P$ 从 $x=r$ 移动到无穷远处,引力 $F$ 所做的功.

# 第 5 章  微 分 方 程

微分方程几乎是和微积分同时产生的,它的发展始于 17 世纪末. 当时,力学、天文学、物理学以及工程技术提出了大量的问题需要解决. 在这些问题中,有许多是要寻求函数关系,以便人们对客观事物的运动、变化过程进行规律性的研究. 因此如何寻求函数关系,在实践中具有重要意义. 在许多问题中,往往不能直接找出所需要的函数关系,但是根据问题所提供的情况,有时可以列出含有要找的函数及其导数的关系式. 这样的关系式就是**微分方程**. 微分方程建立以后,对它进行研究,找出未知函数来,这就是**解微分方程**.

## 5.1  微分方程的基本概念

下面通过几个具体例子来引出微分方程的基本概念.

微分方程的基本概念

**例 5.1**  放射性元素的质量随着时间的延长而逐渐减少,称为衰变现象. 由实验得知,在任一时刻 $t$,镭的衰变速率与该时刻镭的质量成正比. 假定镭在初始时刻 $t_0$ 的质量为 $N_0$,试求镭的衰变规律.

**解**  设镭在时刻 $t$ 的质量为 $N=N(t)$,则根据实验结果得到

$$\frac{\mathrm{d}N(t)}{\mathrm{d}t} = -kN(t), \quad k > 0. \tag{5.1}$$

根据初始时刻的已知条件有

$$N(t)\mid_{t=t_0} = N_0. \tag{5.2}$$

如果能设法解出未知函数 $N(t)$,便得到镭的衰变规律 $N=N(t)$.

**例 5.2**  一曲线通过点 $(1,2)$,且在该曲线上任一点 $M(x,y)$ 处的切线的斜率为 $2x$,求这曲线的方程.

**解**  设所求曲线的方程为 $y=y(x)$. 根据导数的几何意义,可知未知函数 $y=y(x)$ 应满足关系式

$$\frac{\mathrm{d}y}{\mathrm{d}x} = 2x. \tag{5.3}$$

此外,未知函数 $y=y(x)$ 还应满足条件

$$x = 1 \text{ 时}, \quad y = 2. \tag{5.4}$$

式(5.3)两端积分,得

$$y = \int 2x \mathrm{d}x,$$

即

$$y = x^2 + C, \tag{5.5}$$

其中 $C$ 为任意常数.

把条件"$x=1$ 时,$y=2$"代入式(5.5),得

$$2 = 1^2 + C,$$

由此定出 $C=1$. 把 $C=1$ 代入式(5.5),即得所求曲线方程

$$y = x^2 + 1. \tag{5.6}$$

**例 5.3**  设有一质量为 $m$ 的物体,受重力作用垂直下落. 试求物体的运动规律.

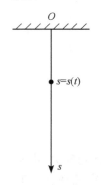

图 5.1

**解**  取坐标系如图 5.1 所示.

设 $t$ 时刻落体的位移为 $s=s(t)$,则由牛顿第二定律得到

$$mg = m\frac{\mathrm{d}^2 s}{\mathrm{d}t^2},$$

即

$$\frac{\mathrm{d}^2 s}{\mathrm{d}t^2} = g, \tag{5.7}$$

其中 $g$ 为重力加速度. 这个方程很容易求解:两端对 $t$ 求不定积分,得

$$\frac{\mathrm{d}s}{\mathrm{d}t} = gt + C_1.$$

再对 $t$ 求不定积分,得

$$s = \frac{1}{2}gt^2 + C_1 t + C_2, \tag{5.8}$$

其中 $C_1, C_2$ 为两个任意常数. 因此还不能确定物体的运动规律. 为了确定它,还必须知道落体的初始状态,即初始位置和初始速度. 假定初始位置为 $s|_{t=0}=0$,初始速度为 $\dfrac{\mathrm{d}s}{\mathrm{d}t}\Big|_{t=0}=0$,则可确定 $C_1=0, C_2=0$,从而得到自由落体的运动规律

$$s = \frac{1}{2}gt^2. \tag{5.9}$$

例 5.1～例 5.3 中的关系式(5.1),(5.3)和(5.7)都含有未知函数的导数,它们都是**微分方程**. 一般地,凡表示未知函数、未知函数的导数与自变量之间的关系的方程,叫做**微分方程**. 未知函数是一元函数的,叫做**常微分方程**;未知函数是多元函数的,叫做**偏微分方程**. 微分方程有时也简称**方程**.

微分方程中所出现的未知函数的最高阶导数的阶数,叫做**微分方程的阶**.例如,方程(5.1)和(5.3)是一阶微分方程;方程(5.7)是**二阶微分方程**,又如方程

$$x^3 y''' + x^2 y'' - 4xy' = 3x^2$$

是三阶微分方程;方程

$$y^{(4)} - 4y''' + 10y'' - 12y' + 5y = \sin 2x$$

是四阶微分方程.

一般地,$n$ 阶微分方程的形式是

$$F(x, y, y', \cdots, y^{(n)}) = 0 \tag{5.10}$$

其中 $F$ 为 $n+2$ 个变量的函数.这里必须指出,在方程(5.10)中,$y^{(n)}$ 是必须出现的,而 $x, y, y', \cdots, y^{(n-1)}$ 等变量则可以不出现.例如,$n$ 阶微分方程

$$y^{(n)} + 1 = 0$$

中,除 $y^{(n)}$ 外,其他变量都没有出现.

如果能从方程(5.10)中解出最高阶导数,则得微分方程

$$y^{(n)} = f(x, y, y', \cdots, y^{(n-1)}). \tag{5.11}$$

由前面的例子可以看到,在研究某些实际问题时,首先要建立微分方程,然后找出满足微分方程的函数(解微分方程).就是说,找出这样的函数,把这函数代入微分方程能使方程成为恒等式.这个函数就叫做该**微分方程的解**.确切地说,设函数 $y = \varphi(x)$ 在区间 $I$ 上有 $n$ 阶连续导数,如果在区间 $I$ 上,

$$F[x, \varphi(x), \varphi'(x), \cdots, \varphi^{(n)}(x)] \equiv 0,$$

那么函数 $y = \varphi(x)$ 就叫做**微分方程(5.10)在区间 $I$ 上的解**.

例如,函数(5.5)和(5.6)都是微分方程(5.3)的解;函数(5.8)和(5.9)都是微分方程(5.7)的解.

如果微分方程的解中含有相互独立的任意常数,且任意常数的个数与微分方程的阶数相同,这样的解叫做**微分方程的通解**.例如,函数(5.5)是方程(5.3)的解,它含有一个任意常数,而方程(5.3)是一阶的,所以函数(5.5)是方程(5.3)的通解;又如函数(5.8)是方程(5.7)的解,它含有两个独立的任意常数,而方程(5.7)是二阶的,所以函数(5.8)是方程(5.7)的通解.

由于通解中含有任意常数,所以它还不能完全确定地反映某一客观事物的规律性.要完全确定地反映客观事物的规律性,必须确定这些常数的值.为此,要根据问题的实际情况,提出确定这些常数的条件.例如,例 5.1 中的条件(5.2),例 5.2 中的条件(5.4)便是这样的条件.

设微分方程中的未知函数为 $y = y(x)$,如果微分方程是一阶的,通常用来确定任意常数的条件是

$$\text{当 } x = x_0 \text{ 时}, \quad y = y_0,$$

或写成

$$y \mid_{x=x_0} = y_0,$$

其中 $x_0, y_0$ 都是给定的值；如果微分方程是二阶的，通常用来确定任意常数的条件是

$$当 \ x = x_0 \ 时，\quad y = y_0, \quad y' = y_0',$$

或写成

$$y \mid_{x=x_0} = y_0, \quad y' \mid_{x=x_0} = y_0',$$

其中 $x_0, y_0$ 和 $y_0'$ 都是给定的值. 上述这种条件叫做**初始条件**.

确定了通解中的任意常数以后，就得到微分方程的**特解**. 例如式(5.6)是方程 (5.3)满足条件(5.4)的特解；式(5.9)是方程(5.7)满足条件 $s \mid_{t=0} = 0$ 和 $\dfrac{\mathrm{d}s}{\mathrm{d}t} \Big|_{t=0} = 0$ 的特解.

求微分方程 $y' = f(x, y)$ 满足初始条件 $y \mid_{x=x_0} = y_0$ 的特解这样一个问题，叫做**一阶微分方程的初值问题**，记作

$$\begin{cases} y' = f(x, y), \\ y \mid_{x=x_0} = y_0. \end{cases} \tag{5.12}$$

微分方程的解的图形是一族曲线，叫做**微分方程的积分曲线**. 初值问题(5.12) 的几何意义，就是求微分方程的通过点 $(x_0, y_0)$ 的那条积分曲线. 二阶微分方程的初值问题

$$\begin{cases} y'' = f(x, y, y') \\ y \mid_{x=x_0} = y_0, y' \mid_{x=x_0} = y_0' \end{cases}$$

的几何意义是：求微分方程的通过点 $(x_0, y_0)$ 且在该点处的切线斜率为 $y_0'$ 的那条积分曲线.

## 习题 5.1

1. 指出下列各题中的函数是否为所给微分方程的解：

(1) $xy' = 2y, y = 5x^2$；

(2) $y'' + y = 0, y = 3\sin x - 4\cos x$；

(3) $y'' - 2y' + y = 0, y = x^2 e^x$；

(4) $y'' - (\lambda_1 + \lambda_2)y' + \lambda_1 \lambda_2 y = 0, y = C_1 e^{\lambda_1 x} + C_2 e^{\lambda_2 x}$；

(5) $\dfrac{\mathrm{d}y}{\mathrm{d}x} - 2y = 0, y = \sin x, y = e^{2x}, y = Ce^{2x}$；

(6) $4y' = 2y - x, y = \dfrac{1}{2}x + 1, y = Ce^{x/2}, y = Ce^{x/2} + \dfrac{x}{2} + 1$.

2. 在下列各题中，验证所给二元方程所确定的函数为所给微分方程的解：

(1) $(x - 2y)y' = 2x - y, x^2 - xy + y^2 = C$；

(2) $(xy-x)y''+xy'^2+yy'-2y'=0,y=\ln(xy)$.

3. 在下列各题中,确定函数关系式中所含的参数,使函数满足所给的初始条件:

(1) $x^2-y^2=C,y|_{x=0}=5$;

(2) $y=(C_1+C_2x)e^{2x},y|_{x=0}=0,y'|_{x=0}=1$;

(3) $y=C_1\sin(x-C_2),y|_{x=\pi}=1,y'|_{x=\pi}=0$.

4. 求下列微分方程满足所给初始条件的解:

$$(1)\begin{cases}\dfrac{\mathrm{d}y}{\mathrm{d}t}=\sin\omega t,\\ y|_{t=0}=0;\end{cases}\quad(2)\begin{cases}y'=\dfrac{1}{x},\\ y|_{x=e}=0;\end{cases}\quad(3)\begin{cases}\dfrac{\mathrm{d}^2y}{\mathrm{d}x^2}=6x,\\ y|_{x=0}=0,\\ y'|_{x=0}=2.\end{cases}$$

5. 写出由下列条件确定的曲线所满足的微分方程:

(1) 曲线在点$(x,y)$处的切线的斜率等于该点横坐标的平方;

(2) 曲线上点$P(x,y)$处的法线与$x$轴的交点为$Q$,且线段$PQ$被$y$轴平分.

6. 用微分方程表示一物理命题:某种气体的压强$p$对于温度$T$的变化率与压强成正比,与温度的平方成反比.

# 5.2  可分离变量的微分方程

下面讨论一阶微分方程

$$y'=f(x,y)\tag{5.13}$$

的一些解法.

一阶微分方程有时也写成对称形式

$$P(x,y)\mathrm{d}x+Q(x,y)\mathrm{d}y=0.\tag{5.14}$$

在方程(5.14)中,变量$x$与$y$对称,它既可看成是以$x$为自变量、$y$为未知函数的方程

$$\frac{\mathrm{d}y}{\mathrm{d}x}=-\frac{P(x,y)}{Q(x,y)}\quad(Q(x,y)\neq0),$$

也可看成是以$y$为自变量、$x$为未知函数的方程

$$\frac{\mathrm{d}x}{\mathrm{d}y}=-\frac{Q(x,y)}{P(x,y)}$$

(这时$P(x,y)\neq0$).

在例5.2中,遇到一阶微分方程

$$\frac{\mathrm{d}y}{\mathrm{d}x}=2x,$$

或

$$\mathrm{d}y=2x\mathrm{d}x.$$

把上式两端积分就得到这个方程的通解

$$y = x^2 + C.$$

但是并不是所有的一阶微分方程都能这样求解. 例如, 对于一阶微分方程

$$\frac{\mathrm{d}y}{\mathrm{d}x} = 2xy^2 \tag{5.15}$$

就不能像上面那样用直接对两端积分的方法求出它的通解. 这是什么缘故呢? 原因是方程 (5.15) 的右端含有未知函数 $y$, 积分

$$\int 2xy^2 \mathrm{d}x$$

求不出来, 这是困难所在. 为了解决这个困难, 在方程 (5.15) 的两端同时乘以 $\frac{\mathrm{d}x}{y^2}$, 使方程 (5.15) 变为

$$\frac{\mathrm{d}y}{y^2} = 2x \mathrm{d}x,$$

这样, 变量 $x$ 与 $y$ 已分离在等式的两端, 然后两端积分得

$$-\frac{1}{y} = x^2 + C,$$

或

$$y = -\frac{1}{x^2 + C}, \tag{5.16}$$

其中 $C$ 是任意常数.

可以验证, 函数 (5.16) 确实满足一阶微分方程 (5.15), 且含有一个任意常数, 所以它是方程 (5.15) 的通解.

一般地, 如果一个一阶微分方程能写成

$$g(y)\mathrm{d}y = f(x)\mathrm{d}x \tag{5.17}$$

的形式, 就是说, 能把微分方程写成一端只含 $y$ 的函数和 $\mathrm{d}y$, 另一端只含 $x$ 的函数和 $\mathrm{d}x$, 那么原方程就称为**可分离变量的微分方程**.

可分离变量的微分方程

假定方程 (5.17) 中的函数 $g(y)$ 和 $f(x)$ 是连续的. 设 $y = \varphi(x)$ 是方程 (5.17) 的解, 将它代入 (5.17) 中得到恒等式

$$g[\varphi(x)]\varphi'(x)\mathrm{d}x = f(x)\mathrm{d}x.$$

将上式两端积分, 并由 $y = \varphi(x)$ 引进变量 $y$, 得

$$\int g(y)\mathrm{d}y = \int f(x)\mathrm{d}x.$$

设 $G(y)$ 及 $F(x)$ 依次为 $g(y)$ 及 $f(x)$ 的原函数,于是有

$$G(y) = F(x) + C. \qquad (5.18)$$

因此,方程(5.17)的解满足关系式(5.18).反之,如果 $y=\varphi(x)$ 是由关系式(5.18)所确定的隐函数,那么在 $g(y) \neq 0$ 的条件下,$y=\varphi(x)$ 也是方程(5.17)的解,事实上,由隐函数的求导法可知,当 $g(y) \neq 0$ 时,

$$\varphi'(x) = \frac{F'(x)}{G'(y)} = \frac{f(x)}{g(y)},$$

这就表示函数 $y=\varphi(x)$ 满足方程(5.17).所以,如果已分离变量的方程(5.17)中,$g(y)$ 和 $f(x)$ 是连续的,且 $g(y) \neq 0$,那么式(5.17)两端积分后得到的关系式(5.18),就用隐式给出了方程(5.17)的解,式(5.18)就叫做**微分方程(5.17)的隐式解**.又由于关系式(5.18)中含有任意常数,因此式(5.18)所确定的隐函数是方程(5.17)的通解,所以式(5.18)叫做**微分方程(5.17)的隐式通解**(当 $f(x) \neq 0$ 时,式(5.18)所确定的隐函数 $x=\psi(y)$ 也可认为是方程(5.17)的解).

**例5.4** 求微分方程

$$\frac{\mathrm{d}y}{\mathrm{d}x} = 2xy \qquad (5.19)$$

的通解.

**解** 方程(5.19)是可分离变量的,分离变量后得

$$\frac{\mathrm{d}y}{y} = 2x\mathrm{d}x,$$

两端积分

$$\int \frac{\mathrm{d}y}{y} = \int 2x\mathrm{d}x,$$

得

$$\ln|y| = x^2 + C_1,$$

从而

$$y = \pm \mathrm{e}^{x^2 + C_1} = \pm \mathrm{e}^{C_1} \mathrm{e}^{x^2}.$$

因 $\pm \mathrm{e}^{C_1}$ 仍是任意常数,把它记作 $C$,便得方程(5.19)的通解

$$y = C\mathrm{e}^{x^2}.$$

**例5.5** 放射性元素铀由于不断地有原子放射出微粒子而变成其他元素,铀的含量就不断减少,这种现象叫做衰变.由原子物理学知道,铀的衰变速度与当时未衰变的铀原子的含量 $M$ 成正比.已知 $t=0$ 时铀的含量为 $M_0$,求在衰变过程中铀含量 $M(t)$ 随时间 $t$ 变化的规律.

**解** 铀的衰变速度就是 $M(t)$ 对时间 $t$ 的导数 $\frac{\mathrm{d}M}{\mathrm{d}t}$.由于铀的衰变速度与其含量成正比,故得微分方程

$$\frac{\mathrm{d}M}{\mathrm{d}t} = -\lambda M, \tag{5.20}$$

其中 $\lambda(\lambda>0)$ 是常数，叫做**衰变系数**，$\lambda$ 前置负号是由于当 $t$ 增加时 $M$ 单调减少，即 $\frac{\mathrm{d}M}{\mathrm{d}t}<0$ 的缘故.

　　按题意，初始条件为

$$M\,|_{t=0} = M_0.$$

　　方程(5.20)是可分离变量的. 分离变量后得

$$\frac{\mathrm{d}M}{M} = -\lambda\mathrm{d}t.$$

两端积分

$$\int \frac{\mathrm{d}M}{M} = \int(-\lambda)\,\mathrm{d}t,$$

以 $\ln C$ 表示任意常数，考虑到 $M>0$，得

$$\ln M = -\lambda t + \ln C,$$

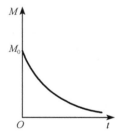

即

$$M = C\mathrm{e}^{-\lambda t}.$$

这就是方程(5.20)的通解. 以初始条件代入上式，得

$$M_0 = C\mathrm{e}^0 = C,$$

所以

$$M = M_0\mathrm{e}^{-\lambda t},$$

图 5.2　　　　　　　这就是所求铀的衰变规律. 由此可见，铀的含量随时间的增加而按指数规律衰减(图 5.2).

　　**例 5.6**　设某容器内有 100L 盐水，其中含盐 10kg. 现以 2L/min 的速度注入净水，并以同样速度使混合后的盐水流出(图 5.3). 容器内有搅拌器，可以认为混合后的盐水在同一时刻、在每一点都有相同的浓度. 试求容器内的含盐量. 又问：几分钟后，溶液的浓度为 3‰kg/L.

　　**解**　第一步　列出微分方程.

　　这里用微元法.

　　设 $t$ 时刻溶液中的含盐量为 $Q(t)$，考虑任意时间区间 $[t,t+\mathrm{d}t]$. 在 $\mathrm{d}t$ 时间内，溶液中含盐量的改变量为

$$Q(t+\mathrm{d}t) - Q(t) \approx \mathrm{d}Q.$$

又显然有

$$Q(t+\mathrm{d}t) = Q(t) + 流进的盐量 Q_1 - 流出的盐量 Q_2,$$

即

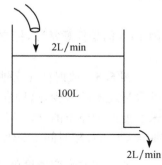

图 5.3

$$\mathrm{d}Q \approx Q(t+\mathrm{d}t) - Q(t) = Q_1 - Q_2.$$

而

$$Q_1 = 0,$$

$$Q_2 \approx 浓度 \times 体积 \approx \frac{Q(t)}{100 + (2t - 2t)} \cdot 2\mathrm{d}t$$

$$= \frac{2Q(t)}{100}\mathrm{d}t = \frac{Q}{50}\mathrm{d}t.$$

因为 $|\mathrm{d}t|$ 很短, 所以可以认为在 $\mathrm{d}t$ 时间内, 溶液的浓度不变, 就取为 $t$ 时刻的浓度, 于是得到微分方程

$$\mathrm{d}Q = -\frac{Q}{50}\mathrm{d}t.$$

这是可分离变量的方程.

第二步　求解初值问题.

$$\begin{cases} \mathrm{d}Q = -\dfrac{Q}{50}\mathrm{d}t, \\ Q\big|_{t=0} = 10. \end{cases}$$

分离变量, 得

$$\frac{\mathrm{d}Q}{Q} = -\frac{1}{50}\mathrm{d}t.$$

两边积分, 有

$$\ln Q = -\frac{t}{50} + C_1,$$

即

$$Q = C \cdot \mathrm{e}^{-\frac{t}{50}} \quad (C = \mathrm{e}^{C_1}).$$

将初始条件 $Q(t)\big|_{t=0} = 10$ 代入上式, 得 $C = 10$, 于是得到

$$Q(t) = 10\mathrm{e}^{-\frac{t}{50}},$$

由上式可解出

$$t = 50(\ln 10 - \ln 3)\mathrm{min} = 50(2.3026 - 1.0986)\mathrm{min}$$

$$= 60.2\mathrm{min},$$

即经过 1 小时又 12 秒后, 溶液的浓度为 $3\%\mathrm{kg/L}$.

**例 5.7**　有高为 1m 的半球形容器, 水从它的底部小孔流出, 小孔横截面积为 $1\mathrm{cm}^2$ (图 5.4). 开始时容器内盛满了水, 求水从小孔流出过程中容器里水面的高度 $h$ (水面与孔口中心间的距离) 随时间 $t$ 变化的规律.

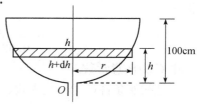

图 5.4

**解**　由水力学知道, 水从孔口流出的流量

（即通过孔口横截面的水的体积 $V$ 对时间 $t$ 的变化率）$Q$ 满足公式

$$Q = \frac{\mathrm{d}V}{\mathrm{d}t} = 0.62S\sqrt{2gh},$$

其中 $0.62$ 为流量系数；$S$ 为孔口横截面面积；$g$ 为重力加速度. 现在孔口横截面面积 $S=1\mathrm{cm}^2$，故

$$\frac{\mathrm{d}V}{\mathrm{d}t} = 0.62\sqrt{2gh},$$

或

$$\mathrm{d}V = 0.62\sqrt{2gh}\,\mathrm{d}t. \tag{5.21}$$

另一方面，设在微小时间间隔 $[t, t+\mathrm{d}t]$ 内，水面高度由 $h$ 降至 $h+\mathrm{d}h(\mathrm{d}h<0)$，则又可得到

$$\mathrm{d}V = -\pi r^2 \mathrm{d}h, \tag{5.22}$$

其中 $r$ 为时刻 $t$ 的水面半径（图 5.4），右端置负号是由于 $\mathrm{d}h<0$ 而 $\mathrm{d}V>0$ 的缘故. 又因

$$r = \sqrt{100^2 - (100-h)^2} = \sqrt{200h - h^2},$$

所以式（5.22）变成

$$\mathrm{d}V = -\pi(200h - h^2)\mathrm{d}h. \tag{5.23}$$

比较（5.21）和（5.23）两式，得

$$0.62\sqrt{2gh}\,\mathrm{d}t = -\pi(200h - h^2)\mathrm{d}h, \tag{5.24}$$

这就是未知函数 $h=h(t)$ 应满足的微分方程.

此外，开始时容器内的水是满的，所以未知函数 $h=h(t)$ 还应满足初始条件

$$h\mid_{t=0} = 100. \tag{5.25}$$

方程（5.24）是可分离变量的. 分离变量后得

$$\mathrm{d}t = -\frac{\pi}{0.62\sqrt{2g}}(200h^{\frac{1}{2}} - h^{\frac{3}{2}})\mathrm{d}h.$$

两端积分，得

$$t = -\frac{\pi}{0.62\sqrt{2g}}\int(200h^{\frac{1}{2}} - h^{\frac{3}{2}})\mathrm{d}h,$$

即

$$t = -\frac{\pi}{0.62\sqrt{2g}}\left(\frac{400}{3}h^{\frac{3}{2}} - \frac{2}{5}h^{\frac{5}{2}}\right) + C, \tag{5.26}$$

其中 $C$ 为任意常数.

把初始条件（5.25）代入式（5.26），得

$$0 = -\frac{\pi}{0.62\sqrt{2g}}\left(\frac{400}{3}\times 100^{\frac{3}{2}} - \frac{2}{5}\times 100^{\frac{5}{2}}\right) + C,$$

因此

$$C = \frac{\pi}{0.62\sqrt{2g}}\left(\frac{400000}{3} - \frac{200000}{5}\right) = \frac{\pi}{0.62\sqrt{2g}} \times \frac{14}{15} \times 10^5.$$

把所得的 $C$ 值代入式(5.26)并化简,就得

$$t = \frac{\pi}{4.65\sqrt{2g}}(7 \times 10^5 - 10^3 h^{\frac{3}{2}} + 3h^{\frac{5}{2}}).$$

上式表达了水从小孔流出的过程中容器内水面高度 $h$ 与时间 $t$ 之间的函数关系.

这里还要指出,例 5.7 是通过对微元 $\mathrm{d}V$ 的分析得到微分方程(5.24)的. 这种微元分析的方法,也是建立微分方程的一种常用方法.

可分离变量的微分方程实例

## 习题 5.2

1. 求下列微分方程的通解:

(1) $xy' - y\ln y = 0$; (2) $3x^2 + 5x - 5y' = 0$;

(3) $\sqrt{1-x^2}\,y' = \sqrt{1-y^2}$; (4) $y' - xy' = a(y^2 + y')$;

(5) $\sec^2 x\tan y\mathrm{d}x + \sec^2 y\tan x\mathrm{d}y = 0$; (6) $\dfrac{\mathrm{d}y}{\mathrm{d}x} = 10^{x+y}$;

(7) $(\mathrm{e}^{x+y} - \mathrm{e}^x)\mathrm{d}x + (\mathrm{e}^{x+y} + \mathrm{e}^y)\mathrm{d}y = 0$; (8) $\cos x\sin y\mathrm{d}x + \sin x\cos y\mathrm{d}y = 0$;

(9) $(y+1)^2\dfrac{\mathrm{d}y}{\mathrm{d}x} + x^3 = 0$; (10) $y\mathrm{d}x + (x^2 - 4x)\mathrm{d}y = 0$;

(11) $(t+2)\dfrac{\mathrm{d}x}{\mathrm{d}t} = 3x + 1$; (12) $y - xy' = a(y^2 + y')$;

(13) $xy(y - xy') = x + yy'$; (14) $y^2\mathrm{d}x + y\mathrm{d}y = x^2 y\mathrm{d}y - \mathrm{d}x$.

2. 求下列微分方程满足所给初始条件的特解:

(1) $y' = \mathrm{e}^{2x-y}, y|_{x=0} = 0$; (2) $\cos x\sin y\mathrm{d}y = \cos y\sin x\mathrm{d}x, y|_{x=0} = \dfrac{\pi}{4}$;

(3) $y'\sin x = y\ln y, y|_{x=\frac{\pi}{2}} = \mathrm{e}$; (4) $\cos y\mathrm{d}x + (1 + \mathrm{e}^{-x})\sin y\mathrm{d}y = 0, y|_{x=0} = \dfrac{\pi}{4}$;

(5) $x\mathrm{d}y + 2y\mathrm{d}x = 0, y|_{x=2} = 1$; (6) $(1 + \mathrm{e}^x)yy' = \mathrm{e}^x, y|_{x=1} = 1$;

(7) $\dfrac{x}{1+y}\mathrm{d}x - \dfrac{y}{1+x}\mathrm{d}y = 0, y|_{x=0} = 1$.

3. 有一盛满了水的圆锥形漏斗,高为 10cm,顶角为 60°,漏斗下面有面积为 0.5cm² 的孔,求水面高度变化的规律及流完所需的时间.

4. 质量为 1g(克)的质点受外力作用作直线运动,这外力和时间成正比,和质点运动的速度

成反比. 在 $t=10\mathrm{s}$ 时,速度等于 $50\mathrm{cm/s}$,外力为 $4\mathrm{g}\cdot\mathrm{cm/s^2}$,问从运动开始经过了一分钟后的速度是多少?

5. 镭的衰变有如下的规律:镭的衰变速度与它的现存量 $R$ 成正比. 由经验材料得知,镭经过 1600 年后,只余原始量 $R_0$ 的一半. 试求镭的量 $R$ 与时间 $t$ 的函数关系.

6. 一曲线通过点 $(2,3)$,它在两坐标轴间的任一切线线段均被切点所平分,求这曲线方程.

7. 小船从河边点 $O$ 处出发驶向对岸(两岸为平行直线). 设船速为 $a$,船行方向始终与河岸垂直,又设河宽为 $h$,河中任一点处的水流速度与该点到两岸距离的乘积成正比(比例系数为

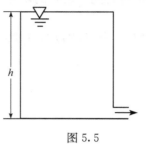

图 5.5

$k$). 求小船的航行路线.

8. 一个物体在冷却过程中,其温度变化速度与它本身的温度和环境的温度之差成正比. 今有一温度为 $50℃$ 的物体,放入温度为 $20℃$ 的房间里(房间的温度看作不变),试求物体温度随时间变化的规律.

9. 根据托里拆利定理,液体从距自由面深度为 $h\mathrm{cm}$ 的孔流出,流速 $v=c\sqrt{2gh}\mathrm{cm/s}$,式中 $g$ 是重力加速度,$c$ 是流出系数,现有一圆柱形储油罐,直径 20m,高 20m,装满汽油,出口管直径 10cm (图 5.5),实验测定 $c=0.6$. 问全部汽油流完,需要多少时间?

## 5.3  齐 次 方 程

### 5.3.1  齐次方程

如果一阶微分方程

$$\frac{\mathrm{d}y}{\mathrm{d}x}=f(x,y)$$

中的函数 $f(x,y)$ 可写成 $\dfrac{y}{x}$ 的函数,即 $f(x,y)=\varphi\left(\dfrac{y}{x}\right)$,则称这方程为**齐次方程**,如

$$(xy-y^2)\mathrm{d}x-(x^2-2xy)\mathrm{d}y=0$$

是齐次方程,因为

$$f(x,y)=\frac{xy-y^2}{x^2-2xy}=\frac{\dfrac{y}{x}-\left(\dfrac{y}{x}\right)^2}{1-2\left(\dfrac{y}{x}\right)}.$$

在齐次方程

$$\frac{\mathrm{d}y}{\mathrm{d}x}=\varphi\left(\frac{y}{x}\right) \tag{5.27}$$

中,引进新的未知函数

$$u=\frac{y}{x}, \tag{5.28}$$

就可化为可分离变量的方程. 因为由(5.28)有

$$y = ux, \quad \frac{\mathrm{d}y}{\mathrm{d}x} = u + x\frac{\mathrm{d}u}{\mathrm{d}x},$$

代入方程(5.27),便得方程

$$u + x\frac{\mathrm{d}u}{\mathrm{d}x} = \varphi(u),$$

即

$$x\frac{\mathrm{d}u}{\mathrm{d}x} = \varphi(u) - u,$$

分离变量,得

$$\frac{\mathrm{d}u}{\varphi(u) - u} = \frac{\mathrm{d}x}{x},$$

两端积分,得

$$\int \frac{\mathrm{d}u}{\varphi(u) - u} = \int \frac{\mathrm{d}x}{x}.$$

求出积分后,再以 $\dfrac{y}{x}$ 代替 $u$,便得所给齐次方程的通解.

齐次方程

齐次方程实例

**例 5.8** 解方程

$$\frac{\mathrm{d}y}{\mathrm{d}x} = \frac{y + \sqrt{x^2 + y^2}}{x}, \quad x > 0.$$

**解** 原方程可写成

$$\frac{\mathrm{d}y}{\mathrm{d}x} = \frac{y}{x} + \sqrt{1 + \left(\frac{y}{x}\right)^2},$$

因此是齐次方程. 令 $\dfrac{y}{x} = u$,则

$$y = ux, \quad \frac{\mathrm{d}y}{\mathrm{d}x} = u + x\frac{\mathrm{d}u}{\mathrm{d}x},$$

于是原方程变为

$$x\frac{\mathrm{d}u}{\mathrm{d}x} + u = u + \sqrt{1 + u^2},$$

即

$$x\frac{\mathrm{d}u}{\mathrm{d}x} = \sqrt{1 + u^2},$$

分离变量,得

$$\frac{\mathrm{d}u}{\sqrt{1+u^2}} = \frac{\mathrm{d}x}{x},$$

两端积分,得

$$\ln(u + \sqrt{1+u^2}) = \ln x + C_1,$$

即

$$u + \sqrt{1+u^2} = Cx \ (C = \mathrm{e}^{C_1}).$$

将 $u = \dfrac{y}{x}$ 代入上式,得

$$\frac{y}{x} + \sqrt{1 + \left(\frac{y}{x}\right)^2} = Cx,$$

于是得到原方程的通积分

$$y + \sqrt{x^2 + y^2} = Cx^2.$$

**例 5.9** 有旋转曲面形状的凹镜,假设由旋转轴上一点 $O$ 发出的一切光线经此凹镜反射后都与旋转轴平行(探照灯内的凹镜就是这样的),求这旋转曲面的方程.

**解** 取旋转轴为 $x$ 轴,光源所在之处取作原点 $O$,取通过旋转轴的任一平面为

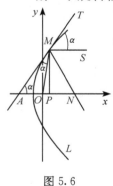

图 5.6

$xOy$ 坐标面,这平面截此旋转面得曲线 $L$(图 5.6).按曲线 $L$ 的对称性,可以只在 $y>0$ 的范围内求 $L$ 的方程.设点 $M(x, y)$ 为 $L$ 上的任一点,点 $O$ 发出的某条光线经点 $M$ 反射后是一条与 $x$ 轴平行的直线 $MS$.又设过点 $M$ 的切线 $AT$ 与 $x$ 轴的夹角为 $\alpha$.根据题意,$\angle SMT = \alpha$.另外,$\angle OMA$ 是入射角的余角,于是由光学中的反射定律,有 $\angle OMA = \angle SMT = \alpha$,从而 $AO = OM$,但 $AO = AP - OP = PM\cot\alpha - OP = \dfrac{y}{y'} - x$,而 $OM = \sqrt{x^2 + y^2}$.于是得微分方程

$$\frac{y}{y'} - x = \sqrt{x^2 + y^2}.$$

把 $x$ 看作未知函数,把 $y$ 看作自变量,当 $y>0$ 时,上式即为

$$\frac{\mathrm{d}x}{\mathrm{d}y} = \frac{x}{y} + \sqrt{\left(\frac{x}{y}\right)^2 + 1},$$

这是齐次方程.令 $\dfrac{x}{y} = v$,则 $x = yv$,$\dfrac{\mathrm{d}x}{\mathrm{d}y} = v + y\dfrac{\mathrm{d}v}{\mathrm{d}y}$,代入上式,得

$$v + y\frac{\mathrm{d}v}{\mathrm{d}y} = v + \sqrt{v^2 + 1},$$

即

$$y \frac{\mathrm{d}v}{\mathrm{d}y} = \sqrt{v^2 + 1},$$

分离变量,得

$$\frac{\mathrm{d}v}{\sqrt{v^2 + 1}} = \frac{\mathrm{d}y}{y}.$$

积分,得

$$\ln(v + \sqrt{v^2 + 1}) = \ln y - \ln C,$$

或

$$v + \sqrt{v^2 + 1} = \frac{y}{C}.$$

由

$$\left(\frac{y}{C} - v\right)^2 = v^2 + 1,$$

得

$$\frac{y^2}{C^2} - \frac{2yv}{C} = 1,$$

以 $yv = x$ 代入上式,得

$$y^2 = 2C\left(x + \frac{C}{2}\right).$$

这是以 $x$ 轴为轴、焦点在原点的抛物线,它绕 $x$ 轴旋转所得旋转抛物面的方程为

$$y^2 + z^2 = 2C\left(x + \frac{C}{2}\right),$$

这就是所要求的旋转曲面方程.

如果凹镜底面的直径是 $d$,从顶点到底面的距离是 $h$,则以 $x + \frac{C}{2} = h$ 及 $y = \frac{d}{2}$ 代入 $y^2 = 2C\left(x + \frac{C}{2}\right)$,得 $C = \frac{d^2}{8h}$. 这时旋转抛物面的方程为

$$y^2 + z^2 = \frac{d^2}{4h}\left(x + \frac{d^2}{16h}\right).$$

**例 5.10** 设河边点 $O$ 的正对岸为点 $A$,河宽 $OA = h$,两岸为平行直线,水流速度为 $a$,有一鸭子从点 $A$ 游向点 $O$,设鸭子(在静水中)的游速为 $b(b > a)$,且鸭子游动方向始终朝着点 $O$. 求鸭子游过的轨迹的方程.

**解** 设水流速度为 $\boldsymbol{a}(|\boldsymbol{a}| = a)$,鸭子游速为 $\boldsymbol{b}(|\boldsymbol{b}| = b)$,则鸭子实际运动速度为 $\boldsymbol{v} = \boldsymbol{a} + \boldsymbol{b}.$

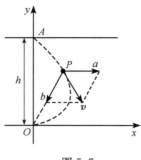

图 5.7

取 $O$ 为坐标原点,河岸朝顺水方向为 $x$ 轴,$y$ 轴指向对岸(图 5.7). 设在时刻 $t$ 鸭子位于点 $P(x,y)$,则鸭子运动速度

$$\boldsymbol{v} = (v_x, v_y) = \left(\frac{\mathrm{d}x}{\mathrm{d}t}, \frac{\mathrm{d}y}{\mathrm{d}t}\right),$$

故有

$$\frac{\mathrm{d}x}{\mathrm{d}y} = \frac{v_x}{v_y}.$$

现在 $\boldsymbol{a} = (a, 0)$,而 $\boldsymbol{b} = b\,\boldsymbol{e}_{\overrightarrow{PO}}$,其中 $\boldsymbol{e}_{\overrightarrow{PO}}$ 为与 $\overrightarrow{PO}$ 同方向的单位向量. 由 $\overrightarrow{PO} = -(x, y)$,故 $\boldsymbol{e}_{\overrightarrow{PO}} = -\dfrac{1}{\sqrt{x^2+y^2}}(x, y)$,于是 $\boldsymbol{b} = -\dfrac{b}{\sqrt{x^2+y^2}}(x, y)$,从而

$$\boldsymbol{v} = \boldsymbol{a} + \boldsymbol{b} = \left(a - \frac{bx}{\sqrt{x^2+y^2}}, -\frac{by}{\sqrt{x^2+y^2}}\right).$$

由此得微分方程

$$\frac{\mathrm{d}x}{\mathrm{d}y} = \frac{v_x}{v_y} = -\frac{a\sqrt{x^2+y^2}}{by} + \frac{x}{y},$$

即

$$\frac{\mathrm{d}x}{\mathrm{d}y} = -\frac{a}{b}\sqrt{\left(\frac{x}{y}\right)^2 + 1} + \frac{x}{y}.$$

令 $\dfrac{x}{y} = u$,则 $x = yu$,$\dfrac{\mathrm{d}x}{\mathrm{d}y} = y\dfrac{\mathrm{d}u}{\mathrm{d}y} + u$,代入上面的方程,得

$$y\frac{\mathrm{d}u}{\mathrm{d}y} = -\frac{a}{b}\sqrt{u^2+1},$$

分离变量,得

$$\frac{\mathrm{d}u}{\sqrt{u^2+1}} = -\frac{a}{by}\mathrm{d}y,$$

积分,得

$$\mathrm{arsh}u = -\frac{a}{b}(\ln y + \ln C),$$

即

$$u = \mathrm{sh}\ln(Cy)^{-\frac{a}{b}} = \frac{1}{2}\left[(Cy)^{-\frac{a}{b}} - (Cy)^{\frac{a}{b}}\right],$$

于是

$$x = \frac{y}{2}\left[(Cy)^{-\frac{a}{b}} - (Cy)^{\frac{a}{b}}\right] = \frac{1}{2C}\left[(Cy)^{1-\frac{a}{b}} - (Cy)^{1+\frac{a}{b}}\right].$$

以 $y=h$ 时 $x=0$ 代入上式,得 $C=\dfrac{1}{h}$,故鸭子游过的迹线方程为

$$x = \frac{h}{2}\left[\left(\frac{y}{h}\right)^{1-\frac{a}{b}} - \left(\frac{y}{h}\right)^{1+\frac{a}{b}}\right], \quad 0 \leqslant y \leqslant h.$$

### 5.3.2 可化为齐次的方程

方程

$$\frac{\mathrm{d}y}{\mathrm{d}x} = \frac{ax+by+c}{a_1x+b_1y+c_1} \tag{5.29}$$

当 $c=c_1=0$ 时是齐次的,否则不是齐次的. 在非齐次的情形,可用下列变换把它化为齐次方程. 令

$$x = X + h, \quad y = Y + k,$$

其中 $h$ 及 $k$ 为待定常数. 于是

$$\mathrm{d}x = \mathrm{d}X, \quad \mathrm{d}y = \mathrm{d}Y,$$

从而方程(5.29)化为

$$\frac{\mathrm{d}Y}{\mathrm{d}X} = \frac{aX+bY+ah+bk+c}{a_1X+b_1Y+a_1h+b_1k+c_1}.$$

如果方程组

$$\begin{cases} ah+bk+c=0 \\ a_1h+b_1k+c_1=0 \end{cases}$$

的系数行列式 $\begin{vmatrix} a & b \\ a_1 & b_1 \end{vmatrix} \neq 0$,即 $\dfrac{a_1}{a} \neq \dfrac{b_1}{b}$,那么可以定出 $h$ 及 $k$ 使它们满足上述方程组. 这样,方程(5.29)便化为齐次方程

$$\frac{\mathrm{d}Y}{\mathrm{d}X} = \frac{aX+bY}{a_1X+b_1Y}.$$

求出此齐次方程的通解后,在通解中以 $x-h$ 代 $X$,$y-k$ 代 $Y$,便得方程(5.29)的通解.

当 $\dfrac{a_1}{a} = \dfrac{b_1}{b}$ 时,$h$ 及 $k$ 无法求得,因此上述方法不能应用. 但这时令 $\dfrac{a_1}{a} = \dfrac{b_1}{b} = \lambda$,从而方程(5.29)可写成

$$\frac{\mathrm{d}y}{\mathrm{d}x} = \frac{ax+by+c}{\lambda(ax+by)+c_1}.$$

引入新变量 $v=ax+by$,则

$$\frac{\mathrm{d}v}{\mathrm{d}x} = a + b\frac{\mathrm{d}y}{\mathrm{d}x} \quad \text{或} \quad \frac{\mathrm{d}y}{\mathrm{d}x} = \frac{1}{b}\left(\frac{\mathrm{d}v}{\mathrm{d}x} - a\right).$$

于是方程(5.29)成为

$$\frac{1}{b}\left(\frac{\mathrm{d}v}{\mathrm{d}x}-a\right)=\frac{v+c}{\lambda v+c_1},$$

这是可分离变量的方程.

以上所介绍的方法可以应用于更一般的方程

$$\frac{\mathrm{d}y}{\mathrm{d}x}=f\left(\frac{ax+by+c}{a_1x+b_1y+c_1}\right).$$

**例 5.11**　解方程

$$(2x+y-4)\mathrm{d}x+(x+y-1)\mathrm{d}y=0.$$

**解**　所给方程属方程(5.29)的类型. 令 $x=X+h, y=Y+k$, 则 $\mathrm{d}x=\mathrm{d}X,$ $\mathrm{d}y=\mathrm{d}Y$, 代入原方程得

$$(2X+Y+2h+k-4)\mathrm{d}X+(X+Y+h+k-1)\mathrm{d}Y=0.$$

解方程组

$$\begin{cases}2h+k-4=0,\\ h+k-1=0,\end{cases}$$

得 $h=3, k=-2$. 令 $x=X+3, y=Y-2$, 原方程成为

$$(2X+Y)\mathrm{d}X+(X+Y)\mathrm{d}Y=0,$$

或

$$\frac{\mathrm{d}Y}{\mathrm{d}X}=-\frac{2X+Y}{X+Y}=-\frac{2+\dfrac{Y}{X}}{1+\dfrac{Y}{X}},$$

这是齐次方程.

令 $\dfrac{Y}{X}=u$, 则 $Y=uX, \dfrac{\mathrm{d}Y}{\mathrm{d}X}=u+X\dfrac{\mathrm{d}u}{\mathrm{d}X}$, 于是方程变为

$$u+X\frac{\mathrm{d}u}{X}=-\frac{2+u}{1+u},$$

或

$$X\frac{\mathrm{d}u}{\mathrm{d}X}=-\frac{2+2u+u^2}{1+u},$$

分离变量, 得

$$-\frac{u+1}{u^2+2u+2}\mathrm{d}u=\frac{\mathrm{d}X}{X}.$$

积分, 得

$$\ln C_1-\frac{1}{2}\ln(u^2+2u+2)=\ln|X|,$$

于是

$$\frac{C_1}{\sqrt{u^2+2u+2}}=|X|,$$

或
$$C_2 = X^2(u^2 + 2u + 2), \quad C_2 = C_1^2,$$

即
$$Y^2 + 2XY + 2X^2 = C_2.$$

以 $X = x-3, Y = y+2$ 代入上式并化简,得
$$2x^2 + 2xy + y^2 - 8x - 2y = C, \quad C = C_2 - 10.$$

可化为齐次的方程

## 习题 5.3

1. 求下列齐次方程的通解:

(1) $xy' - y - \sqrt{y^2 - x^2} = 0$;   (2) $x\dfrac{\mathrm{d}y}{\mathrm{d}x} = y\ln\dfrac{y}{x}$;   (3) $(x^2 + y^2)\mathrm{d}x - xy\mathrm{d}y = 0$;

(4) $(x^3 + y^3)\mathrm{d}x - 3xy^2\mathrm{d}y = 0$;   (5) $\left(2x\sin\dfrac{y}{x} + 3y\cos\dfrac{y}{x}\right)\mathrm{d}x - 3x\cos\dfrac{y}{x}\mathrm{d}y = 0$;

(6) $(1 + 2\mathrm{e}^{\frac{x}{y}})\mathrm{d}x + 2\mathrm{e}^{\frac{x}{y}}\left(1 - \dfrac{x}{y}\right)\mathrm{d}y = 0$;   (7) $y' = \sqrt{4x + 2y - 1}$;

(8) $2x^3 y' = y(2x^2 - y^2)$;   (9) $xy' - y = x\tan\dfrac{y}{x}$;   (10) $xy' = \sqrt{x^2 - y^2} + y, x > 0$;

(11) $(x - y - 1) + (y - x + 2)y' = 0$;   (12) $y' = 2\left(\dfrac{y+2}{x+y-1}\right)^2$;

(13) $(y' + 1)\ln\dfrac{x+y}{x+3} = \dfrac{x+y}{x+3}$;   (14) $\dfrac{\mathrm{d}y}{\mathrm{d}x} = \dfrac{x - y^2}{2y(x + y^2)}$;   (15) $y' = \dfrac{y\sqrt{y}}{2x\sqrt{y} - x^2}$.

2. 求下列齐次方程满足所给初始条件的特解:

(1) $(y^2 - 3x^2)\mathrm{d}y + 2xy\mathrm{d}x = 0, y|_{x=0} = 1$;   (2) $y' = \dfrac{x}{y} + \dfrac{y}{x}, y|_{x=1} = 2$;

(3) $(x^2 + 2xy - y^2)\mathrm{d}x + (y^2 + 2xy - x^2)\mathrm{d}y = 0, y|_{x=1} = 1$.

3. 设有连接点 $O(0,0)$ 和 $A(1,1)$ 的一段向上凸的曲线弧 $\overset{\frown}{OA}$,对于 $\overset{\frown}{OA}$ 上任一点 $P(x,y)$,曲线弧 $\overset{\frown}{OP}$ 与直线段 $\overline{OP}$ 所围图形的面积为 $x^2$,求曲线弧 $\overset{\frown}{OA}$ 的方程.

4. 化下列方程为齐次方程,并求出通解:

(1) $(2x - 5y + 3)\mathrm{d}x - (2x + 4y - 6)\mathrm{d}y = 0$;   (2) $(x - y - 1)\mathrm{d}x + (4y + x - 1)\mathrm{d}y = 0$;

(3) $(3y - 7x + 7)\mathrm{d}x + (7y - 3x + 3)\mathrm{d}y = 0$;   (4) $(x + y)\mathrm{d}x + (3x + 3y - 4)\mathrm{d}y = 0$.

5. 证明方程
$$\frac{\mathrm{d}u}{\mathrm{d}v} + \frac{b}{a} = \frac{f(hv + e)}{g(au + bv + c)}$$

可化为分离变量方程，其中 $a,b,c,e,h$ 为常数.

# 5.4　一阶线性微分方程

### 5.4.1　线性方程

方程

$$\frac{\mathrm{d}y}{\mathrm{d}x} + P(x)y = Q(x) \tag{5.30}$$

叫做**一阶线性微分方程**，因为它对于未知函数 $y$ 及其导数是一次方程. 如果 $Q(x) \equiv 0$，则方程(5.30)称为**齐次的**；如果 $Q(x)$ 不恒等于零，则方程(5.30)称为**非齐次的**.

设(5.30)为非齐次线性方程. 为了求出非齐次线性方程(5.30)的解，先把 $Q(x)$ 换成零而写出

$$\frac{\mathrm{d}y}{\mathrm{d}x} + P(x)y = 0 \tag{5.31}$$

方程(5.31)叫做对应于非齐次线性方程(5.30)的**齐次线性方程**. 方程(5.31)是可分离变量的，分离变量后得

$$\frac{\mathrm{d}y}{y} = -P(x)\mathrm{d}x,$$

两端积分，得

$$\ln|y| = -\int P(x)\mathrm{d}x + C_1,$$

或

$$y = C\mathrm{e}^{-\int P(x)\mathrm{d}x} \quad (C = \pm\,\mathrm{e}^{C_1}),$$

这是对应的**齐次线性方程**(5.31)**的通解**. 这里记号 $\int P(x)\mathrm{d}x$ 表示 $P(x)$ 的某个确定的原函数.

现在我们使用所谓常数变易法来求非齐次线性方程(5.30)的通解. 这方法是把(5.31)的通解中的 $C$ 换成 $x$ 的未知函数 $u(x)$，即作变换

$$y = u\mathrm{e}^{-\int P(x)\mathrm{d}x}, \tag{5.32}$$

于是

$$\frac{\mathrm{d}y}{\mathrm{d}x} = u'\mathrm{e}^{-\int P(x)\mathrm{d}x} - uP(x)\mathrm{e}^{-\int P(x)\mathrm{d}x}. \tag{5.33}$$

将(5.32)和(5.33)代入方程(5.30)得

$$u'\mathrm{e}^{-\int P(x)\mathrm{d}x} - uP(x)\mathrm{e}^{-\int P(x)\mathrm{d}x} + P(x)u\mathrm{e}^{-\int P(x)\mathrm{d}x} = Q(x),$$

即

$$u' \mathrm{e}^{-\int P(x)\mathrm{d}x} = Q(x), \quad u' = Q(x)\mathrm{e}^{\int P(x)\mathrm{d}x}.$$

两端积分,得

$$u = \int Q(x)\mathrm{e}^{\int P(x)\mathrm{d}x}\mathrm{d}x + C.$$

把上式代入(5.32),便得非齐次线性方程(5.30)的通解

$$y = \mathrm{e}^{-\int P(x)\mathrm{d}x}\left(\int Q(x)\mathrm{e}^{\int P(x)\mathrm{d}x}\mathrm{d}x + C\right). \tag{5.34}$$

将式(5.34)改写成两项之和

$$y = C\mathrm{e}^{-\int P(x)\mathrm{d}x} + \mathrm{e}^{-\int P(x)\mathrm{d}x}\int Q(x)\mathrm{e}^{\int P(x)\mathrm{d}x}\mathrm{d}x,$$

上式右端第一项是对应的**齐次线性方程**(5.31)**的通解**,第二项是**非齐次线性方程**(5.30)**的一个特解**(在(5.30)的通解(5.34)中取 $C=0$ 便得到这个特解). 由此可知,一阶非齐次线性方程的通解等于对应的齐次方程的通解与非齐次方程的一个特解之和.

线性方程

线性方程实例

**例 5.12**　求方程

$$\frac{\mathrm{d}y}{\mathrm{d}x} - \frac{2y}{x+1} = (x+1)^{\frac{5}{2}}$$

的通解.

**解**　这是一个非齐次线性方程,先求对应的齐次方程的通解.

$$\frac{\mathrm{d}y}{\mathrm{d}x} - \frac{2}{x+1}y = 0,$$

$$\frac{\mathrm{d}y}{y} = \frac{2\mathrm{d}x}{x+1},$$

$$\ln|y| = 2\ln|x+1| + \ln C,$$

$$y = C(x+1)^2.$$

用常数变易法,把 $C$ 换成 $u$,即令

$$y = u(x+1)^2, \tag{5.35}$$

则

$$\frac{\mathrm{d}y}{\mathrm{d}x} = u'(x+1)^2 + 2u(x+1),$$

代入所给非齐次方程,得

$$u' = (x+1)^{\frac{1}{2}}.$$

两端积分,得

$$u = \frac{2}{3}(x+1)^{\frac{3}{2}} + C.$$

再把上式代入式(5.35),即得所求方程的通解为

$$y = (x+1)^2 \left[ \frac{2}{3}(x+1)^{\frac{3}{2}} + C \right].$$

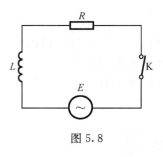

图 5.8

**例 5.13**   有一个电路,如图 5.8 所示,其中电源电动势为 $E = E_m \sin\omega t$($E_m$, $\omega$ 都是常量),电阻 $R$ 和电感 $L$ 都是常量. 求电流 $i(t)$.

**解**   (1) 列方程. 由电学知道,当电流变化时,$L$ 上有感应电动势 $-L\dfrac{\mathrm{d}i}{\mathrm{d}t}$. 由回路电压定律得出

$$E - L\frac{\mathrm{d}i}{\mathrm{d}t} - iR = 0,$$

即

$$\frac{\mathrm{d}i}{\mathrm{d}t} + \frac{R}{L}i = \frac{E}{L}.$$

把 $E = E_m \sin\omega t$ 代入上式,得

$$\frac{\mathrm{d}i}{\mathrm{d}t} + \frac{R}{L}i = \frac{E_m}{L}\sin\omega t. \tag{5.36}$$

未知函数 $i(t)$ 应满足方程(5.36). 此外,设开关 K 闭合的时刻为 $t=0$,这时 $i(t)$ 还应该满足初始条件

$$i\,|_{t=0} = 0. \tag{5.37}$$

(2) 解方程. 方程(5.36)是一个非齐次线性方程. 可以先求出对应的齐次方程的通解,然后用常数变易法求非齐次方程的通解. 但是,也可以直接应用通解公式 (5.34)来求解. 这里 $P(t) = \dfrac{R}{L}$,$Q(t) = \dfrac{E_m}{L}\sin\omega t$,代入式(5.34),得

$$i(t) = \mathrm{e}^{-\frac{R}{L}t} \left( \int \frac{E_m}{L}\mathrm{e}^{\frac{R}{L}t}\sin\omega t\,\mathrm{d}t + C \right).$$

应用分部积分法,得

$$\int \mathrm{e}^{\frac{R}{L}t}\sin\omega t\,\mathrm{d}t = \frac{\mathrm{e}^{\frac{R}{L}t}}{R^2 + \omega^2 L^2}(RL\sin\omega t - \omega L^2\cos\omega t),$$

将上式代入前式并化简,得方程(5.36)的通解

$$i(t) = \frac{E_m}{R^2 + \omega^2 L^2}(R\sin\omega t - \omega L\cos\omega t) + Ce^{-\frac{R}{L}t},$$

其中 $C$ 为任意常数.

将初始条件式(5.37)代入上式,得

$$C = \frac{\omega L E_m}{R^2 + \omega^2 L^2},$$

因此,所求函数 $i(t)$ 为

$$i(t) = \frac{\omega L E_m}{R^2 + \omega^2 L^2}e^{-\frac{R}{L}t} + \frac{E_m}{R^2 + \omega^2 L^2}(R\sin\omega t - \omega L\cos\omega t). \tag{5.38}$$

为了便于说明式(5.38)所反映的物理现象,下面把 $i(t)$ 中第二项的形式稍加改变.

令 $$\cos\varphi = \frac{R}{\sqrt{R^2 + \omega^2 L^2}}, \quad \sin\varphi = \frac{\omega L}{\sqrt{R^2 + \omega^2 L^2}},$$

于是式(5.38)可写成

$$i(t) = \frac{\omega L E_m}{R^2 + \omega^2 L^2}e^{-\frac{R}{L}t} + \frac{E_m}{\sqrt{R^2 + \omega^2 L^2}}\sin(\omega t - \varphi),$$

其中

$$\varphi = \arctan\frac{\omega L}{R}.$$

当 $t$ 增大时,上式右端第一项(叫做**瞬时电流**)逐渐衰减而趋于零;第二项(叫做**稳态电流**)是正弦函数,它的周期和电动势的周期相同,而相角落后 $\varphi$.

**例5.14** 设降落伞从跳伞塔下落后,所受空气阻力与速度成正比,并设降落伞离开跳伞塔时($t=0$)速度为零,求降落伞下落速度与时间的函数关系.

**解** 设降落伞下落速度为 $v(t)$. 降落伞在空中下落时,同时受到重力 $P$ 与阻力 $R$ 的作用(图5.9).重力大小为 $mg$,方向与 $v$ 一致;阻力大小为 $kv$($k$ 为比例系数),方向与 $v$ 相反,从而降落伞所受外力为

$$F = mg - kv.$$

根据牛顿第二运动定律

$$F = ma,$$

其中 $a$ 为加速度,得函数 $v(t)$ 应满足的方程为

$$m\frac{dv}{dt} = mg - kv. \tag{5.39}$$

按题意,初始条件为

$$v\mid_{t=0} = 0.$$

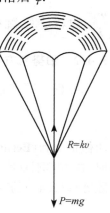

图5.9

方程(5.39)是一个非齐次线性方程,可改写为

$$\frac{\mathrm{d}v}{\mathrm{d}t} + \frac{k}{m}v = g,$$

代入式(5.34)得

$$v = \mathrm{e}^{-\frac{k}{m}t}\left(\int g\,\mathrm{e}^{\frac{k}{m}t}\,\mathrm{d}t + C\right),$$

或

$$v = \frac{mg}{k} + C\mathrm{e}^{-\frac{k}{m}t}, \tag{5.40}$$

这就是方程(5.39)的通解.

将初始条件 $v\mid_{t=0} = 0$ 代入(5.40)式,得

$$C = -\frac{mg}{k}.$$

于是所求的特解为

$$v = \frac{mg}{k}\left(1 - \mathrm{e}^{-\frac{k}{m}t}\right). \tag{5.41}$$

由(5.41)可以看出,随着时间 $t$ 的增大,速度 $v$ 逐渐接近于常数 $\dfrac{mg}{k}$,且不会超过 $\dfrac{mg}{k}$,也就是说,跳伞后开始阶段是加速运动,但以后逐渐接近于等速运动.

### 5.4.2  伯努利方程

方程

$$\frac{\mathrm{d}y}{\mathrm{d}x} + P(x)y = Q(x)y^n, \quad n \neq 0, 1 \tag{5.42}$$

叫做**伯努利(Bernoulli)方程**. 当 $n = 0$ 或 $n = 1$ 时,这是**线性微分方程**. 当 $n \neq 0, n \neq 1$ 时,这方程不是线性的,但是通过变量的代换,便可把它化为线性的. 事实上,以 $y^n$ 除方程(5.42)的两端,得

$$y^{-n}\frac{\mathrm{d}y}{\mathrm{d}x} + P(x)y^{1-n} = Q(x) \tag{5.43}$$

容易看出,上式左端第一项与 $\dfrac{\mathrm{d}}{\mathrm{d}x}(y^{1-n})$ 只差一个常数因子 $1 - n$,因此引入新的未知函数

$$z = y^{1-n},$$

则

$$\frac{\mathrm{d}z}{\mathrm{d}x} = (1-n)y^{-n}\frac{\mathrm{d}y}{\mathrm{d}x}.$$

用$(1-n)$乘方程$(5.43)$的两端,再通过上述代换便得线性方程

$$\frac{\mathrm{d}z}{\mathrm{d}x} + (1-n)P(x)z = (1-n)Q(x).$$

求出此方程的通解后,以$y^{1-n}$代$z$便得到伯努利方程的通解.

**例 5.15** 求方程

$$\frac{\mathrm{d}y}{\mathrm{d}x} + \frac{y}{x} = a(\ln x)y^2$$

的通解.

**解** 以$y^2$除方程的两端,得

$$y^{-2}\frac{\mathrm{d}y}{\mathrm{d}x} + \frac{1}{x}y^{-1} = a\ln x,$$

即

$$-\frac{\mathrm{d}(y^{-1})}{\mathrm{d}x} + \frac{1}{x}y^{-1} = a\ln x,$$

令$z = y^{-1}$,则上述方程成为

$$\frac{\mathrm{d}z}{\mathrm{d}x} - \frac{1}{x}z = -a\ln x.$$

这是一个线性方程,它的通解为

$$z = x\left[C - \frac{a}{2}(\ln x)^2\right],$$

以$y^{-1}$代$z$,得所求方程的通解为

$$yx\left[C - \frac{a}{2}(\ln x)^2\right] = 1.$$

在上节中,对于齐次方程$y' = f\left(\dfrac{y}{x}\right)$,通过变量代换$y = xu$,把它化为变量可分离的方程,然后分离变量,经积分求得通解. 在本节中,对于一阶非齐次线性方程

$$y' + P(x)y = Q(x),$$

可以通过解对应的齐次线性方程找到变量代换

$$y = u\mathrm{e}^{-\int P(x)\mathrm{d}x},$$

利用这一代换,把非齐次线性方程化为可分离变量的方程,然后经积分求得通解. 对于伯努利方程

$$y' + P(x)y = Q(x)y^n,$$

通过变量代换$y^{1-n} = z$,把它化为线性方程,然后按线性方程的解法求得通解.

利用变量代换(因变量的变量代换或自变量的变量代换),把一个微分方程化为变量可分离的方程,或化为已经知其求解步骤的方程,这是解微分方程最常用的方法.下面再举一个例子.

**例 5.16** 解方程 $\dfrac{\mathrm{d}y}{\mathrm{d}x}=\dfrac{1}{x+y}$.

**解** 若把所给方程变形为

$$\frac{\mathrm{d}x}{\mathrm{d}y}=x+y,$$

即为一阶线性方程,则按一阶线性方程的解法可求得通解.

也可用变量代换来解所给方程.

令 $x+y=u$,则 $y=u-x,\dfrac{\mathrm{d}y}{\mathrm{d}x}=\dfrac{\mathrm{d}u}{\mathrm{d}x}-1$. 代入原方程,得

$$\frac{\mathrm{d}u}{\mathrm{d}x}-1=\frac{1}{u}, \quad \frac{\mathrm{d}u}{\mathrm{d}x}=\frac{u+1}{u}.$$

分离变量,得

$$\frac{u}{u+1}\mathrm{d}u = \mathrm{d}x,$$

两端积分,得

$$u-\ln|u+1|=x+C.$$

以 $u=x+y$ 代入上式,即得

$$y-\ln|x+y+1|=C,$$

或

$$x=C_1\mathrm{e}^y-y-1, \quad C_1=\pm\,\mathrm{e}^{-C}.$$

伯努利方程

**习题 5.4**

1. 求下列微分方程的通解:

(1) $\dfrac{\mathrm{d}y}{\mathrm{d}x}+y=\mathrm{e}^{-x}$; (2) $xy'+y=x^2+3x+2$;

(3) $y'+y\cos x=\mathrm{e}^{-\sin x}$; (4) $y'+y\tan x=\sin 2x$;

(5) $(x^2-1)y'+2xy-\cos x=0$; (6) $\dfrac{\mathrm{d}\rho}{\mathrm{d}\theta}+3\rho=2$;

(7) $\dfrac{\mathrm{d}y}{\mathrm{d}x}+2xy=4x$; (8) $y\ln y\mathrm{d}x+(x-\ln y)\mathrm{d}y=0$;

(9) $(x-2)\dfrac{\mathrm{d}y}{\mathrm{d}x}=y+2(x-2)^3$; (10) $(y^2-6x)\dfrac{\mathrm{d}y}{\mathrm{d}x}+2y=0$;

(11) $xy'+y=2\sqrt{xy}$; (12) $xy'\ln x+y=ax(\ln x+1)$;

(13) $\dfrac{\mathrm{d}y}{\mathrm{d}x}=\dfrac{y}{2(\ln y-x)}$; (14) $\dfrac{\mathrm{d}y}{\mathrm{d}x}+xy-x^3y^3=0$;

(15) $(y^4-3x^2)\mathrm{d}y+xy\mathrm{d}x=0$; (16) $y'+x=\sqrt{x^2+y}$;

(17) $3y'+2y=6x$; (18) $y'+y=xe^x$;

(19) $y'+x^2y=0$; (20) $xy'-y=\dfrac{x}{\ln x}$;

(21) $(x-2xy-y^2)y'+y^2=0$.

2. 求下列微分方程满足所给初始条件的特解：

(1) $\dfrac{\mathrm{d}y}{\mathrm{d}x}-y\tan x=\sec x,y|_{x=0}=0$; (2) $\dfrac{\mathrm{d}y}{\mathrm{d}x}+\dfrac{y}{x}=\dfrac{\sin x}{x},y|_{x=\pi}=1$;

(3) $\dfrac{\mathrm{d}y}{\mathrm{d}x}+y\cot x=5e^{\cos x},y|_{x=\frac{\pi}{2}}=-4$; (4) $\dfrac{\mathrm{d}y}{\mathrm{d}x}+3y=8,y|_{x=0}=2$;

(5) $\dfrac{\mathrm{d}y}{\mathrm{d}x}+\dfrac{2-3x^2}{x^3}y=1,y|_{x=1}=0$; (6) $y^3\mathrm{d}x+2(x^2-xy^2)\mathrm{d}y=0,y|_{x=1}=1$;

(7) $y'+y=e^{-x},y|_{x=0}=5$; (8) $xy'+y-e^{2x}=0,y|_{x=\frac{1}{2}}=2e$.

3. 已知某曲线经过点 $(1,1)$，它的切线在纵轴上的截距等于切点的横坐标，求它的方程.

4. 已知某车间的体积为 $(30\times30\times6)\mathrm{m}^3$，其中的空气含 $0.12\%$（以体积分数）的 $CO_2$. 现以含 $CO_2$ $0.04\%$ 的新鲜空气输入，问每分钟应输入多少，才能在 $30\mathrm{min}$ 后使车间空气中 $CO_2$ 的含量不超过 $0.06\%$（假定输入的新鲜空气与原有空气很快混合均匀后，以相同的流量排出）？

5. 设可导函数 $\varphi(x)$ 满足

$$\varphi(x)\cos x+2\int_0^x\varphi(t)\sin t\mathrm{d}t=x+1,$$

求 $\varphi(x)$.

6. 求一曲线的方程，这曲线通过原点，并且它在点 $(x,y)$ 处的切线斜率等于 $2x+y$.

7. 设有一质量为 $m$ 的质点做直线运动. 从速度等于零的时刻起，有一个与运动方向一致、大小与时间成正比（比例系数为 $k_1$）的力作用于它，此外还受一与速度成正比（比例系数为 $k_2$）的阻力作用. 求质点运动的速度与时间的函数关系.

8. 设有一个由电阻 $R=10\Omega$、电感 $L=2\mathrm{H}$（亨）和电源电压 $E=20\sin5t\mathrm{V}$（伏）串联组成的电路. 开关 K 合上后，电路中有电流通过. 求电流 $i$ 与时间 $t$ 的函数关系.

9. 一潜水艇在水中下沉时，所受阻力与下降速度成正比，如当 $t=0$ 时，$v=v_0$，求下沉速度.

10. 设空中一雨滴的初始质量为 $M_0$ 克，雨滴在自由下落过程中均匀蒸发，假设每秒钟蒸发 $m_1$ 克，且空气阻力和雨滴速度成正比. 设开始时刻雨滴的速度为零，试求雨滴速度与时间的关系.

11. 一子弹以速度 $v_0$ 打进一块厚为 $h$ 的木板，然后穿过它，以速度 $v_1$ 离开此板. 假设木板对子弹的阻力与速度平方成正比，问子弹穿过该板需经过多少时间？

12. 一曲线在任一点的斜率等于 $\dfrac{2y+x+1}{x}$，且通过点 $(1,0)$，试求此曲线的方程式.

13. 求曲线的方程,此曲线上任一点 $(x,y)$ 处之切线垂直于此点与原点的连线.

14. 求下列伯努利方程的通解:

(1) $\dfrac{\mathrm{d}y}{\mathrm{d}x}+y=y^2(\cos x-\sin x)$; (2) $\dfrac{\mathrm{d}y}{\mathrm{d}x}-3xy=xy^2$;

(3) $\dfrac{\mathrm{d}y}{\mathrm{d}x}+\dfrac{1}{3}y=\dfrac{1}{3}(1-2x)y^4$; (4) $\dfrac{\mathrm{d}y}{\mathrm{d}x}-y=xy^5$;

(5) $x\mathrm{d}y-[y+xy^3(1+\ln x)]\mathrm{d}x=0$; (6) $\dfrac{\mathrm{d}y}{\mathrm{d}x}+\dfrac{1}{x}y=x^2y^6$;

(7) $\dfrac{\mathrm{d}y}{\mathrm{d}x}+\dfrac{xy}{1-x^2}=xy^{\frac{1}{2}}$; (8) $3x(1-x^2)y^2\dfrac{\mathrm{d}y}{\mathrm{d}x}+(2x^2-1)y^3=ax^3$;

(9) $y'-y=\dfrac{1}{y}x^2$; (10) $3y^2y'-ay^3=x+1$;

(11) $y'\cos y+\sin y\cos^2 y=\sin^3 y$.

15. 验证形如 $yf(xy)\mathrm{d}x+xg(xy)\mathrm{d}y=0$ 的微分方程,可经变量代换 $v=xy$ 化为可分离变量的方程,并求其通解.

16. 用适当的变量代换将下列方程化为可分离变量的方程,然后求出通解:

(1) $\dfrac{\mathrm{d}y}{\mathrm{d}x}=(x+y)^2$; (2) $\dfrac{\mathrm{d}y}{\mathrm{d}x}=\dfrac{1}{x-y}+1$;

(3) $xy'+y=y(\ln x+\ln y)$;

(4) $y'=y^2+2(\sin x-1)y+\sin^2 x-2\sin x-\cos x+1$;

(5) $y(xy+1)\mathrm{d}x+x(1+xy+x^2y^2)\mathrm{d}y=0$.

17. 求解积分方程

$$\int_0^1 \varphi(tx)\mathrm{d}t = n\varphi(x),$$

其中 $\varphi(x)$ 是可微的未知函数.

# 5.5　可降阶的高阶微分方程

从本节起将讨论二阶及二阶以上的微分方程,即所谓**高阶微分方程**. 对于有些高阶微分方程,可以通过代换将它化成较低阶的方程来求解. 以二阶微分方程

$$y'' = f(x,y,y') \tag{5.44}$$

而论,如果能设法作代换把它从二阶降至一阶,那么就有可能应用前面所讲的方法来求出它的解.

下面介绍三种容易降阶的高阶微分方程的求解方法.

### 5.5.1　$y^{(n)}=f(x)$ 型的微分方程

微分方程

$$y^{(n)}=f(x) \tag{5.45}$$

的右端仅含有自变量 $x$. 容易看出,只要把 $y^{(n-1)}$ 作为新的未知函数,那么式(5.45)

就是新未知函数的一阶微分方程. 两边积分, 就得到一个 $n-1$ 阶的微分方程

$$y^{(n-1)} = \int f(x)\,\mathrm{d}x + C_1.$$

同理可得

$$y^{(n-2)} = \int\left[\int f(x)\,\mathrm{d}x + C_1\right]\mathrm{d}x + C_2.$$

依此法继续进行, 接连积分 $n$ 次, 便得方程(5.45)的含有 $n$ 个任意常数的通解.

**例 5.17** 求微分方程

$$y''' = \mathrm{e}^{2x} - \cos x$$

的通解.

**解** 对所给方程接连积分三次, 得

$$y'' = \frac{1}{2}\mathrm{e}^{2x} - \sin x + C,$$

$$y' = \frac{1}{4}\mathrm{e}^{2x} + \cos x + Cx + C_2,$$

$$y = \frac{1}{8}\mathrm{e}^{2x} + \sin x + C_1 x^2 + C_2 x + C_3, \quad C_1 = \frac{C}{2}.$$

这就是所求的通解.

**例 5.18** 质量为 $m$ 的质点受力 $F$ 的作用沿 $Ox$ 轴做直线运动. 设力 $F$ 仅是时间 $t$ 的函数, 即 $F = F(t)$. 在开始时刻 $t=0$ 时 $F(0) = F_0$, 随着时间 $t$ 的增大, 此力 $F$ 均匀地减少, 直到 $t=T$ 时, $F(T) = 0$. 如果开始时质点位于原点, 且初速度为零, 求这质点的运动规律.

**解** 设 $x = x(t)$ 表示在时刻 $t$ 时质点的位置, 根据牛顿第二定律, 质点运动的微分方程为

$$m\frac{\mathrm{d}^2 x}{\mathrm{d}t^2} = F(t). \tag{5.46}$$

由题设, 力 $F(t)$ 随 $t$ 增大而均匀地减小, 且当 $t=0$ 时, $F(0) = F_0$, 所以 $F(t) = F_0 - kt$; 当 $t=T$ 时, $F(T) = 0$, 从而

$$F(t) = F_0\left(1 - \frac{t}{T}\right).$$

于是方程(5.46)可以写成

$$\frac{\mathrm{d}^2 x}{\mathrm{d}t^2} = \frac{F_0}{m}\left(1 - \frac{t}{T}\right). \tag{5.47}$$

其初始条件为

$$x\,|_{t=0} = 0, \quad \frac{\mathrm{d}x}{\mathrm{d}t}\bigg|_{t=0} = 0.$$

把式(5.47)两端积分, 得

$$\frac{\mathrm{d}x}{\mathrm{d}t} = \frac{F_0}{m} \int \left(1 - \frac{t}{T}\right) \mathrm{d}t,$$

即

$$\frac{\mathrm{d}x}{\mathrm{d}t} = \frac{F_0}{m}\left(t - \frac{t^2}{2T}\right) + C_1. \tag{5.48}$$

将条件 $\dfrac{\mathrm{d}x}{\mathrm{d}t}\Big|_{t=0} = 0$ 代入式(5.48),得

$$C_1 = 0,$$

于是式(5.48)化为

$$\frac{\mathrm{d}x}{\mathrm{d}t} = \frac{F_0}{m}\left(t - \frac{t^2}{2T}\right). \tag{5.49}$$

把式(5.49)两端积分,得

$$x = \frac{F_0}{m}\left(\frac{t^2}{2} - \frac{t^3}{6T}\right) + C_2,$$

将条件 $x|_{t=0} = 0$ 代入上式,得

$$C_2 = 0.$$

于是所求质点的运动规律为

$$x = \frac{F_0}{m}\left(\frac{t^2}{2} - \frac{t^3}{6T}\right), \quad 0 \leqslant t \leqslant T.$$

### 5.5.2  $y'' = f(x, y')$ 型的微分方程

方程

$$y'' = f(x, y') \tag{5.50}$$

的右端不显含未知函数 $y$. 如果设 $y' = p$,那么

$$y'' = \frac{\mathrm{d}p}{\mathrm{d}x} = p',$$

而方程(5.50)就化为

$$p' = f(x, p).$$

这是一个关于变量 $x, p$ 的一阶微分方程. 设其通解为

$$p = \varphi(x, C_1).$$

但是 $p = \dfrac{\mathrm{d}y}{\mathrm{d}x}$,因此又得到一个一阶微分方程

$$\frac{\mathrm{d}y}{\mathrm{d}x} = \varphi(x, C_1).$$

对它进行积分,便得方程(5.50)的通解为

$$y = \int \varphi(x, C_1)\,\mathrm{d}x + C_2.$$

**例 5.19** 求解微分方程

$$y'' + \frac{1}{x} y' = x.$$

**解** 所给方程是 $y'' = f(x, y')$ 型的. 设 $y' = p$, 则 $y'' = p'$, 方程化为

$$p' + \frac{1}{x} p = x.$$

这是一阶线性方程. 由通解公式可得

$$p = e^{-\int \frac{1}{x} dx} \left[ \int x e^{\int \frac{1}{x} dx} dx + C_1 \right] = e^{-\ln|x|} \left[ \int x e^{\ln|x|} dx + C_1 \right]$$

$$= \frac{1}{|x|} \left[ \int x \cdot |x| \, dx + C_1 \right] = \frac{1}{x} \left[ \int x \cdot x dx + C_2 \right]$$

$$= \frac{1}{3} x^2 + \frac{C_2}{x}.$$

再积分, 便得到原方程的通解

$$y = \frac{1}{9} x^3 + C_2 \ln|x| + C_3,$$

其中 $C_2, C_3$ 为两个任意常数.

**例 5.20** 设有一均匀、柔软的绳索, 两端固定, 绳索仅受重力的作用而下垂. 试问该绳索在平衡状态时是怎样的曲线?

**解** 设绳索的最低点为 $A$. 取 $y$ 轴通过点 $A$ 铅直向上, 并取 $x$ 轴水平向右. 且 $|OA|$ 等于某个定值 (这个定值将在以后说明). 设绳索曲线的方程为 $y = y(x)$. 考察绳索上点 $A$ 到另一点 $M(x, y)$ 间的一段弧 $\overset{\frown}{AM}$, 设其长为 $s$. 假定绳索的线密度为 $\rho$, 则弧 $\overset{\frown}{AM}$ 的重量为 $\rho g s$. 由于绳索是柔软的, 因而在点 $A$ 处的张力沿水平的切线方向, 其大小设为 $H$; 在点 $M$ 处的张力沿该点处的切线方向, 设其倾角为 $\theta$, 其大小为 $T$ (图 5.10). 因作用于弧段 $\overset{\frown}{AM}$ 的外力相互平衡, 把作用于弧 $\overset{\frown}{AM}$ 上的力沿铅直及水平两方向分解, 得

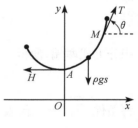

图 5.10

$$T\sin\theta = \rho g s, \quad T\cos\theta = H.$$

两式相除, 得

$$\tan\theta = \frac{1}{a} s, \quad \left( a = \frac{H}{\rho g} \right).$$

由于 $\tan\theta = y'$, $s = \int_0^x \sqrt{1 + y'^2} \, dx$, 代入上式, 即得

$$y' = \frac{1}{a} \int_0^x \sqrt{1 + y'^2} \, dx.$$

将上式两端对 $x$ 求导, 便得 $y = y(x)$ 满足的微分方程

$$y'' = \frac{1}{a} \sqrt{1 + y'^2}. \tag{5.51}$$

取原点 $O$ 到点 $A$ 的距离为定值 $a$ , 即 $|OA| = a$ , 那么初始条件为

$$y \big|_{x=0} = a, \quad y' \big|_{x=0} = 0.$$

下面来解方程(5.51).

方程(5.51)属于 $y'' = f(x, y')$ 的类型. 设 $y' = p$ , 则 $y'' = \dfrac{\mathrm{d}p}{\mathrm{d}x}$ , 代入方程(5.51),
并分离变量, 得

$$\frac{\mathrm{d}p}{\sqrt{1 + p^2}} = \frac{\mathrm{d}x}{a}.$$

两端积分, 得

$$\mathrm{arsh}\, p = \frac{x}{a} + C_1. \tag{5.52}$$

把条件 $y' \big|_{x=0} = p \big|_{x=0} = 0$ 代入式(5.52), 得

$$C_1 = 0,$$

于是式(5.52)成为

$$\mathrm{arsh}\, p = \frac{x}{a}.$$

即

$$y' = \mathrm{sh}\, \frac{x}{a}.$$

积分上式两端, 便得

$$y = a\,\mathrm{ch}\, \frac{x}{a} + C_2. \tag{5.53}$$

将条件 $y \big|_{x=0} = a$ 代入式(5.53), 得

$$C_2 = 0.$$

于是该绳索的形状可由曲线方程

$$y = a\,\mathrm{ch}\, \frac{x}{a} = \frac{a}{2} \left( \mathrm{e}^{\frac{x}{a}} + \mathrm{e}^{-\frac{x}{a}} \right)$$

来表示. 此曲线叫做**悬链线**.

### 5.5.3 $y'' = f(y, y')$ 型的微分方程

方程

$$y'' = f(y, y') \tag{5.54}$$

中不明显地含自变量 $x$ . 为了求出它的解, 令 $y' = p$ , 并利用复合函数的求导法则把
$y''$ 化为对 $y$ 的导数, 即

$$y'' = \frac{\mathrm{d}p}{\mathrm{d}x} = \frac{\mathrm{d}p}{\mathrm{d}y} \cdot \frac{\mathrm{d}y}{\mathrm{d}x} = p\frac{\mathrm{d}p}{\mathrm{d}y}.$$

这样,方程(5.54)就化为

$$p\frac{\mathrm{d}p}{\mathrm{d}y} = f(y, p).$$

这是一个关于变数 $y, p$ 的一阶微分方程,设它的通解为

$$y' = p = \varphi(y, C_1),$$

分离变量并积分,便得方程(5.54)的通解为

$$\int \frac{\mathrm{d}y}{\varphi(y, C_1)} = x + C_2.$$

**例 5.21**　求微分方程

$$1 + yy'' + y'^2 = 0 \tag{5.55}$$

的通解.

**解**　方程(5.55)不明显地含自变量 $x$,设

$$y' = p, \quad 则 \ y'' = p\frac{\mathrm{d}p}{\mathrm{d}y},$$

代入方程(5.55),得

$$1 + yp\frac{\mathrm{d}p}{\mathrm{d}y} + p^2 = 0.$$

分离变量,得

$$\frac{p\mathrm{d}p}{1 + p^2} = -\frac{\mathrm{d}y}{y}.$$

两端积分,得

$$\frac{1}{2}\ln(1 + p^2) = -\ln|y| + C,$$

于是有

$$(1 + p^2)y^2 = C_1,$$

解得

$$p = \pm\frac{\sqrt{C_1 - y^2}}{y};$$

即

$$\frac{\mathrm{d}y}{\mathrm{d}x} = \pm\frac{\sqrt{C_1 - y^2}}{y}.$$

再分离变量,得

$$\pm\frac{y\mathrm{d}y}{\sqrt{C_1 - y^2}} = \mathrm{d}x,$$

两边积分,得

$$\mp \sqrt{C_1 - y^2} = x + C_2,$$

即

$$(x + C_2)^2 + y^2 = C_1.$$

这就是原方程的通解.

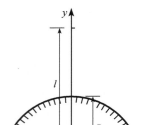

图 5.11

**例 5.22**  一个离地面很高的物体,受地球引力的作用,由静止开始落向地面.求它落到地面时的速度和所需的时间(不计空气阻力).

**解**  取连接地球中心与该物体的直线为 $y$ 轴,其方向铅直向上,取地球的中心为原点 $O$(图 5.11).

设地球的半径为 $R$,物体的质量为 $m$,物体开始下落时与地球中心的距离为 $l(l>R)$,在时刻 $t$ 物体所在位置为 $y=y(t)$,于是速度为 $v(t)=\dfrac{\mathrm{d}v}{\mathrm{d}t}$. 根据万有引力定律,即得微分方程

$$m \frac{\mathrm{d}^2 y}{\mathrm{d}t^2} = -\frac{kmM}{y^2},$$

即

$$\frac{\mathrm{d}^2 y}{\mathrm{d}t^2} = -\frac{kM}{y^2}, \tag{5.56}$$

其中 $M$ 为地球的质量,$k$ 为引力常数. 因为当 $y=R$ 时,$\dfrac{\mathrm{d}^2 y}{\mathrm{d}t^2}=-g$(这里负号是由于物体运动加速度的方向与 $y$ 轴的正向相反的缘故),所以 $g=\dfrac{kM}{R^2}$,$kM=gR^2$. 于是方程(5.56)化为

$$\frac{\mathrm{d}^2 y}{\mathrm{d}t^2} = -\frac{gR^2}{y^2}, \tag{5.57}$$

初始条件是

$$y\,|_{t=0} = l, \quad y'\,|_{t=0} = 0.$$

先求物体到达地面时的速度. 由 $\dfrac{\mathrm{d}y}{\mathrm{d}t}=v$,得

$$\frac{\mathrm{d}^2 y}{\mathrm{d}t^2} = \frac{\mathrm{d}v}{\mathrm{d}t} = \frac{\mathrm{d}v}{\mathrm{d}y} \cdot \frac{\mathrm{d}y}{\mathrm{d}t} = v \frac{\mathrm{d}v}{\mathrm{d}y},$$

代入方程(5.57)并分离变量,得

$$v\mathrm{d}v = -\frac{gR^2}{y^2}\mathrm{d}y.$$

两端积分,得

$$v^2 = \frac{2gR^2}{y} + C_1.$$

把初始条件代入上式,得

$$C_1 = -\frac{2gR^2}{l},$$

于是

$$v^2 = 2gR^2\left(\frac{1}{y} - \frac{1}{l}\right), \quad v = -R\sqrt{2g\left(\frac{1}{y} - \frac{1}{l}\right)}. \tag{5.58}$$

其中取负号是由于物体运动的方向与 $y$ 轴的正向相反的缘故.

在式(5.58)中令 $y=R$,就得到物体到达地面时的速度为

$$v = -\sqrt{\frac{2gR(l-R)}{l}}.$$

下面来求物体落到地面所需的时间. 由式(5.58),有

$$\frac{\mathrm{d}y}{\mathrm{d}t} = v = -R\sqrt{2g\left(\frac{1}{y} - \frac{1}{l}\right)},$$

分离变量,得

$$\mathrm{d}t = -\frac{1}{R}\sqrt{\frac{l}{2g}}\sqrt{\frac{y}{l-y}}\,\mathrm{d}y.$$

两端积分(对右端积分利用置换 $y = l\cos^2 u$),得

$$t = \frac{1}{R}\sqrt{\frac{l}{2g}}\left(\sqrt{ly - y^2} + l\arccos\sqrt{\frac{y}{l}}\right) + C_2. \tag{5.59}$$

由条件 $y|_{t=0} = l$,得

$$C_2 = 0.$$

于是式(5.59)化为

$$t = \frac{1}{R}\sqrt{\frac{l}{2g}}\left(\sqrt{ly - y^2} + l\arccos\sqrt{\frac{y}{l}}\right).$$

上式令 $y=R$,便得到物体到达地面所需的时间

$$t = \frac{1}{R}\sqrt{\frac{l}{2g}}\left(\sqrt{lR - R^2} + l\arccos\sqrt{\frac{R}{l}}\right).$$

可降阶的高阶微分方程类型一　可降阶的高阶微分方程类型二　可降阶的高阶微分方程类型三

## 习题 5.5

1. 求下列各微分方程的通解:

(1) $y''=x+\sin x$;　(2) $y'''=x\mathrm{e}^x$;

(3) $y''=\dfrac{1}{1+x^2}$;　(4) $y''=1+y'^2$;

(5) $y''=y'+x$;　(6) $xy''+y'=0$;

(7) $yy''+2y'^2=0$;　(8) $y^3y''-1=0$;

(9) $y''=\dfrac{1}{\sqrt{y}}$;　(10) $y''=(y')^3+y'$;

(11) $y''+y'^2+1=0$;　(12) $yy''-y'^2-1=0$;

(13) $\left(\dfrac{\mathrm{d}y}{\mathrm{d}x}\right)^3-4x^2\dfrac{\mathrm{d}y}{\mathrm{d}x}=0$;　(14) $xy(y')^2-(x^2+y^2)y'+xy=0$;

(15) $(y')^3-y'\mathrm{e}^{2x}=0$;　(16) $(y')^2-4y^2=0$;

(17) $y'^2-2y'+2y=0$;　(18) $xy'''+y''=1$;

(19) $y''=[1+y'^2]^{3/2}$;　(20) $y''=2yy'$;

(21) $y''(\mathrm{e}^x+1)+y'=0$;　(22) $xy''=y'+x\sin\dfrac{y'}{x}$.

2. 求下列各微分方程满足所给初始条件的特解:

(1) $y^3y''+1=0, y|_{x=1}=1, y'|_{x=1}=0$;

(2) $y''-ay'^2=0, y|_{x=0}=0, y'|_{x=0}=-1$;

(3) $y'''=\mathrm{e}^{ax}, y|_{x=1}=y'|_{x=1}=y''|_{x=1}=0$;

(4) $y''=\mathrm{e}^{2y}, y|_{x=0}=y'|_{x=0}=0$;

(5) $y''=3\sqrt{y}, y|_{x=0}=1, y'|_{x=0}=2$;

(6) $y''+(y')^2=1, y|_{x=0}=0, y'|_{x=0}=0$;

(7) $2y''-\sin 2y=0, y|_{x=0}=\dfrac{\pi}{2}, y'|_{x=0}=1$.

3. 试求 $y''=x$ 的经过点 $M(0,1)$ 且在此点与直线 $y=\dfrac{x}{2}+1$ 相切的积分曲线.

4. 设有一质量为 $m$ 的物体, 在空中由静止开始下落, 如果空气阻力为 $R=cv(c$ 为常数, $v$ 为物体运动的速度), 试求物体下落的距离 $s$ 与时间 $t$ 的函数关系.

# 5.6　高阶线性微分方程

本节和以下两节将讨论在实际问题中应用得较多的所谓**高阶线性微分方程**. 讨论时以二阶线性微分方程为主.

### 5.6.1　二阶线性微分方程举例

**例 5.23**　设有一个弹簧, 它的上端固定, 下端挂一个质量为 $m$ 的物体. 当物体处于静止状态时, 作用在物体上的重力与弹性力大小相等、方向相反. 这个位置就是物体的平衡位置. 如图 5.12 所示, 取 $x$ 轴铅直向下, 并取物体的平衡位置为坐标原点.

如果使物体具有一个初始速度 $v_0 \neq 0$,那么物体便离开平衡位置,并在平衡位置附近作上下振动. 在振动过程中,物体的位置 $x$ 随时间 $t$ 变化,即 $x$ 是 $t$ 的函数,即 $x = x(t)$. 要确定物体的振动规律,就要求出函数 $x = x(t)$.

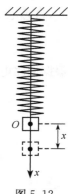

图 5.12

由力学知道,弹簧使物体回到平衡位置的弹性恢复力 $f$(它不包括在平衡位置时和重力 $mg$ 相平衡的那一部分弹性力)和物体离开平衡位置的位移 $x$ 成正比,即

$$f = -cx,$$

其中 $c$ 为弹簧的弹性系数,负号表示弹性恢复力的方向和物体位移的方向相反.

另外,物体在运动过程中还受到阻尼介质(如空气、油等)的阻力的作用,使得振动逐渐趋向停止. 由实验知道,阻力 $R$ 的方向总与运动方向相反,当运动速度不大时,其大小与物体运动的速度成正比,设比例系数为 $\mu$,则有

$$R = -\mu \frac{\mathrm{d}x}{\mathrm{d}t}.$$

根据上述关于物体受力情况的分析,由牛顿第二定律得

$$m \frac{\mathrm{d}^2 x}{\mathrm{d}t^2} = -cx - \mu \frac{\mathrm{d}x}{\mathrm{d}t}.$$

移项,并记

$$2n = \frac{\mu}{m}, \quad k^2 = \frac{c}{m},$$

则上式化为

$$\frac{\mathrm{d}^2 x}{\mathrm{d}t^2} + 2n \frac{\mathrm{d}x}{\mathrm{d}t} + k^2 x = 0. \tag{5.60}$$

这就是在**有阻尼的情况下,物体自由振动的微分方程**.

如果物体在振动过程中,还受到铅直干扰力

$$F = H \sin pt$$

的作用,则有

$$\frac{\mathrm{d}^2 x}{\mathrm{d}t^2} + 2n \frac{\mathrm{d}x}{\mathrm{d}t} + k^2 x = h \sin pt, \tag{5.61}$$

其中 $h = \dfrac{H}{m}$. 这就是**强迫振动的微分方程**.

**例 5.24** 设有一个由电阻 $R$、自感 $L$、电容 $C$ 和电源 $E$ 串联组成的电路,其中 $R, L$ 及 $C$ 为常数. 电源电动势是时间 $t$ 的函数,且 $E = E_m \sin \omega t$,这里 $E_m$ 及 $\omega$ 也是常数(图 5.13).

设电路中的电流为 $i(t)$,电容器极板上的电荷量为 $q(t)$,两极板间的电压为

$u_C$，自感电动势为 $E_L$. 由电学知

$$i = \frac{\mathrm{d}q}{\mathrm{d}t}, \quad u_C = \frac{q}{C}, \quad E_L = -L\frac{\mathrm{d}i}{\mathrm{d}t},$$

根据回路电压定律, 得

$$E - L\frac{\mathrm{d}i}{\mathrm{d}t} - \frac{q}{C} - Ri = 0,$$

即

图 5.13

$$LC\frac{\mathrm{d}^2 u_C}{\mathrm{d}t^2} + RC\frac{\mathrm{d}u_C}{\mathrm{d}t} + u_C = E_{\mathrm{m}}\sin\omega t,$$

或写成

$$\frac{\mathrm{d}^2 u_C}{\mathrm{d}t^2} + 2\beta\frac{\mathrm{d}u_C}{\mathrm{d}t} + \omega_0^2 u_C = \frac{E_{\mathrm{m}}}{LC}\sin\omega t, \tag{5.62}$$

其中 $\beta = \dfrac{R}{2L}, \omega_0 = \dfrac{1}{\sqrt{LC}}$. 这就是**串联电路的振荡方程**.

如果电容器经充电后撤去外电源 ($E=0$), 则方程 (5.62) 成为

$$\frac{\mathrm{d}^2 u_C}{\mathrm{d}t^2} + 2\beta\frac{\mathrm{d}u_C}{\mathrm{d}t} + \omega_0^2 u_C = 0. \tag{5.63}$$

例 5.22 和例 5.23 虽然是两个不同的实际问题, 但是仔细观察一下所得出的方程 (5.61) 和 (5.62), 就会发现它们可以归结为同一个形式

$$\frac{\mathrm{d}^2 y}{\mathrm{d}x^2} + P(x)\frac{\mathrm{d}y}{\mathrm{d}x} + Q(x)y = f(x) \tag{5.64}$$

而方程 (5.60) 和方程 (5.63) 都是方程 (5.64) 的特殊情形: $f(x) \equiv 0$. 在工程技术的其他许多问题中, 也会遇到上述类型的微分方程.

方程 (5.64) 叫做**二阶线性微分方程**. 当方程右端 $f(x) \equiv 0$ 时, 方程叫做**齐次**的; 当 $f(x)$ 不恒等于零时, 方程叫做**非齐次**的.

于是方程 (5.61)、(5.62) 都是二阶非齐次线性微分方程; 方程 (5.60)、(5.63) 都是二阶齐次线性微分方程.

要进一步讨论例 5.22 和例 5.23 中的问题, 就需要解二阶线性微分方程. 为此, 下面来讨论二阶线性微分方程的解的一些性质, 这些性质可以推广到 $n$ 阶线性方程

$$y^{(n)} + a_1(x)y^{(n-1)} + \cdots + a_{n-1}(x)y' + a_n(x)y = f(x).$$

线性微分方程的概念

线性微分方程解的结构

### 5.6.2　线性微分方程的解的结构

先讨论二阶齐次线性方程

$$y'' + P(x)y' + Q(x)y = 0 \tag{5.65}$$

**定理 5.1** 如果函数 $y_1(x)$ 与 $y_2(x)$ 是方程(5.65)的两个解,那么

$$y = C_1 y_1(x) + C_2 y_2(x) \tag{5.66}$$

也是方程(5.65)的解,其中 $C_1, C_2$ 是任意常数.

**证** 将式(5.66)代入式(5.65)左端,得

$$[C_1 y_1'' + C_2 y_2''] + P(x)[C_1 y_1' + C_2 y_2'] + Q(x)[C_1 y_1 + C_2 y_2]$$
$$= C_1[y_1'' + P(x)y_1' + Q(x)y_1] + C_2[y_2'' + P(x)y_2' + Q(x)y_2]$$

由于 $y_1$ 与 $y_2$ 是方程(5.65)的解,上式右端方括号中的表达式都恒等于零,因而整个式子恒等于零,所以式(5.66)是方程(5.65)的解.

齐次线性方程的这个性质表明它的解符合迭加原理.

迭加起来的解(5.66)从形式上来看含有 $C_1$ 与 $C_2$ 两个任意常数,但它不一定是方程(5.65)的通解.例如,设 $y_1(x)$ 是方程(5.65)的一个解,则 $y_2(x) = 2y_1(x)$ 也是方程(5.65)的解.这时式(5.66)成为 $y = C_1 y_1(x) + 2C_2 y_1(x)$,可以把它改写成 $y = C y_1(x)$,其中 $C = C_1 + 2C_2$. 这显然不是方程(5.65)的通解.那么在什么情况下式(5.66)才是方程(5.65)的通解呢?要解决这个问题,还需引入一个新的概念,即所谓函数的**线性相关**与**线性无关**.

设 $y_1(x), y_2(x), \cdots, y_n(x)$ 为定义在区间 $I$ 上的 $n$ 个函数,如果存在 $n$ 个不全为零的常数 $k_1, k_2, \cdots, k_n$,使得当 $x \in I$ 时有恒等式

$$k_1 y_1 + k_2 y_2 + \cdots + k_n y_n \equiv 0$$

成立,那么称这 **$n$ 个函数在区间 $I$ 上线性相关**;否则称**线性无关**.

例如,函数 $1, \cos^2 x, \sin^2 x$ 在整个数轴上是线性相关的.因为取 $k_1 = 1, k_2 = k_3 = -1$,就有恒等式

$$1 - \cos^2 x - \sin^2 x \equiv 0.$$

而函数 $1, x, x^2$ 在任何区间 $(a, b)$ 内是线性无关的.因为如果 $k_1, k_2, k_3$ 不全为零,那么在该区间内至多只有两个 $x$ 值能使二次三项式

$$k_1 + k_2 x + k_3 x^2$$

为零;要使它恒等于零,必须 $k_1, k_2, k_3$ 全为零.

应用上述概念可知,对于两个函数的情形,它们线性相关与否,只要看它们的比是否为常数.如果比为常数,那么它们就线性相关;否则就线性无关.

有了线性无关的概念后,便有如下关于二阶齐次线性微分方程(5.65)的通解结构的定理.

**定理 5.2** 如果 $y_1(x)$ 与 $y_2(x)$ 是方程(5.65)的两个线性无关的特解,那么

$$y = C_1 y_1(x) + C_2 y_2(x), \quad C_1, C_2 \text{ 是任意常数,}$$

就是方程(5.65)的通解.

例如,方程 $y'' + y = 0$ 是二阶齐次线性方程(这里 $P(x) \equiv 0, Q(x) \equiv 1$). 容易验

证 $y_1 = \cos x$ 与 $y_2 = \sin x$ 是所给方程的两个解,且$\dfrac{y_2}{y_1} = \dfrac{\sin x}{\cos x} = \tan x$ 不恒等于常数,即它们是线性无关的. 因此方程 $y'' + y = 0$ 的通解为

$$y = C_1 \cos x + C_2 \sin x.$$

又如,方程$(x-1)y'' - xy' + y = 0$ 也是二阶齐次线性方程$\left( P(x) = -\dfrac{x}{x-1}, Q(x) = \dfrac{1}{x-1} \right)$. 容易验证 $y_1 = x, y_2 = \mathrm{e}^x$ 是所给方程的两个解,且

$\dfrac{y_2}{y_1} = \dfrac{\mathrm{e}^x}{x}$ 不恒等于常数,即它们是线性无关的. 因此方程的通解为

$$y = C_1 x + C_2 \mathrm{e}^x.$$

定理 5.2 不难推广到 $n$ 阶齐次线性方程.

**推论 5.1**　如果 $y_1(x), y_2(x), \cdots, y_n(x)$ 是 $n$ 阶齐次线性方程

$$y^{(n)} + a_1(x) y^{(n-1)} + \cdots + a_{n-1}(x) y' + a_n(x) y = 0$$

的 $n$ 个线性无关的解,那么,此方程的通解为

$$y = C_1 y_1(x) + C_2 y_2(x) + \cdots + C_n y_n(x),$$

其中 $C_1, C_2, \cdots, C_n$ 为任意常数.

下面讨论二阶非齐次线性方程(5.64).方程(5.65)叫做**与非齐次方程**(5.64)**对应的齐次方程**.

在前面我们已经看到,一阶非齐次线性微分方程的通解由两部分构成:一部分是对应的齐次方程的通解;另一部分是非齐次方程本身的一个特解. 实际上,不仅一阶非齐次线性微分方程的通解具有这样的结构,而且二阶及更高阶的非齐次线性微分方程的通解也具有同样的结构.

**定理 5.3**　设 $y^*(x)$ 是二阶非齐次线性方程

$$y'' + P(x) y' + Q(x) y = f(x) \tag{5.67}$$

的一个特解. $Y(x)$ 是与它对应的齐次方程(5.65)的通解,那么

$$y = Y(x) + y^*(x) \tag{5.68}$$

是二阶非齐次线性微分方程(5.67)的通解.

**证**　把式(5.68)代入方程(5.67)的左端,得

$$(Y'' + y^{*}{}'') + P(x)(Y' + y^{*}{}') + Q(x)(Y + y^*)$$
$$= [Y'' + P(x)Y' + Q(x)Y] + [y^{*}{}'' + P(x)y^{*}{}' + Q(x)y^*]$$

由于 $Y$ 是方程(5.65)的解,$y^*$ 是(5.67)的解,可知第一个括号内的表达式恒等于零,第二个恒等于 $f(x)$. 这样,$y = Y + y^*$ 使(5.67)的两端恒等,即式(5.68)是方程(5.67)的解.

由于对应的齐次方程(5.65)的通解 $Y = C_1 y_1 + C_2 y_2$ 中含有两个任意常数,所以 $y = Y + y^*$ 中也含有两个任意常数,从而它就是二阶非齐次线性方程(5.67)的

通解.

例如,方程 $y''+y=x^2$ 是二阶非齐次线性微分方程. 已知 $Y=C_1\cos x+C_2\sin x$ 是对应的齐次方程 $y''+y=0$ 的通解;又容易验证 $y^*=x^2-2$ 是所给方程的一个特解. 因此

$$y=C_1\cos x+C_2\sin x+x^2-2$$

是所给方程的通解.

非齐次线性微分方程(5.67)的特解有时可用下述定理来帮助求出.

**定理 5.4** 设非齐次线性方程(5.67)的右端 $f(x)$ 是几个函数之和,如

$$y''+P(x)y'+Q(x)y=f_1(x)+f_2(x), \qquad (5.69)$$

而 $y_1^*(x)$ 与 $y_2^*(x)$ 分别是方程

$$y''+P(x)y'+Q(x)y=f_1(x)$$

与

$$y''+P(x)y'+Q(x)y=f_2(x)$$

的特解,那么 $y_1^*(x)+y_2^*(x)$ 就是原方程的特解.

**证** 将 $y=y_1^*+y_2^*$ 代入方程(5.69)的左端,得

$$(y_1^*+y_2^*)''+P(x)(y_1^*+y_2^*)'+Q(x)(y_1^*+y_2^*)$$
$$=\left[y_1^{*''}+P(x)y_1^{*'}+Q(x)y_1^*\right]+\left[y_2^{*''}+P(x)y_2^{*'}+Q(x)y_2^*\right]$$
$$=f_1(x)+f_2(x),$$

因此 $y_1^*+y_2^*$ 是方程(5.69)的一个特解.

这一定理通常称为非齐次线性微分方程的解的迭加原理.

定理 5.3 和定理 5.4 也可推广到 $n$ 阶非齐次线性方程,这里不再赘述.

### 5.6.3 常数变异法

在前面,为解一阶非齐次线性方程,用了常数变异法. 其特点是:如果 $Cy_1(x)$ 是齐次线性方程的通解,那么,可以利用变换 $y=uy_1(x)$(此变换是把齐次方程的通解中的任意常数 $C$ 换成未知函数 $u(x)$ 而得)去解非齐次线性方程. 这一方法也适用于解高阶线性方程. 下面就二阶线性方程来做讨论.

如果已知齐次方程(5.65)的通解为

$$Y(x)=C_1y_1(x)+C_2y_2(x),$$

那么,可以用如下的常数变异法去求非齐次方程(5.67)的通解.

令

$$y=y_1(x)v_1+y_2(x)v_2, \qquad (5.70)$$

要确定未知函数 $v_1(x)$ 及 $v_2(x)$ 使式(5.70)所表示的函数 $y$ 满足非齐次方程(5.67). 为此,对式(5.70)求导,得

$$y' = y_1 v'_1 + y_2 v'_2 + y'_1 v_1 + y'_2 v_2.$$

由于两个未知函数 $v_1, v_2$ 只需满足一个关系式(5.67), 所以可规定它们再满足一个关系式. 从 $y'$ 的上述表示式可看出, 为了使 $y''$ 的表示式中不含 $v'_1$ 和 $v'_2$, 可设

$$y_1 v'_1 + y_2 v'_2 = 0 \tag{5.71}$$

从而

$$y' = y'_1 v_1 + y'_2 v_2,$$

再求导, 得

$$y'' = y'_1 v'_1 + y'_2 v'_2 + y''_1 v_1 + y''_2 v_2.$$

把 $y, y', y''$ 代入方程(5.67), 得

$$y'_1 v'_1 + y'_2 v'_2 + y''_1 v_1 + y''_2 v_2 + P(y'_1 v_1 + y'_2 v_2) + Q(y_1 v_1 + y_2 v_2) = f,$$

整理得

$$y'_1 v'_1 + y'_2 v'_2 + (y''_1 + Py'_1 + Qy_1)v_1 + (y''_2 + Py'_2 + Qy_2)v_2 = f.$$

注意到 $y_1$ 及 $y_2$ 是齐次方程(5.65)的解, 故上式即为

$$y'_1 v'_1 + y'_2 v'_2 = f. \tag{5.72}$$

联立方程(5.71)与(5.72), 在系数行列式

$$W = \begin{vmatrix} y_1 & y_2 \\ y'_1 & y'_2 \end{vmatrix} = y_1 y'_2 - y'_1 y_2 \neq 0$$

时, 可解得

$$v'_1 = -\frac{y_2 f}{W}, \quad v'_2 = \frac{y_1 f}{W}.$$

对上两式积分(假定 $f(x)$ 连续), 得

$$v_1 = C_1 + \int \left( -\frac{y_2 f}{W} \right) \mathrm{d}x, \quad v_2 = C_2 + \int \frac{y_1 f}{W} \mathrm{d}x.$$

于是得非齐次方程(5.67)的通解为

$$y = C_1 y_1 + C_2 y_2 - y_1 \int \frac{y_2 f}{W} \mathrm{d}x + y_2 \int \frac{y_1 f}{W} \mathrm{d}x.$$

**例 5.25**　求方程 $xy'' - y' = x^2$ 的通解.

**解**　这是变系数方程, 对应齐次方程为

$$xy'' - y' = 0.$$

不难由观察法知, 方程有两个线性无关的特解

$$y_1 = 1, \quad y_2 = x^2.$$

于是知方程的通解为

$$\bar{y} = C_1 \cdot 1 + C_2 x^2 = C_1 + C_2 x^2.$$

下面用常数变异法求非齐次方程 $xy'' - y' = x^2$ 的通解. 把所给方程写成标准形式

$$y'' - \frac{1}{x}y' = x.$$

令 $y = v_1 + x^2 v_2$. 按照

$$\begin{cases} y_1 v_1' + y_2 v_2' = 0, \\ y_1' v_1' + y_2' v_2' = f, \end{cases}$$

有

$$\begin{cases} v_1' + x^2 v_2' = 0, \\ 2x v_2' = x. \end{cases}$$

解得

$$v_1' = -\frac{1}{2}x^2, \quad v_2' = \frac{1}{2}.$$

积分,得

$$v_1 = C_1 - \frac{1}{6}x^3, \quad v_2 = C_2 + \frac{1}{2}x.$$

于是所求非齐次方程的通解为

$$y = \frac{1}{3}x^3 + C_2 x^2 + C_1.$$

如果只知齐次方程(5.65)的一个不恒为零的解 $y_1(x)$,那么,利用变换 $y = uy_1(x)$,可把非齐次方程(5.67)化为一阶线性方程.

事实上,把

$$y = y_1 u, \quad y' = y_1 u' + y_1' u, \quad y'' = y_1 u'' + 2y_1' u' + y_1'' u$$

代入方程(5.67),得

$$y_1 u'' + 2y_1' u' + y_1'' u + P(y_1 u' + y_1' u) + Q y_1 u = f,$$

即

$$y_1 u'' + (2y_1' + P y_1)u' + (y_1'' + P y_1' + Q y_1)u = f.$$

由于 $y_1'' + P y_1' + Q y_1 \equiv 0$,故上式为

$$y_1 u'' + (2y_1' + P y_1)u' = f.$$

令 $u' = z$,上式即化为一阶线性方程

$$y_1 z' + (2y_1' + P y_1)z = f. \tag{5.73}$$

把方程(5.67)化为方程(5.73)以后,按一阶线性方程的解法,设求得方程(5.73)的通解为

$$z = C_2 Z(x) + z^*(x),$$

积分,得

$$u = C_1 + C_2 U(x) + u^*(x),$$

其中 $U'(x) = Z(x), u^{*'}(x) = z^*(x)$. 上式乘以 $y_1(x)$,便得方程(5.67)的通解

$$y = C_1 y_1(x) + C_2 U(x) y_1(x) + u^*(x) y_1(x).$$

上述方法显然也适用于求齐次方程(5.65)的通解.

**例 5.26** 已知 $y_1(x)=\mathrm{e}^x$ 是齐次方程 $y''-2y'+y=0$ 的解,求非齐次方程 $y''-2y'+y=\dfrac{1}{x}\mathrm{e}^x$ 的通解.

**解** 令 $y=\mathrm{e}^x u$,则 $y'=\mathrm{e}^x(u'+u)$, $y''=\mathrm{e}^x(u''+2u'+u)$,代入非齐次方程,得

$$\mathrm{e}^x(u''+2u'+u)-2\mathrm{e}^x(u'+u)+\mathrm{e}^x u=\frac{1}{x}\mathrm{e}^x,$$

即

$$\mathrm{e}^x u''=\frac{1}{x}\mathrm{e}^x,\quad u''=\frac{1}{x}.$$

这里不需再作变换去化为一阶线性方程,只要直接积分,便得

$$u'=C+\ln|x|,$$

再积分,得

$$u=C_1+Cx+x\ln|x|-x,$$

即

$$u=C_1+C_2x+x\ln|x|,\quad C_2=C-1.$$

于是所求通解为

$$y=C_1\mathrm{e}^x+C_2x\mathrm{e}^x+x\mathrm{e}^x\ln|x|.$$

常数变异法

常数变异法(续)

## 习题 5.6

1. 下列函数组在其定义区间内哪些是线性无关的?

(1) $x,x^2$; (2) $x,2x$;

(3) $\mathrm{e}^{2x},3\mathrm{e}^{2x}$; (4) $\mathrm{e}^{-x},\mathrm{e}^x$;

(5) $\cos 2x,\sin 2x$; (6) $\mathrm{e}^{x^2},x\mathrm{e}^{x^2}$;

(7) $\sin 2x,\cos x\sin x$; (8) $\mathrm{e}^x\cos 2x,\mathrm{e}^x\sin 2x$;

(9) $\ln x,x\ln x$; (10) $\mathrm{e}^{ax},\mathrm{e}^{bx}(a\ne b)$; (11) $\mathrm{e}^x,x\mathrm{e}^x$.

2. 验证函数 $y=\mathrm{e}^x$ 与 $y=\mathrm{e}^{-x}$ 在 $(-\infty,+\infty)$ 上都是二阶线性齐次微分方程

$$y''-y=0$$

的解. 求它的通解,并求方程

$$y''-y=-1$$

的通解.

3. 验证函数 $y=1, y=\sin x, y=\cos x$ 在 $(-\infty, +\infty)$ 上都是三阶线性齐次微分方程

$$y''' + y' = 0$$

的解. 求它的通解, 并求方程

$$y''' + y' = x$$

的通解.

4. 验证函数 $y=1, y=x, y=x^2, \cdots, y=x^{n-1}$ 在 $(-\infty, +\infty)$ 上都是 $n$ 阶线性齐次微分方程

$$y^{(n)} = 0$$

的解. 求它的通解, 并求方程

$$y^{(n)} = 1$$

的通解.

5. 验证 $y_1 = \cos\omega x$ 及 $y_2 = \sin\omega x$ 都是方程 $y'' + \omega^2 y = 0$ 的解, 并写出该方程的通解.

6. 验证 $y_1 = e^{x^2}$ 及 $y_2 = x e^{x^2}$ 都是方程 $y'' - 4xy' + (4x^2 - 2)y = 0$ 的解, 并写出该方程的通解.

7. 验证:

(1) $y = C_1 e^x + C_2 e^{2x} + \dfrac{1}{12} e^{5x}$ ($C_1$、$C_2$ 是任意常数) 是方程 $y'' - 3y' + 2y = e^{5x}$ 的通解;

(2) $y = C_1 \cos 3x + C_2 \sin 3x + \dfrac{1}{32}(4x\cos x + \sin x)$ ($C_1$、$C_2$ 是任意常数) 是方程 $y'' + 9y = x\cos x$ 的通解;

(3) $y = C_1 x^2 + C_2 x^2 \ln x$ ($C_1$、$C_2$ 是任意常数) 是方程 $x^2 y'' - 3xy' + 4y = 0$ 的通解;

(4) $y = C_1 x^5 + \dfrac{C_2}{x} - \dfrac{x^2}{9}\ln x$ ($C_1$、$C_2$ 是任意常数) 是方程 $x^2 y'' - 3xy' - 5y = x^2 \ln x$ 的通解;

(5) $y = \dfrac{1}{x}(C_1 e^x + C_2 e^{-x}) + \dfrac{e^x}{2}$ ($C_1$、$C_2$ 是任意常数) 是方程 $xy'' + 2y' - xy = e^x$ 的通解;

(6) $y = C_1 e^x + C_2 e^{-x} + C_3 \cos x + C_4 \sin x - x^2$ ($C_1$、$C_2$、$C_3$、$C_4$ 是任意常数) 是方程 $y^{(4)} - y = x^2$ 的通解.

8. 已知 $y_1(x) = e^x$ 是齐次线性方程

$$(2x-1)y'' - (2x+1)y' + 2y = 0$$

的一个解, 求此方程的通解.

9. 已知 $y_1(x) = x$ 是齐次线性方程 $x^2 y'' - 2xy' + 2y = 0$ 的一个解, 求非齐次线性方程 $x^2 y'' - 2xy' + 2y = 2x^3$ 的通解.

10. 已知齐次线性方程 $y'' + y = 0$ 的通解为 $Y(x) = C_1 \cos x + C_2 \sin x$, 求非齐次线性方程 $y'' + y = \sec x$ 的通解.

11. 已知齐次线性方程 $x^2 y'' - xy' + y = 0$ 的通解为 $Y(x) = C_1 x + C_2 x \cdot \ln|x|$, 求非齐次线性方程 $x^2 y'' - xy' + y = x$ 的通解.

# 5.7 常系数齐次线性微分方程

先讨论二阶常系数齐次线性微分方程的解法, 再把二阶方程的解法推广到 $n$

阶方程.

在二阶齐次线性微分方程

$$y'' + P(x)y' + Q(x)y = 0 \tag{5.74}$$

中,如果 $y', y$ 的系数 $P(x)$、$Q(x)$ 均为常数,即式(5.74)成为

$$y'' + py' + qy = 0 \tag{5.75}$$

其中 $p, q$ 是常数,则称方程(5.75)为**二阶常系数齐次线性微分方程**. 如果 $p, q$ 不全为常数,称方程(5.74)为**二阶变系数齐次线性微分方程**.

由上节讨论可知,要找微分方程(5.75)的通解,可以先求出它的两个解 $y_1$,$y_2$,如果 $\dfrac{y_1}{y_2}$ 不恒为常数,即 $y_1$ 与 $y_2$ 线性无关,那么 $y = C_1 y_1 + C_2 y_2$ 就是方程(5.75)的通解.

当 $r$ 为常数时,指数函数 $y = e^{rx}$ 和它的各阶导数都只相差一个常数因子. 由于指数函数有这个特点,因此用 $y = e^{rx}$ 来尝试,看能否选取适当的常数 $r$,使 $y = e^{rx}$ 满足方程(5.75).

将 $y = e^{rx}$ 求导,得

$$y' = re^{rx}, y'' = r^2 e^{rx}$$

把 $y$、$y'$ 和 $y''$ 代入方程(5.75),得

$$(r^2 + pr + q)e^{rx} = 0.$$

由于 $e^{rx} \neq 0$,所以

$$r^2 + pr + q = 0. \tag{5.76}$$

由此可见,只要 $r$ 满足代数方程(5.76),函数 $y = e^{rx}$ 就是微分方程(5.75)的解,我们把代数方程(5.76)叫做微分方程(5.75)**的特征方程**.

特征方程(5.76)是一个二次代数方程,其中 $r^2, r$ 的系数及常数项恰好依次是微分方程(5.75)中 $y'', y'$ 及 $y$ 的系数.

特征方程(5.76)的两个根 $r_1, r_2$ 可以用公式

$$r_{1,2} = \frac{-p \pm \sqrt{p^2 - 4q}}{2}$$

求出. 它们有三种不同的情形.

(1) 当 $p^2 - 4q > 0$ 时,$r_1, r_2$ 是两个不相等的实根,即

$$r_1 = \frac{-p + \sqrt{p^2 - 4q}}{2}, \quad r_2 = \frac{-p - \sqrt{p^2 - 4q}}{2};$$

(2) 当 $p^2 - 4q = 0$ 时,$r_1, r_2$ 是两个相等的实根,即

$$r_1 = r_2 = -\frac{p}{2};$$

(3) 当 $p^2 - 4q < 0$ 时,$r_1, r_2$ 是一对共轭复根,即

$$r_1 = \alpha + \mathrm{i}\beta, \quad r_2 = \alpha - \mathrm{i}\beta,$$

其中

$$\alpha = -\frac{p}{2}, \quad \beta = \frac{\sqrt{4q - p^2}}{2}.$$

相应地,微分方程(5.75)的通解也有三种不同的情形,分别讨论如下.

(1) 特征方程有两个不相等的实根,即 $r_1 \neq r_2$.

由上面的讨论知道,$y_1 = \mathrm{e}^{r_1 x}$,$y_2 = \mathrm{e}^{r_2 x}$ 是微分方程(5.75)的两个解,并且 $\dfrac{y_2}{y_1} = \dfrac{\mathrm{e}^{r_2 x}}{\mathrm{e}^{r_1 x}} = \mathrm{e}^{(r_2 - r_1)x}$ 不是常数,因此微分方程(5.75)的通解为

$$y = C_1 \mathrm{e}^{r_1 x} + C_2 \mathrm{e}^{r_2 x}.$$

(2) 特征方程有两个相等的实根,即 $r_1 = r_2$.

这时,只得到微分方程(5.75)的一个解

$$y_1 = \mathrm{e}^{r_1 x}.$$

为了得出微分方程(5.75)的通解,还需求出另一个解 $y_2$,并且要求 $\dfrac{y_2}{y_1}$ 不是常数.

设 $\dfrac{y_2}{y_1} = u(x)$,即 $y_2 = \mathrm{e}^{r_1 x} u(x)$. 下面来求 $u(x)$.

对 $y_2$ 求导,得

$$y_2' = \mathrm{e}^{r_1 x}(u' + r_1 u),$$

$$y_2'' = \mathrm{e}^{r_1 x}(u'' + 2r_1 u' + r_1^2 u),$$

将 $y_2$,$y_2'$ 和 $y_2''$ 代入微分方程(5.75),得

$$\mathrm{e}^{r_1 x}[(u'' + 2r_1 u' + r_1^2 u) + p(u' + r_1 u) + qu] = 0,$$

约去 $\mathrm{e}^{r_1 x}$,并以 $u''$,$u'$,$u$ 为准合并同类项,得

$$u'' + (2r_1 + p)u' + (r_1^2 + pr_1 + q)u = 0.$$

由于 $r_1$ 是特征方程(5.76)的二重根,因此 $r_1^2 + pr_1 + q = 0$,且 $2r_1 + p = 0$,于是得

$$u'' = 0.$$

因为只要得到一个不为常数的解,所以不妨选取 $u = x$,由此得到微分方程(5.75)的另一个解

$$y_2 = x\mathrm{e}^{r_1 x}.$$

从而微分方程(5.75)的通解为

$$y = C_1 \mathrm{e}^{r_1 x} + C_2 x\mathrm{e}^{r_1 x},$$

即

$$y = (C_1 + C_2 x) e^{r_1 x}.$$

（3）特征方程有一对共轭复根，即 $r_1 = \alpha + i\beta, r_2 = \alpha - i\beta(\beta \neq 0)$.

这时，$y_1 = e^{(\alpha+i\beta)x}$，$y_2 = e^{(\alpha-i\beta)x}$ 是微分方程（5.75）的两个解，但它们是复值函数. 为了得出实值函数形式，先利用欧拉公式 $e^{i\theta} = \cos\theta + i\sin\theta$ 把 $y_1$、$y_2$ 改写为

$$y_1 = e^{(\alpha+i\beta)x} = e^{\alpha x} \cdot e^{i\beta x} = e^{\alpha x}(\cos\beta x + i\sin\beta x),$$

$$y_2 = e^{(\alpha-i\beta)x} = e^{\alpha x} \cdot e^{-i\beta x} = e^{\alpha x}(\cos\beta x - i\sin\beta x).$$

由于复值函数 $y_1$ 与 $y_2$ 之间成共轭关系，因此，取它们的和除以 2 就得到它们的实部；取它们的差除以 2i 就得到它们的虚部. 由于方程（5.75）的解符合选加原理，所以实值函数

$$\overline{y_1} = \frac{1}{2}(y_1 + y_2) = e^{\alpha x}\cos\beta x,$$

$$\overline{y_2} = \frac{1}{2i}(y_1 - y_2) = e^{\alpha x}\sin\beta x,$$

还是微分方程（5.75）的解，且 $\dfrac{\overline{y_1}}{\overline{y_2}} = \dfrac{e^{\alpha x}\cos\beta x}{e^{\alpha x}\sin\beta x} = \cot\beta x$ 不是常数，所以微分方程（5.75）的通解为

$$y = e^{\alpha x}(C_1\cos\beta x + C_2\sin\beta x).$$

综上所述，求二阶常系数齐次线性微分方程

$$y'' + py' + qy = 0$$

的通解的步骤如下：

第一步　写出微分方程（5.75）的特征方程

$$r^2 + pr + q = 0.$$

第二步　求出特征方程（5.76）的两个根 $r_1, r_2$.

第三步　根据特征方程（5.76）的两个根的不同情形，按照下列表格写出微分方程（5.75）的通解.

| 特征方程 $r^2+pr+q=0$ 的两个根 $r_1, r_2$ | 微分方程 $y''+py'+qy=0$ 的通解 |
| --- | --- |
| 两个不相等的实根 $r_1, r_2$ | $y = C_1 e^{r_1 x} + C_2 e^{r_2 x}$ |
| 两个相等的实根 $r_1 = r_2$ | $y = (C_1 + C_2 x)e^{r_1 x}$ |
| 一对共轭复根 $r_{1,2} = \alpha \pm i\beta$ | $y = e^{\alpha x}(C_1\cos\beta x + C_2\sin\beta x)$ |

常系数齐次线性微分方程的解法

常系数齐次线性微分方程解法举例

**例 5.27** 求微分方程 $y'' + 2y' - 3y = 0$ 的通解.

**解** 所给微分方程的特征方程为

$$r^2 + 2r - 3 = 0,$$

其根 $r_1 = 1, r_2 = -3$ 是两个不相等的实根, 因此所求通解为

$$y = C_1 e^x + C_2 e^{-3x}.$$

**例 5.28** 求方程 $\dfrac{d^2 s}{dt^2} + 2\dfrac{ds}{dt} + s = 0$ 满足初始条件 $s|_{t=0} = 4, s'|_{t=0} = -2$ 的特解.

**解** 所给方程的特征方程为

$$r^2 + 2r + 1 = 0.$$

其根 $r_1 = r_2 = -1$ 为两个相等的实根, 因此所求微分方程的通解为

$$s = (C_1 + C_2 t) e^{-t}.$$

将条件 $s|_{t=0} = 4$ 代入通解, 得 $C_1 = 4$, 从而

$$s = (4 + C_2 t) e^{-t}.$$

将上式对 $t$ 求导, 得

$$s' = (C_2 - 4 - C_2 t) e^{-t}.$$

再把条件 $s'|_{t=0} = -2$ 代入上式, 得 $C_2 = 2$. 于是所求特解为

$$s = (4 + 2t) e^{-t}.$$

**例 5.29** 求微分方程 $y'' + y' + y = 0$ 的通解.

**解** 所给方程的特征方程为

$$r^2 + r + 1 = 0.$$

其根 $r_{1,2} = \dfrac{1}{2}(-1 \pm \sqrt{3}i)$ 为一对共轭复根. 因此所求通解为

$$y = e^{-\frac{1}{2}x}\left(C_1 \cos\frac{\sqrt{3}}{2}x + C_2 \sin\frac{\sqrt{3}}{2}x\right).$$

**例 5.30** 在 5.6 节例 5.23 中, 设物体只受弹性恢复力 $f$ 的作用, 且在初始 $t=0$ 时的位置为 $x = x_0$, 初始速度为 $\dfrac{dx}{dt}\Big|_{t=0} = v_0$. 求反映物体运动规律的函数 $x = x(t)$.

**解** 由于不计阻力 $R$, 即假设 $-\mu\dfrac{dx}{dt} = 0$, 所以 5.6 节中的方程 (5.60) 化为

$$\frac{d^2 x}{dt^2} + k^2 x = 0, \tag{5.77}$$

方程 (5.77) 叫做无阻尼自由振动的微分方程.

反映物体运动规律的函数 $x = x(t)$ 是满足微分方程 (5.77) 及初始条件

$$x|_{t=0} = x_0, \quad \frac{dx}{dt}\Big|_{t=0} = v_0$$

的特解.

方程(5.77)的特征方程为 $r^2 + k^2 = 0$,其根 $r = \pm ik$ 是一对共轭复根,所以方程(5.77)的通解为

$$x = C_1 \cos kt + C_2 \sin kt.$$

应用初始条件,定出 $C_1 = x_0$,$C_2 = \dfrac{v_0}{k}$. 因此,所求的特解为

$$x = x_0 \cos kt + \frac{v_0}{k} \sin kt. \tag{5.78}$$

为了便于说明特解所反映的振动现象,令

$$x_0 = A \sin\varphi, \quad \frac{v_0}{k} = A \cos\varphi, \quad 0 \leqslant \varphi < 2\pi$$

于是(5.78)式化为

$$x = A \sin(kt + \varphi), \tag{5.79}$$

其中

$$A = \sqrt{x_0^2 + \frac{v_0^2}{k^2}}, \quad \tan\varphi = \frac{kx_0}{v_0}.$$

函数(5.79)的图形如图 5.14 所示(图中假定 $x_0 > 0, v_0 > 0$).

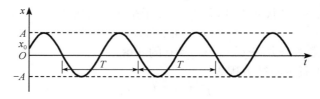

图 5.14

函数(5.79)所反映的运动就是**简谐振动**. 这个振动的振幅为 $A$,初相为 $\varphi$,周期为 $T = \dfrac{2\pi}{k}$,角频率为 $k$. 由于 $k = \sqrt{\dfrac{c}{m}}$,它与初始条件无关,而完全由振动系统(在本例中就是弹簧和物体所组成的系统)本身所确定. 因此,$k$ 又叫做**系统的固有频率**. 固有频率是反映振动系统特性的一个重要参数.

**例 5.31**　在上一节例 5.23 中,设物体受弹簧的恢复力 $f$ 和阻力 $R$ 的作用,且在初始 $t = 0$ 时的位置 $x = x_0$,初始速度 $\dfrac{\mathrm{d}x}{\mathrm{d}t}\Big|_{t=0} = v_0$. 求反映物体运动规律的函数 $x = x(t)$.

**解**　这就是要找满足有阻尼的自由振动方程

$$\frac{\mathrm{d}^2 x}{\mathrm{d}t^2} + 2n \frac{\mathrm{d}x}{\mathrm{d}t} + k^2 x = 0 \tag{5.80}$$

及初始条件

$$x\,|_{t=0} = x_0, \quad \frac{\mathrm{d}x}{\mathrm{d}t}\Big|_{t=0} = v_0$$

的特解.

方程(5.80)的特征方程为 $r^2 + 2nr + k^2 = 0$,其根为

$$r = \frac{-2n \pm \sqrt{4n^2 - 4k^2}}{2} = -n \pm \sqrt{n^2 - k^2}.$$

以下按 $n < k, n > k$ 及 $n = k$ 三种不同情形分别进行讨论.

(1)小阻尼情形,即 $n < k$.

特征方程的根 $r = -n \pm i\omega$,($\omega = \sqrt{k^2 - n^2}$)是一对共轭复根,所以方程(5.80)的通解为

$$x = e^{-nt}(C_1 \cos\omega t + C_2 \sin\omega t).$$

应用初始条件,定出 $C_1 = x_0$,$C_2 = \dfrac{v_0 + nx_0}{\omega}$,因此所求特解为

$$x = e^{-nt}\left(x_0 \cos\omega t + \frac{v_0 + nx_0}{\omega} \sin\omega t\right). \tag{5.81}$$

令

$$x_0 = A\sin\varphi, \quad \frac{v_0 + nx_0}{\omega} = A\cos\varphi, \quad 0 \leqslant \varphi < 2\pi, \tag{5.82}$$

那么式(5.81)又可写成

$$x = Ae^{-nt}\sin(\omega t + \varphi), \tag{5.83}$$

其中

$$\omega = \sqrt{k^2 - n^2}; \quad A = \sqrt{x_0^2 + \frac{(v_0 + nx_0)^2}{\omega^2}}, \quad \tan\varphi = \frac{x_0\omega}{v_0 + nx_0}.$$

从式(5.83)看出,物体的运动是周期 $T = \dfrac{2\pi}{\omega}$ 的振动.但与简谐振动不同,它的振幅 $Ae^{-nt}$ 随时间 $t$ 的增大而逐渐减小.因此,物体随时间 $t$ 的增大而趋于平衡位置.

函数(5.83)的图形如图 5.15 所示(图中假定 $x_0 = 0, v_0 > 0$).

(2)大阻尼情形,即 $n > k$.

特征方程的根 $r_1 = -n + \sqrt{n^2 - k^2}$,$r_2 = -n - \sqrt{n^2 - k^2}$ 是两个不相等的负实根,所以方程(5.80)的通解为

$$x = C_1 e^{-(n - \sqrt{n^2 - k^2})t} + C_2 e^{-(n + \sqrt{n^2 - k^2})t}, \tag{5.84}$$

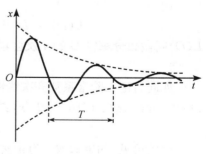

图 5.15

其中任意常数 $C_1$、$C_2$ 可以由初始条件来确定.

从式(5.84)看出,使 $x = 0$ 的 $t$ 值最多只有一个,即物体最多越过平衡位置一次,因此物体已不再有振动现象.又当 $t \to +\infty$ 时,$x \to 0$.因此,物体随时间 $t$ 的增

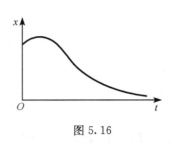

图 5.16

大而趋于平衡位置.

函数(5.84)的图形如图 5.16 所示(图中假定 $x_0 > 0, v_0 > 0$).

(3) 临界阻尼情形,即 $n = k$.

特征方程的根 $r_1 = r_2 = -n$ 是两个相等的实根,所以方程(5.80)的通解为

$$x = \mathrm{e}^{-nt}(C_1 + C_2 t),$$

其中任意常数 $C_1$ 和 $C_2$ 可由初始条件来确定. 由上式可看出,在临界阻尼情形使 $x = 0$ 的 $t$ 值也最多只有一个,因此物体也不再有振动现象. 又由于

$$\lim_{t \to +\infty} t\mathrm{e}^{-nt} = \lim_{t \to +\infty} \frac{t}{\mathrm{e}^{nt}} = 0,$$

从而可以看出,当 $t \to +\infty$ 时,$x \to 0$. 因此,在临界阻尼情形,物体也随时间 $t$ 的增大而趋于平衡位置.

上面讨论二阶常系数齐次线性微分方程所用的方法以及方程的通解的形式,可推广到 $n$ 阶常系数齐次线性微分方程上去,对此不再详细讨论,只简单地叙述如下:

$n$ 阶常系数齐次线性微分方程的一般形式是

$$y^{(n)} + p_1 y^{(n-1)} + p_2 y^{(n-2)} + \cdots + p_{n-1} y' + p_n y = 0, \tag{5.85}$$

其中 $p_1, p_2, \cdots, p_{n-1}, p_n$ 都是常数.

有时用记号 $D$(**微分算符**)表示对 $x$ 求导的运算 $\dfrac{\mathrm{d}}{\mathrm{d}x}$,把 $\dfrac{\mathrm{d}y}{\mathrm{d}x}$ 记作 $Dy$,把 $\dfrac{\mathrm{d}^n y}{\mathrm{d}x^n}$ 记作 $D^n y$,并把方程(5.85)记作

$$(D^n + p_1 D^{n-1} + \cdots + p_{n-1} D + p_n)y = 0. \tag{5.86}$$

记

$$L(D) = D^n + p_1 D^{n-1} + \cdots + p_{n-1} D + p_n,$$

$L(D)$ 叫做**微分算符 $D$ 的 $n$ 次多项式**. 于是方程(5.86)可记作

$$L(D)y = 0.$$

如同讨论二阶常系数齐次线性微分方程那样,令 $y = \mathrm{e}^{rx}$. 由于 $D\mathrm{e}^{rx} = r\mathrm{e}^{rx}, \cdots,$ $D^n \mathrm{e}^{rx} = r^n \mathrm{e}^{rx}$,故 $L(D)\mathrm{e}^{rx} = L(r)\mathrm{e}^{rx}$. 因此把 $y = \mathrm{e}^{rx}$ 代入方程(5.86),得

$$L(r)\mathrm{e}^{rx} = 0.$$

由此可见,如果选取 $r$ 为 $n$ 次代数方程

$$L(r) = 0(\text{即 } r^n + p_1 r^{n-1} + p_2 r^{n-2} + \cdots + p_{n-1} r + p_n = 0) \tag{5.87}$$

的根,那么函数 $y = \mathrm{e}^{rx}$ 就是方程(5.86)的一个解.

方程(5.87)叫做方程(5.86)的**特征方程**.

根据特征方程的根,可以写出其对应的微分方程的解如下:

| 特征方程的根 | 微分方程通解中的对应项 |
| --- | --- |
| 单实根 $r$ | 给出一项 $Ce^{rx}$ |
| 一对单复根 $r_{1,2}=\alpha\pm i\beta$ | 给出两项 $e^{\alpha x}(C_1\cos\beta x+C_2\sin\beta x)$ |
| $k$ 重实根 $r$ | 给出 $k$ 项 $e^{rx}(C_1+C_2x+\cdots+C_kx^{k-1})$ |
| 一对 $k$ 重复根 $r_{1,2}=\alpha\pm i\beta$ | 给出 $2k$ 项 $e^{\alpha x}\big[(C_1+C_2x+\cdots+C_kx^{k-1})\cos\beta x+(D_1+D_2x+\cdots+D_kx^{k-1})\sin\beta x\big]$ |

由代数学知道,$n$ 次代数方程有 $n$ 个根(重根按重数计算). 而特征方程的每一个根都对应着通解中的一项,且每项各含一个任意常数. 这样就得到 $n$ 阶常系数齐次线性微分方程的通解

$$y=C_1y_1+C_2y_2+\cdots+C_ny_n.$$

**例 5.32** 求方程 $y^{(4)}-6y'''+22y''-30y'+13y=0$ 的通解.

**解** 所给方程的特征方程为

$$r^4-6r^3+22r^2-30r+13=0,$$

即

$$(r-1)^2(r^2-4r+13)=0.$$

它的根为 $r_1=r_2=1$ 和 $r_{3,4}=2\pm3i$.

因此所给微分方程的通解为

$$y=e^x(C_1+C_2x)+e^{2x}(C_3\cos3x+C_4\sin3x).$$

**例 5.33** 求方程 $\dfrac{d^4w}{dx^4}+\beta^4w=0$ 的通解,其中 $\beta>0$.

**解** 所给方程的特征方程为

$$r^4+\beta^4=0.$$

由于

$$r^4+\beta^4=r^4+2r^2\beta^2+\beta^4-2r^2\beta^2=(r^2+\beta^2)^2-2r^2\beta^2$$
$$=(r^2-\sqrt{2}\beta r+\beta^2)(r^2+\sqrt{2}\beta r+\beta^2),$$

所以特征方程可以写为

$$(r^2-\sqrt{2}\beta r+\beta^2)(r^2+\sqrt{2}\beta r+\beta^2)=0,$$

它的根为 $r_{1,2}=\dfrac{\beta}{\sqrt{2}}(1\pm i)$,$r_{3,4}=-\dfrac{\beta}{\sqrt{2}}(1\pm i)$. 因此所给方程的通解为

$$w=e^{\frac{\beta}{\sqrt{2}}x}\left[C_1\cos\frac{\beta}{\sqrt{2}}x+C_2\sin\frac{\beta}{\sqrt{2}}x\right]+e^{-\frac{\beta}{\sqrt{2}}x}\left[C_3\cos\frac{\beta}{\sqrt{2}}x+C_4\sin\frac{\beta}{\sqrt{2}}x\right].$$

高阶常系数齐次线性微分方程

## 习题 5.7

1. 求下列微分方程的通解：

(1) $y''+y'-2y=0$；  (2) $y''-4y'=0$；

(3) $y''+y=0$；  (4) $y''+6y'+13y=0$；

(5) $4\dfrac{d^2x}{dt^2}-20\dfrac{dx}{dt}+25x=0$；  (6) $y''-4y'+5y=0$；

(7) $y^{(4)}-y=0$；  (8) $y^{(4)}+2y''+y=0$；

(9) $y^{(4)}-2y'''+y''=0$；  (10) $y^{(4)}+5y''-36y=0$；

(11) $y''+3y'+2y=0$；  (12) $2y''+5y'+2y=0$；

(13) $y''-3y'=0$；  (14) $y''-6y'+9y=0$；

(15) $y''+9y=0$；  (16) $y''+y'+y=0$；

(17) $u''+B^2u=0\,(B>0)$；  (18) $y''+2\delta y'+\omega_0^2y=0\,(\omega_0>\delta>0)$；

(19) $y'''-y=0$；  (20) $y'''-2y'+y=0$；

(21) $y'''+3y''+3y'+y=0$.

2. 求下列微分方程满足所给初始条件的特解：

(1) $y''-4y'+3y=0,y|_{x=0}=6,y'|_{x=0}=10$；

(2) $4y''+4y'+y=0,y|_{x=0}=2,y'|_{x=0}=0$；

(3) $y''-3y'-4y=0,y|_{x=0}=0,y'|_{x=0}=-5$；

(4) $y''+4y'+29y=0,y|_{x=0}=0,y'|_{x=0}=15$；

(5) $y''+25y=0,y|_{x=0}=2,y'|_{x=0}=5$；

(6) $y''-4y'+13y=0,y|_{x=0}=0,y'|_{x=0}=3$；

(7) $y''+4y'+4y=0,y|_{x=0}=1,y'|_{x=0}=1$；

(8) $4y''+9y=0,y|_{x=0}=2,y'|_{x=0}=-1$.

3. 一个单位质量的质点在数轴上运动,开始时质点在原点 $O$ 处且速度为 $v_0$,在运动过程中,它受到一个力的作用,这个力的大小与质点到原点的距离成正比(比例系数 $k_1>0$)而方向与初速一致,且介质的阻力与速度成正比(比例系数 $k_2>0$).求反映这质点的运动规律的函数.

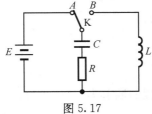

图 5.17

4. 在图 5.17 所示的电路中先将开关 K 拨向 $A$,达到稳定状态后再将开关 K 拨向 $B$,求电压 $u_C(t)$ 及电流 $i(t)$. 已知 $E=20\text{V},C=0.5\times10^{-6}\text{F(法)},L=0.1\text{H(亨)},R=2000\Omega$.

5. 设圆柱形浮筒,直径为 $0.5\text{m}$,铅直放在水中,当稍向下压后突然放开,浮筒在水中上下振动的周期为 $2\text{s}$,求浮筒的质量.

6. 设 $y_1(x),y_2(x)$ 是二阶齐次线性方程 $y''+p(x)y'+q(x)y=0$ 的两个解,令

$$W(x)=\begin{vmatrix} y_1(x) & y_2(x) \\ y_1'(x) & y_2'(x) \end{vmatrix}=y_1(x)y_2'(x)-y_1'(x)y_2(x),$$

证明：(1) $W(x)$ 满足方程 $W'+p(x)W=0$；

(2) $W(x)=W(x_0)\mathrm{e}^{-\int_{x_0}^{x}p(t)\,dt}$.

# 5.8 常系数非齐次线性微分方程

本节着重讨论二阶常系数非齐次线性微分方程的解法,并对 $n$ 阶方程的解法作必要的说明.

二阶常系数非齐次线性微分方程的一般形式是

$$y'' + py' + qy = f(x), \tag{5.88}$$

其中 $p,q$ 是常数.

求二阶常系数非齐次线性微分方程的通解,归结为求对应的齐次方程

$$y'' + py' + qy = 0 \tag{5.89}$$

的通解和非齐次方程(5.88)本身的一个特解. 由于二阶常系数齐次线性微分方程的通解的求法已得到解决,所以这里只需讨论求二阶常系数非齐次线性微分方程的一个特解 $y^*$ 的方法.

本节只介绍当方程(5.88)中的 $f(x)$ 取两种常见形式时求 $y^*$ 的方法. 这种方法的特点是不用积分就可求出 $y^*$ 来,叫做**待定系数法**. $f(x)$ 的两种形式是

(1) $f(x) = P_m(x)e^{\lambda x}$,其中 $\lambda$ 是常数,$P_m(x)$ 是 $x$ 的一个 $m$ 次多项式,写为

$$P_m(x) = a_0 x^m + a_1 x^{m-1} + \cdots + a_{m-1}x + a_m;$$

(2) $f(x) = e^{\lambda x}[P_l(x)\cos\omega x + P_n(x)\sin\omega x]$,其中 $\lambda, \omega$ 是常数,$P_l(x)$、$P_n(x)$ 分别是 $x$ 的 $l$ 次、$n$ 次多项式,其中有一个可为零.

下面分别介绍 $f(x)$ 为上述两种形式时 $y^*$ 的求法.

常系数非齐次线性微分方程

## 5.8.1 $f(x) = e^{\lambda x}P_m(x)$ 型

方程(5.88)的特解 $y^*$ 是使其成为恒等式的函数. 怎样的函数能使式(5.88)成为恒等式呢? 因为式(5.88)右端 $f(x)$ 是多项式 $P_m(x)$ 与指数函数 $e^{\lambda x}$ 的乘积,而多项式与指数函数乘积的导数仍然是多项式与指数函数的乘积,因此,我们推测 $y^* = Q(x)e^{\lambda x}$($Q(x)$ 是某个多项式)可能是方程(5.88)的特解. 把 $y^*$,$y^{*\prime}$ 及 $y^{*\prime\prime}$ 代入方程(5.88),然后考虑能否选取适当的多项式 $Q(x)$,使 $y^* = Q(x)e^{\lambda x}$ 满足方程(5.88). 因此,将

$$y^* = Q(x)e^{\lambda x}$$
$$y^{*\prime} = e^{\lambda x}[\lambda Q(x) + Q'(x)],$$
$$y^{*\prime\prime} = e^{\lambda x}[\lambda^2 Q(x) + 2\lambda Q'(x) + Q''(x)]$$

代入方程(5.88)并消去 $e^{\lambda x}$，得

$$Q''(x) + (2\lambda + p)Q'(x) + (\lambda^2 + p\lambda + q)Q(x) = P_m(x). \tag{5.90}$$

(1) 如果 $\lambda$ 不是式(5.89)的特征方程 $r^2 + pr + q = 0$ 的根，即 $\lambda^2 + p\lambda + q \neq 0$，由于 $P_m(x)$ 是一个 $m$ 次多项式，要使式(5.90)的两端恒等，可令 $Q(x)$ 为另一个 $m$ 次多项式

$$Q_m(x) = b_0 x^m + b_1 x^{m-1} + \cdots + b_{m-1} x + b_m,$$

代入式(5.90)，比较等式两端 $x$ 同次幂的系数，可得到以 $b_0, b_1, \cdots, b_m$ 作为未知数的 $m+1$ 个方程的联立方程组．从而可以定出这些 $b_i (i = 0, 1, \cdots, m)$，并得到所求的特解

$$y^* = Q_m(x) e^{\lambda x}.$$

(2) 如果 $\lambda$ 是特征方程 $r^2 + pr + q = 0$ 的单根，即 $\lambda^2 + p\lambda + q = 0$，但 $2\lambda + p \neq 0$，要使式(5.90)的两端恒等，那么 $Q'(x)$ 必须是 $m$ 次多项式．此时可令

$$Q(x) = x Q_m(x),$$

并且可用同样的方法来确定 $Q_m(x)$ 的系数 $b_i (i = 0, 1, 2, \cdots, m)$．

(3) 如果 $\lambda$ 是特征方程 $r^2 + pr + q = 0$ 的重根，即 $\lambda^2 + p\lambda + q = 0$，且 $2\lambda + p = 0$，要使式(5.90)的两端恒等，那么 $Q''(x)$ 必须是 $m$ 次多项式．此时可令

$$Q(x) = x^2 Q_m(x),$$

并用同样的方法来确定 $Q_m(x)$ 中的系数．

综上所述，有如下结论：

如果 $f(x) = P_m(x) e^{\lambda x}$，则二阶常系数非齐次线性微分方程(5.88)具有形如

$$y^* = x^k Q_m(x) e^{\lambda x} \tag{5.91}$$

的特解，其中 $Q_m(x)$ 是与 $P_m(x)$ 同次($m$ 次)的多项式，而 $k$ 按 $\lambda$ 不是特征方程的根、是特征方程的单根或是特征方程的重根依次取为 0、1 或 2．

上述结论可推广到 $n$ 阶常系数非齐次线性微分方程，但要注意式(5.91)中的 $k$ 是特征方程含根 $\lambda$ 的重数(即若 $\lambda$ 不是特征方程的根，$k$ 取为 0；若 $\lambda$ 是特征方程的 $s$ 重根，$k$ 取为 $s$)．

**例 5.34**　求微分方程 $y'' - 2y' - 3y = 3x + 1$ 的一个特解．

**解**　这是二阶常系数非齐次线性微分方程，且函数 $f(x)$ 是 $P_m(x) e^{\lambda x}$ 型 ($P_m(x) = 3x + 1, \lambda = 0$)．

与所给方程对应的齐次方程为

$$y'' - 2y' - 3y = 0,$$

它的特征方程为

$$r^2 - 2r - 3 = 0.$$

由于这里 $\lambda = 0$ 不是特征方程的根，所以应设特解为

$$y^* = b_0 x + b_1.$$

把它代入所给方程,得

$$-3b_0 x - 2b_0 - 3b_1 = 3x + 1,$$

比较两端 $x$ 同次幂的系数,得

$$\begin{cases} -3b_0 = 3, \\ -2b_0 - 3b_1 = 1. \end{cases}$$

由此求得 $b_0 = -1, b_1 = \dfrac{1}{3}$. 于是求得一个特解为

$$y^* = -x + \frac{1}{3}.$$

**例 5.35** 求微分方程 $y'' - 5y' + 6y = xe^{2x}$ 的通解.

**解** 所给方程也是二阶常系数非齐次线性微分方程,且 $f(x)$ 呈 $P_m(x)e^{\lambda x}$ 型 $(P_m(x) = x, \lambda = 2)$.

与所给方程对应的齐次方程为

$$y'' - 5y' + 6y = 0,$$

它的特征方程

$$r^2 - 5r + 6 = 0$$

有两个实根 $r_1 = 2, r_2 = 3$. 于是与所给方程对应的齐次方程的通解为

$$Y = C_1 e^{2x} + C_2 e^{3x}.$$

由于 $\lambda = 2$ 是特征方程的单根,所以应设 $y^*$ 为

$$y^* = x(b_0 x + b_1)e^{2x}.$$

把它代入所给方程,得

$$-2b_0 x + 2b_0 - b_1 = x.$$

比较等式两端同次幂的系数,得

$$\begin{cases} -2b_0 = 1, \\ 2b_0 - b_1 = 0. \end{cases}$$

解得 $b_0 = -\dfrac{1}{2}, b_1 = -1$. 因此求得一个特解为

$$y^* = x\left(-\frac{1}{2}x - 1\right)e^{2x}.$$

从而所求的通解为

$$y = C_1 e^{2x} + C_2 e^{3x} - \frac{1}{2}(x^2 + 2x)e^{2x}.$$

## 5.8.2 $f(x) = e^{\lambda x}[P_l(x)\cos\omega x + P_n(x)\sin\omega x]$ 型

应用欧拉公式,把三角函数表示为复变指数函数的形式,有

$$f(x) = e^{\lambda x}[P_l\cos\omega x + P_n\sin\omega x]$$

$$= \mathrm{e}^{\lambda x} \left[ P_l \frac{\mathrm{e}^{\mathrm{i}\omega x} + \mathrm{e}^{-\mathrm{i}\omega x}}{2} + P_n \frac{\mathrm{e}^{\mathrm{i}\omega x} - \mathrm{e}^{-\mathrm{i}\omega x}}{2\mathrm{i}} \right]$$

$$= \left( \frac{P_l}{2} + \frac{P_n}{2\mathrm{i}} \right) \mathrm{e}^{(\lambda+\mathrm{i}\omega)x} + \left( \frac{P_l}{2} - \frac{P_n}{2\mathrm{i}} \right) \mathrm{e}^{(\lambda-\mathrm{i}\omega)x}$$

$$= P(x) \mathrm{e}^{(\lambda+\mathrm{i}\omega)x} + \bar{P}(x) \mathrm{e}^{(\lambda-\mathrm{i}\omega)x},$$

其中

$$P(x) = \frac{P_l}{2} + \frac{P_n}{2\mathrm{i}} = \frac{P_l}{2} - \frac{P_n}{2}\mathrm{i};$$

$$\bar{P}(x) = \frac{P_l}{2} - \frac{P_n}{2\mathrm{i}} = \frac{P_l}{2} + \frac{P_n}{2}\mathrm{i};$$

二者为共轭的 $m$ 次多项式(即它们对应项的系数是共轭复数),而 $m = \max\{l, n\}$.

应用前面的结果,对于 $f(x)$ 中的第一项 $P(x)\mathrm{e}^{(\lambda+\mathrm{i}\omega)x}$,可求出一个 $m$ 次多项式 $Q_m(x)$,使得 $y_1^* = x^k Q_m \mathrm{e}^{(\lambda+\mathrm{i}\omega)x}$ 为方程

$$y'' + py' + qy = P(x)\mathrm{e}^{(\lambda+\mathrm{i}\omega)x}$$

的特解,其中 $k$ 按 $\lambda + \mathrm{i}\omega$ 不是特征方程的根或是特征方程的单根依次取 0 或 1. 由于 $f(x)$ 的第二项 $\bar{P}(x)\mathrm{e}^{(\lambda-\mathrm{i}\omega)x}$ 与第一项 $P(x)\mathrm{e}^{(\lambda+\mathrm{i}\omega)x}$ 成共轭,所以与 $y_1^*$ 成共轭的函数 $y_2^* = x^k \bar{Q}_m \mathrm{e}^{(\lambda-\mathrm{i}\omega)x}$ 必然是方程

$$y'' + py' + qy = \bar{P}(x)\mathrm{e}^{(\lambda-\mathrm{i}\omega)x}$$

的特解,其中 $\bar{Q}_m$ 表示与 $Q_m$ 成共轭的 $m$ 次多项式,于是,方程(5.88)具有形如

$$y^* = x^k Q_m \mathrm{e}^{(\lambda+\mathrm{i}\omega)x} + x^k \bar{Q}_m \mathrm{e}^{(\lambda-\mathrm{i}\omega)x}$$

的特解. 上式可写为

$$y^* = x^k \mathrm{e}^{\lambda x} \left[ Q_m \mathrm{e}^{\mathrm{i}\omega x} + \bar{Q}_m \mathrm{e}^{-\mathrm{i}\omega x} \right]$$

$$= x^k \mathrm{e}^{\lambda x} \left[ Q_m (\cos\omega x + \mathrm{i}\sin\omega x) + \bar{Q}_m (\cos\omega x - \mathrm{i}\sin\omega x) \right],$$

由于括号内的两项是互成共轭的,相加后无虚部,所以可以写成实函数的形式

$$y^* = x^k \mathrm{e}^{\lambda x} \left[ R_m^{(1)}(x) \cos\omega x + R_m^{(2)} \sin\omega x \right].$$

综上所述,有如下结论:

如果 $f(x) = \mathrm{e}^{\lambda x} \left[ P_l(x) \cos\omega x + P_n(x) \sin\omega x \right]$,则二阶常系数非齐次线性微分方程(5.88)的特解可设为

$$y^* = x^k \mathrm{e}^{\lambda x} \left[ R_m^{(1)}(x) \cos\omega x + R_m^{(2)} \sin\omega x \right] \tag{5.92}$$

其中 $R_m^{(1)}(x), R_m^{(2)}(x)$ 是 $m$ 次多项式,$m = \max\{l, n\}$,而 $k$ 按 $\lambda + \mathrm{i}\omega$(或 $\lambda - \mathrm{i}\omega$)不是特征方程的根、或是特征方程的单根依次取 0 或 1.

上述结论可推广到 $n$ 阶常系数非齐次线性微分方程,但要注意式(5.92)中的 $k$ 是特征方程中含根 $\lambda + \mathrm{i}\omega$(或 $\lambda - \mathrm{i}\omega$)的重数.

**例 5.36**　求微分方程 $y'' + y = x\cos 2x$ 的一个特解.

**解**　所给方程是二阶常系数非齐次线性方程,且 $f(x)$ 属于

$$\mathrm{e}^{\lambda x} \left[ P_l(x) \cos\omega x + P_n(x) \sin\omega x \right] 型$$

其中 $\lambda = 0, \omega = 2, P_l(x) = x, P_n(x) = 0$. 与所给方程对应的齐次方程为

$$y'' + y = 0,$$

它的特征方程为

$$r^2 + 1 = 0.$$

由于 $\lambda + i\omega = 2i$ 不是特征方程的根,所以应设特解为

$$y^* = (ax + b)\cos 2x + (cx + d)\sin 2x.$$

把它代入所给方程,得

$$(-3ax - 3b + 4c)\cos 2x - (3cx + 3d + 4a)\sin 2x = x\cos 2x.$$

比较两端同类项的系数,得

$$\begin{cases} -3a = 1, \\ -3b + 4c = 0, \\ -3c = 0, \\ -3d - 4a = 0. \end{cases}$$

由此解得

$$a = -\frac{1}{3}, \quad b = 0, \quad c = 0, \quad d = \frac{4}{9}.$$

于是求得一个特解为

$$y^* = -\frac{1}{3}x\cos 2x + \frac{4}{9}\sin 2x.$$

**例 5.37** 在例 5.22 中,设物体受弹性恢复力 $f$ 和铅直干扰力 $F$ 的作用. 试求物体的运动规律.

**解** 这里需要求出无阻尼强迫振动方程

$$\frac{\mathrm{d}^2 x}{\mathrm{d}t^2} + k^2 x = h\sin pt \tag{5.93}$$

的通解.

对应的齐次微分方程(即无阻尼自由振动方程)为

$$\frac{\mathrm{d}^2 x}{\mathrm{d}t^2} + k^2 x = 0, \tag{5.94}$$

它的特征方程 $r^2 + k^2 = 0$ 的根为 $r = \pm ik$. 故方程(5.94)的通解为

$$X = C_1\cos kt + C_2\sin kt.$$

令

$$C_1 = A\sin\varphi, \quad C_2 = A\cos\varphi,$$

则方程(5.94)的通解又可写成

$$X = A\sin(kt + \varphi),$$

其中,$A, \varphi$ 为任意常数.

方程(5.93)右端的函数

$$f(t) = h\sin pt$$

与 $f(t) = e^{\lambda t}[P_l(t)\cos\omega t + P_n(t)\sin\omega t]$ 相比较,有 $\lambda = 0, \omega = p, P_l(t) = 0,$

$P_n(t) = h$. 分别就 $p \neq k$ 和 $p = k$ 两种情形讨论如下：

（1）如果 $p \neq k$，则 $\lambda \pm \mathrm{i}\omega = \pm \mathrm{i}p$ 不是特征方程的根，故设

$$x^* = a_1 \cos pt + b_1 \sin pt.$$

代入方程(5.93)，求得

$$a_1 = 0, \quad b_1 = \frac{h}{k^2 - p^2}.$$

于是

$$x^* = \frac{h}{k^2 - p^2} \sin pt.$$

从而当 $p \neq k$ 时，方程(5.94)的通解为

$$x = X + x^* = A \sin(kt + \varphi) + \frac{h}{k^2 - p^2} \sin pt.$$

上式表示，物体的运动由两部分组成，这两部分都是**简谐振动**. 上式第一项表示**自由振动**，第二项所表示的振动叫做**强迫振动**. 强迫振动是干扰力引起的，它的角频率即为干扰力的角频率 $p$；当干扰力的角频率 $p$ 与振动系统的固有频率 $k$ 相差很小时，其振幅 $\left| \dfrac{h}{k^2 - p^2} \right|$ 可以很大.

（2）如果 $p = k$，则 $\lambda \pm \mathrm{i}\omega = \pm \mathrm{i}p$ 是特征方程的根. 故设

$$x^* = t(a_1 \cos kt + b_1 \sin kt).$$

代入方程(5.93)求得

$$a_1 = -\frac{h}{2k}, \quad b_1 = 0.$$

于是

$$x^* = -\frac{h}{2k} t \cos kt.$$

从而当 $p = k$ 时，方程(5.93)的通解为

$$x = X + x^* = A \sin(kt + \varphi) - \frac{h}{2k} t \cos kt.$$

上式右端第二项表明，强迫振动的振幅 $\dfrac{h}{2k} t$ 随时间 $t$ 的增大而无限增大. 这就发生所谓**共振现象**. 为了避免共振现象，应使干扰力的角频率 $p$ 不要靠近振动系统的固有频率 $k$. 反之，如果要利用共振现象，则应使 $p = k$ 或使 $p$ 与 $k$ 尽量靠近.

有阻尼的强迫振动问题可作类似讨论，这里从略.

常系数非齐次线性微分方程类型一

常系数非齐次线性微分方程类型二

## 习题 5.8

1. 求下列各微分方程的通解：

(1) $2y'' + y' - y = 2e^x$；  (2) $y'' + a^2 y = e^x$；

(3) $2y'' + 5y' = 5x^2 - 2x - 1$；  (4) $y'' + 3y' + 2y = 3xe^{-x}$；

(5) $y'' - 2y' + 5y = e^x \sin 2x$；  (6) $y'' - 6y' + 9y = (x+1)e^{3x}$；

(7) $y'' + 5y' + 4y = 3 - 2x$；  (8) $y'' + 4y = x\cos x$；

(9) $y'' + y = e^x + \cos x$；  (10) $y'' - y = \sin^2 x$；

(11) $y'' + 2y' + 5y = \sin 2x$；  (12) $y''' + y'' - 2y' = x(e^x + 4)$；

(13) $y'' - 4y' + 5y = 5$；  (14) $y'' + 2y' = 4e^{3x}$；

(15) $y'' - 7y' + 12y = x$；  (16) $y'' + 9y = 10\sin 2x$；

(17) $y'' + 9y = 10\cos 2x$；  (18) $2y'' - 3y' - 2y = e^x + e^{-x}$；

(19) $y'' + y = \cos x \cos 3x$；  (20) $y'' + 2y' + 5y = e^x(\sin x + \cos x)$；

(21) $2y'' + y' - y = x^2 e^{2x}$；  (22) $y'' - 4y = \cos^2 x$；

(23) $y^{(4)} - 4y^{(3)} + 5y'' - 4y' + 4y = e^x$.

2. 求下列各微分方程满足已给初始条件的特解：

(1) $y'' + y + \sin 2x = 0$，$y|_{x=\pi} = 1$，$y'|_{x=\pi} = 1$；

(2) $y'' - 3y' + 2y = 5$，$y|_{x=0} = 1$，$y'|_{x=0} = 2$；

(3) $y'' - 10y' + 9y = e^{2x}$，$y|_{x=0} = \dfrac{6}{7}$，$y'|_{x=0} = \dfrac{33}{7}$；

(4) $y'' - y = 4xe^x$，$y|_{x=0} = 0$，$y'|_{x=0} = 1$；

(5) $y'' - 4y' = 5$，$y|_{x=0} = 1$，$y'|_{x=0} = 0$；

(6) $y'' + 2y' + y = \cos x$，$y|_{x=0} = 0$，$y'|_{x=0} = \dfrac{3}{2}$；

(7) $y'' - 4y = 1$，$y|_{x=0} = 0$，$y'|_{x=0} = \dfrac{1}{4}$；

(8) $u'' - 4u' + 3u = \sin t$，$u|_{t=0} = 0$，$u'|_{t=0} = 0$；

(9) $y'' + y' - 2 = (x+1)e^x$，$y|_{x=0} = 1$，$y'|_{x=0} = 2$.

3. 大炮以仰角 $\alpha$、初速 $v_0$ 发射炮弹，若不计空气阻力，求弹道曲线.

4. 在 $R$、$L$、$C$ 含源串联电路中，电动势为 $E$ 的电源对电容器 $C$ 充电. 已知 $E = 20\text{V}$，$C = 0.2\mu\text{F}(微法)$，$L = 0.1\text{H}(亨)$，$R = 1000\Omega$，试求合上开关 K 后的电流 $i(t)$ 及电压 $u_C(t)$.

5. 一链条悬挂在一钉子上，启动时一端离开钉子 8m 另一端离开钉子 12m，分别在以下两种情况下求链条滑下来所需要的时间：

(1) 若不计钉子对链条所产生的摩擦力；

(2) 若摩擦力为 1m 长的链条的重量.

6. 设函数 $\varphi(x)$ 连续，且满足

$$\varphi(x) = e^x + \int_0^x t\varphi(t)\mathrm{d}t - x\int_0^x \varphi(t)\mathrm{d}t,$$

求 $\varphi(x)$.

# 5.9  欧 拉 方 程

变系数的线性微分方程一般都是不容易求解的. 但是对于某些特殊的变系数线性微分方程, 则可以通过变量代换化为常系数线性微分方程, 使其容易求解. 欧拉方程就是其中的一种.

形如
$$x^n y^{(n)} + p_1 x^{n-1} y^{(n-1)} + \cdots + p_{n-1} xy' + p_n y = f(x) \tag{5.95}$$
的方程 (其中 $p_1, p_2, \cdots, p_n$ 为常数), 叫做**欧拉方程**.

作变换
$$x = \mathrm{e}^t \quad 或 \quad t = \ln x,$$
将自变量 $x$ 换成 $t$ (这里仅在 $x > 0$ 范围内求解. 如果要在 $x < 0$ 内求解, 则可作变换 $x = -\mathrm{e}^t$ 或 $t = \ln(-x)$, 所得结果与 $x > 0$ 内的结果相类似), 有
$$\frac{\mathrm{d}y}{\mathrm{d}x} = \frac{\mathrm{d}y}{\mathrm{d}t} \cdot \frac{\mathrm{d}t}{\mathrm{d}x} = \frac{1}{x} \frac{\mathrm{d}y}{\mathrm{d}t},$$
$$\frac{\mathrm{d}^2 y}{\mathrm{d}x^2} = \frac{1}{x^2} \left( \frac{\mathrm{d}^2 y}{\mathrm{d}t^2} - \frac{\mathrm{d}y}{\mathrm{d}t} \right),$$
$$\frac{\mathrm{d}^3 y}{\mathrm{d}x^3} = \frac{1}{x^3} \left( \frac{\mathrm{d}^3 y}{\mathrm{d}t^3} - 3 \frac{\mathrm{d}^2 y}{\mathrm{d}t^2} + 2 \frac{\mathrm{d}y}{\mathrm{d}t} \right).$$

如果采用记号 $D$ 表示对 $t$ 求导的运算 $\frac{\mathrm{d}}{\mathrm{d}t}$, 那么上述计算结果可以写成
$$xy' = Dy,$$
$$x^2 y'' = \frac{\mathrm{d}^2 y}{\mathrm{d}t^2} - \frac{\mathrm{d}y}{\mathrm{d}t} = \left( \frac{\mathrm{d}^2}{\mathrm{d}t^2} - \frac{\mathrm{d}}{\mathrm{d}t} \right) y$$
$$= (D^2 - D) y = D(D-1) y,$$
$$x^3 y''' = \frac{\mathrm{d}^3 y}{\mathrm{d}t^3} - 3 \frac{\mathrm{d}^2 y}{\mathrm{d}t^2} + 2 \frac{\mathrm{d}y}{\mathrm{d}t}$$
$$= (D^3 - 3D^2 + 2D) y = D(D-1)(D-2) y.$$
一般地, 有
$$x^k y^{(k)} = D(D-1) \cdots (D-k+1) y.$$
把它代入欧拉方程 (5.95), 便得一个以 $t$ 为自变量的常系数线性微分方程. 在求出此方程的解后, 把 $t$ 换成 $\ln x$, 即得原方程的解.

**例 5.38**  求欧拉方程 $x^3 y''' + x^2 y'' - 4xy' = 3x^2$ 的通解.

**解**  作变换 $x = \mathrm{e}^t$ 或 $t = \ln x$, 原方程化为

$$D(D-1)(D-2)y + D(D-1)y - 4Dy = 3\mathrm{e}^{2t},$$

即

$$D^3 y - 2D^2 y - 3Dy = 3\mathrm{e}^{2t},$$

或

$$\frac{\mathrm{d}^3 y}{\mathrm{d}t^3} - 2\frac{\mathrm{d}^2 y}{\mathrm{d}t^2} - 3\frac{\mathrm{d}y}{\mathrm{d}t} = 3\mathrm{e}^{2t}. \tag{5.96}$$

方程(5.96)所对应的齐次方程为

$$\frac{\mathrm{d}^3 y}{\mathrm{d}t^3} - 2\frac{\mathrm{d}^2 y}{\mathrm{d}t^2} - 3\frac{\mathrm{d}y}{\mathrm{d}t} = 0, \tag{5.97}$$

其特征方程为

$$r^3 - 2r^2 - 3r = 0,$$

它有三个根,即 $r_1 = 0, r_2 = -1, r_3 = 3$. 于是方程(5.97)的通解为

$$Y = C_1 + C_2\mathrm{e}^{-t} + C_3\mathrm{e}^{3t} = C_1 + \frac{C_2}{x} + C_3 x^3.$$

根据前面,特解的形式为

$$y^* = b\mathrm{e}^{2t} = bx^2,$$

代入原方程,求得 $b = -\dfrac{1}{2}$,即

$$y^* = -\frac{x^2}{2}.$$

于是,所给欧拉方程的通解为

$$y = C_1 + \frac{C_2}{x} + C_3 x^3 - \frac{1}{2}x^2.$$

欧拉方程

## 习题 5.9

求下列欧拉方程的通解:

(1) $x^2 y'' + x y' - y = 0$;  (2) $y'' - \dfrac{y'}{x} + \dfrac{y}{x^2} = \dfrac{2}{x}$;

(3) $x^3 y''' + 3x^2 y'' - 2xy' + 2y = 0$;  (4) $x^2 y'' - 2xy' + 2y = \ln^2 x - 2\ln x$;

(5) $x^2 y'' + x y' - 4y = x^3$;  (6) $x^2 y'' - x y' + 4y = x\sin(\ln x)$;

(7) $x^2 y'' - 3xy' + 4y = x + x^2 \ln x$;  (8) $x^3 y''' + 2xy' - 2y = x^2 \ln x + 3x$;

(9) $x^2y''+3xy'+y=0$;   (10) $x^2y''-4xy'+6y=x$;

(11) $\dfrac{\mathrm{d}^2R}{\mathrm{d}t^2}+\dfrac{2}{t}\dfrac{\mathrm{d}R}{\mathrm{d}t}-\dfrac{n(n+1)}{t^2}R=0(t>0)$;   (12) $x^2y''+3xy'+5y=0$;

(13) $x^2y''-xy'+y=2\ln x$;   (14) $x^2y''+5xy'+4y=\ln x^3$.

# 5.10  本章内容对开普勒问题的应用

现在从万有引力定律推导开普勒定律. 根据万有引力定律, 行星受到指向太阳中心的引力的作用. 行星在某一时刻的速度向量与太阳中心共同决定一张平面. 容易判断: 行星以后的运动不会离开这一平面(因为在垂直于这平面的方向上既没有速度, 又没有外力的作用). 我们在这平面上取以太阳中心为极点的极坐标系. 于是, 行星所受的力 $F$ 表示为

$$F = F_r e_r + F_\theta e_\theta,$$

其中

$$F_r = -G\frac{Mm}{r^2}, \quad F_\theta = 0.$$

这里 $M$ 是太阳的质量, $m$ 是行星的质量, $G$ 是**万有引力常数**. 行星的运动方程可以写成

$$r'' - r(\theta')^2 = -\frac{k}{r^2}, \quad 2r'\theta' + r\theta'' = 0,$$

这里 $k=GM$. 后一方程两边乘以 $r$, 得

$$2rr'\theta' + r^2\theta'' = 0,$$

或

$$\frac{\mathrm{d}}{\mathrm{d}t}(r^2\theta') = 0.$$

这说明面积速度为常数, 即

$$\frac{\mathrm{d}A}{\mathrm{d}t} = \frac{1}{2}r^2\theta' = \frac{1}{2}h \quad (常数).$$

再来考察方程

$$r'' - r(\theta')^2 = \frac{-k}{r^2}.$$

记 $u=1/r$, 则由

$$r^2\theta' = h$$

可得

$$\theta' = hu^2.$$

于是有

$$r' = \frac{\mathrm{d}}{\mathrm{d}\theta}\Big(\frac{1}{u}\Big)\theta' = -\frac{1}{u^2}\frac{\mathrm{d}u}{\mathrm{d}\theta}\theta' = -h\frac{\mathrm{d}u}{\mathrm{d}\theta},$$

$$r'' = \frac{\mathrm{d}}{\mathrm{d}t}(r') = \frac{\mathrm{d}}{\mathrm{d}\theta}\Big(-h\frac{\mathrm{d}u}{\mathrm{d}\theta}\Big)\theta'$$

$$= -h\frac{\mathrm{d}^2u}{\mathrm{d}\theta^2}\theta' = -h^2u^2\frac{\mathrm{d}^2u}{\mathrm{d}\theta^2}.$$

方程化为

$$-h^2u^2\frac{\mathrm{d}^2u}{\mathrm{d}\theta^2} - h^2u^3 = -ku^2,$$

即

$$\frac{\mathrm{d}^2u}{\mathrm{d}\theta^2} + u = \frac{k}{h^2}.$$

这是一个二阶常系数线性微分方程. 容易看出它的一个特解是 $\tilde{u} = k/h^2$. 于是,此方程的一般解为

$$u = D\cos\theta + C\sin\theta + \frac{k}{h^2}.$$

此式又可写成

$$u = L\cos(\theta - \theta_0) + \frac{k}{h^2},$$

其中

$$L = \sqrt{D^2 + C^2},$$

$$\cos\theta_0 = \frac{D}{\sqrt{D^2 + C^2}}, \quad \sin\theta_0 = \frac{C}{\sqrt{D^2 + C^2}}.$$

于是有

$$r = \frac{1}{u} = \frac{1}{L\cos(\theta - \theta_0) + k/h^2}$$

$$= \frac{\dfrac{h^2}{k}}{1 + \dfrac{h^2L}{k}\cos(\theta - \theta_0)}$$

$$= \frac{p}{1 + \varepsilon\cos(\theta - \theta_0)},$$

其中

$$\varepsilon = \frac{h^2L}{k}, \quad p = \frac{h^2}{k}.$$

于是得到圆锥曲线的一般方程

$$r = \frac{p}{1 + \varepsilon\cos(\theta - \theta_0)}.$$

因为运转中的行星不会跑到无穷远去,它的轨道应该是一个椭圆,所以 $\varepsilon<1$.

最后证明开普勒第三定律. 利用关系

$$\frac{1}{2}hT = \pi ab, \quad p = \frac{h^2}{k} = \frac{b^2}{a},$$

可得

$$T^2 = \left(\frac{2\pi ab}{h}\right)^2 = \frac{4\pi^2 a^2 b^2}{h^2} = \frac{\dfrac{4\pi^2}{k}a^2 b^2}{\dfrac{h^2}{k}}$$

$$= \frac{\dfrac{4\pi^2}{k}a^2 b^2}{\dfrac{b^2}{a}} = \frac{4\pi^2}{k}a^3,$$

其中 $k=GM$ 是一个常数.

# 第6章　微分中值定理与导数的应用

本章将应用导数来研究函数以及曲线的某些性态,并利用这些知识解决一些实际问题. 而导数描写的是函数局部的性质,要研究的问题往往涉及函数的大范围性质. 联系这两方面的桥梁是微分学的几个中值定理,它们是导数应用的理论基础.

## 6.1　微分中值定理

### 6.1.1　罗尔定理

在讲罗尔定理之前,先介绍费马引理.

**费马引理**　设函数 $f(x)$ 在点 $x_0$ 的某邻域 $U(x_0)$ 内有定义,并且在 $x_0$ 处可导,如果对任意的 $x \in U(x_0)$,有

$$f(x) \leqslant f(x_0) \quad \text{或} \ f(x) \geqslant f(x_0),$$

那么 $f'(x_0) = 0$.

**证**　不妨设 $x \in U(x_0)$ 时,$f(x) \leqslant f(x_0)$. 于是,对于 $x_0 + \Delta x \in U(x_0)$ 有

$$f(x_0 + \Delta x) \leqslant f(x_0),$$

从而当 $\Delta x > 0$ 时,

$$\frac{f(x_0 + \Delta x) - f(x_0)}{\Delta x} \leqslant 0;$$

当 $\Delta x < 0$ 时,

$$\frac{f(x_0 + \Delta x) - f(x_0)}{\Delta x} \geqslant 0.$$

根据函数 $f(x)$ 在 $x_0$ 可导的条件及极限的保号性,便得到

$$f'(x_0) = f'_+(x_0) = \lim_{\Delta x \to 0^+} \frac{f(x_0 + \Delta x) - f(x_0)}{\Delta x} \leqslant 0,$$

$$f'(x_0) = f'_-(x_0) = \lim_{\Delta x \to 0^-} \frac{f(x_0 + \Delta x) - f(x_0)}{\Delta x} \geqslant 0,$$

所以 $f'(x_0) = 0$. 证毕.

**罗尔定理**　如果函数 $f(x)$ 满足

(1) 在闭区间 $[a, b]$ 上连续;

(2) 在开区间 $(a, b)$ 内可导;

(3) 在区间端点处的函数值相等,即 $f(a) = f(b)$,那么在 $(a, b)$ 内至少有一点 $\xi$,使得 $f'(\xi) = 0$.

**证**    由于 $f(x)$ 在闭区间 $[a,b]$ 上连续,所以有最大值 $M$ 和最小值 $m$. 这样只有两种可能情形:

(1) $M=m$. 此时, $f(x) \equiv M$, $\forall \xi \in (a,b)$, 都有 $f'(\xi)=0$;

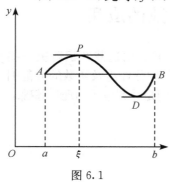

图 6.1

(2) $M>m$. 因为 $f(a)=f(b)$, 所以 $M$ 和 $m$ 这两个值至少有一个在 $(a,b)$ 中取到, 不妨假定 $\exists \xi \in (a,b)$, 使得 $f(\xi)=M$. 由费马引理, 有 $f'(\xi)=0$. 定理证毕.

**罗尔定理的几何解释**    若曲线 $y=f(x)$ 在 $A$, $B$ 两点间连续, 且在 $\overset{\frown}{AB}$ 内每一点处都有不垂直于 $x$ 轴的切线, 又 $A$, $B$ 两点的纵坐标相等, 则在 $A$, $B$ 之间至少存在一点 $P(\xi, f(\xi))$, 使得曲线 $y=f(x)$ 在 $P$ 点的切线平行于 $x$ 轴(图 6.1).

费马引理和罗尔定理

### 6.1.2    拉格朗日中值定理

**拉格朗日中值定理**    如果函数 $f(x)$ 满足

(1) 在闭区间 $[a,b]$ 上连续;

(2) 在开区间 $(a,b)$ 内可导,

则在 $(a,b)$ 内至少存在一点 $\xi$, 使得 $f(b)-f(a)=f'(\xi)(b-a)$.

**证**    引进辅助函数

$$\varphi(x) = f(x) - f(a) - \frac{f(b)-f(a)}{b-a}(x-a).$$

容易验证 $\varphi(x)$ 满足罗尔定理的条件. 根据罗尔定理, 在 $(a,b)$ 内至少有一点 $\xi$, 使得 $\varphi'(\xi)=0$, 即

$$f'(\xi) - \frac{f(b)-f(a)}{b-a} = 0.$$

由此得

$$f(b) - f(a) = f'(\xi)(b-a).$$

**拉格朗日中值定理的几何解释**    若曲线 $y=f(x)$ 在 $A$, $B$ 两点间连续, 且在 $\overset{\frown}{AB}$ 内每一点处都有不垂直于 $x$ 轴的切线, 则在曲线 $y=f(x)$ 上至少存在一点 $P(\xi, f(\xi))$, 使得曲线 $y=f(x)$ 在 $P$ 点的切线与割线 $AB$ 平行(图 6.2).

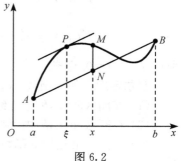

图 6.2

**注 6.1** 当 $b<a$ 时，$f(b)-f(a)=f'(\xi)(b-a)$ 仍然成立.

**注 6.2** 设 $x$ 为区间 $[a,b]$ 内一点，$x+\Delta x$ 为这区间内的另一点，拉格朗日中值公式在区间 $[x,x+\Delta x]$ 或 $[x+\Delta x,x]$ 上就成为

$$f(x+\Delta x) - f(x) = f'(x+\theta\Delta x) \cdot \Delta x, \quad 0 < \theta < 1,$$

其中 $\theta$ 为介于 0 与 1 之间的某个数. 上式也称**有限增量公式**.

**注 6.3** 如果 $f(a)=f(b)$，则拉格朗日中值定理就变成了罗尔定理的情形.

**定理 6.1** 如果函数 $f(x)$ 在区间 $I$ 上的导数恒为零，那么 $f(x)$ 在区间 $I$ 上是一个常数.

**证** 在区间 $I$ 上任取两点 $x_1, x_2$，由拉格朗日中值公式得

$$f(x_1) - f(x_2) = f'(\xi)(x_1 - x_2),$$

其中 $\xi$ 为 $x_1, x_2$ 之间的某个点. 由于 $f(x)$ 在区间 $I$ 上的导数恒为零，所以 $f(x_1)=f(x_2)$. 因为 $x_1, x_2$ 是在 $I$ 中任取的，所以 $f(x)$ 在区间 $I$ 上是一个常数.

**例 6.1** 证明当 $x>0$ 时

$$\frac{x}{1+x} < \ln(1+x) < x.$$

**证** 设 $f(t)=\ln t$，显然 $f(t)$ 在区间 $[1,1+x]$ 上满足拉格朗日中值定理的条件，所以

$$f(1+x) - f(1) = f'(\xi)(1+x-1), \quad 1 < \xi < 1+x.$$

代入 $f(t)=\ln t$，即得

$$\ln(1+x) = \frac{x}{\xi}.$$

由于 $1<\xi<1+x$，所以

$$\frac{x}{1+x} < \ln(1+x) < x.$$

### 6.1.3 柯西中值定理

**柯西中值定理** 如果函数 $f(x)$ 和 $g(x)$ 满足条件：

(1) 在闭区间 $[a,b]$ 上连续；

(2) 在开区间 $(a,b)$ 内可导；

(3) $g'(x)\neq 0, \forall x\in(a,b)$，

则在 $(a,b)$ 内至少存在一点 $\xi$，使得

$$\frac{f(b) - f(a)}{g(b) - g(a)} = \frac{f'(\xi)}{g'(\xi)}.$$

**证** 引进辅助函数

$$\varphi(x) = f(x) - f(a) - \frac{f(b) - f(a)}{g(b) - g(a)}(g(x) - g(a)).$$

容易验证 $\varphi(x)$ 满足罗尔定理的条件. 根据罗尔定理,在 $(a,b)$ 内至少存在一点 $\xi$,使得 $\varphi'(\xi)=0$,即

$$f'(\xi)-\frac{f(b)-f(a)}{g(b)-g(a)}g'(\xi)=0.$$

图 6.3

　　　由此得　　　$\dfrac{f(b)-f(a)}{g(b)-g(a)}=\dfrac{f'(\xi)}{g'(\xi)}.$

　　**柯西中值定理的几何解释**　　设在 $XOY$ 坐标系中,以 $x$ 为参数,曲线的参数方程为

$$\begin{cases} X=f(x), \\ Y=g(x), \end{cases} \quad a\leqslant x\leqslant b,$$

则柯西中值定理的几何解释与拉格朗日中值定理的几何解释是一样的(图 6.3).

**注 6.4**　当 $b<a$ 时,柯西中值定理仍然成立.

**注 6.5**　如果 $g(x)=x$,则柯西中值定理就变成了拉格朗日中值定理的情形.

拉格朗日中值定理和柯西中值定理

### 习题 6.1

1. 验证罗尔定理对函数 $y=\ln\sin x$ 在区间 $\left[\dfrac{\pi}{6},\dfrac{5\pi}{6}\right]$ 上的正确性.

2. 验证拉格朗日中值定理对函数 $y=4x^3-5x^2+x-2$ 在区间 $[0,1]$ 上的正确性.

3. 对函数 $f(x)=\sin x$ 及 $F(x)=x+\cos x$ 在区间 $\left[0,\dfrac{\pi}{2}\right]$ 上验证柯西中值定理的正确性.

4. 试证明:对函数 $y=px^2+qx+r$ 应用拉格朗日中值定理时,所求得的点 $\xi$ 总是位于区间的正中间.

5. 不用求出函数 $f(x)=(x-1)(x-2)(x-3)(x-4)$ 的导数,说明方程 $f'(x)=0$ 有几个实根,并指出它们所在的区间.

6. 证明恒等式 $\arcsin x+\arccos x=\dfrac{\pi}{2}(-1\leqslant x\leqslant 1)$.

7. 若方程 $a_0 x^n+a_1 x^{n-1}+\cdots+a_{n-1}x=0$ 有一个正根 $x=x_0$. 证明:
方程 $a_0 n x^{n-1}+a_1(n-1)x^{n-2}+\cdots+a_{n-1}=0$ 必有一个小于 $x_0$ 的正根.

8. 若函数 $f(x)$ 在 $(a,b)$ 内具有二阶导数,且 $f(x_1)=f(x_2)=f(x_3)$,其中 $a<x_1<x_2<x_3<b$,证明:在 $(x_1,x_3)$ 内至少有一点 $\xi$,使得 $f''(\xi)=0$.

9. 设 $a>b>0,n>1$,证明

$$nb^{n-1}(a-b)<a^n-b^n<na^{n-1}(a-b).$$

10. 设 $a>b>0$,证明

$$\frac{a-b}{a}<\ln\frac{a}{b}<\frac{a-b}{b}.$$

11. 证明下列不等式:

(1) $|\arctan a-\arctan b|\leqslant|a-b|$;

(2) 当 $x>1$ 时,$e^x\geqslant e\cdot x$.

12. 证明:方程 $x^5+x-1=0$ 只有一个正根.

13. 设 $f(x),g(x)$ 在 $[a,b]$ 上连续,在 $(a,b)$ 内可导,证明在 $(a,b)$ 内存在一点 $\xi$,使得

$$\begin{vmatrix} f(a) & f(b) \\ g(a) & g(b) \end{vmatrix}=(b-a)\begin{vmatrix} f(a) & f'(\xi) \\ g(a) & g'(\xi) \end{vmatrix}.$$

14. 证明:若函数 $f(x)$ 在 $(-\infty,+\infty)$ 内满足关系式 $f'(x)=f(x)$,且 $f(0)=1$,则 $f(x)=e^x$.

15. 设函数 $y=f(x)$ 在 $x=0$ 的某邻域内具有 $n$ 阶导数,且 $f(0)=f'(0)=\cdots=f^{(n-1)}(0)=0$,试用柯西中值定理证明

$$\frac{f(x)}{x^n}=\frac{f^{(n)}(\theta x)}{n!},\quad 0<\theta<1.$$

16. 设 $\lim\limits_{x\to\infty}f'(x)=k$,求 $\lim\limits_{x\to\infty}[f(x+a)-f(x)]$.

17. 证明:多项式 $f(x)=x^3-3x+a$ 在 $[0,1]$ 上不可能有两个零点.

18. 设 $a_0+\dfrac{a_1}{2}+\cdots+\dfrac{a_n}{n+1}=0$,证明多项式

$$f(x)=a_0+a_1x+\cdots+a_nx^n$$

在 $(0,1)$ 内至少有一个零点.

19. 设 $f(x)$ 在 $[0,a]$ 上连续,在 $(0,a)$ 内可导,且 $f(a)=0$. 证明:存在一点 $\xi\in(0,a)$,使得 $f(\xi)+\xi f'(\xi)=0$.

20. 设 $0<a<b$,函数 $f(x)$ 在 $[a,b]$ 上连续,在 $(a,b)$ 内可导. 试利用柯西中值定理证明:存在一点 $\xi\in(a,b)$,使得

$$f(b)-f(a)=\xi f'(\xi)\ln\frac{b}{a}.$$

21. 设 $f(x),g(x)$ 都是可导函数,且 $|f'(x)|<g'(x)$. 证明:当 $x>a$ 时,

$$|f(x)-f(a)|<g(x)-g(a).$$

22. 证明:若 $f'(x)$ 为常数,则 $f(x)$ 是线性函数.

23. 证明下列不等式:

(1) $|\sin x-\sin y|\leqslant|x-y|$;

(2) $|\arcsin x-\arcsin y|\geqslant|x-y|$.

24. 求证:$4ax^3+3bx^2+2cx-a-b-c=0$ 在 $(0,1)$ 间至少有一个根.

25. 求证:$e^x=ax^2+bx+c$ 的根不超过三个.

26. 设函数 $f(x)$ 在 $[x_0,x_0+\delta)$ 上连续,$f'(x)$ 在 $(x_0,x_0+\delta)$ 上存在,且 $\lim\limits_{x\to x_0^+}f'(x)=A$,则 $f'_+(x_0)=A$.

27. 设 $f(x)$ 在 $[a,b]$ 上可微,且 $ab>0$,试证存在 $c\in(a,b)$,使得

$$2c[f(b)-f(a)]=(b^2-a^2)f'(c).$$

28. 设 $f(x)$ 在 $(a,+\infty)$ 上可微,且 $\lim\limits_{x\to a^+}f(x)=\lim\limits_{x\to+\infty}f(x)$,证明存在 $c\in(a,+\infty)$,使得

$f'(c)=0$.

29. 设函数 $f(x)$ 在 $(-r,r)$ 上有 $n$ 阶导数,且 $\lim\limits_{x\to 0}f^{(n)}(x)=l$,证明 $f^{(n)}(x)$ 在 $0$ 点连续.

30. 设函数 $f(x),g(x)$ 在 $(a,b)$ 上可微,对任意的 $x\in(a,b)$,$g(x)\neq 0$,且在 $(a,b)$ 上

$$\begin{vmatrix} f(x) & g(x) \\ f'(x) & g'(x) \end{vmatrix}=0.$$

求证:存在常数 $c$,使得 $f(x)=cg(x)$,$x\in(a,b)$.

31. 证明达布定理:设 $f(x)$ 在 $[a,b]$ 上可微,则

(1) 若 $f'_+(a)\cdot f'_-(b)<0$,求证存在 $c\in(a,b)$,使得 $f'(c)=0$;

(2) 若 $f'_+(a)\neq f'_-(b)$,$k$ 属于以 $f'_+(a),f'_-(b)$ 为端点的开区间,则存在 $c\in(a,b)$,使得 $f'(c)=k$.

32. 若 $f(x)$ 在区间 $I$ 上可导,且 $f'(x)\neq 0$,则 $f'(x)$ 在区间 $I$ 上同号.

33. 设 $f(x)$ 在邻域 $(a-h,a+h)$ 上可导,在 $[a-h,a+h]$ 上连续.求证:

(1) 存在 $\theta\in(0,1)$,使得

$$\frac{f(a+h)-f(a-h)}{h}=f'(a+\theta h)+f'(a-\theta h);$$

(2) 存在 $\theta\in(0,1)$,使得

$$\frac{f(a+h)-2f(a)+f(a-h)}{h}=f'(a+\theta h)-f'(a-\theta h).$$

# 6.2　洛必达法则

在某一极限过程中,求两个无穷小之比的极限,或两个无穷大量之比的极限,是经常会遇到的问题.它们称为"$\frac{0}{0}$"型或"$\frac{\infty}{\infty}$"型的未定式.

**定理 6.2**　设

(1) 当 $x\to a$ 时,函数 $f(x)$ 和 $g(x)$ 都趋于零;

(2) 在点 $a$ 的某去心邻域内,$f'(x)$ 和 $g'(x)$ 都存在且 $g'(x)\neq 0$;

(3) $\lim\limits_{x\to a}\dfrac{f'(x)}{g'(x)}$ 存在(或为无穷大),

那么

$$\lim_{x\to a}\frac{f(x)}{g(x)}=\lim_{x\to a}\frac{f'(x)}{g'(x)}.$$

**证**　补充或者修改定义使得 $f(a)=g(a)=0$.这时可以验证 $f(x),g(x)$ 在点 $a$ 的某邻域内满足柯西中值定理的条件,所以

$$\frac{f(x)}{g(x)}=\frac{f(x)-f(a)}{g(x)-g(a)}=\frac{f'(\xi)}{g'(\xi)},$$

其中 $\xi$ 为位于 $a$ 和 $x$ 之间的某点.上式两边令 $x\to a$ 取极限,注意到 $x\to a$ 时 $\xi\to a$,所以

$$\lim_{x \to a} \frac{f(x)}{g(x)} = \lim_{x \to a} \frac{f'(\xi)}{g'(\xi)} = \lim_{x \to a} \frac{f'(x)}{g'(x)}.$$

**例 6.2** 求 $\lim\limits_{x \to 0} \dfrac{\sin ax}{\sin bx}(b \neq 0)$.

**解**
$$\lim_{x \to 0} \frac{\sin ax}{\sin bx} = \lim_{x \to 0} \frac{a\cos ax}{b\cos bx} = \frac{a}{b}.$$

**例 6.3** 求 $\lim\limits_{x \to 1} \dfrac{x^3 - 3x + 2}{x^3 - x^2 - x + 1}$.

**解**
$$\lim_{x \to 1} \frac{x^3 - 3x + 2}{x^3 - x^2 - x + 1} = \lim_{x \to 1} \frac{3x^2 - 3}{3x^2 - 2x - 1}$$
$$= \lim_{x \to 1} \frac{6x}{6x - 2} = \frac{3}{2}.$$

**例 6.4** 求 $\lim\limits_{x \to 0} \dfrac{x - \sin x}{x^3}$.

**解**
$$\lim_{x \to 0} \frac{x - \sin x}{x^3} = \lim_{x \to 0} \frac{1 - \cos x}{3x^2} = \lim_{x \to 0} \frac{\sin x}{6x} = \frac{1}{6}.$$

**例 6.5** 求 $\lim\limits_{x \to 0} \dfrac{\ln(1+x)}{x^2}$.

**解**
$$\lim_{x \to 0} \frac{\ln(1+x)}{x^2} = \lim_{x \to 0} \frac{\dfrac{1}{1+x}}{2x} = \infty.$$

注:洛必达法则涉及到求导,当然有时候会有变限积分的求导,举例如下:

$$\lim_{x \to 0} \frac{\displaystyle\int_{\cos x}^{1} \mathrm{e}^{-t^2}\,\mathrm{d}t}{x^2} = \lim_{x \to 0} \frac{\sin x \cdot \mathrm{e}^{-\cos^2 x}}{2x} = \frac{1}{2\mathrm{e}}.$$

**定理 6.3** 设

(1) 当 $x \to \infty$ 时,函数 $f(x)$ 和 $g(x)$ 都趋于零;

(2) 当 $|x|$ 充分大时 $f'(x)$ 和 $g'(x)$ 都存在且 $g'(x) \neq 0$;

(3) $\lim\limits_{x \to \infty} \dfrac{f'(x)}{g'(x)}$ 存在(或为无穷大),

则

$$\lim_{x \to \infty} \frac{f(x)}{g(x)} = \lim_{x \to \infty} \frac{f'(x)}{g'(x)}.$$

**定理 6.4** 设

(1) 当 $x \to a$ 时,函数 $g(x)$ 趋于无穷;

(2) 在点 $a$ 的某去心邻域内,$f'(x)$ 和 $g'(x)$ 都存在,且 $g'(x) \neq 0$;

(3) $\lim\limits_{x \to a} \dfrac{f'(x)}{g'(x)}$ 存在(或为无穷大),

则

$$\lim_{x \to a} \frac{f(x)}{g(x)} = \lim_{x \to a} \frac{f'(x)}{g'(x)}.$$

**定理 6.5**　设

(1) 当 $x \to \infty$ 时,函数 $g(x)$ 趋于无穷;

(2) 当 $|x|$ 充分大时 $f'(x)$ 和 $g'(x)$ 都存在且 $g'(x) \neq 0$;

(3) $\lim\limits_{x \to \infty} \dfrac{f'(x)}{g'(x)}$ 存在(或为无穷大),

则

$$\lim_{x \to \infty} \frac{f(x)}{g(x)} = \lim_{x \to \infty} \frac{f'(x)}{g'(x)}.$$

**例 6.6**　求 $\lim\limits_{x \to +\infty} \dfrac{\dfrac{\pi}{2} - \arctan x}{\dfrac{1}{x}}$.

**解**　$\lim\limits_{x \to +\infty} \dfrac{\dfrac{\pi}{2} - \arctan x}{\dfrac{1}{x}} = \lim\limits_{x \to +\infty} \dfrac{-\dfrac{1}{1+x^2}}{-\dfrac{1}{x^2}} = \lim\limits_{x \to +\infty} \dfrac{x^2}{1+x^2} = 1.$

**例 6.7**　求 $\lim\limits_{x \to +\infty} \dfrac{\ln x}{x^{\lambda}} (\lambda > 0)$.

**解**　$\lim\limits_{x \to +\infty} \dfrac{\ln x}{x^{\lambda}} = \lim\limits_{x \to +\infty} \dfrac{\dfrac{1}{x}}{\lambda x^{\lambda-1}} = \lim\limits_{x \to +\infty} \dfrac{1}{\lambda x^{\lambda}} = 0.$

**例 6.8**　求 $\lim\limits_{x \to +\infty} \dfrac{x^n}{\mathrm{e}^x} (n \in \mathbf{N}^+)$.

**解**　$\lim\limits_{x \to +\infty} \dfrac{x^n}{\mathrm{e}^x} = \lim\limits_{x \to +\infty} \dfrac{nx^{n-1}}{\mathrm{e}^x} = \lim\limits_{x \to +\infty} \dfrac{n(n-1)x^{n-2}}{\mathrm{e}^x} = \cdots$

$$= \lim_{x \to +\infty} \frac{n!}{\mathrm{e}^x} = 0.$$

还有一些 $0 \cdot \infty$、$\infty - \infty$、$0^0$、$1^\infty$、$\infty^0$ 型的未定式,也可通过 $\dfrac{0}{0}$ 或 $\dfrac{\infty}{\infty}$ 型的未定式来计算. 下面举例说明.

**例 6.9**　求 $\lim\limits_{x \to 0^+} x^{\lambda} \ln x (\lambda > 0)$.

**解**　$\lim\limits_{x \to 0^+} x^{\lambda} \ln x = \lim\limits_{x \to 0^+} \dfrac{\ln x}{x^{-\lambda}} = \lim\limits_{x \to 0^+} \dfrac{\dfrac{1}{x}}{-\lambda x^{-\lambda-1}} = \lim\limits_{x \to 0^+} \dfrac{-x^{\lambda}}{\lambda} = 0.$

**例 6.10**　求 $\lim\limits_{x \to 0} \left( \dfrac{2}{\sin^2 x} - \dfrac{1}{1-\cos x} \right)$.

**解**　$\lim\limits_{x \to 0} \left( \dfrac{2}{\sin^2 x} - \dfrac{1}{1-\cos x} \right) = \lim\limits_{x \to 0} \dfrac{2 - 2\cos x - \sin^2 x}{\sin^2 x (1-\cos x)}$

$$=\lim_{x\to 0}\frac{2-2\cos x-\sin^2 x}{x^2\cdot\frac{1}{2}x^2}=\lim_{x\to 0}\frac{2\sin x-2\sin x\cdot\cos x}{2x^3}$$

$$=\lim_{x\to 0}\frac{\sin x\cdot(1-\cos x)}{x^3}=\lim_{x\to 0}\frac{x\cdot\frac{1}{2}x^2}{x^3}=\frac{1}{2}.$$

**例 6.11** 求 $\lim\limits_{x\to 0^+}x^x$.

**解** 设 $y=x^x$，取对数得

$$\ln y=x\ln x.$$

而

$$\lim_{x\to 0^+}\ln y=\lim_{x\to 0^+}(x\ln x)=0,$$

所以

$$\lim_{x\to 0^+}x^x=\lim_{x\to 0^+}y=\mathrm{e}^{\lim\limits_{x\to 0^+}\ln y}=\mathrm{e}^0=1.$$

洛必达法则

洛必达法则(续)

**习题 6.2**

1. 用洛必达法则求下列极限：

(1) $\lim\limits_{x\to 0}\dfrac{\ln(1+x)}{x}$； (2) $\lim\limits_{x\to 0}\dfrac{\mathrm{e}^x-\mathrm{e}^{-x}}{\sin x}$； (3) $\lim\limits_{x\to a}\dfrac{\sin x-\sin a}{x-a}$； (4) $\lim\limits_{x\to\pi}\dfrac{\sin 3x}{\tan 5x}$；

(5) $\lim\limits_{x\to\frac{\pi}{2}}\dfrac{\ln\sin x}{(\pi-2x)^2}$； (6) $\lim\limits_{x\to a}\dfrac{x^m-a^m}{x^n-a^n}\,(a\neq 0)$； (7) $\lim\limits_{x\to 0^+}\dfrac{\ln\tan 7x}{\ln\tan 2x}$； (8) $\lim\limits_{x\to\frac{\pi}{2}}\dfrac{\tan x}{\tan 3x}$；

(9) $\lim\limits_{x\to+\infty}\dfrac{\ln\left(1+\dfrac{1}{x}\right)}{\operatorname{arccot}x}$； (10) $\lim\limits_{x\to 0}\dfrac{\ln(1+x^2)}{\sec x-\cos x}$； (11) $\lim\limits_{x\to 0}x\cot 2x$； (12) $\lim\limits_{x\to 0}x^2\,\mathrm{e}^{1/x^2}$；

(13) $\lim\limits_{x\to 1}\left(\dfrac{2}{x^2-1}-\dfrac{1}{x-1}\right)$； (14) $\lim\limits_{x\to\infty}\left(1+\dfrac{a}{x}\right)^x$； (15) $\lim\limits_{x\to 0^+}x^{\sin x}$； (16) $\lim\limits_{x\to 0^+}\left(\dfrac{1}{x}\right)^{\tan x}$；

(17) $\lim\limits_{x\to 1}\dfrac{x-x^x}{1-x+\ln x}$； (18) $\lim\limits_{x\to 0}\left[\dfrac{1}{\ln(1+x)}-\dfrac{1}{x}\right]$； (19) $\lim\limits_{x\to+\infty}\left(\dfrac{2}{\pi}\arctan x\right)^x$；

(20) $\lim\limits_{x\to\infty}\left[(a_1^{\frac{1}{x}}+a_2^{\frac{1}{x}}+\cdots+a_n^{\frac{1}{x}})/n\right]^{nx}(a_1,a_2,\cdots,a_n>0)$； (21) $\lim\limits_{x\to 0}\dfrac{\tan x-x}{x-\sin x}$；

(22) $\lim\limits_{x\to\frac{\pi}{2}}\dfrac{\ln\sin x}{(\pi-2x)^2}$； (23) $\lim\limits_{x\to 0}\dfrac{x-\arcsin x}{\sin^3 x}$； (24) $\lim\limits_{x\to 1}\dfrac{\sqrt{2x-x^4}-\sqrt[3]{x}}{1-\sqrt[4]{x^3}}$；

(25) $\lim\limits_{x\to 0}\dfrac{(1+x)^{\frac{1}{x}}-\mathrm{e}}{x}$； (26) $\lim\limits_{x\to 0}\dfrac{\mathrm{e}^x-\mathrm{e}^{-x}}{\ln(\mathrm{e}-x)+x-1}$； (27) $\lim\limits_{x\to 0}\dfrac{\mathrm{e}^x-\mathrm{e}^{-x}-2x}{x-\sin x}$；

(28) $\lim\limits_{x\to 0^{+}}\dfrac{\ln\sin ax}{\ln\sin bx}(a>0,b>0)$;　(29) $\lim\limits_{x\to 0}\dfrac{\ln\cos ax}{\ln\cos bx}$;　(30) $\lim\limits_{x\to 0}\dfrac{\mathrm{e}^{-1/x^{2}}}{x^{100}}$;

(31) $\lim\limits_{x\to 0^{+}}x^{x^{x}}$;　(32) $\lim\limits_{x\to \frac{\pi}{2}^{-}}(\cos x)^{\frac{\pi}{2}-x}$;　(33) $\lim\limits_{x\to 0^{+}}(\cot x)^{\frac{1}{\ln x}}$;

(34) $\lim\limits_{x\to +\infty}\left(\dfrac{2}{\pi}\arctan x\right)^{x}$;　(35) $\lim\limits_{x\to 0}\left(\dfrac{2}{\pi}\arccos x\right)^{\frac{1}{x}}$;　(36) $\lim\limits_{x\to 0}\left(\dfrac{\arcsin x}{x}\right)^{\frac{1}{x^{2}}}$;

(37) $\lim\limits_{x\to 1}\left(\dfrac{1}{\ln x}-\dfrac{1}{x-1}\right)$;　(38) $\lim\limits_{x\to 0}\left(\dfrac{1}{x}-\dfrac{1}{\mathrm{e}^{x}-1}\right)$;　(39) $\lim\limits_{x\to 0}\left(\dfrac{1}{x^{2}}-\dfrac{1}{\sin^{2}x}\right)$;

(40) $\lim\limits_{x\to \infty}\dfrac{x-\sin x}{x+\sin x}$;　(41) $\lim\limits_{x\to 1}\dfrac{x-x^{x}}{1-x+\ln x}$;　(42) $\lim\limits_{x\to 1^{-}}\sqrt{1-x^{2}}\cot\left[\dfrac{x}{2}\sqrt{\dfrac{1-x}{1+x}}\right]$;

(43) $\lim\limits_{x\to +\infty}\left(\dfrac{\ln(1+x)}{x}\right)^{\frac{1}{x}}$.

2. 验证极限 $\lim\limits_{x\to\infty}\dfrac{x+\sin x}{x}$ 存在,但不能用洛必达法则.

3. 验证极限 $\lim\limits_{x\to 0}\dfrac{x^{2}\sin\dfrac{1}{x}}{\sin x}$ 存在,但不能用洛必达法则.

4. 讨论函数

$$f(x)=\begin{cases}\left[\dfrac{(1+x)^{\frac{1}{x}}}{\mathrm{e}}\right]^{\frac{1}{x}}, & x>0,\\[3mm] \mathrm{e}^{-\frac{1}{2}}, & x\leqslant 0\end{cases}$$

在点 $x=0$ 处的连续性.

5. 求证下列 $\theta$ 的极限:

(1) 由中值定理 $\ln(1+x)-0=\dfrac{x}{1+\theta x}$,求证 $\lim\limits_{x\to 0}\theta=\dfrac{1}{2}$;

(2) 由中值定理 $\mathrm{e}^{x}-1=x\mathrm{e}^{\theta x}$,求证 $\lim\limits_{x\to 0}\theta=\dfrac{1}{2}$;

(3) 由中值定理 $\arcsin x-0=\dfrac{x}{\sqrt{1-\theta^{2}x^{2}}}$,求证 $\lim\limits_{x\to 0}\theta=\dfrac{1}{\sqrt{3}}$.

# 6.3　泰 勒 公 式

　　对于一些较复杂的函数,为了便于研究,往往希望用一些简单的函数来近似表达. 由于用多项式表示的函数,只要对自变量进行有限次加、减、乘三种运算,便能求出它的函数值来,因此我们经常用多项式来近似表达函数.

　　用微分近似函数实际上就是用一次多项式来近似函数. 但是这种近似表达式还存在着不足之处. 首先是精确度不高,它所产生的误差仅是关于 $x-x_{0}$ 的高阶无穷小;其次是用它来做近似计算时,不能具体估算出误差大小. 因此对于精确度要求较高且需要估计误差的时候,就必须用高次多项式来近似表达函数,同时给出误差公式.

　　于是提出如下问题:设函数 $f(x)$ 在含有 $x_{0}$ 的开区间内充分光滑,试找出一个

关于 $(x-x_0)$ 的 $n$ 次多项式

$$p_n(x) = a_0 + a_1(x-x_0) + a_2(x-x_0)^2 + \cdots + a_n(x-x_0)^n$$

来近似表达 $f(x)$，要求 $p_n(x)$ 与 $f(x)$ 之差是比 $(x-x_0)^n$ 高阶的无穷小.

因为 $f(x) - p_n(x) = o(x-x_0)^n$，所以 $\lim\limits_{x \to x_0}(f(x) - p_n(x)) = 0$. 这意味着 $a_0 = f(x_0)$. 这时 $f(x) - p_n(x) = f(x) - f(x_0) - a_1(x-x_0) - a_2(x-x_0)^2 - \cdots - a_n(x-x_0)^n$，而

$$\frac{f(x) - p_n(x)}{x - x_0} = o(x-x_0)^{n-1},$$

所以

$$\lim_{x \to x_0} \frac{f(x) - p_n(x)}{x - x_0}$$
$$= \lim_{x \to x_0}\left(\frac{f(x) - f(x_0)}{x - x_0} - a_1 - a_2(x-x_0) - \cdots - a_n(x-x_0)^{n-1}\right) = 0,$$

由此可得 $a_1 = f'(x_0)$.

由此可以按照 $f(x)$ 和 $p_n(x)$ 在 $x_0$ 处的函数值以及直到 $n$ 阶的导数值都相等来确定 $p_n$ 的系数. 由此可得

$$a_0 = f(x_0), \quad a_1 = f'(x_0), \quad a_2 = \frac{1}{2!}f''(x_0), \quad \cdots, \quad a_n = \frac{1}{n!}f^{(n)}(x_0),$$

所以希望

$$p_n(x) = f(x_0) + f'(x_0)(x-x_0) + \frac{1}{2!}f''(x_0)(x-x_0)^2$$
$$+ \cdots + \frac{1}{n!}f^{(n)}(x_0)(x-x_0)^n$$

能满足要求.

### 6.3.1 皮亚诺型余项泰勒公式

**定理 6.6** 若函数 $f(x)$ 在点 $x_0$ 处有 $n$ 阶导数，则有

$$f(x) = f(x_0) + f'(x_0) \cdot (x-x_0) + \frac{f''(x_0)}{2!} \cdot (x-x_0)^2$$
$$+ \cdots + \frac{f^{(n)}(x_0)}{n!} \cdot (x-x_0)^n + R_n(x),$$

其中

$$R_n(x) = o(x-x_0)^n, \quad x \to x_0.$$

**证** 只需证明

$$\lim_{x \to x_0} \frac{R_n(x)}{(x-x_0)^n} = 0,$$

即

$$\lim_{x \to x_0} \frac{1}{(x-x_0)^n} \left\{ f(x) - \left[ f(x_0) + f'(x_0) \cdot (x-x_0) + \frac{f''(x_0)}{2!} \cdot (x-x_0)^2 \right.\right.$$
$$\left.\left. + \cdots + \frac{f^{(n)}(x_0)}{n!} \cdot (x-x_0)^n \right] \right\} = 0.$$

连续运用 $n-1$ 次洛必达法则,再用导数定义,得

$$\lim_{x \to x_0} \frac{R_n(x)}{(x-x_0)^n}$$

$$= \lim_{x \to x_0} \frac{1}{n(x-x_0)^{n-1}} \left[ f'(x) - f'(x_0) - f''(x_0)(x-x_0) - \cdots - \frac{f^{(n)}(x_0)}{(n-1)!}(x-x_0)^{n-1} \right]$$

$$= \cdots$$

$$= \frac{1}{n!} \lim_{x \to x_0} \left[ \frac{f^{(n-1)}(x) - f^{(n-1)}(x_0)}{x-x_0} - f^{(n)}(x_0) \right]$$

$$= 0$$

于是定理得证.

定理 6.6 中的公式称为**函数 $f(x)$ 在点 $x_0$ 处的 $n$ 阶局部泰勒公式**(或泰勒展开式),也称带皮亚诺余项的泰勒公式. $R_n(x) = o(x-x_0)^n (x \to x_0)$ 称为**皮亚诺余项**.

当 $x_0 = 0$ 时,泰勒公式化为

$$f(x) = f(0) + f'(0)x + \frac{f''(0)}{2!}x^2 + \cdots + \frac{f^{(n)}(0)}{n!}x^n + o(x^n)(x \to 0).$$

此式又称 $f(x)$ 的 $n$ **阶局部麦克劳林公式**.

通过直接计算高阶导数,可以得到如下几个常用的初等函数的麦克劳林公式:

(1) $e^x = 1 + x + \frac{x^2}{2!} + \frac{x^3}{3!} + \cdots + \frac{x^n}{n!} + o(x^n)(x \to 0)$;

(2) $\sin x = x - \frac{x^3}{3!} + \frac{x^5}{5!} - \cdots + (-1)^{m-1}\frac{x^{2m-1}}{(2m-1)!} + o(x^{2m})(x \to 0)$;

(3) $\cos x = 1 - \frac{x^2}{2!} + \frac{x^4}{4!} - \cdots + (-1)^m \frac{x^{2m}}{(2m)!} + o(x^{2m+1})(x \to 0)$;

(4) $(1+x)^\alpha = 1 + \alpha x + \frac{\alpha(\alpha-1)}{2!}x^2 + \cdots + \frac{\alpha(\alpha-1)\cdots(\alpha-n+1)}{n!}x^n + o(x^n)(x \to 0)$;

(5) $\ln(1+x) = x - \frac{x^2}{2} + \frac{x^3}{3} - \cdots + (-1)^{n-1}\frac{x^n}{n} + o(x^n)(x \to 0)$.

**例 6.12** 求极限 $\lim\limits_{x \to 0} \dfrac{\cos x - e^{-\frac{x^2}{2}}}{x^4}$.

**解** $\cos x = 1 - \dfrac{1}{2}x^2 + \dfrac{1}{4!}x^4 + o(x^5)(x \to 0)$,

$$e^{-\frac{x^2}{2}} = 1 + \left(-\frac{x^2}{2}\right) + \frac{1}{2!}\left(-\frac{x^2}{2}\right)^2 + o(x^4)$$

$$= 1 - \frac{x^2}{2} + \frac{x^4}{8} + o(x^4) \ (x \to 0),$$

于是

$$\lim_{x \to 0} \frac{\cos x - e^{-\frac{x^2}{2}}}{x^4} = \lim_{x \to 0} \frac{-\frac{1}{12}x^4 + o(x^4)}{x^4} = -\frac{1}{12}.$$

### 6.3.2 拉格朗日型余项泰勒公式

**定理 6.7** 若函数 $f(x)$ 在含有点 $x_0$ 的某个开区间 $(a,b)$ 内具有直到 $(n+1)$ 阶的导数,则对任意 $x \in (a,b)$ 有

$$f(x) = f(x_0) + f'(x_0) \cdot (x - x_0) + \frac{f''(x_0)}{2!} \cdot (x - x_0)^2$$

$$+ \cdots + \frac{f^{(n)}(x_0)}{n!} \cdot (x - x_0)^n + R_n(x),$$

其中

$$R_n(x) = \frac{f^{(n+1)}(\xi)}{(n+1)!}(x - x_0)^{n+1},$$

$\xi$ 是 $x_0$ 与 $x$ 之间的某个值.

**证** $R_n(x) = f(x) - p_n(x)$. 由假设可知, $R_n(x)$ 在 $(a,b)$ 内具有直到 $n+1$ 阶的导数,且

$$R_n(x_0) = R'_n(x_0) = R''_n(x_0) = \cdots = R_n^{(n)}(x_0) = 0.$$

对函数 $R_n(x)$ 及 $(x - x_0)^{n+1}$ 在以 $x_0$ 与 $x$ 为端点的区间上应用柯西中值定理,得

$$\frac{R_n(x)}{(x - x_0)^{n+1}} = \frac{R_n(x) - R_n(x_0)}{(x - x_0)^{n+1} - 0} = \frac{R'_n(\xi_1)}{(n+1)(\xi_1 - x_0)^n},$$

其中 $\xi_1$ 为 $x_0$ 与 $x$ 之间的某个值. 再对两个函数 $R'_n(x)$ 及 $(n+1)(x - x_0)^n$ 在以 $x_0$ 及 $\xi_1$ 为端点的区间上应用柯西中值定理,得

$$\frac{R'_n(\xi_1)}{(n+1)(\xi_1 - x_0)^n} = \frac{R'_n(\xi_1) - R'_n(x_0)}{(n+1)(\xi_1 - x_0)^n - 0} = \frac{R''_n(\xi_2)}{n(n+1)(\xi_2 - x_0)^{n-1}},$$

其中 $\xi_2$ 为 $x_0$ 与 $\xi_1$ 之间的某个值.

照此方法继续做下去,经过 $(n+1)$ 次后,得

$$\frac{R_n(x)}{(x - x_0)^{n+1}} = \frac{R_n^{(n+1)}(\xi)}{(n+1)!},$$

因为 $\xi \in (x_0, \xi_n)$,因而 $\xi \in (x_0, x)$.

注意到 $R_n^{(n+1)}(x) = f^{(n+1)}(x)$,可得

$$R_n(x) = \frac{f^{(n+1)}(\xi)}{(n+1)!}(x - x_0)^{n+1}.$$

定理证毕.

定理 6.7 中的公式称为**函数 $f(x)$ 在点 $x_0$ 处的带拉格朗日余项的泰勒公式.**
$R_n(x) = \dfrac{f^{(n+1)}(\xi)}{(n+1)!}(x-x_0)^{n+1}$ 称为**拉格朗日型余项.**

当 $x_0=0$ 时,泰勒公式化为

$$f(x) = f(0) + f'(0)x + \frac{f''(0)}{2!}x^2 + \cdots + \frac{f^{(n)}(0)}{n!}x^n + \frac{f^{(n+1)}(\theta x)}{(n+1)!}x^{n+1}, \quad 0 < \theta < 1.$$

此式又称 $f(x)$ 的**拉格朗日型余项的麦克劳林公式.**

当 $n=0$ 时,泰勒公式变为拉格朗日中值公式.

由泰勒公式知,以多项式 $p_n(x)$ 近似表达函数 $f(x)$ 时,其误差为 $|R_n(x)|$. 如果对于某个固定的 $n$,当 $x \in (a,b)$ 时,$|f^{(n+1)}(x)| \leqslant M$,则有估计式

$$|R_n(x)| \leqslant \frac{M}{(n+1)!}|x-x_0|^{n+1}.$$

通过直接计算高阶导数,可以得到如下几个常用的初等函数的麦克劳林公式:

(1) $e^x = 1 + x + \dfrac{x^2}{2!} + \dfrac{x^3}{3!} + \cdots + \dfrac{x^n}{n!} + \dfrac{e^{\theta x}}{(n+1)!}x^{n+1} \ (0 < \theta < 1)$;

(2) $\sin x = x - \dfrac{x^3}{3!} + \dfrac{x^5}{5!} - \cdots + (-1)^{m-1}\dfrac{x^{2m-1}}{(2m-1)!} + (-1)^m \dfrac{\cos\theta x}{(2m+1)!}x^{2m+1}$
$(0 < \theta < 1)$;

(3) $\cos x = 1 - \dfrac{x^2}{2!} + \dfrac{x^4}{4!} - \cdots + (-1)^m\dfrac{x^{2m}}{(2m)!} + (-1)^{m+1}\dfrac{\cos\theta x}{(2m+2)!}x^{2m+2}$
$(0 < \theta < 1)$;

(4) $(1+x)^\alpha = 1 + \alpha x + \dfrac{\alpha(\alpha-1)}{2!}x^2 + \cdots + \dfrac{\alpha(\alpha-1)\cdots(\alpha-n+1)}{n!}x^n$

$\qquad + \dfrac{\alpha(\alpha-1)\cdots(\alpha-n+1)(\alpha-n)}{(n+1)!}(1+\theta x)^{\alpha-n-1}x^{n+1} \ (0 < \theta < 1)$;

(5) $\ln(1+x) = x - \dfrac{x^2}{2} + \dfrac{x^3}{3} - \cdots + (-1)^{n-1}\dfrac{x^n}{n} + \dfrac{(-1)^n}{(n+1)(1+\theta x)^{n+1}}x^{n+1}$
$(0 < \theta < 1)$.

**例 6.13** 试用拉格朗日型余项的泰勒公式求 e 的近似值,并估计误差.

**解**　$e^x = 1 + x + \dfrac{x^2}{2!} + \dfrac{x^3}{3!} + \cdots + \dfrac{x^n}{n!} + \dfrac{e^{\theta x}}{(n+1)!}x^{n+1}, \quad 0 < \theta < 1,$
由此可知,若令

$$e^x \approx 1 + x + \frac{x^2}{2!} + \frac{x^3}{3!} + \cdots + \frac{x^n}{n!},$$

则产生的误差为

$$|R_n(x)| = \left|\frac{e^{\theta x}}{(n+1)!}x^{n+1}\right| < \frac{e^{|x|}}{(n+1)!}|x|^{n+1}, \quad 0 < \theta < 1.$$

如果取 $x=1$,则得无理数 e 的近似式

$$e \approx 1 + 1 + \frac{1}{2!} + \cdots + \frac{1}{n!},$$

其误差

$$|R_n| < \frac{e}{(n+1)!} < \frac{3}{(n+1)!}.$$

当 $n=10$ 时,可算出 $e \approx 2.718282$,其误差不超过 $10^{-6}$.

皮亚诺型余项泰勒公式

皮亚诺型余项泰勒公式举例

拉格朗日型余项泰勒公式

**习题 6.3**

1. 按 $(x-4)$ 的幂展开多项式 $f(x) = x^4 - 5x^3 + x^2 - 3x + 4$.

2. 应用麦克劳林公式,按 $x$ 的幂展开函数 $f(x) = (x^2 - 3x + 1)^3$.

3. 求函数 $f(x) = \sqrt{x}$ 按 $(x-4)$ 的幂展开的带有拉格朗日型余项的 3 阶泰勒公式.

4. 求函数 $f(x) = \ln x$ 按 $(x-2)$ 的幂展开的带有皮亚诺型余项的 $n$ 阶泰勒公式.

5. 求函数 $f(x) = \frac{1}{x}$ 按 $(x+1)$ 的幂展开的带有拉格朗日型余项的 $n$ 阶泰勒公式.

6. 求函数 $f(x) = \tan x$ 的带有皮亚诺型余项的 3 阶麦克劳林公式.

7. 求函数 $f(x) = xe^x$ 的带有皮亚诺型余项的 $n$ 阶麦克劳林公式.

8. 利用已知的展开式求下列函数的局部麦克劳林展式:

(1) $xe^x$; (2) $\text{ch}x$; (3) $\ln \frac{1+x}{1-x}$; (4) $\cos^2 x$; (5) $\frac{x^3 + 2x + 1}{x - 1}$; (6) $\cos x^2$.

9. 求 $\arcsin x$ 的局部麦克劳林展式.

10. 写出下列函数的局部麦克劳林公式至所指阶数:

(1) $e^x \cos x (x^4)$; (2) $\arctan x (x^3)$;

(3) $\sin(\sin x)(x^3)$; (4) $\frac{x}{2x^3 + x - 1}(x^3)$;

(5) $\frac{1+x+x^2}{1-x+x^2}(x^4)$; (6) $\frac{x^2}{\sqrt{1-x+x^2}}(x^4)$.

11. 利用泰勒公式求下列极限:

(1) $\lim\limits_{x \to +\infty} (\sqrt[3]{x^3 + 3x^2} - \sqrt[4]{x^4 - 2x^3})$; (2) $\lim\limits_{x \to 0} \frac{\cos x - e^{-\frac{x^2}{2}}}{x^2 [x + \ln(1-x)]}$;

(3) $\lim\limits_{x \to 0} \frac{1 + \frac{1}{2}x^2 - \sqrt{1+x^2}}{(\cos x - e^{x^2})\sin x^2}$; (4) $\lim\limits_{x \to 0} \frac{a^x + a^{-x} - 2}{x^2} (a > 0)$.

(5) $\lim\limits_{x\to0}\dfrac{\ln(1+x+x^2)+\ln(1-x+x^2)}{x\sin x}$；　(6) $\lim\limits_{x\to0}\dfrac{e^{x^3}-1-x^3}{\sin^6 2x}$；

(7) $\lim\limits_{x\to0}\left(\dfrac{1}{x}-\dfrac{1}{\sin x}\right)$．

12. 设 $f''(x_0)$ 存在，证明

$$\lim_{h\to0}\frac{f(x_0+h)+f(x_0-h)-2f(x_0)}{h^2}=f''(x_0).$$

13. 设 $f^{(n)}(x_0)$ 存在，且 $f(x_0)=f'(x_0)=\cdots=f^{(n)}(x_0)=0$，证明

$$f(x)=o\big[(x-x_0)^n\big]\quad(x\to x_0).$$

14. 试确定常数 $a$ 和 $b$，使 $f(x)=x-(a+b\cos x)\sin x$ 为当 $x\to0$ 时关于 $x$ 的 5 阶无穷小.

15. 设对 $\forall x\in(a,b)$，有 $f''(x)>0$，求证 $\forall x_i\in(a,b)$，$i=1,2,\cdots,n$，都有

$$f\left(\frac{x_1+x_2+\cdots+x_n}{n}\right)\leqslant\frac{1}{n}\sum_{i=1}^{n}f(x_i),$$

且等号仅在 $x_i(i=1,2,\cdots,n)$ 都相等时才成立.

16. 设函数 $f(x)=-\ln x$，求证：当 $x>0$ 时，$f''(x)>0$；当 $x_i>0(i=1,2,\cdots,n)$ 时，有

$$\frac{n}{\dfrac{1}{x_1}+\dfrac{1}{x_2}+\cdots+\dfrac{1}{x_n}}\leqslant\sqrt[n]{x_1x_2\cdots x_n}\leqslant\frac{x_1+x_2+\cdots+x_n}{n}.$$

# 6.4　函数的单调性与曲线的凹凸性

### 6.4.1　函数单调性的判别法

如果函数 $y=f(x)$ 在某个区间上单调递增（单调递减），那么它的图形是一条沿 $x$ 轴正向上升（下降）的曲线. 如果曲线具有切线的话，则切线的斜率是非负的（是非正的），即 $y'=f'(x)\geqslant0(y'=f'(x)\leqslant0)$. 于是可以猜想是否可用导数的符号来判断函数的单调性（图 6.4）.

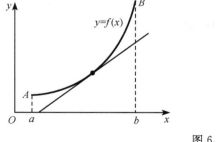 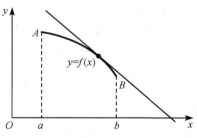

图 6.4

**定理 6.8**　设函数 $f(x)$ 在闭区间 $[a,b]$ 上连续，在开区间 $(a,b)$ 内可微，则

(1) 若在 $(a,b)$ 内 $f'(x)>0$，则 $f(x)$ 在 $[a,b]$ 上单调递增；

(2) 若在 $(a,b)$ 内 $f'(x)<0$，则 $f(x)$ 在 $[a,b]$ 上单调递减.

**证** (1) 在$[a,b]$上任取两点$x_1<x_2$,由拉格朗日中值定理知,存在一点$\xi\in(x_1,x_2)$,使得
$$f(x_2)-f(x_1)=f'(\xi)\cdot(x_2-x_1).$$
由$f'(\xi)>0,x_2-x_1>0$知$f(x_2)-f(x_1)>0$,即
$$f(x_1)<f(x_2).$$
因此$f(x)$在$[a,b]$上单调递增.

(2) 的证明类似.

**注 6.6** 对于其他类型的区间,如$(a,b),[a,b),(a,b],(a,+\infty),[a,+\infty),(-\infty,b],(-\infty,b),(-\infty,+\infty)$等,有相应类似的结论.

**例 6.14** 讨论函数$f(x)=e^x$在区间$(-\infty,+\infty)$内的单调性.

**解** 因为
$$f'(x)=e^x>0,\quad\forall x\in(-\infty,+\infty),$$
所以由定理 6.8 知,$f(x)=e^x$在$(-\infty,+\infty)$内单调递增.

**例 6.15** 指出函数$f(x)=\frac{1}{3}x^3-x^2+\frac{1}{3}$的单调区间.

**解** $f(x)$的定义域为$(-\infty,+\infty)$,且在$(-\infty,+\infty)$内有
$$f'(x)=x^2-2x=x(x-2).$$
令$f'(x)=0$,解出$x=0,2$.在区间$(-\infty,0)$内$f'(x)>0$,所以$f(x)$单调递增;在区间$(0,2)$内$f'(x)<0$,所以$f(x)$单调递减;在区间$(2,+\infty)$内,$f'(x)>0$,所以$f(x)$单调递增.

**例 6.16** 讨论函数$y=\sqrt[3]{x^2}$的单调性.

**解** $f(x)$的定义域为$(-\infty,+\infty)$.

当$x\neq0$时,此函数的导数为
$$y'=\frac{2}{3\sqrt[3]{x}},$$
在区间$(-\infty,0)$内$f'(x)<0$,所以$f(x)$单调递减;在区间$(0,+\infty)$内$f'(x)>0$,所以$f(x)$单调递增(图 6.5).

**注 6.7** 如果函数在其定义区间上连续,除去有限个导数不存在的点外,导数存在且连续,那么只要用方程$f'(x)=0$的根及$f'(x)$不存在的点来划分函数$f(x)$的定义区间,就可以保证$f'(x)$在各个部分区间内保持定号,因而函数在各个部分区间上单调.

**注 6.8** 定理 6.8 只给出了一个函数在某区间上单调的充分条件,而不是必

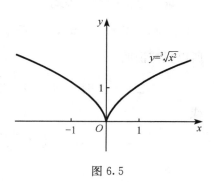

图 6.5

要条件. 例如,对于函数 $f(x)=x^3$,有 $f'(x)=3x^2$. 当 $x=0$ 时 $f'(x)=0$,但是,$f(x)=x^3$ 在整个区间 $(-\infty,+\infty)$ 内单调上升. 又例如,对于函数 $f(x)=x^{\frac{1}{3}}$ 来说,当 $x\neq0$ 时,有

$$f'(x)=\frac{1}{3}\cdot\frac{1}{\sqrt[3]{x^2}}>0,$$

但在 $x=0$ 处 $f(x)$ 不可导,然而 $f(x)=x^{\frac{1}{3}}$ 在 $(-\infty,+\infty)$ 内单调递增(图 6.6).

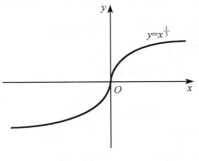

图 6.6

由此可见,若 $f(x)$ 在某区间内连续,只在某几个孤立点处的导数为 0 或不存在,而在其他点处,有 $f'(x)>0$(或 $f'(x)<0$),则仍可断定 $f(x)$ 在此区间内单调递增(或单调递减).

**例 6.17**　证明:当 $x\neq0$ 时,有不等式 $\mathrm{e}^x>1+x$.

**证**　设 $f(x)=\mathrm{e}^x-1-x$,只需证明:当 $x\neq0$ 时,有 $f(x)>0$.

因为 $f'(x)=\mathrm{e}^x-1$,则在 $(-\infty,0)$ 内 $f'(x)<0$,$f(x)$ 单调递减;在 $(0,+\infty)$ 内,$f'(x)>0$,$f(x)$ 单调递增. 所以 $f(0)=0$ 是函数 $f(x)$ 的最小值,所以当 $x\neq0$ 时,有

$$f(x)>f(0)=0,$$

即

$$\mathrm{e}^x>1+x,$$

如图 6.7 所示.

**例 6.18**　证明:当 $x\in\left(0,\dfrac{\pi}{2}\right)$ 时,有不等式

$$\frac{2}{\pi}x<\sin x<x.$$

**证**　已证明过不等式

$$\sin x<x<\tan x,\quad x\in\left(0,\frac{\pi}{2}\right).$$

所以只需证明

$$\frac{2}{\pi}x<\sin x,\quad x\in\left(0,\frac{\pi}{2}\right),$$

或

$$\frac{\pi}{2}\cdot\frac{\sin x}{x}>1,\quad x\in\left(0,\frac{\pi}{2}\right).$$

令

$$f(x)=\frac{\pi}{2}\cdot\frac{\sin x}{x},$$

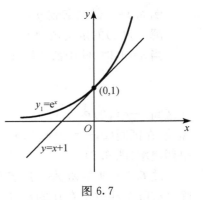

图 6.7

函数的单调性

则

$$f'(x) = \frac{\pi}{2} \cdot \frac{\cos x}{x^2}(x - \tan x),$$

所以, 当 $x \in \left(0, \frac{\pi}{2}\right)$ 时

$$f'(x) < 0.$$

从而有

$$f(x) > f\left(\frac{\pi}{2}\right) = 1, \quad x \in \left(0, \frac{\pi}{2}\right).$$

### 6.4.2 曲线的凹凸性与拐点

从几何上看到, 在有的曲线弧上, 如果任取两点, 则联接这两点间的弦总位于这两点间的弧段的上方, 而有的曲线弧, 则正好相反. 曲线的这种性质就是**曲线的凹凸性**(图 6.8).

**定义 6.1** 设 $f(x)$ 在区间 $I$ 上连续, 如果对 $I$ 上任意两点 $x_1, x_2$, 恒有

$$f\left(\frac{x_1 + x_2}{2}\right) < \frac{f(x_1) + f(x_2)}{2},$$

则称 $f(x)$ 在 $I$ 上的图形是(向上)凹的(或凹弧); 如果恒有

$$f\left(\frac{x_1 + x_2}{2}\right) > \frac{f(x_1) + f(x_2)}{2},$$

则称 $f(x)$ 在 $I$ 上的图形是(向上)凸的(或凸弧)(图 6.9).

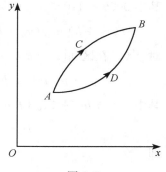

图 6.8

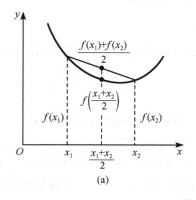

(a)

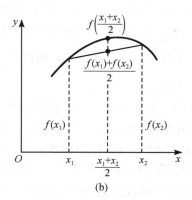

(b)

图 6.9

可以用二阶导数的符号来判断曲线的凹凸性.

**定理 6.9**　设函数 $f(x)$ 在闭区间 $[a,b]$ 上连续,在开区间 $(a,b)$ 内具有一阶和二阶导数,那么

(1) 若在 $(a,b)$ 内 $f''(x)>0$,则 $f(x)$ 在 $[a,b]$ 上的图形是凹的;

(2) 若在 $(a,b)$ 内 $f''(x)<0$,则 $f(x)$ 在 $[a,b]$ 上的图形是凸的.

**证**　(1) 在 $[a,b]$ 上任取两点 $x_1<x_2$,记 $\dfrac{x_1+x_2}{2}=x_0$,并记 $x_2-x_0=x_0-x_1$ $=h$,则 $x_1=x_0-h, x_2=x_0+h$,由拉格朗日中值定理知
$$f(x_0+h)-f(x_0)=f'(x_0+\theta_1 h)h,$$
$$f(x_0)-f(x_0-h)=f'(x_0-\theta_2 h)h,$$
其中 $0<\theta_1<1; 0<\theta_2<1$. 两式相减,得
$$f(x_0+h)+f(x_0-h)-2f(x_0)=[f'(x_0+\theta_1 h)-f'(x_0-\theta_2 h)]h.$$
对 $f'(x)$ 在区间 $[x_0-\theta_2 h, x_0+\theta_1 h]$ 上再次利用拉格朗日中值公式,得
$$[f'(x_0+\theta_1 h)-f'(x_0-\theta_2 h)]h=f''(\xi)(\theta_1+\theta_2)h^2,$$
其中 $x_0-\theta_2 h<\xi<x_0+\theta_1 h$. 由假定知 $f''(\xi)>0$,故有
$$f(x_0+h)+f(x_0-h)-2f(x_0)>0,$$
即
$$f\left(\frac{x_1+x_2}{2}\right)<\frac{f(x_1)+f(x_2)}{2},$$
所以 $f(x)$ 在 $[a,b]$ 上的图形是凹的.

(2) 的证明类似.

**注 6.9**　对于其他类型的区间,如 $(a,b), [a,b), (a,b], (a,+\infty), [a,+\infty),$ $(-\infty,b], (-\infty,b), (-\infty,+\infty)$ 等,有相应类似的结论.

**例 6.19**　判定曲线 $y=\ln x$ 的凹凸性.

**解**　因为 $y'=\dfrac{1}{x}, y''=-\dfrac{1}{x^2}$,所以在 $y=\ln x$ 的定义域 $(0,+\infty)$ 内 $y''<0$,曲线 $y=\ln x$ 是凸的.

**例 6.20**　判定曲线 $y=x^3$ 的凹凸性.

**解**　因为 $y'=3x^2, y''=6x$,所以当 $x<0$ 时 $y''<0$,所以曲线在 $(-\infty,0]$ 内是凸弧;当 $x>0$ 时 $y''>0$,所以曲线在 $[0,+\infty)$ 内是凹弧.

一般地,设 $y=f(x)$ 在区间 $I$ 上连续,$x_0$ 是 $I$ 的内点. 如果曲线 $y=f(x)$ 在经过点 $(x_0, f(x_0))$ 时,曲线的凹凸性改变了,就称点 $(x_0, f(x_0))$ 为**曲线的拐点**.

**例 6.21**　求曲线 $f(x)=\dfrac{1}{3}x^3-x^2+\dfrac{1}{3}$ 的凹凸区间及拐点.

**解**　$f'(x)=x^2-2x$，$f''(x)=2x-2=2(x-1)$，所以当 $x\in(-\infty,1)$ 时，$f''(x)<0$，曲线在 $(-\infty,1]$ 内是凸弧；当 $x\in(1,+\infty)$ 时，$f''(x)>0$，曲线在 $[1,+\infty)$ 内是凹弧. 于是 $\left(1,-\dfrac{1}{3}\right)$ 是曲线的拐点.

**例 6.22**　求曲线 $f(x)=x^4$ 的凹凸区间及拐点.

**解**　$f'(x)=4x^3$，$f''(x)=12x^2$，所以除 $x=0$ 外，都有 $f''(x)>0$，曲线在整个定义域 $(-\infty,+\infty)$ 内是凹弧，没有拐点.

**例 6.23**　求曲线 $y=\sqrt[3]{x}$ 的凹凸区间及拐点.

**解**　当 $x\neq0$ 时，

$$y'=\frac{1}{3\sqrt[3]{x^2}},\quad y''=-\frac{2}{9x\sqrt[3]{x^2}},$$

在 $(-\infty,0)$ 内 $y''>0$，曲线在 $(-\infty,0]$ 上是凹弧；在 $(0,+\infty)$ 内 $y''<0$，曲线在 $[0,+\infty)$ 上是凸弧. $(0,0)$ 是拐点.

曲线的凹凸性

### 习题 6.4

1. 判定函数 $f(x)=\arctan x-x$ 的单调性.

2. 判定函数 $f(x)=x+\cos x(0\leqslant x\leqslant2\pi)$ 的单调性.

3. 求下列函数的单调性区间与极值点：

(1) $f(x)=3x^2-x^3$；　(2) $f(x)=x-\ln(1+x)$；　(3) $f(x)=a-b(x-c)^{\frac{2}{3}}(a>0,b>0)$；

(4) $f(x)=x-e^x$；　(5) $f(x)=\sqrt{x}\ln x$.

4. 求下列函数的极值点与极值：

(1) $y=x+a^2/x$；　(2) $y=xe^{-x}$；　(3) $y=\dfrac{1}{x}\ln^2x$.

5. 确定下列函数的单调区间：

(1) $y=2x^3-6x^2-18x-7$；　(2) $y=2x+\dfrac{8}{x}(x>0)$；

(3) $y=\dfrac{10}{4x^3-9x^2+6x}$；　(4) $y=\ln(x+\sqrt{1+x^2})$；

(5) $y=(x-1)(x+1)^3$；　(6) $y=\sqrt[3]{(2x-a)(a-x)^2}(a>0)$；

(7) $y=x^ne^{-x}(n>0,x\geqslant0)$；　(8) $y=x+|\sin2x|$.

6. 证明下列不等式：

(1) 当 $x>0$ 时,$1+\dfrac{1}{2}x>\sqrt{1+x}$;

(2) 当 $x>0$ 时,$1+x\ln(x+\sqrt{1+x^2})>\sqrt{1+x^2}$;

(3) 当 $0<x<\dfrac{\pi}{2}$ 时,$\sin x+\tan x>2x$;

(4) 当 $0<x<\dfrac{\pi}{2}$ 时,$\tan x>x+\dfrac{1}{3}x^3$;

(5) 当 $x>4$ 时,$2^x>x^2$;

(6) 当 $0<x_1<x_2<\dfrac{\pi}{2}$ 时,$\dfrac{\tan x_2}{\tan x_1}>\dfrac{x_2}{x_1}$;

(7) 当 $x>0$ 时,$\ln(1+x)>\dfrac{\arctan x}{1+x}$;

(8) 当 $e<a<b<e^2$ 时,$\ln^2 b-\ln^2 a>\dfrac{4}{e^2}(b-a)$;

(9) 当 $x>0$ 时,$x>\ln(1+x)>x-\dfrac{1}{2}x^2$;

(10) 当 $x\neq 0$ 时,$\dfrac{e^x+e^{-x}}{2}>1+\dfrac{x^2}{2}$;

(11) 当 $x\in\left(0,\dfrac{\pi}{2}\right)$ 时,$2x<\sin x+\tan x$;

(12) 当 $x>0$ 时,$\sin x>x-\dfrac{1}{6}x^3$.

7. 讨论方程 $\ln x=ax(a>0)$ 有几个实根?

8. 判定下列曲线的凹凸性:

(1) $y=4x-x^2$;　　(2) $y=\operatorname{sh}x$;

(3) $y=x+\dfrac{1}{x}(x>0)$;　　(4) $y=x\arctan x$.

9. 求下列函数图形的拐点及凹或凸的区间:

(1) $y=x^3-5x^2+3x+5$;　　(2) $y=xe^{-x}$;

(3) $y=(x+1)^4+e^x$;　　(4) $y=\ln(x^2+1)$;

(5) $y=e^{\arctan x}$;　　(6) $y=x^4(12\ln x-7)$;

(7) $y=3x^2-x^3$;　　(8) $y=x+\dfrac{x}{x^2-1}$;

(9) $y=\sqrt{1+x^2}$.

10. 利用函数图形的凹凸性,证明下列不等式:

(1) $\dfrac{1}{2}(x^n+y^n)>\left(\dfrac{x+y}{2}\right)^n(x>0,y>0,x\neq y,n>1)$;

(2) $\dfrac{e^x+e^y}{2}>e^{\frac{x+y}{2}}(x\neq y)$;

(3) $x\ln x+y\ln y>(x+y)\ln\dfrac{x+y}{2}(x>0,y>0,x\neq y)$.

11. 试证明:曲线 $y=\dfrac{x-1}{x^2+1}$ 有三个拐点位于同一直线上.

12. 问 $a,b$ 为何值时,点 $(1,3)$ 为曲线 $y=ax^3+bx^2$ 的拐点?

13. 试决定曲线 $y=ax^3+bx^2+cx+d$ 中的 $a,b,c,d$,使得 $x=-2$ 处曲线有水平切线,$(1,-10)$ 为拐点,且点 $(-2,44)$ 在曲线上.

14. 试决定 $y=k(x^2-3)^2$ 中 $k$ 的值,使曲线的拐点处的法线通过原点.

15. 设 $y=f(x)$ 在 $x=x_0$ 的某邻域内具有三阶连续导数,如果 $f''(x_0)=0$,且 $f'''(x_0)\neq0$,试问 $(x_0,f(x_0))$ 是否为拐点? 为什么?

# 6.5 函数的极值与最大值最小值

## 6.5.1 函数的极值及其求法

**定义 6.2** 设函数 $f(x)$ 在点 $x_0$ 的某邻域 $U(x_0)$ 内有定义,如果对于去心邻域 $\mathring{U}(x_0)$ 内的任意 $x$,有

$$f(x)<f(x_0)(\text{或 } f(x)>f(x_0)),$$

就称 $f(x_0)$ 是函数 $f(x)$ 的一个**极大值**(或**极小值**).

函数的极大值与极小值统称为**函数的极值**,使函数取得极值的点称为**极值点**.

由费马引理知,如果函数 $f(x)$ 在 $x_0$ 处可导,且 $f(x)$ 在 $x_0$ 处取得极值,则 $f'(x_0)=0$. 这是可导函数取得极值的必要条件. 使得 $f'(x_0)=0$ 的 $x_0$ 称为驻点,则可说可导函数的极值点必为驻点. 但反过来,函数的驻点却不一定是极值点. 例如,$x=0$ 是 $f(x)=x^3$ 的驻点,却不是极值点. 另外,函数在它的导数不存在的点处也可能取得极值. 例如 $f(x)=|x|$ 在 $x=0$ 处取得极小值.

**定理 6.10**(第一充分条件) 设函数 $f(x)$ 在 $x_0$ 处连续,且在 $x_0$ 的某去心邻域 $\mathring{U}(x_0,\delta)$ 内可导.

(1) 若 $x\in(x_0-\delta,x_0)$ 时,$f'(x)>0$,而 $x\in(x_0,x_0+\delta)$ 时,$f'(x)<0$,则 $f(x)$ 在 $x_0$ 处取得极大值;

(2) 若 $x\in(x_0-\delta,x_0)$ 时 $f'(x)<0$;而 $x\in(x_0,x_0+\delta)$ 时 $f'(x)>0$,则 $f(x)$ 在 $x_0$ 处取得极小值;

(3) 若 $x\in\mathring{U}(x_0,\delta)$ 时 $f'(x)$ 的符号保持不变,则 $f(x)$ 在 $x_0$ 处没有极值(图 6.10).

**证** (1) 根据函数单调性的判别法,函数 $f(x)$ 在 $(x_0-\delta,x_0]$ 内单调递增,而在 $[x_0,x_0+\delta)$ 内单调递减. 所以 $x\in\mathring{U}(x_0,\delta)$ 时,总有 $f(x)<f(x_0)$,$f(x)$ 在 $x_0$ 处取得极大值.

(2),(3) 的证明类似.

**例 6.24** 求 $f(x)=\dfrac{1}{3}x^3-x^2+\dfrac{1}{3}$ 的极值.

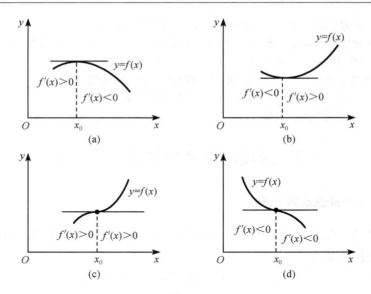

图 6.10

**解**　令 $f'(x)=x^2-2x=x(x-2)=0$,得两个驻点
$$x_1=0, \quad x_2=2.$$

在$(-\infty,0)$内 $y'>0$,在$(0,2)$内 $y'<0$,所以 $f(0)=\dfrac{1}{3}$ 为极大值;又因在$(2,+\infty)$内 $y'>0$,所以 $f(2)=-1$ 为极小值.

**例 6.25**　求 $f(x)=(x-1)\sqrt[3]{x^2}$ 的极值.

**解**　当 $x\neq0$ 时,有
$$f'(x)=\sqrt[3]{x^2}+(x-1)\cdot\frac{2}{3}x^{-1/3}=\frac{5x-2}{3\sqrt[3]{x}},$$

所以可得一驻点 $x=2/5$,且知 $x=0$ 为导数不存在的点.

在$(-\infty,0)$内 $f'(x)>0$,在$\left(0,\dfrac{2}{5}\right)$内 $f'(x)<0$,所以 $f(0)=0$ 为极大值;又因在$\left(\dfrac{2}{5},+\infty\right)$内 $f'(x)>0$,所以 $f\left(\dfrac{2}{5}\right)=-\dfrac{3}{25}\sqrt[3]{20}$为极小值.

**定理 6.11**(第二充分条件)　设函数 $f(x)$ 在 $x_0$ 处具有二阶导数,且 $f'(x_0)=0,f''(x_0)\neq0$,那么

(1) 当 $f''(x_0)<0$ 时,$f(x)$ 在 $x_0$ 处取得极大值;

(2) 当 $f''(x_0)>0$ 时,$f(x)$ 在 $x_0$ 处取得极小值.

**证**　(1) 由于
$$f''(x_0)=\lim_{x\to x_0}\frac{f'(x)-f'(x_0)}{x-x_0}<0,$$

根据函数极限的局部保号性,当 $x$ 在 $x_0$ 的足够小的去心邻域内,

$$\frac{f'(x) - f'(x_0)}{x - x_0} < 0,$$

即

$$\frac{f'(x)}{x - x_0} < 0.$$

因此,在 $x_0$ 的左去心邻域内,$f'(x) > 0$,在 $x_0$ 的右去心邻域内,$f'(x) < 0$.

根据函数单调性的判别法,函数 $f(x)$ 在 $(x_0 - \delta, x_0]$ 内单调递增,而在 $[x_0, x_0 + \delta)$ 内单调递减,所以 $x \in \overset{\circ}{U}(x_0, \delta)$ 时,总有 $f(x) < f(x_0)$,$f(x)$ 在 $x_0$ 处取得极大值.

(2)的证明类似.

**例 6.26** 求 $f(x) = \frac{1}{3}x^3 - x^2 + \frac{1}{3}$ 的极值.

**解** 令 $f'(x) = x^2 - 2x = x(x-2) = 0$,得两个驻点

函数的极值

$$x_1 = 0, \quad x_2 = 2.$$

又因为 $f''(x) = 2x - 2$,所以 $f''(0) = -2 < 0$,$f(0) = \frac{1}{3}$ 为极大值;$f''(2) = 2 > 0$,$f(2) = -1$ 为极小值.

**例 6.27** 求 $f(x) = (x^2 - 1)^3 + 1$ 的极值.

**解** $f'(x) = 6x(x^2 - 1)^2$.

令 $f'(x) = 0$,解得驻点 $x_1 = -1, x_2 = 0, x_3 = 1$. 又因

$$f''(x) = 6(x^2 - 1)(5x^2 - 1),$$

有 $f''(0) = 6 > 0$,故 $f(0) = 0$ 为极小值. 在 $x_1 = -1$ 的小的去心邻域内,$f'(x) < 0$ 保持定号,所以 $x_1 = -1$ 不是极值点. 同理 $x_3 = 1$ 也不是极值点(图 6.11).

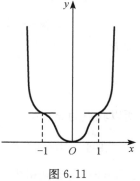

图 6.11

### 6.5.2 最大值最小值问题

在工农业生产、工程技术及科学实验中,常常会遇到这样一类问题:在一定条件下,怎样使"产品最多"、"用料最省"、"成本最低"、"效率最高"等. 这类问题在数学上有时可归结为**求某一函数**(通常称为**目标函数**)的最大值或最小值问题.

假定函数 $f(x)$ 在闭区间 $[a, b]$ 上连续,在开区间 $(a, b)$ 内只有有限个驻点和不可导点,若 $f(x)$ 在闭区间 $[a, b]$ 上的最值点在 $(a, b)$ 内取到,则此最值点必为极值点,所以一定在驻点或者不可导点处取到. 当然,最值点也可能是区间的端点. 所以

只要把区间端点、驻点以及不可导点处的函数值都计算出来,其中最大的就是最大值,最小的就是最小值.

**例 6.28**　求 $f(x)=\sqrt[3]{(x^2-2x)^2}$ 在闭区间 $[-1,3]$ 上的最大值与最小值.

**解**　$f'(x)=\dfrac{4}{3}\dfrac{x-1}{\sqrt[3]{x(x-2)}}$,所以 1 为驻点,0,2 为导数不存在的点. 由 $f(-1)=\sqrt[3]{9}$,$f(0)=0$,$f(1)=1$,$f(2)=0$,$f(3)=\sqrt[3]{9}$,所以 $f(x)$ 的最大值为 $\sqrt[3]{9}$,最小值为 0.

**例 6.29**　铁路线上 $AB$ 段的距离为 100km. 工厂 $C$ 距 $A$ 处为 20km,$AC$ 垂直于 $AB$. 为了运输需要,要在 $AB$ 线上选定一点 $D$ 向工厂修筑一条公路. 已知铁路每公里货运的运费与公路上每公里货运的运费之比为 3∶5. 为了使货物从供应站 $B$ 运到工厂 $C$ 的运费最省,问 $D$ 点应选在何处(图 6.12)?

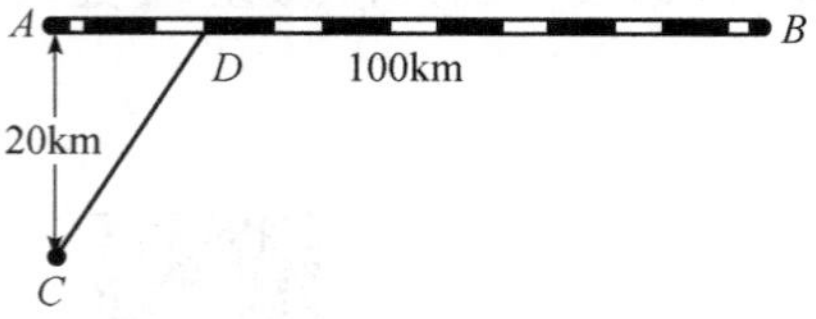

图 6.12

**解**　设 $AD=x\mathrm{km}$,则 $BD=100-x$,
$$CD=\sqrt{400+x^2}.$$

设铁路上每千米的运费为 $3k$,公路上每千米的运费为 $5k$. 设从 $B$ 点到 $C$ 点需要的总运费为 $y$,则

$$y=5k\sqrt{400+x^2}+3k(100-x),\quad 0\leqslant x\leqslant 100.$$

因为

$$y'=k\left(\frac{5x}{\sqrt{400+x^2}}-3\right),$$

所以驻点为 $x=15$.

由于 $y(0)=400k$,$y(15)=380k$,$y(100)=500k\sqrt{1+\dfrac{1}{5^2}}$,所以当 $AD=x=15\mathrm{km}$ 时,总运费最省.

在求函数的最大值(或最小值)时,特别值得指出的是下述情形:$f(x)$ 在一个区间内可导且只有一个驻点 $x_0$,且这个驻点 $x_0$ 是函数 $f(x)$ 的极值点,那么,当 $f(x_0)$ 是极大值时,$f(x_0)$ 就是 $f(x)$ 在此区间上的最大值;当 $f(x_0)$ 是极小值时,$f(x_0)$ 就是 $f(x)$ 在此区间上的最小值(图 6.13).

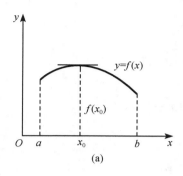 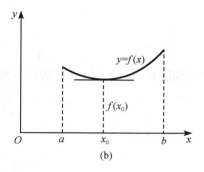

图 6.13

**例 6.30** 做一个圆柱形无盖铁桶,容积一定,设为 $V_0$. 问铁桶的底半径与高的比例应为多少才能最省铁皮(图 6.14)?

**解** 设铁桶底半径为 $r$,高为 $h$,则所需铁皮面积为

$$S = 2\pi rh + \pi r^2.$$

由 $V_0 = \pi r^2 h$,得

$$h = \frac{V_0}{\pi r^2},$$

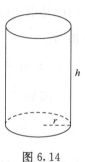

图 6.14

所以

$$S = \frac{2V_0}{r} + \pi r^2, \quad 0 < r < +\infty.$$

因为

$$\frac{\mathrm{d}S}{\mathrm{d}r} = -\frac{2V_0}{r^2} + 2\pi r,$$

所以得唯一的驻点为 $r_1 = \sqrt[3]{\dfrac{V_0}{\pi}}$. 易得出其为极小值点,故为最小值点. 此时有

$$h = \frac{V_0}{\pi r^2}\bigg|_{r=r_1} = r_1,$$

所以,当底半径 $r$ 与高 $h$ 相等时,最省铁皮.

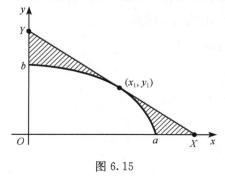

图 6.15

**例 6.31** 在椭圆 $\dfrac{x^2}{a^2} + \dfrac{y^2}{b^2} = 1$ 的第一象限部分求一点 $P$,使过该点的切线与两坐标轴所围图形的面积最小(图 6.15).

**解** 设 $(x_1, y_1)$ 为椭圆在第一象限的点. 对方程 $\dfrac{x^2}{a^2} + \dfrac{y^2}{b^2} = 1$ 两边求微分,得

$$\frac{2x\mathrm{d}x}{a^2} + \frac{2y\mathrm{d}y}{b^2} = 0,$$

所以

$$\frac{\mathrm{d}y}{\mathrm{d}x} = -\frac{b^2}{a^2} \cdot \frac{x}{y}.$$

于是得到椭圆在点 $(x_1, y_1)$ 处的切线方程

$$y - y_1 = -\frac{b^2}{a^2} \cdot \frac{x_1}{y_1}(x - x_1),$$

即

$$\frac{x_1 x}{a^2} + \frac{y_1 y}{b^2} = 1.$$

由此易求得切线在 $x$ 轴上的截距为 $X = \dfrac{a^2}{x_1}$，在 $y$ 轴上的截距为 $Y = \dfrac{b^2}{y_1}$，所以所求面积为

$$S = \frac{1}{2}XY = \frac{1}{2}\left(\frac{a^2}{x_1}\right) \cdot \left(\frac{b^2}{y_1}\right) = \frac{a^3 b}{2} \cdot \frac{1}{x_1 \cdot \sqrt{a^2 - x_1^2}}, \quad 0 < x_1 < a.$$

因为

$$\frac{\mathrm{d}S}{\mathrm{d}x_1} = \frac{a^3 b}{2} \cdot \frac{1}{\sqrt{a^2 - x_1^2}} \cdot \frac{2x_1^2 - a^2}{(a^2 - x_1^2) \cdot x_1^2}, \quad 0 < x_1 < a.$$

所以得唯一的驻点为 $x_1 = \dfrac{a}{\sqrt{2}}$. 易得出其为极小值点，故为最小值点. 此时有

$$y_1 = \frac{b}{\sqrt{2}},$$

所以当 $P$ 点选为 $\left(\dfrac{a}{\sqrt{2}}, \dfrac{b}{\sqrt{2}}\right)$ 时，过它的椭圆的切线与两坐标轴围成的面积最小.

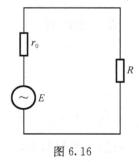

图 6.16

**例 6.32**　已知一稳压电源回路，电源的电动势为 $E$，内阻为 $r_0$. 负载电阻为 $R$. 问 $R$ 多大时，输出功率最大（图 6.16）？

**解**　消耗在负载电阻 $R$ 上的功率为

$$P = i^2 R.$$

其中 $i$ 为回路中的电流. 由欧姆定律知

$$i = \frac{E}{R + r_0},$$

所以

$$P = \frac{E^2 R}{(R + r_0)^2}, \quad 0 < R < +\infty.$$

因为

$$\frac{\mathrm{d}P}{\mathrm{d}R} = \frac{E^2(r_0 - R)}{(R + r_0)^3},$$

所以得唯一的驻点为 $R=r_0$. 易得出其为极大值点,故为最大值点. 所以当 $R=r_0$ 时输出功率最大.

**例 6.33** 一束光线由空气中 $A$ 点经过水面折射后到达水中 $B$ 点. 已知光在空气中和水中传播的速度分别是 $v_1$ 和 $v_2$, 试确定光线的传播路径 (图 6.17).

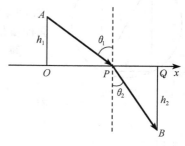

**解** 设 $A$ 点到水面的垂直距离为 $AO=h_1$, $B$ 点到水面的垂直距离为 $BQ=h_2$, $x$ 轴沿水面过点 $O$, $Q$, $OQ$ 的长度为 $l$.

图 6.17

光线总是沿着耗时最少的路径传播, 因此光线在同一均匀介质中必沿直线传播. 设光线的传播路径与 $x$ 轴的交点为 $P$, $OP=x$, 则光线从 $A$ 到 $B$ 的传播路径为折线 $APB$, 所需传播时间为

$$T(x) = \frac{\sqrt{h_1^2 + x^2}}{v_1} + \frac{\sqrt{h_2^2 + (l-x)^2}}{v_2}, \quad x \in [0, l].$$

由于

$$T'(x) = \frac{1}{v_1} \cdot \frac{x}{\sqrt{h_1^2 + x^2}} - \frac{1}{v_2} \cdot \frac{l-x}{\sqrt{h_2^2 + (l-x)^2}}, \quad x \in [0, l],$$

$$T''(x) = \frac{1}{v_1} \cdot \frac{h_1^2}{(h_1^2 + x^2)^{\frac{3}{2}}} + \frac{1}{v_2} \cdot \frac{h_2^2}{[h_2^2 + (l-x)^2]^{\frac{3}{2}}} > 0, \quad x \in [0, l],$$

$$T'(0) < 0, \quad T'(l) > 0,$$

且 $T'(x)$ 在 $[0, l]$ 上连续, 故 $T'(x)$ 在 $(0, l)$ 内存在唯一零点 $x_0$, 且 $x_0$ 是 $T(x)$ 在 $(0, l)$ 内的唯一极小值点, 从而也是 $T(x)$ 在 $[0, l]$ 上的最小值点.

$x_0$ 必然满足

$$\frac{x_0}{v_1 \sqrt{h_1^2 + x_0^2}} = \frac{l - x_0}{v_2 \sqrt{h_2^2 + (l - x_0)^2}}.$$

因为

$$\frac{x_0}{\sqrt{h_1^2 + x_0^2}} = \sin\theta_1, \quad \frac{l - x_0}{\sqrt{h_2^2 + (l - x_0)^2}} = \sin\theta_2,$$

所以

$$\frac{\sin\theta_1}{v_1} = \frac{\sin\theta_2}{v_2},$$

其中 $\theta_1, \theta_2$ 分别为光线的入射角和折射角. 这就是著名的光的折射定律.

还要指出, 实际问题中, 往往根据问题的性质就可以断定可导函数 $f(x)$ 确有最大值或最小值, 而且一定在定义区间内部取得. 这时如果 $f(x)$ 在定义区间内部只有一个驻点 $x_0$, 那么不必讨论 $f(x_0)$ 是不是极值, 就可以断定 $f(x_0)$ 是最大值或

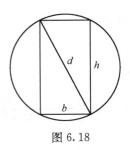

图 6.18

最小值.

**例 6.34**　把一根直径为 $d$ 的圆木锯成截面为矩形的梁. 问矩形截面的高 $h$ 和宽 $b$ 应如何选择才能使梁的抗弯截面模量最大（图 6.18）？

**解**　由力学分析知, 矩形梁的抗弯截面模量为

$$W = \frac{1}{6}bh^2.$$

而

$$h^2 = d^2 - b^2,$$

所以

$$W = \frac{1}{6}(d^2 b - b^3), \quad b \in (0, d).$$

由

$$W' = \frac{1}{6}(d^2 - 3b^2),$$

得驻点

$$b = \sqrt{\frac{1}{3}} d.$$

由于梁的最大抗弯截面模量一定存在, 而且在 $(0, d)$ 内部达到, 所以必然在 $b = \sqrt{\frac{1}{3}} d$ 处达到. 此时可以解得

$$d : h : b = \sqrt{3} : \sqrt{2} : 1.$$

函数的最大值最小值

函数的最大值最小值（续）

**习题 6.5**

1. 求下列函数的极值:

(1) $y = 2x^3 - 6x^2 - 18x + 7$;　(2) $y = x - \ln(1 + x)$;

(3) $y = -x^4 + 2x^2$;　(4) $y = x + \sqrt{1 - x}$;

(5) $y = \dfrac{1 + 3x}{\sqrt{4 + 5x^2}}$;　(6) $y = \dfrac{3x^2 + 4x + 4}{x^2 + x + 1}$;

(7) $y = e^x \cos x$;　(8) $y = x^{\frac{1}{x}}$;

(9) $y = 3 - 2(x + 1)^{\frac{1}{3}}$;　(10) $y = x + \tan x$.

2. 试证明: 如果函数 $y = ax^3 + bx^2 + cx + d$ 满足条件 $b^2 - 3ac < 0$, 那么这函数没有极值.

3. 试问 $a$ 为何值时,函数 $f(x)=a\sin x+\dfrac{1}{3}\sin 3x$ 在 $x=\dfrac{\pi}{3}$ 处取得极值? 它是极大值还是极小值? 并求此极值.

4. 求下列函数在 $(0,+\infty)$ 上的最小值:

(1) $f(x)=x+\dfrac{1}{x}$; (2) $f(x)=x+\dfrac{1}{x^2}$;

(3) $f(x)=x^3+\dfrac{1}{x}$.

5. 求下列函数在 $[0,a]$ 上的最大值:

(1) $f(x)=x\sqrt{a^2-x^2}$; (2) $f(x)=x^2\sqrt{a^2-x^2}$;

(3) $f(x)=x^3\sqrt{a^2-x^2}$.

6. 求下列函数的最大值、最小值:

(1) $y=2x^3-3x^2,-1\leqslant x\leqslant 4$; (2) $y=x^4-8x^2+2,-1\leqslant x\leqslant 3$;

(3) $y=x+\sqrt{1-x},-5\leqslant x\leqslant 1$.

7. 问函数 $y=2x^3-6x^2-18x-7(1\leqslant x\leqslant 4)$ 在何处取得最大值? 并求出它的最大值.

8. 问函数 $y=x^2-\dfrac{54}{x}(x<0)$ 在何处取得最小值?

9. 问函数 $y=\dfrac{x}{x^2+1}(x\geqslant 0)$ 在何处取得最大值?

10. 设 $a>1,f(x)=a^x-ax$ 在 $(-\infty,+\infty)$ 内的驻点为 $x(a)$. 问 $a$ 为何值时 $x(a)$ 最小? 并求出最小值.

11. 求椭圆 $x^2-xy+y^2=3$ 上纵坐标最大和最小的点.

12. 求数列 $\{\sqrt[n]{n}\}$ 的最大项.

13. 某车间靠墙壁要盖一间长方形小屋,现有存砖只够砌 20m 长的墙壁. 问应围成怎样的长方形才能使这间小屋的面积最大?

14. 要造一圆柱形油罐,体积为 $V$,问底半径 $r$ 和高 $h$ 各等于多少时,才能使表面积最小? 这时底直径与高的比是多少?

15. 某地区防空洞的截面拟建成矩形加半圆(图 6.19). 截面的面积为 $5\text{m}^2$. 问底宽 $x$ 为多少时才能使截面的周长最小,从而使建造时所用的材料最省?

16. 设有质量为 5kg 的物体,置于水平面上,受力 $F$ 的作用而开始移动(图 6.20). 设摩擦系数 $\mu=0.25$,问力 $F$ 与水平线的交角 $\alpha$ 为多少时,才可使力 $F$ 的大小为最小.

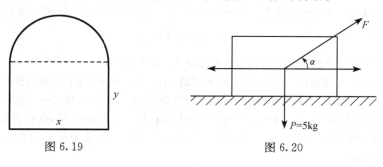

图 6.19          图 6.20

17. 有一杠杆,支点在它的一端. 在距支点 0.1m 处挂一质量为 49kg 的物体. 加力于杠杆的另一端使杠杆保持水平(图 6.21). 如果杠杆的线密度为 5kg/m,求最省力的杆长.

18. 从一块半径为 $R$ 的圆铁片上挖去一个扇形做成一个漏斗(图 6.22). 问留下的扇形的中心角 $\varphi$ 取多大时,做成的漏斗的容积最大?

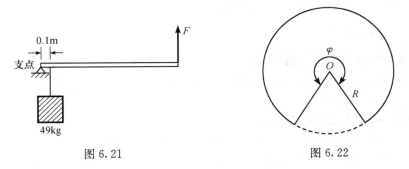

图 6.21　　　　　　　　　　　　　图 6.22

19. 某吊车的车身高为 1.5m,吊臂长 15m. 现在要把一个 6m 宽、2m 高的屋架,水平地吊到 6m 高的柱子上去(图 6.23),问能否吊得上去?

20. 一房地产公司有 50 套公寓要出租. 当月租金定为 1000 元时,公寓会全部租出去. 当月租金每增加 50 元时,就会多一套公寓租不出去,而租出去的公寓每月需花费 100 元的维修费. 试问房租定为多少可获得最大收入?

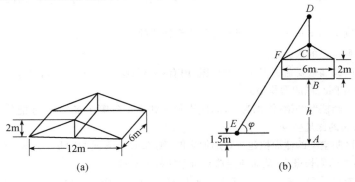

(a)　　　　　　　　　　　　　　　　(b)

图 6.23

21. 已知制作一个背包的成本为 40 元. 如果每一个背包的售出价为 $x$ 元,售出的背包数由

$$n = \frac{a}{x-40} + b(80-x)$$

给出,其中 $a,b$ 为正常数. 问什么样的售出价格能带来最大利润?

22. 有笔直的一条河流,河的一侧有 $A,B$ 两地,$A,B$ 两地到河的垂直距离分别是 $c,d$,其垂足分别是 $M,N$,设 $MN=h$. $A,B$ 两地为了用水,需在河边建一水塔,问建在何处最省水管?

23. 轮船的燃料费和其速度的立方成正比,已知在速度为 10km/h 时,燃料费总计每小时 30 元,其余的用费(不依赖于速度)为每小时 480 元. 问当轮船的速度为若干,才能使 1km 路程的费用总和为最小?

24. 在椭圆 $\dfrac{x^2}{a^2}+\dfrac{y^2}{b^2}=1$ 中,嵌入一内接矩形,矩形的对边分别平行于坐标轴,求使矩形有最大面积时的边长.

25. 用某种仪器测量某一零件的长度 $n$ 次,所得的 $n$ 个结果分别为 $a_1,a_2,\cdots,a_n$,为了较好地表达零件的长度,取 $x$ 使得函数

$$y=(x-a_1)^2+(x-a_2)^2+\cdots+(x-a_n)^2$$

为最小,试求这个 $x$?

26. 设炮口的仰角为 $\alpha$,炮弹的初速度为 $v_0\,\mathrm{m/s}$,将炮位处放在原点,发炮时间取作 $t=0$,如不计空气阻力,炮弹的运动方程为

$$\begin{cases} x=v_0t\cos\alpha, \\ y=v_0t\sin\alpha-\dfrac{1}{2}gt^2, \end{cases}$$

问:如果初速度不变,应如何调整炮口的仰角 $\alpha$ 才能使射程最远?

# 6.6 函数图形的描绘

## 6.6.1 曲线的渐近线

**定义 6.3** 若一动点沿曲线的一条无穷分支无限远离原点时,此动点到某一固定直线的距离趋近于零,则称该直线为**曲线的渐近线**.

**渐近线的求法如下**:

(1)垂直渐近线. 若 $\lim\limits_{x\to x_0+0}f(x)=\infty$(或 $\lim\limits_{x\to x_0-0}f(x)=\infty$),则直线 $x=x_0$ 为曲线 $y=f(x)$ 的垂直渐近线.

(2)水平渐近线. 若 $\lim\limits_{x\to+\infty}f(x)=k$(或 $\lim\limits_{x\to-\infty}f(x)=k$),其中 $k$ 为常数,则直线 $y=k$ 为曲线 $y=f(x)$ 的水平渐近线.

(3)斜渐近线. 若曲线 $y=f(x)$ 以直线 $y=ax+b$ 为斜渐近线,则由斜渐近线的定义,容易得

$$\lim_{x\to+\infty}[f(x)-(ax+b)]=0.$$

进而有

$$\lim_{x\to+\infty}\left[\frac{f(x)}{x}-a-\frac{b}{x}\right]=0,$$

所以

$$a=\lim_{x\to+\infty}\frac{f(x)}{x}.$$

进而得

$$b = \lim_{x \to +\infty} [f(x) - ax].$$

**注 6.10**   $x \to -\infty$ 时的情形可以类似得出.

**例 6.35**   求曲线 $y = \dfrac{(x-1)^3}{(x+1)^2}$ 的渐近线.

**解**   易知

$$\lim_{x \to -1} \frac{(x-1)^3}{(x+1)^2} = \infty,$$

因此 $x = -1$ 为垂直渐近线.

再求斜渐近线.

$$a = \lim_{x \to \infty} \frac{f(x)}{x} = \lim_{x \to \infty} \frac{(x-1)^3}{x(x+1)^2} = 1,$$

$$b = \lim_{x \to \infty} [f(x) - ax] = \lim_{x \to \infty} \left[ \frac{(x-1)^3}{(x+1)^2} - x \right]$$

$$= \lim_{x \to \infty} \frac{-5x^2 + 2x - 1}{(x+1)^2} = -5.$$

于是得斜渐近线 $y = x - 5$.

函数图形的描绘步骤

函数图形描绘实例

### 6.6.2   利用导数作函数的图形

利用导数作函数图形的主要步骤如下：

(1) 确定函数 $f(x)$ 的定义域；

(2) 判断函数的奇偶性、周期性等；

(3) 求一阶导数 $f'(x)$，求出所有驻点，并求出一阶导数不存在的点，以便考虑函数的单调性与极值；

(4) 求二阶导数 $f''(x)$，求出使 $f''(x) = 0$ 的所有点，并求出二阶导数不存在的点，以便考虑函数的凹凸性与拐点；

(5) 求出函数的可能的渐近线；

(6) 根据以上各点，列表；

(7) 作图.

**例 6.36**   作概率曲线 $y = e^{-x^2}$ 的图形.

**解**   (1) 定义域：$(-\infty, +\infty)$.

（2）$y=\mathrm{e}^{-x^2}$ 是偶函数，图形关于 $y$ 轴对称，且全部位于 $x$ 轴上方.

（3）$y'=-2x\mathrm{e}^{-x^2}$，由此可得唯一驻点 $x=0$.

（4）$y''=-4\mathrm{e}^{-x^2}\left(\dfrac{1}{2}-x^2\right)$，由此得二阶导数的两个零点 $x=\pm\dfrac{1}{\sqrt{2}}$.

（5）因为

$$a=\lim_{x\to\infty}\frac{f(x)}{x}=\lim_{x\to\infty}\frac{\mathrm{e}^{-x^2}}{x}=0,$$

$$b=\lim_{x\to\infty}\mathrm{e}^{-x^2}=0,$$

所以 $y=0$ 为水平渐近线.

（6）列表如下：

| $x$ | $\left(-\infty,-\dfrac{1}{\sqrt{2}}\right)$ | $-\dfrac{1}{\sqrt{2}}$ | $\left(-\dfrac{1}{\sqrt{2}},0\right)$ | $0$ | $\left(0,\dfrac{1}{\sqrt{2}}\right)$ | $\dfrac{1}{\sqrt{2}}$ | $\left(\dfrac{1}{\sqrt{2}},+\infty\right)$ |
|---|---|---|---|---|---|---|---|
| $f'(x)$ | $+$ | $+$ | $+$ | $0$ | $-$ | $-$ | $-$ |
| $f''(x)$ | $+$ | $0$ | $-$ | $-$ | $-$ | $0$ | $+$ |
| $f(x)$ | | 拐点 $y\approx0.6$ | | 极大 $y=1$ | | 拐点 $y\approx0.6$ | |

（7）作图（图 6.24）如下：

**例 6.37** 作 $y=f(x)=\dfrac{(x-1)^3}{(x+1)^2}$ 的图形.

**解** （1）定义域：$x\neq-1$.

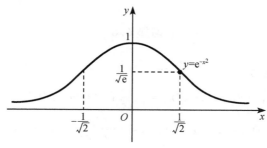

图 6.24

（2）无对称性.

（3）$f'(x)=\dfrac{(x-1)^2(x+5)}{(x+1)^3}$，由此可得驻点 $x=-5,x=1$.

（4）$f''(x)=\dfrac{24(x-1)}{(x+1)^4}$，由此得二阶导数的零点 $x=1$.

（5）渐近线：$x=-1$ 为垂直渐近线；$y=x-5$ 为斜渐近线.

（6）列表如下：

| $x$ | $(-\infty,-5)$ | $-5$ | $(-5,-1)$ | $-1$ | $(-1,1)$ | $1$ | $(1,+\infty)$ |
|---|---|---|---|---|---|---|---|
| $f'(x)$ | $+$ | $0$ | $-$ | 不存在 | $+$ | $0$ | $+$ |
| $f''(x)$ | $-$ | $-$ | $-$ | 不存在 | $-$ | $0$ | $+$ |
| $f(x)$ | | 极大<br>$-13.5$ | | 不存在 | | 拐点 0 | |

（7）作图（图 6.25）如下：

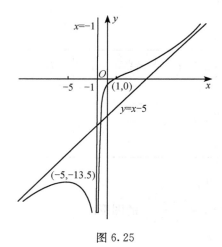

图 6.25

## 习题 6.6

描绘下列函数的图形：

（1）$y=\dfrac{1}{5}(x^4-6x^2+8x+7)$；　（2）$y=\dfrac{x}{1+x^2}$；　（3）$y=\mathrm{e}^{-(x-1)^2}$；　（4）$y=x^2+\dfrac{1}{x}$；

（5）$y=\dfrac{\cos x}{\cos 2x}$；　（6）$y=3x^2-x^3$；　（7）$y=x+\dfrac{x}{x^2-1}$；　（8）$y=x^2\mathrm{e}^{\frac{1}{x}}$；

（9）$y=x\arctan x$；　（10）$y=\sqrt{\dfrac{x-1}{x+1}}$；　（11）$y=(x-1)x^{\frac{2}{3}}$.

# 6.7　曲　　率

有不少实际问题需要考虑曲线的弯曲程度. 例如，在工程技术中往往会遇到梁或轴因受外力作用而弯曲变形的情况，为了保证使用安全，在设计时，必须对弯曲程度有所了解,以便将它限制在一定范围之内. 又如,火车拐弯时,为了保证安全、平稳,需要知道铁轨在弯道处的情况. 现在国内通常采用的是在直线轨道与圆弧轨道之间,接上一段适当的曲线轨道(如三次抛物线轨道),以便使火车逐渐地拐弯. 这一段曲线称为**缓和曲线**. 在这个问题中,也要考虑曲线的弯曲程度.

### 6.7.1　曲率的定义

怎样刻画曲线的弯曲程度呢? 考察长度相同的两条曲线段$\overset{\frown}{A_1A_2}$及$\overset{\frown}{A_3A_4}$. 当动点从点 $A_1$ 沿着$\overset{\frown}{A_1A_2}$运动到点 $A_2$ 时,切线 $A_1T_1$ 也随着转动到切线 $A_2T_2$,记 $\varphi$ 为这两条切线正向之间的夹角. 类似地,记另一曲线段$\overset{\frown}{A_3A_4}$的两个端点处切线 $A_3T_3$ 与 $A_4T_4$ 的正向之间的夹角为 $\psi$. 可以看到,切线的夹角越大,曲线段弯得越厉害(图6.26).

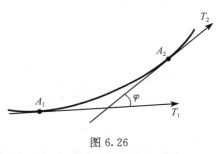

图 6.26

不过,切线的夹角还不能完全刻画曲线段的弯曲程度. 从图 6.27 可以看出,$\overset{\frown}{MN}$与$\overset{\frown}{PQ}$这两条曲线段具有相同的切线夹角,但是它们的弯曲程度显然不一样. $\overset{\frown}{MN}$比$\overset{\frown}{PQ}$短,弯得也更厉害.

由此可见,曲线段的弯曲程度除了与两个端点处切线正向的夹角有关以外,还与曲线段的长度(简称**弧长**)有关. 因此,通常用比值

曲率的定义与
计算公式

$$\frac{夹角}{弧长},$$

即单位弧长上切线正向转过的角度,来刻画曲线段的弯曲程度.

**定义 6.4**(平均曲率)　设曲线段$\overset{\frown}{AB}$的长度为 $s$,端点 $A,B$ 处的切线正向的夹角为 $\varphi$,则

$$\overline{K} = \frac{\varphi}{s}$$

称为曲线段$\overset{\frown}{AB}$的平均曲率. (图 6.28)

平均曲率刻画了一段曲线的平均弯曲程度.

**例 6.38**　证明:直线段 $AB$ 的平均曲率为零.

**证**　对于直线段 $AB$ 来说,$\varphi = 0$,因此

$$\overline{K} = \frac{\varphi}{s} = 0.$$

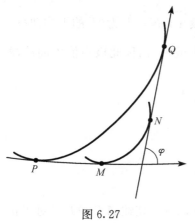

图 6.27

**例 6.39**　证明：半径为 $R$ 的圆周上任一段弧 $\overset{\frown}{AB}$ 的平均曲率为 $\dfrac{1}{R}$.

**证**　如图 6.29 所示，$\angle AOB = \varphi, s = R\angle AOB = R\varphi$，因此

$$\overline{K} = \frac{\varphi}{s} = \frac{\varphi}{R\varphi} = \frac{1}{R}.$$

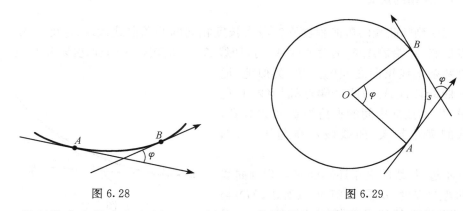

图 6.28　　　　　　　　　　　　　　　　　图 6.29

　　从平均曲率的定义和例 6.38、例 6.39 容易看出，平均曲率越小，曲线段越平坦；平均曲率越大，曲线段越弯曲.

　　直线段和圆弧是很特殊的两段曲线，它们在每一点附近的弯曲情况都相同. 因此，用平均曲率就可以刻画它们的弯曲程度. 但是，对于一般的曲线来说，在不同点处的弯曲程度可能不一样. 因此，平均曲率只能近似反应曲线的弯曲情况. 为了精确刻画曲线在一点处的弯曲程度，有必要引进曲线在一点处的曲率的概念. 类似于用平均速度的极限来定义瞬时速度，下面用平均曲率的极限来定义曲线在一点处的曲率.

　　**定义 6.5**（曲线在一点处的曲率）　设有曲线段 $\overset{\frown}{AB}$，$\overline{K} = \dfrac{\varphi}{s}$ 为 $\overset{\frown}{AB}$ 的平均曲率. 若点 $B$ 沿 $\overset{\frown}{AB}$ 趋于点 $A$ 时，曲线段的平均曲率 $\overline{K}$ 有极限，则称此极限值为曲线段 $\overset{\frown}{AB}$ 在点 $A$ 处的曲率，记作

$$K = \lim_{s \to 0} \overline{K} = \lim_{s \to 0} \frac{\varphi}{s}.$$

### 6.7.2　曲率的计算公式

　　设曲线是充分光滑的，其方程为

$$y = f(x),$$

又设点 $A$ 及点 $B$ 的坐标分别为 $(x, y)$ 及 $(x + \Delta x, y + \Delta y)$，切线 $AT$ 和 $BT'$ 对于正 $x$ 轴的倾角分别为 $\theta$ 及 $\theta + \Delta \theta$.

从图 6.30 看出，$\theta$ 为 $\triangle PQR$ 的外角，它等于不相邻两内角之和，即 $\theta=(\theta+\Delta\theta)+\varphi$，因此有

$$\varphi = -\Delta\theta = |\Delta\theta|,$$

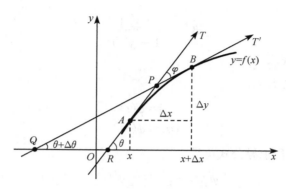

图 6.30

于是 $\overset{\frown}{AB}$ 的平均曲率为

$$\overline{K} = \frac{\varphi}{\overset{\frown}{AB}} = \frac{|\Delta\theta|}{\overset{\frown}{AB}} = \frac{\left|\dfrac{\Delta\theta}{\Delta x}\right|}{\dfrac{\overset{\frown}{AB}}{|\Delta x|}} = \frac{\left|\dfrac{\Delta\theta}{\Delta x}\right|}{\dfrac{\overset{\frown}{AB}}{\overline{AB}} \cdot \dfrac{\overline{AB}}{|\Delta x|}},$$

所以

$$K = \lim_{B \to A}\overline{K} = \lim_{B \to A} \frac{\left|\dfrac{\Delta\theta}{\Delta x}\right|}{\dfrac{\overset{\frown}{AB}}{\overline{AB}} \cdot \dfrac{\overline{AB}}{|\Delta x|}}.$$

由于

$$\lim_{B \to A} \frac{\overset{\frown}{AB}}{\overline{AB}} = 1, \quad \overline{AB} = \sqrt{(\Delta x)^2 + (\Delta y)^2},$$

所以

$$K = \lim_{B \to A} \frac{\left|\dfrac{\Delta\theta}{\Delta x}\right|}{\sqrt{1 + \left(\dfrac{\Delta y}{\Delta x}\right)^2}}.$$

又因为当 $B \to A$ 时，有 $\Delta x \to 0$，于是

$$K = \lim_{B \to A} \frac{\left|\dfrac{\Delta\theta}{\Delta x}\right|}{\sqrt{1 + \left(\dfrac{\Delta y}{\Delta x}\right)^2}} = \frac{\left|\dfrac{\mathrm{d}\theta}{\mathrm{d}x}\right|}{\sqrt{1 + y'^2}}.$$

因为 $\theta$ 为切线 $AT$ 的倾角，所以 $\theta=\arctan y'$，且

$$\frac{\mathrm{d}\theta}{\mathrm{d}x}=(\arctan y')'_x=\frac{y''}{1+y'^2},$$

即

$$K=\frac{|y''|}{(1+y'^2)^{\frac{3}{2}}}.$$

这就是曲率的计算公式.

若曲线由参数方程

$$\begin{cases} x=\varphi(t), \\ y=\psi(t) \end{cases}$$

给出，则由参数方程求导公式可得

$$K=\frac{|\psi''(t)\cdot\varphi'(t)-\psi'(t)\cdot\varphi''(t)|}{[\varphi'^2(t)+\psi'^2(t)]^{\frac{3}{2}}}.$$

**例 6.40**　计算等边双曲线 $xy=1$ 在点 $(1,1)$ 处的曲率.

**解**　由 $y=\dfrac{1}{x}$，得

$$y'=-\frac{1}{x^2}, \quad y''=\frac{2}{x^3},$$

因此，

$$y'|_{x=1}=-1, \quad y''|_{x=1}=2.$$

代入曲率公式，得

$$K=\frac{2}{[1+(-1)^2]^{\frac{3}{2}}}=\frac{\sqrt{2}}{2}.$$

**例 6.41**　抛物线 $y=ax^2+bx+c$ 上哪一点处的曲率最大？

**解**　由 $y=ax^2+bx+c$，得

$$y'=2ax+b, \quad y''=2a.$$

代入公式，得

$$K=\frac{|2a|}{[1+(2ax+b)^2]^{3/2}}.$$

所以，当 $2ax+b=0$，即 $x=-\dfrac{b}{2a}$ 时曲率最大. 也就是说，抛物线在顶点处曲率最大.

**例 6.42**　求椭圆

$$\begin{cases} x=a\cos t, \\ y=b\sin t \end{cases} \quad a>b>0,0\leqslant t<2\pi$$

上的最大曲率及最小曲率.

**解**

$$\frac{\mathrm{d}x}{\mathrm{d}t} = -a\sin t, \qquad \frac{\mathrm{d}y}{\mathrm{d}t} = b\cos t,$$

$$\frac{\mathrm{d}^2x}{\mathrm{d}t^2} = -a\cos t, \qquad \frac{\mathrm{d}^2y}{\mathrm{d}t^2} = -b\sin t.$$

代入公式,得

$$K = \frac{|(-b\sin t)(-a\sin t) - (b\cos t)(-a\cos t)|}{[(-a\sin t)^2 + (b\cos t)^2]^{3/2}} = \frac{ab}{[b^2 + (a^2 - b^2)\sin^2 t]^{3/2}}.$$

所以,当 $t=0$ 或 $\pi$ 时,$K$ 达到最大值 $\dfrac{a}{b^2}$;当 $t=\pi/2$ 或 $3\pi/2$ 时,$K$ 达到最小值 $\dfrac{b}{a^2}$. 这表明,椭圆在长轴的两个端点处曲率最大,在短轴的两个端点处曲率最小. 这与直观了解是一致的.

### 6.7.3　曲率圆与曲率半径

设曲线 $y=f(x)$ 在点 $M(x,y)$ 处的曲率为 $K(K\neq0)$. 在点 $M$ 处的曲线的法线上,在凹的一侧取一点 $D$,使得 $|DM|=\dfrac{1}{K}=\rho$. 以 $D$ 为圆心,$\rho$ 为半径作圆,这个圆叫做曲线在点 $M$ 处的**曲率圆**,曲率圆的圆心 $D$ 叫做曲线在点 $M$ 处的**曲率中心**,曲率圆的半径 $\rho$ 叫做曲线在点 $M$ 处的**曲率半径**(图 6.31).

按上述规定可知,曲率圆与曲线在点 $M$ 处有相同的切线和曲率,且在点 $M$ 邻近有相同的凹向. 因此,在实际问题中,常常用曲率圆在点 $M$ 邻近的一段圆弧来近似代替曲线弧,以使问题简化.

**例 6.43**　设工件内表面的截线为抛物线 $y=0.4x^2$. 现在要用砂轮磨削其内表面. 问用半径多大的砂轮才比较合适(图 6.32)?

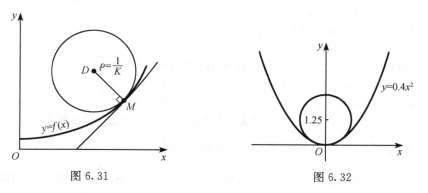

图 6.31　　　　　　　　　图 6.32

**解**　为了在磨削时不使砂轮与工件接触处附近的那部分工件磨去太多,砂轮的半径应不大于抛物线上各点处曲率半径中的最小值. 因为抛物线在其顶点处的曲率最大,也就是说,抛物线在其顶点处的曲率半径最小. 由

$$y' = 0.8x, \quad y'' = 0.8,$$

有

$$y'\,|_{x=0} = 0, \quad y''\,|_{x=0} = 0.8.$$

代入公式,得

$$K = 0.8.$$

因而求得抛物线顶点处的曲率半径

$$\rho = \frac{1}{K} = 1.25,$$

所以选用砂轮的半径不得超过 1.25.

曲率计算实例

## 习题 6.7

1. 求椭圆 $4x^2 + y^2 = 4$ 在点 $(0,2)$ 处的曲率.

2. 求下列函数在指定点处的曲率:

(1) 双曲线 $xy = 4$,在点 $(2,2)$ 处;

(2) 抛物线 $y = 4x - x^2$,在其顶点处;

(3) $x = a\cos^3 t, y = a\sin^3 t$,在 $t = \pi/4$ 处;

(4) $y = a\,\mathrm{ch}\,\dfrac{x}{a}$,在点 $(0,a)$ 处.

3. 求 $x = 3t^2, y = 3t - t^2$ 在 $t = 1$ 处的曲率半径.

4. 求阿基米德螺线 $r = a\varphi$ 的曲率半径.

5. 求对数螺线 $r = ae^{m\varphi}$ 的曲率半径.

6. 求 $y = \ln x$ 的最大曲率.

7. 求曲线 $y = \ln\sec x$ 在点 $(x,y)$ 处的曲率及曲率半径.

8. 求抛物线 $y = x^2 - 4x + 3$ 在其顶点处的曲率及曲率半径.

9. 求曲线 $x = a\cos^3 t, y = a\sin^3 t$ 在 $t = t_0$ 相应的点处的曲率.

10. 对数曲线 $y = \ln x$ 上哪一点处的曲率半径最小? 求出该点处的曲率半径.

11. 证明曲线 $y = a\,\mathrm{ch}\,\dfrac{x}{a}$ 在点 $(x,y)$ 处的曲率半径为 $\dfrac{y^2}{a}$.

12. 一飞机沿抛物线路径 $y = \dfrac{x^2}{10000}$($y$ 轴铅直向上,单位为 m)做俯冲飞行. 在坐标原点 $O$ 处飞机的速度为 $v = 200\mathrm{m/s}$. 飞行员体重 $G = 70\mathrm{kg}$. 求飞机俯冲至最低点,即原点 $O$ 处时座椅对

飞行员的反力.

13. 汽车连同载重共 5t,在抛物线拱桥上行驶,速度为 21.6km/h,桥的跨度为 10m,拱的矢高为 0.25m(图 6.33).求汽车越过桥顶时对桥的压力.

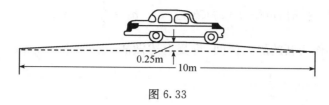

0.25m
10m

图 6.33

14. 曲线弧 $y = \sin x (0 < x < \pi)$ 上哪一点处的曲率半径最小? 求出该点处的曲率半径.

# 6.8 方程的近似解

在科学技术问题中,经常会遇到求解高次代数方程或其他类型的方程的问题. 要求得这类方程的实根的精确值往往比较困难,因此需要寻求方程的近似解.

求方程的近似解,可分两步来做.

第一步是确定根的大致范围.具体地说,就是确定一个区间 $[a,b]$,使所求的根是位于这个区间内的唯一实根. 这一步工作称为根的隔离,区间 $[a,b]$ 称为所求实根的隔离区间. 由于方程 $f(x)=0$ 的实根在几何上表示曲线 $y=f(x)$ 与 $x$ 轴交点的横坐标,因此为了确定根的隔离区间,可以先较精确地画出 $y=f(x)$ 的图形,然后从图上定出它与 $x$ 轴交点的大概位置. 由于作图和读数的误差,这种做法得不出根的高精确度的近似值,但一般已可以确定出根的隔离区间.

第二步是以根的隔离区间的端点作为根的初始近似值,逐步改善根的近似值的精确度,直至求得满足精确度要求的近似解. 完成这一步工作有多种方法,这里介绍两种常用的方法——二分法和切线法. 按照这些方法编出简单的程序,就可以在计算机上求出方程足够精确的近似解.

## 6.8.1 二分法

设 $f(x)$ 在区间 $[a,b]$ 上连续,$f(a) \cdot f(b) < 0$,且方程 $f(x)=0$ 在 $(a,b)$ 内仅有一个实根 $\xi$,于是 $[a,b]$ 即为这个根的一个隔离区间.

取 $[a,b]$ 的中点 $\xi_1 = \dfrac{a+b}{2}$,计算 $f(\xi_1)$.

如果 $f(\xi_1)=0$,则 $\xi = \xi_1$;

如果 $f(\xi_1)$ 与 $f(a)$ 同号,则取 $a_1 = \xi_1$,$b_1 = b$,由 $f(a_1) \cdot f(b_1) < 0$,即知 $a_1 < \xi < b_1$,且 $b_1 - a_1 = \dfrac{1}{2}(b-a)$;

如果 $f(\xi_1)$ 与 $f(b)$ 同号,则取 $a_1=a,b_1=\xi_1$,也有 $a_1<\xi<b_1$,且 $b_1-a_1=\dfrac{1}{2}(b-a)$;

总之,当 $\xi\neq\xi_1$ 时,可得 $a_1<\xi<b_1$,且 $b_1-a_1=\dfrac{1}{2}(b-a)$.

以 $[a_1,b_1]$ 作为新的隔离区间,重复上述做法,当 $\xi\neq\xi_2=\dfrac{1}{2}(a_1+b_1)$ 时,可得 $a_2<\xi<b_2$,且 $b_2-a_2=\dfrac{1}{2^2}(b-a)$.

如此重复 $n$ 次,可得 $a_n<\xi<b_n$,且 $b_n-a_n=\dfrac{1}{2^n}(b-a)$.

**例 6.44** 用二分法求方程 $x^3+1.1x^2+0.9x-1.4=0$ 的实根的近似值,使误差不超过 $10^{-3}$.

**解** 令 $f(x)=x^3+1.1x^2+0.9x-1.4$,显然 $f(x)$ 在 $(-\infty,+\infty)$ 内连续.

由 $f'(x)=3x^2+2.2x+0.9$,根据判别式 $B^2-4AC=2.2^2-4\times3\times0.9=-5.96<0$,知 $f'(x)>0$. 故 $f(x)$ 在 $(-\infty,+\infty)$ 内单调增加,$f(x)=0$ 至多有一个实根.

由 $f(0)=-1.4<0,f(1)=1.6>0$,知 $f(x)=0$ 在 $[0,1]$ 内有唯一的实根. 取 $a=0,b=1,[0,1]$ 即为一个隔离区间.

计算得
$$\xi_1=0.5,f(\xi_1)=-0.55<0,故\ a_1=0.5,b_1=1;$$
$$\xi_2=0.75,f(\xi_2)=0.32>0,故\ a_2=0.5,b_2=0.75;$$
$$\xi_3=0.625,f(\xi_3)=-0.16<0,故\ a_3=0.625,b_3=0.75;$$
$$\xi_4=0.687,f(\xi_4)=0.062>0,故\ a_4=0.625,b_4=0.687;$$
$$\xi_5=0.656,f(\xi_5)=-0.054<0,故\ a_5=0.656,b_5=0.687;$$
$$\xi_6=0.672,f(\xi_1)=0.005>0,故\ a_6=0.656,b_6=0.672;$$
$$\xi_7=0.664,f(\xi_7)=-0.025<0,故\ a_7=0.664,b_7=0.672;$$
$$\xi_8=0.668,f(\xi_8)=-0.010<0,故\ a_8=0.668,b_8=0.672;$$
$$\xi_9=0.670,f(\xi_9)=-0.002<0,故\ a_9=0.670,b_9=0.672;$$
$$\xi_{10}=0.671,f(\xi_{10})=0.001>0,故\ a_{10}=0.670,b_{10}=0.671.$$

于是
$$0.670<\xi<0.671,$$
即 $0.670$ 作为根的不足近似值,$0.671$ 作为根的过剩近似值,其误差都小于 $10^{-3}$.

## 6.8.2 切线法

设 $f(x)$ 在 $[a,b]$ 上具有二阶导数,$f(a)\cdot f(b)<0$ 且 $f'(x)$ 及 $f''(x)$ 在 $[a,b]$

上保持定号. 在上述条件下, 方程 $f(x)=0$ 在 $(a,b)$ 内有唯一的实根 $\xi$, $[a,b]$ 为根的一个隔离区间. 此时, $y=f(x)$ 在 $[a,b]$ 上的图形 $\overset{\frown}{AB}$ 只有如图 6.34 所示的四种不同情形.

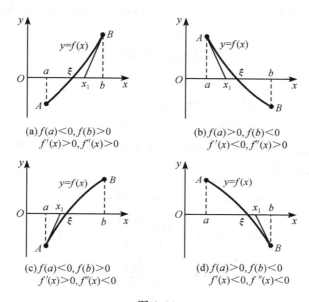

图 6.34

考虑用曲线弧一端的切线来代替曲线弧, 从而求出方程实根的近似值. 这种方法叫做**切线法**. 从图中看出, 如果在纵坐标与 $f''(x)$ 同号的那个端点 (此端点记作 $(x_0, f(x_0))$) 作切线, 切线与 $x$ 轴的交点的横坐标 $x_1$ 就比 $x_0$ 更接近方程的根 $\xi$.

下面以 $f(a)<0, f(b)>0, f'(x)>0, f''(x)<0$ 的情形为例进行讨论. 因为 $f(a)$ 与 $f''(x)$ 同号, 所以令 $x_0=a$, 在端点 $(x_0, f(x_0))$ 作切线, 切线方程为

$$y - f(x_0) = f'(x_0)(x - x_0).$$

令 $y=0$, 从上式中解出 $x$, 就得到切线与 $x$ 轴交点的横坐标为

$$x_1 = x_0 - \frac{f(x_0)}{f'(x_0)}.$$

它比 $x_0$ 更接近方程的根 $\xi$.

再在点 $(x_1, f(x_1))$ 作切线, 可得根的近似值 $x_2$. 如此继续, 一般地, 在点 $(x_{n-1}, f(x_{n-1}))$ 作切线, 得根的近似值

$$x_n = x_{n-1} - \frac{f(x_{n-1})}{f'(x_{n-1})}.$$

如果 $f(b)$ 与 $f''(x)$ 同号, 切线作在端点 $B$, 可记 $x_0=b$, 仍按公式计算切线与 $x$

轴交点的横坐标.

**例 6.45**　用切线法求方程 $x^3+1.1x^2+0.9x-1.4=0$ 的实根的近似值,使误差不超过 $10^{-3}$.

**解**　令 $f(x)=x^3+1.1x^2+0.9x-1.4$,由例 6.44 知$[0,1]$是根的一个隔离区间.

$$f(0)<0,f(1)>0.$$

在$[0,1]$上,有

$$f'(x)=3x^2+2.2x+0.9>0,$$
$$f''(x)=6x+2.2>0,$$

故 $f(x)$在$[0,1]$上的图形属于图中情形.按 $f''(x)$与 $f(1)$同号,所以令 $x_0=1$.

连续应用公式,得

$$x_1=1-\frac{f(1)}{f'(1)}\approx0.738;$$

$$x_2=0.738-\frac{f(0.738)}{f'(0.738)}\approx0.674;$$

$$x_3=0.674-\frac{f(0.674)}{f'(0.674)}\approx0.671;$$

$$x_4=0.671-\frac{f(0.671)}{f'(0.671)}\approx0.671.$$

至此,计算不能再继续.注意到 $f(x_i)(i=0,1,\cdots)$与 $f''(x)$同号,知 $f(0.671)>0$,经计算可知 $f(0.670)<0$,于是有

$$0.670<\xi<0.671.$$

以 0.670 或 0.671 作为根的近似值,其误差都小于 $10^{-3}$.

方程的近似解

# 第 7 章  定积分的应用

微积分的萌芽、发展和壮大,强烈地联系着实践的需要和检验.本书已经讲述了定积分的概念、理论和计算,并学习了广义积分.现在来系统讨论定积分在几何和物理方面的一些应用.

学习这一部分内容,不仅要掌握一些具体的公式,更重要的是学习用定积分去解决实际问题的思想方法.本章将着重介绍**微元分析法**(简称**微元法**)及其应用,其理论根据是定积分概念和微积分基本公式.

## 7.1  微元法的基本思想

定积分所要解决的问题是求某个不均匀分布的整体量(记作 $A$).这个量可能是一个几何量(如曲边梯形的面积),也可能是一个物理量(如变速直线运动的路程).由于这些量是不规则或不均匀的,因而必须先通过分割,把整体问题转化为局部问题,在局部范围内,"以直代曲"或"以匀代不匀",近似地求出整体量在局部范围内的各部分,然后相加,再取极限,最后得到整体量.这就是利用定积分解决实际问题的基本思想:"分割——近似代替——求和——取极限".

凡是能用定积分来计算的这些量,都有以下三个特点:

第一,它们都是分布在某个区间上的,也就是说,这些量都与自变量 $x$ 的某个区间 $[a,b]$ 有关,因此称它们为**整体量**.

第二,这类整体量 $A$ 对于区间 $[a,b]$ 具有可加性.也就是说,如果把 $[a,b]$ 分成若干个部分区间

$$[x_{i-1},x_i], \quad i=1,2,\cdots,n,$$

则量 $A$ 等于对应于各个部分区间的局部量 $\Delta A_i (i=1,2,\cdots,n)$ 的总和,即

$$A = \sum_{i=1}^{n} \Delta A_i.$$

第三,由于整体量 $A$ 在区间 $[a,b]$ 上的分布是不均匀的,因而每个局部量 $\Delta A_i$ 在部分区间 $[x_{i-1},x_i]$ 上的分布一般也是不均匀的.可以设法"以匀代不匀"求得局部量的近似值

$$\Delta A_i \approx f(\xi_i) \cdot \Delta x_i \quad i=1,2,\cdots,n, \tag{7.1}$$

其中 $f(x)$ 为根据实际问题所选择的一个函数;$\xi_i$ 是区间 $[x_{i-1},x_i]$ 上任一点;而 $\Delta x_i = x_i - x_{i-1}$.正确地写出近似等式(7.1)是很关键的.在这里,要求当 $\Delta x_i \to 0$

时，$\Delta A_i$ 与 $f(\xi_i) \cdot \Delta x_i$ 之差 $[\Delta A_i - f(\xi_i) \cdot \Delta x_i]$ 是比 $\Delta x_i$ 更高阶的无穷小量，即 $f(\xi_i) \cdot \Delta x_i$ 应当是 $\Delta A_i$ 的主要部分. 只有这样，当 $\Delta x_i \to 0 (i=1,2,\cdots,n)$ 时，整体量的近似等式

$$A = \sum_{i=1}^{n} \Delta A_i \approx \sum_{i=1}^{n} f(\xi_i) \cdot \Delta x_i$$

的误差才有可能仍然是无穷小量，从而通过取极限而得到精确等式

$$A = \lim_{\lambda \to 0} \sum_{i=1}^{n} f(\xi_i) \cdot \Delta x_i,$$

其中 $\lambda = \max\limits_{1 \leqslant i \leqslant n}\{\Delta x_i\}$.

　　由于整体量 $A$ 具有上述三个特点，因而可以用"**分割——近似代替——求和——取极限**"的办法来计算它. 在这四步中，关键的一步是"近似代替". 必须正确选择函数 $f(x)$，写出局部范围内的近似等式(7.1).

　　但是，由于整体量 $A$ 是待求的、未知的，每个局部量 $\Delta A_i (i=1,2,\cdots,n)$ 也是未知的，因此很难断定写出来的 $f(\xi_i) \cdot \Delta x_i$ 是不是 $\Delta A_i$ 的主要部分. 一般说来，只有通过多次实践，不断取得经验，逐步掌握规律.

　　上面所说的四个步骤，在实际应用中，往往简化为以下两步. 用这两步来解决实际问题的方法称为"**微元法**".

　　**第一步**　分割区间 $[a,b]$，考虑任意一份，即具有代表性的一份 $[x, x+\Delta x]$ 或 $[x, x+\mathrm{d}x]$. 选择函数 $f(x)$，"以匀代不匀"，写出局部量的近似值

$$\Delta A \approx f(x) \cdot \Delta x = f(x)\mathrm{d}x,$$

$f(x)\mathrm{d}x$ 称为整体量 $A$ 的**微元（微小元素）**.

　　**第二步**　当 $\Delta x \to 0$ 时，把这些微元在区间 $[a,b]$ 上无限积累，所得的定积分 $\int_a^b f(x)\mathrm{d}x$ 就是整体量 $A$，即

$$A = \int_a^b f(x)\mathrm{d}x.$$

　　为什么用这样两步写出的定积分就是所要求的整体量呢？从数量关系上看，"微元"到底是什么？换句话说，微元法的理论根据是什么？

　　若用函数 $A(x)$ 表示量 $A$ 对应于变动区间 $[a,x] (a \leqslant x \leqslant b)$ 的部分量，则显然有

$$A(a) = 0, \quad A(b) = A(b) - A(a) = A.$$

　　给 $x$ 以改变量 $\mathrm{d}x$，这里把相应于区间 $[x, x+\mathrm{d}x]$ 的部分量记作 $\Delta A$. 如果根据实际问题找到的 $f(x)\mathrm{d}x$ 正好是 $\Delta A$ 的线性主要部分，那么，$f(x)\mathrm{d}x$ 就是函数 $A(x)$ 的微分，即

$$f(x)\mathrm{d}x = \mathrm{d}A = A'(x)\mathrm{d}x,$$

于是由牛顿-莱布尼兹公式知

$$\int_a^b f(x)\mathrm{d}x = \int_a^b A'(x)\mathrm{d}x = A(x)\,\big|_a^b = A(b) - A(a) = A.$$

这表明,整体量 $A$ 可以表示为定积分

$$A = \int_a^b f(x)\mathrm{d}x,$$

其中函数 $f(x)$ 是根据实际问题写出来的. 只要"微元"$\mathrm{d}A = f(x)\mathrm{d}x$ 确实是函数 $A(x)$ 的微分,并且 $f(x)$ 在 $[a,b]$ 上可积,那么,上面的讨论都是成立的.

如前面所述,由于整体量是待求的,部分量(即函数 $A(x)$)是未知的,因此,很难断定写出来的微元 $f(x)\mathrm{d}x$ 到底是不是 $A(x)$ 的微分,换句话说,很难断定 $f(x)\mathrm{d}x$ 是不是 $\Delta A$ 的主要部分. 一般说来,要多实践,要凭经验,要根据问题的具体情况,对写出的微元,仔细分析. 由此可见,微元法的两步,关键是第一步——把微元 $\mathrm{d}A$ 分析清楚.

以上就是**微元分析法**(或**微元法**)的基本思想和理论根据.

下面介绍怎样用微元法来解决一些几何问题和物理问题.

微元法

## 7.2 平面图形的面积

### 7.2.1 直角坐标系下的面积公式

设有连续函数 $f(x),g(x)$,满足

$$g(x) \leqslant f(x), \quad x \in [a,b],$$

求由曲线 $y=f(x),y=g(x)$ 及直线 $x=a,x=b$ 所围成的面积 $A$(图 7.1).

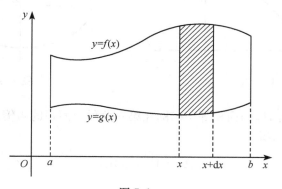

图 7.1

**第一步** 分割区间 $[a,b]$,考虑任意一份 $[x,x+\mathrm{d}x]$. 相应于这个小区间的面积微元 $\mathrm{d}A$ 可以取为小矩形面积,该小矩形以 $[f(x)-g(x)]$ 为高、以 $\mathrm{d}x$ 为底,于是

$$\mathrm{d}A = [f(x) - g(x)]\mathrm{d}x.$$

**第二步**　将 $\mathrm{d}A$ 在区间$[a,b]$上无限求和,得到

$$A = \int_a^b [f(x) - g(x)]\mathrm{d}x \tag{7.2}$$

**例 7.1**　计算由两条抛物线:$y^2 = x, y = x^2$ 所围成的图形的面积(图 7.2).

**解**　先求出这两条抛物线的交点. 为此,解方程组

$$\begin{cases} y^2 = x, \\ y = x^2, \end{cases}$$

得到两个解

$$x = 0, \quad y = 0 \quad 及\ x = 1, \quad y = 1,$$

即这两条抛物线的交点为$(0,0)$及$(1,1)$,从而知此图形在直线 $x=0$ 及 $x=1$ 之间.

根据式(7.2),得所求面积为

$$A = \int_0^1 (\sqrt{x} - x^2)\mathrm{d}x = \left[ \frac{2}{3} x^{\frac{3}{2}} - \frac{x^3}{3} \right]_0^1 = \frac{1}{3}.$$

**例 7.2**　求椭圆$\dfrac{x^2}{a^2} + \dfrac{y^2}{b^2} = 1$ 所围图形的面积(图 7.3).

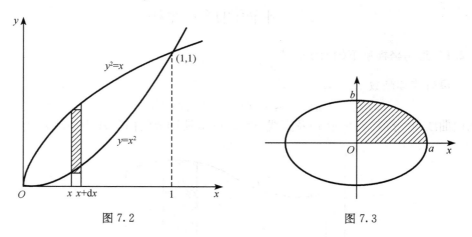

图 7.2　　　　　　　　　　　　　　　　图 7.3

**解**　由对称性,椭圆面积等于椭圆在第一象限内面积的 4 倍. 设椭圆的面积为 $A$,于是由式(7.2),得

$$A = 4\int_0^a y(x)\mathrm{d}x.$$

从椭圆方程解出 $y = \pm \dfrac{b}{a} \sqrt{a^2 - x^2}$,上半椭圆方程为

$$y = \frac{b}{a} \sqrt{a^2 - x^2},$$

因此

$$A = 4\int_0^a \frac{b}{a}\sqrt{a^2 - x^2}\,\mathrm{d}x$$

$$= \frac{4b}{a}\left[\frac{x}{2}\sqrt{a^2 - x^2} + \frac{a^2}{2}\arcsin\frac{x}{a}\right]_0^a = \pi ab.$$

设平面图形由连续曲线 $x = \varphi(y)$，$x = \psi(y)$ 及直线 $y = c$，$y = d$ 围成，其面积为 $A$. 如果连续曲线满足

$$\varphi(y) \leqslant \psi(y), \quad y \in [c, d],$$

则有类似的面积公式(图 7.4)

$$A = \int_c^d [\psi(y) - \varphi(y)]\mathrm{d}y \tag{7.3}$$

**例 7.3** 求曲线 $y^2 = -4(x-1)$ 与 $y^2 = -2(x-2)$ 围成的图形面积(图 7.5).

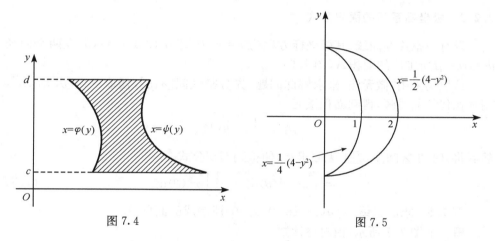

图 7.4          图 7.5

**解** 把 $y^2 = -4(x-1)$ 改写为 $x = \varphi(y) = \frac{1}{4}(4 - y^2)$，把 $y^2 = -2(x-2)$ 改写为 $x = \psi(y) = \frac{1}{2}(4 - y^2)$，这是两条相交于两点 $(0, -2)$，$(0, 2)$ 的抛物线. 由式 (7.3)，得面积为

$$A = \int_{-2}^2 \left[\frac{1}{2}(4 - y^2) - \frac{1}{4}(4 - y^2)\right]\mathrm{d}y$$

$$= 2\int_0^2 \left[\frac{1}{2}(4 - y^2) - \frac{1}{4}(4 - y^2)\right]\mathrm{d}y = \frac{8}{3}.$$

### 7.2.2 边界曲线由参数方程表示时的面积公式

一般地，当曲边梯形的曲边 $y = f(x)$ $(f(x) \geqslant 0, x \in [a, b])$ 由参数方程

$$\begin{cases} x = \varphi(t), \\ y = \psi(t) \end{cases}$$

给出时，如果 $x = \varphi(t)$ 满足 $\varphi(\alpha) = a$，$\varphi(\beta) = b$，$\varphi(t)$ 在 $[\alpha, \beta]$ (或 $[\beta, \alpha]$) 上具有连续

导数，$y=\psi(t)$ 连续，则由曲边梯形的面积公式及定积分的换元公式可知，曲边梯形的面积为

$$A = \int_a^b f(x)\mathrm{d}x = \int_\alpha^\beta \psi(t)\varphi'(t)\mathrm{d}t. \tag{7.4}$$

**例 7.4**  求由摆线 $x=a(t-\sin t), y=a(1-\cos t)$ 的一拱 $(0\leqslant t\leqslant 2\pi)$ 与 $x$ 轴所围图形的面积.

**解**  由式(7.4)，得

$$A = \int_0^{2\pi} a(1-\cos t) \cdot a(1-\cos t)\mathrm{d}t$$

$$= a^2 \int_0^{2\pi} (1 - 2\cos t + \cos^2 t)\mathrm{d}t = 3\pi a^2.$$

### 7.2.3  极坐标系下的面积公式

设有一条连续曲线，其极坐标方程为 $r=r(\theta)$. 求由曲线 $r=r(\theta)$ 及两个向径 $\theta=\alpha,\theta=\beta$ 所围成的面积 $A$（图 7.6）.

这里仍采用"**微元法**"来求解此问题. 先分割区间 $[\alpha,\beta]$，任取一份 $[\theta,\theta+\mathrm{d}\theta]$，用圆弧代替曲线弧，得到面积微元

$$\mathrm{d}A = \frac{1}{2}r^2(\theta)\mathrm{d}\theta.$$

然后将 $\mathrm{d}A$ 在区间 $[\alpha,\beta]$ 上无限求和，便得到面积公式

$$A = \int_\alpha^\beta \frac{1}{2}r^2(\theta)\mathrm{d}\theta = \frac{1}{2}\int_\alpha^\beta r^2(\theta)\mathrm{d}\theta. \tag{7.5}$$

**例 7.5**  求心脏线 $r=a(1+\cos\theta)(a>0)$ 所围成的面积 $A$.

**解**  如图 7.7 所示，由对称性知

$$A = 2 \cdot \frac{1}{2}\int_0^\pi a^2(1+\cos\theta)^2\mathrm{d}\theta$$

$$= a^2 \int_0^\pi (1+2\cos\theta+\cos^2\theta)\mathrm{d}\theta = \frac{3}{2}\pi a^2.$$

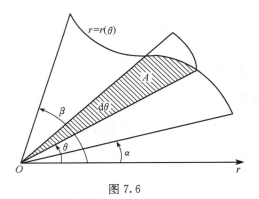

图 7.6

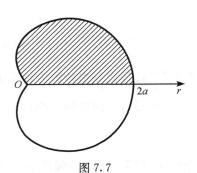

图 7.7

**例 7.6** 求圆 $\rho=\sqrt{2}\sin\theta$ 与双纽线 $\rho^2=\cos2\theta$ 的公共部分的面积.

**解** 圆与双纽线的图形如图 7.8 所示. 它们关于射线 $\theta=\dfrac{\pi}{2}$ 对称,在第一象限的交点为 $\left(\dfrac{1}{\sqrt{2}},\dfrac{\pi}{6}\right)$. 因此,所求面积为第一象限内公共面积的两倍. 从图 7.8 可以看出,公共部分由两部分组成,一部分为由圆

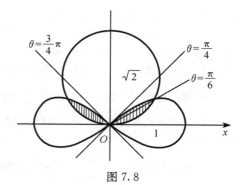

图 7.8

$\rho=\sqrt{2}\sin\theta$ 与矢径 $\theta=0,\theta=\dfrac{\pi}{6}$ 所围成;另一部分为由双纽线 $\rho^2=\cos2\theta$ 与矢径 $\theta=\dfrac{\pi}{6},\theta=\dfrac{\pi}{4}$ 所围成. 因此,所求面积为

$$
\begin{aligned}
A &= 2\left[\frac{1}{2}\int_0^{\frac{\pi}{6}}2\sin^2\theta\mathrm{d}\theta+\frac{1}{2}\int_{\frac{\pi}{6}}^{\frac{\pi}{4}}\cos2\theta\mathrm{d}\theta\right]\\
&= \int_0^{\frac{\pi}{6}}(1-\cos2\theta)\mathrm{d}\theta+\frac{1}{2}\int_{\frac{\pi}{6}}^{\frac{\pi}{4}}(\cos2\theta)\mathrm{d}(2\theta)\\
&= \left[\theta-\frac{1}{2}\sin2\theta\right]_0^{\frac{\pi}{6}}+\frac{1}{2}\left[\sin2\theta\right]_{\frac{\pi}{6}}^{\frac{\pi}{4}}\\
&= \frac{\pi}{6}+\frac{1-\sqrt{3}}{2}.
\end{aligned}
$$

平面图形的面积

平面图形的面积(续)

**习题 7.2**

1. 求由下列各组曲线所围成的图形的面积:

(1) $y=\dfrac{1}{2}x^2$ 与 $x^2+y^2=8$(两部分都要计算);

(2) $y=\dfrac{1}{x}$ 与直线 $y=x$ 及 $x=2$;

(3) $y=\mathrm{e}^x,y=\mathrm{e}^{-x}$ 与直线 $x=1$;

(4) $y=\ln x,y$ 轴与直线 $y=\ln a,y=\ln b(b>a>0)$;

(5) $y=1-x^2,y=\dfrac{2}{3}x$;

(6) $y=2x,y=\dfrac{1}{2}x,y=\dfrac{1}{4}x+1$;

(7) $y=x^2,y=(x-2)^2,y=0$；

(8) $y=x^2,y=x,y=2x$；

(9) $y=x,y=x+\sin^2 x(0\leqslant x\leqslant\pi)$.

2. 求抛物线 $y=-x^2+4x-3$ 及其在点$(0,-3)$和$(3,0)$处的切线所围成的图形的面积.

3. 求抛物线 $y^2=2px$ 及其在点$\left(\dfrac{p}{2},p\right)$处的法线所围成的图形的面积.

4. 求由下列各曲线所围成的图形的面积：

(1) $\rho=2a\cos\theta$；　(2) $x=a\cos^3 t,y=a\sin^3 t$；　(3) $\rho=2a(2+\cos\theta)$.

5. 求由星形线 $\begin{cases} x=a\cos^3 t,\\ y=a\sin^3 t \end{cases}$ 所围图形的面积.

6. 求由曲线$\dfrac{x^4}{a^4}+\dfrac{y^4}{b^4}=1$ 所围图形的面积.

7. 求由三叶玫瑰线 $r=a\sin3\theta$ 一瓣与极轴所围的面积.

8. 求由曲线 $y=x(x-1)(x-2)$ 与 $y=0$ 所围成图形的面积.

9. 求对数螺线 $\rho=ae^{\theta}(-\pi\leqslant\theta\leqslant\pi)$ 及射线 $\theta=\pi$ 所围成的图形的面积.

10. 求下列各曲线所围成图形的公共部分的面积：

(1) $\rho=3\cos\theta$ 及 $\rho=1+\cos\theta$；　(2) $\rho=\sqrt{2}\sin\theta$ 及 $\rho^2=\cos2\theta$.

11. 求位于曲线 $y=e^x$ 下方,该曲线过原点的切线的左方以及 $x$ 轴上方之间的图形的面积.

12. 求由抛物线 $y^2=4ax$ 与过焦点的弦所围成的图形面积的最小值.

13. 求由曲线 $\rho=a\sin\theta,\rho=a(\cos\theta+\sin\theta)(a>0)$ 所围图形公共部分的面积.

# 7.3　体　　积

## 7.3.1　已知平行截面面积,求立体的体积

设空间某立体由一曲面和垂直于 $x$ 轴的二平面 $x=a,x=b$ 围成(图 7.9).用一组垂直于 $x$ 轴的平面去截它,得到彼此平行的截面.如果过任一点 $x(a\leqslant x\leqslant b)$且垂直于 $x$ 轴的平面截该立体所得的截面面积 $A(x)$ 是已知的连续函数,则此立体的体积为

$$V=\int_a^b A(x)\mathrm{d}x. \qquad (7.6)$$

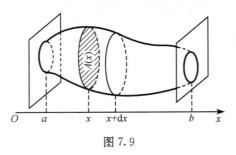

图 7.9

现在用微元法来证明式(7.6).分割区间$[a,b]$,考虑任一小区间$[x,x+\mathrm{d}x]$.相应于这一小段的立体可以近似看成小的正柱体,其上、下底的面积都是 $A(x)$,高为 $\mathrm{d}x$.于是得到体积微元(即微小体积 $\Delta V$ 的近似值)

$$\mathrm{d}V=A(x)\mathrm{d}x.$$

将 $\mathrm{d}V$ 在$[a,b]$上无限求和,便得

$$V = \int_a^b A(x)\,\mathrm{d}x.$$

由此公式易知,夹在两个平行平面之间的两个立体,如果用任意一个平行截面去截而所得的截面面积相等,那么这两个立体的体积相等. 这个结果通常称为卡瓦列里(Cavalieri)原理. 卡瓦列里是 17 世纪意大利数学家,他在 1635 年提出并引用这一原理. 其实这一原理,早在我国南北朝时期已由杰出的数学家祖冲之(429~500)和他的儿子祖暅受刘徽关于体积计算的启示提出. 祖冲之父子的原文是这样说的:"**缘幂势既同,则积不容异**". 这里的所谓"幂"就是截面面积、"势"就是高. 所以卡瓦列里提出此原理晚于祖冲之父子约 1100 年.

**例 7.7**　设有一半径为 $a$ 的圆柱体,用一与底面交角为 $\alpha$ 的平面去截割,如果平面通过底圆的直径,求截下部分立体的体积.

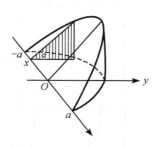

图 7.10

**解**　取平面与圆柱底面的交线为 $x$ 轴,底面的圆心为坐标原点,建立坐标系如图 7.10 所示,那么底圆的方程为 $x^2 + y^2 = a^2$. 在区间 $[-a, a]$ 上任取一点 $x$,过该点作垂直于 $x$ 轴的平面,与待求体积的立体相交,得截面为一直角三角形,它的两条直角边分别为 $y$ 与 $y\tan\alpha$,从而它的面积为

$$A(x) = \frac{1}{2}y^2\tan\alpha = \frac{1}{2}(a^2 - x^2)\tan\alpha,$$

所以截下部分立体的体积为

$$V = \int_{-a}^{a} A(x)\,\mathrm{d}x = \int_{-a}^{a}(a^2 - x^2)\tan\alpha\,\mathrm{d}x$$

$$= \tan\alpha\left[a^2 x - \frac{1}{3}x^3\right]_0^a = \frac{2}{3}a^3\tan\alpha.$$

**例 7.8**　求两个半径相等其轴垂直相交的圆柱面 $x^2 + y^2 = a^2$ 与 $x^2 + z^2 = a^2$ 所围成的立体的体积(图 7.11).

**解**　根据对称性,只需求出一个象限中的体积再乘以 8 即可.

现在过点 $(x, 0, 0)$ 作垂直于 $x$ 轴的平面. 它与此物体在第一卦限所截的图形为一个正方形 $LKNM$,其边长为 $\sqrt{a^2 - x^2}$,因此其面积为

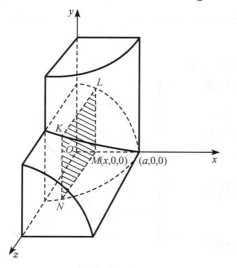

图 7.11

$$P(x) = a^2 - x^2,$$

于是,所求体积为

$$V = 8\int_0^a (a^2 - x^2)\,\mathrm{d}x = \frac{16}{3}a^3.$$

体积                                    体积(续)

### 7.3.2    旋转体的体积

设有连续曲线 $y = f(x)$,满足

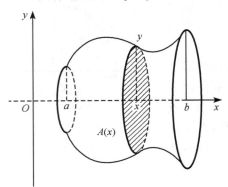

$$f(x) \geqslant 0, \quad x \in [a, b],$$

将此曲线绕 $x$ 轴旋转一周,求所产生的旋转体的体积(图 7.12).

为了利用式(7.6),我们先设法写出平行截面面积 $A(x)$. 过区间 $[a,b]$ 上任一点 $x$,作垂直于 $x$ 轴的平面,截旋转体所得横截面是一个半径为 $y = f(x)$ 的圆,其面积为

$$A(x) = \pi y^2 = \pi f^2(x).$$

图 7.12

再利用式(7.6),便得到旋转体的体积公式

$$V = \int_a^b A(x)\,\mathrm{d}x = \pi\int_a^b y^2\,\mathrm{d}x = \pi\int_a^b f^2(x)\,\mathrm{d}x. \tag{7.7}$$

同理可得由连续曲线

$$x = \varphi(y), \quad y \in [c, d]$$

(其中 $\varphi(y) \geqslant 0$)绕 $y$ 轴旋转一周所产生的旋转体体积为

$$V = \pi\int_c^d \varphi^2(y)\,\mathrm{d}y, \tag{7.8}$$

见图 7.13.

**例 7.9**    求由椭圆 $\dfrac{x^2}{a^2} + \dfrac{y^2}{b^2} = 1$ 绕 $x$ 轴旋转所成旋转体的体积.

**解**    上半椭圆的方程为 $y = \dfrac{b}{a}\sqrt{a^2 - x^2}$. 由式(7.7),得

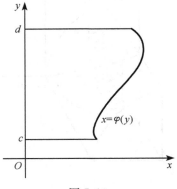

图 7.13

$$V = \pi\int_{-a}^a y^2\,\mathrm{d}x = \frac{\pi b^2}{a^2}\int_{-a}^a (a^2 - x^2)\,\mathrm{d}x = \frac{4}{3}\pi ab^2.$$

同理可得由椭圆 $\dfrac{x^2}{a^2}+\dfrac{y^2}{b^2}=1$ 绕 $y$ 轴旋转所成旋转体的体积为

$$V=\frac{4}{3}\pi a^2 b.$$

**特例** 当 $a=b$ 时,即为球体体积

$$V=\frac{4}{3}\pi a^3 \quad (a\ \text{为球体半径}).$$

**例 7.10** 求旋轮线的第一拱

$$x=a(t-\sin t),$$
$$y=a(1-\cos t), \quad 0\leqslant t\leqslant 2\pi$$

与 $y=0$ 所围图形由:①绕 $y$ 轴旋转;②绕
直线 $y=2a$ 旋转所得的旋转体的体积
$(a>0)$(图 7.14).

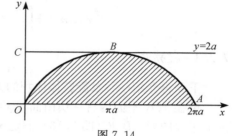

图 7.14

**解** (1)记弧 $\overset{\frown}{OB}$ 上点的横坐标为

$$x_1=a(t-\sin t), \quad 0\leqslant t\leqslant \pi,$$

则弧 $\overset{\frown}{AB}$ 上相应的对称点的横坐标为

$$x_2=2\pi a-x_1=2\pi a-a(t-\sin t), \quad 0\leqslant t\leqslant \pi.$$

设曲边梯形 $OABC$ 和曲边三角形 $OBC$ 绕 $y$ 轴旋转所得的体积分别为 $V_2$ 及
$V_1$,则由式(7.8)知,所求体积为

$$V=V_2-V_1=\pi\int_0^{2a}x_2^2\mathrm{d}y-\pi\int_0^{2a}x_1^2\mathrm{d}y$$
$$=\pi\int_0^{\pi}[2\pi a-a(t-\sin t)]^2\mathrm{d}[a(1-\cos t)]-\pi\int_0^{\pi}[a(t-\sin t)]^2\mathrm{d}[a(1-\cos t)]$$
$$=4\pi^2 a^3\int_0^{\pi}(\pi\sin t-t\sin t+\sin^2 t)\mathrm{d}t$$
$$=6\pi^3 a^3.$$

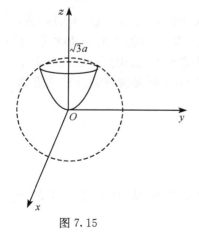

图 7.15

(2)设旋轮线第一拱与直线 $y=2a,x=0,x=2\pi a$
所围平面图形绕直线 $y=2a$ 旋转所得的体积为
$V_0$,则

$$V_0=\pi\int_0^{2\pi a}(2a-y)^2\mathrm{d}x$$
$$=\pi a^3\int_0^{2\pi}(1+\cos t-\cos^2 t-\cos^3 t)\mathrm{d}t=\pi^2 a^3.$$

于是所求体积为

$$V=\pi(2a)^2\cdot 2\pi a-V_0=7\pi^2 a^3.$$

**例 7.11** 求抛物面 $2az=x^2+y^2$ 与上半球面
$x^2+y^2+z^2=3a^2(a>0,z>0)$ 所围成的立体的体积
(图 7.15).

**解**　两曲面都是绕 $z$ 轴的旋转体,两曲面交线是一个圆. 由

$$\begin{cases} x^2 + y^2 + z^2 = 3a^2, \\ x^2 + y^2 = 2az, \end{cases}$$

得 $z=a$,所以交线圆位于 $z=a$ 的平面上. 现在用垂直于 $z$ 轴的平面去截这个立体. 当 $z \leqslant a$ 时,截出的圆盘半径为 $\sqrt{2az}$,而当 $z > a$ 时截出的圆的半径为 $\sqrt{3a^2 - z^2}$,由此得

$$V = \pi \int_0^a 2az \, \mathrm{d}z + \pi \int_a^{\sqrt{3}a} (3a^2 - z^2) \, \mathrm{d}z = \frac{\pi a^3}{3}(6\sqrt{3} - 5).$$

### 7.3.3　柱壳法

下面再介绍一种求旋转体体积的方法,称为**柱壳法**.

设在 $xOy$ 平面内有一块由曲线 $y=f_1(x)$,$y=f_2(x)$ 与直线 $x=a,x=b$ 所围成的平面图形 $ABDC$(图 7.16). 假定函数 $f_1(x)$ 与 $f_2(x)$ 在区间 $[a,b]$ 上连续,且 $f_2(x) < f_1(x)$. 当图形 $ABDC$ 绕 $y$ 轴旋转时,就产生一个旋转体,现在要求此旋转体的体积.

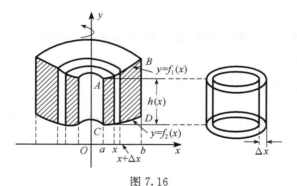

图 7.16　　　　　　　　　　　　　　柱壳法

把平面图形分成许多平行于 $y$ 轴的小条,任取位于区间 $[x, x+\mathrm{d}x]$ 上的一条,其宽为 $\mathrm{d}x$,高为 $h(x) = f_1(x) - f_2(x)$. 让此小条绕 $y$ 轴旋转就产生一薄柱壳,这一薄柱壳的内表面的面积为 $2\pi x h(x)$. 将它剖开并把它展平,就得到一块近似于厚度为 $\mathrm{d}x$,面积为 $2\pi x h(x)$ 的矩形薄板,其体积 $2\pi x h(x) \mathrm{d}x$ 就是薄柱壳体积的近似值,从而得柱壳体积微元

$$\mathrm{d}V = 2\pi x h(x) \mathrm{d}x,$$

所以所求旋转体的体积为

$$V = 2\pi \int_a^b x[f_1(x) - f_2(x)] \mathrm{d}x.$$

**例 7.12**　求在曲线 $8y = 12x - x^3$ 之上,直线 $y=2$ 之下,从 $x=0$ 到 $x=2$ 的一块平面图形绕 $y$ 轴旋转所产生的旋转体的体积.

**解**　图 7.17 中平行于 $y$ 轴的典型小条的高为

$$h(x) = 2 - y = 2 - \frac{3}{2}x + \frac{1}{8}x^3,$$

所以

$$dV = 2\pi x\left(2 - \frac{3}{2}x + \frac{1}{8}x^3\right)dx,$$

从而

$$V = 2\pi\int_0^2\left(2x - \frac{3}{2}x^2 + \frac{1}{8}x^4\right)dx$$

$$= 2\pi\left[x^2 - \frac{1}{2}x^3 + \frac{1}{40}x^5\right]_0^2 = \frac{8}{5}\pi.$$

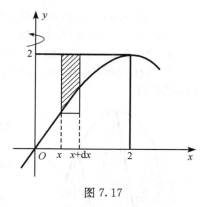

图 7.17

本例如果用垂直于 $y$ 轴的平行截面法去求,则要从方程 $8y = 12x - x^3$ 解出 $x$,这是比较困难的.

### 习题 7.3

1. 把抛物线 $y^2 = 4ax$ 及直线 $x = x_0$ $(x_0 > 0)$ 所围成的图形绕 $x$ 轴旋转,计算所得旋转体的体积.

2. 由 $y = x^3, x = 2, y = 0$ 所围成的图形,分别绕 $x$ 轴及 $y$ 轴旋转,计算所得两个旋转体的体积.

3. 把星形线 $x^{2/3} + y^{2/3} = a^{2/3}$ 所围成的图形绕 $x$ 轴旋转,计算所得旋转体的体积(图 7.18).

4. 用积分方法证明球缺的体积(图 7.19)为

$$V = \pi H^2\left(R - \frac{H}{3}\right).$$

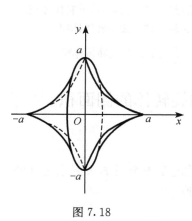

图 7.18

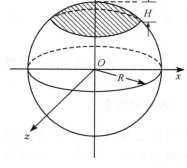

图 7.19

5. 求下列已知曲线所围成的图形,按指定的轴旋转所产生的旋转体的体积:

(1) $y = x^2, x = y^2$,绕 $y$ 轴;

(2) $y=\arcsin x,x=1,y=0$,绕 $x$ 轴;

(3) $x^2+(y-5)^2=16$,绕 $x$ 轴.

6. 求圆盘 $x^2+y^2\leqslant a^2$ 绕 $x=-b(b>a>0)$旋转所成旋转体的体积.

7. 设有一截锥体,其高为 $h$,上、下底均为椭圆,椭圆的轴长分别为 $2a,2b$ 和 $2A,2B$,求此截锥体的体积.

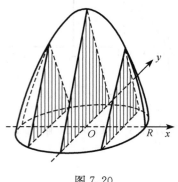

图 7.20

8. 计算底面是半径为 $R$ 的圆,而垂直于底面上一条固定直径的所有截面都是等边三角形的立体体积(图 7.20).

9. 计算曲线 $y=\sin x(0\leqslant x\leqslant \pi)$和 $x$ 轴所围成的图形绕 $y$ 轴旋转所得旋转体的体积.

10. 设抛物线 $y=ax^2+bx+c$ 通过点 $(0,0)$,且当 $x\in[0,1]$时,$y\geqslant 0$. 试确定 $a,b,c$ 的值,使得抛物线 $y=ax^2+bx+c$ 与直线 $x=1,y=0$ 所围图形的面积为 $\dfrac{4}{9}$,且使该图形绕 $x$ 轴旋转而成的旋转体的体积最小.

11. 求由曲线 $y=x^{\frac{3}{2}}$,直线 $x=4$ 及 $x$ 轴所围图形绕 $y$ 轴旋转而成的旋转体的体积.

12. 求圆盘 $(x-2)^2+y^2\leqslant 1$ 绕 $y$ 轴旋转而成的旋转体的体积.

13. 求由 $y=x^2$ 与 $y=2$ 所围图形绕 $x$ 轴及 $y$ 轴旋转而成旋转体体积.

14. 求由 $y=a\operatorname{ch}\dfrac{x}{a}$ 与 $x=0,x=a,y=0$ 所围图形绕 $x$ 轴旋转而成旋转体体积.

15. 求由 $y=\sin x(0\leqslant x\leqslant \pi)$与 $x$ 轴所围图形绕 $x$ 轴旋转而成旋转体体积.

16. 求由摆线
$$\begin{cases} x=a(t-\sin t), \\ y=a(1-\cos t), \end{cases} \quad 0\leqslant t\leqslant 2\pi$$
与 $x$ 轴所围图形绕 $x$ 轴旋转而成旋转体体积.

17. 求由 $y^2=2px$ 与 $y^2=4(x-p)^2(p>0)$所围图形绕 $x$ 轴旋转而成旋转体体积.

18. 求由 $x^2+(y-b)^2=a^2(b>a>0)$所围图形绕 $x$ 轴旋转而成旋转体体积.

19. 求由 $y=\sin x(0\leqslant x\leqslant \pi),y=0$ 所围图形绕 $x=\dfrac{\pi}{2}$旋转而成旋转体体积.

# 7.4  平面曲线的弧长和旋转体的侧面积

## 7.4.1  弧长的概念

圆周长是用圆内接正多边形的周长当边数趋于无穷时的极限来定义的. 与圆周长的概念类似,可以建立一般曲线弧的长度概念.

如图 7.21 所示,在曲线弧 $\overset{\frown}{AB}$ 上任取分点
$$A=M_0,M_1,M_2,\cdots,M_{i-1},M_i,\cdots,M_n=B,$$

依次用弦将相邻两点联结起来,得到一条内接折线.记每条弦的长度为

$$|M_{i-1}M_i|, \quad i=1,2,\cdots,n,$$

令 $\lambda = \max\limits_{1 \leqslant i \leqslant n} |M_{i-1}M_i|$. 如果当分点无限增加,且 $\lambda \to 0$ 时,折线长度的极限

$$\lim_{\lambda \to 0} \sum_{i=1}^{n} |M_{i-1}M_i|$$

存在,则称此极限值为曲线弧 $AB$ 的**长度**,或**弧长**. 这时,这段曲线弧称为**可求长**的. 下面讨论平面曲线弧长的计算公式.

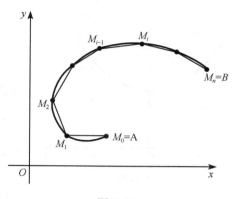

图 7.21

弧长

侧面积

### 7.4.2 直角坐标情形

设曲线弧由直角坐标方程

$$y=f(x), \quad a \leqslant x \leqslant b$$

给出,其中 $f(x)$ 在 $[a,b]$ 上具有一阶连续导数. 现在来计算这曲线弧的长度.

取横坐标 $x$ 为积分变量,其变化区间为 $[a,b]$. 曲线 $y=f(x)$ 上相应于 $[a,b]$ 上任一小区间 $[x, x+\mathrm{d}x]$ 的一段弧的长度,可以用该曲线在点 $(x, f(x))$ 处的切线上相应的一小段的长度近似代替. 而切线上这相应的小段的长度为

$$\sqrt{(\mathrm{d}x)^2 + (\mathrm{d}y)^2} = \sqrt{1+y'^2}\,\mathrm{d}x,$$

从而得弧长元素(即弧微分)

$$\mathrm{d}s = \sqrt{1+y'^2}\,\mathrm{d}x,$$

以 $\sqrt{1+y'^2}\,\mathrm{d}x$ 为被积表达式,在闭区间 $[a,b]$ 上作定积分,便得所求弧长

$$s = \int_a^b \sqrt{1+y'^2}\,\mathrm{d}x.$$

**例 7.13** 两根电线杆之间的电线,由于其本身的重量,下垂成曲线型. 这样的曲线叫**悬链线**. 适当选取坐标系后,悬链线的方程为

$$y = c\,\mathrm{ch}\,\frac{x}{c},$$

其中 $c$ 为常数. 计算悬链线上介于 $x=-b$ 与 $x=b$ 之间一段弧(图 7.22)的长度.

**解** 由于对称性,要计算的弧长为对应于 $x$ 从 0 到 $b$ 的一段曲线弧长的两倍.

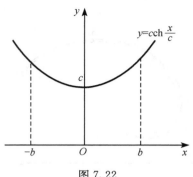

图 7.22

由 $y' = \operatorname{sh} \dfrac{x}{c}$, 得弧长元素

$$\mathrm{d}s = \sqrt{1 + \operatorname{sh}^2 \dfrac{x}{c}}\,\mathrm{d}x = \operatorname{ch}\dfrac{x}{c}\,\mathrm{d}x.$$

因此, 所求弧长为

$$s = 2\int_0^b \operatorname{ch}\dfrac{x}{c}\,\mathrm{d}x = 2c\left[\operatorname{sh}\dfrac{x}{c}\right]_0^b = 2c\operatorname{sh}\dfrac{b}{c}.$$

### 7.4.3　参数方程情形

设曲线弧由参数方程

$$\begin{cases} x = \varphi(t), \\ y = \psi(t), \end{cases} \quad \alpha \leqslant t \leqslant \beta$$

给出, 其中 $\varphi(t), \psi(t)$ 在 $[\alpha, \beta]$ 上具有连续导数. 现在来计算这曲线弧的长度.

取参数 $t$ 为积分变量, 其变化区间为 $[\alpha, \beta]$. 对应于 $[\alpha, \beta]$ 上任一小区间 $[t, t+\mathrm{d}t]$ 的小弧段的长度的近似值(弧微分), 即弧长元素为

$$\mathrm{d}s = \sqrt{(\mathrm{d}x)^2 + (\mathrm{d}y)^2} = \sqrt{\varphi'^2(t)(\mathrm{d}t)^2 + \psi'^2(t)(\mathrm{d}t)^2} = \sqrt{\varphi'^2(t) + \psi'^2(t)}\,\mathrm{d}t.$$

于是所求弧长为

$$s = \int_\alpha^\beta \sqrt{\varphi'^2(t) + \psi'^2(t)}\,\mathrm{d}t.$$

**例 7.14**　计算摆线(图 7.23)

$$\begin{cases} x = a(\theta - \sin\theta), \\ y = a(1 - \cos\theta) \end{cases}$$

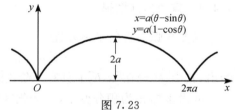

图 7.23

的一拱 $(0 \leqslant \theta \leqslant 2\pi)$ 的长度.

**解**　弧长元素

$$\mathrm{d}s = \sqrt{a^2(1 - \cos\theta)^2 + a^2\sin^2\theta}\,\mathrm{d}\theta$$

$$= a\sqrt{2(1 - \cos\theta)}\,\mathrm{d}\theta = 2a\sin\dfrac{\theta}{2}\,\mathrm{d}\theta.$$

从而, 所求弧长

$$s = \int_0^{2\pi} 2a\sin\dfrac{\theta}{2}\,\mathrm{d}\theta = 2a\left[-2\cos\dfrac{\theta}{2}\right]_0^{2\pi} = 8a.$$

**例 7.15**　计算星形线

$$\begin{cases} x = a\cos^3 t, \\ y = a\sin^3 t \end{cases}$$

的弧长(图 7.24).

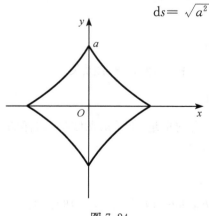

图 7.24

**解**　根据对称性, 只要求出它在第一象限中的一段弧长乘 4 即可, 此时参数 $t$ 是由 0

变到 $\frac{\pi}{2}$. 显然

$$x'(t) = -3a\cos^2 t\sin t, \quad y'(t) = 3a\sin^2 t\cos t,$$

因此弧长

$$s = 4\int_0^{\frac{\pi}{2}} \sqrt{9a^2\cos^4 t\sin^2 t + 9a^2\sin^4 t\cos^2 t}\,\mathrm{d}t$$

$$= 12a\int_0^{\frac{\pi}{2}} \cos t\sin t\,\mathrm{d}t = 12a\int_0^{\frac{\pi}{2}} \sin t\,\mathrm{d}\sin t$$

$$= 6a\sin^2 t\,\big|_0^{\frac{\pi}{2}} = 6a.$$

### 7.4.4 极坐标情形

设曲线弧由极坐标方程

$$r = r(\theta), \quad \alpha \leqslant \theta \leqslant \beta$$

给出,其中 $r(\theta)$ 在 $[\alpha,\beta]$ 上具有连续导数,现在来计算这曲线弧的长度.

由直角坐标与极坐标的关系可得

$$\begin{cases} x = r(\theta)\cos\theta, \\ y = r(\theta)\sin\theta, \end{cases} \quad \alpha \leqslant \theta \leqslant \beta.$$

这就是以极角 $\theta$ 为参数的曲线弧的参数方程. 于是,弧长元素为

$$\mathrm{d}s = \sqrt{x'^2(\theta) + y'^2(\theta)}\,\mathrm{d}\theta = \sqrt{r^2(\theta) + r'^2(\theta)}\,\mathrm{d}\theta,$$

从而所求弧长为

$$s = \int_\alpha^\beta \sqrt{r^2(\theta) + r'^2(\theta)}\,\mathrm{d}\theta.$$

**例 7.16** 求对数螺线 $\rho = \mathrm{e}^{m\theta}$ $(m>0)$ 从点 $P_0(\rho_0,\theta_0)$ 到任意一点 $(\rho,\theta)$ 的弧长.

**解**

$$s_{\overset{\frown}{P_0 P}} = \int_{\theta_0}^\theta \sqrt{\mathrm{e}^{2m\theta} + m^2\mathrm{e}^{2m\theta}}\,\mathrm{d}\theta = \sqrt{1+m^2}\int_{\theta_0}^\theta \mathrm{e}^{m\theta}\,\mathrm{d}\theta$$

$$= \frac{\sqrt{1+m^2}}{m}(\mathrm{e}^{m\theta} - \mathrm{e}^{m\theta_0}) = \frac{\sqrt{1+m^2}}{m}(\rho - \rho_0).$$

从这个结果可以看出:

(1) 对数螺线的弧长跟矢径的增量成比例.

(2) 对数螺线从某固定点 $P$ 开始虽可向极点环绕无穷多次,但当 $\theta_0 \to -\infty$ 时,这段弧的长度却趋于有限极限 $\dfrac{\sqrt{1+m^2}}{m}\rho$.

### 7.4.5 旋转体的侧面积

设有光滑曲线段 $y = f(x)$,其中

$$f(x) \geqslant 0, \quad x \in [a,b],$$

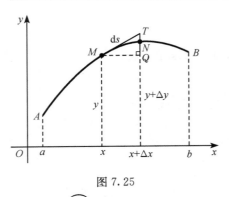

图 7.25

将此曲线段绕 $x$ 轴一周,求所产生的旋转体的侧面积 $F$.

旋转体的侧面面积即为空间曲面的面积,而有关空间曲面的面积将在多元函数积分学中给出一般的定义.这里仅凭几何直观来导出旋转体的侧面积公式,且仍用微元法.

采用图 7.25 所示分割区间 $[a,b]$,考虑任意一份 $[x,x+\mathrm{d}x]$.相应于这一份的,是由小弧段 $\overset{\frown}{MN}$ 绕 $x$ 轴旋转所得到的侧面积 $\Delta F$,它可以用切线段 $MT$(其长度为 $\mathrm{d}s$)绕 $x$ 轴旋转所得到的圆台的侧面积来近似代替.这个圆台的上、下底半径分别是 $y$ 及 $y+\mathrm{d}y$,斜高为 $\mathrm{d}s$,于是有

$$\text{圆台侧面积} = \pi \cdot (\text{上底半径} + \text{下底半径}) \cdot \text{斜高}$$
$$= \pi[y + (y+\mathrm{d}y)] \cdot \mathrm{d}s = 2\pi y \mathrm{d}s + \pi \mathrm{d}y \cdot \mathrm{d}s.$$

当 $\mathrm{d}x \to 0$ 时,$\mathrm{d}y \cdot \mathrm{d}s$ 是 $\mathrm{d}x$ 的高阶无穷小,略去,得到侧面积微元

$$\mathrm{d}F = 2\pi y \mathrm{d}s = 2\pi y \sqrt{1 + y'^2}\,\mathrm{d}x,$$

将上式从 $a$ 到 $b$ 求定积分,便得到侧面积公式

$$F = 2\pi \int_a^b y \sqrt{1 + y'^2}\,\mathrm{d}x.$$

当光滑曲线段 $\overset{\frown}{AB}$ 由参数方程

$$\begin{cases} x = x(t), \\ y = y(t), \end{cases} \quad \alpha \leqslant t \leqslant \beta$$

给出时,侧面积公式为

$$F = 2\pi \int_\alpha^\beta y(t) \sqrt{x'^2(t) + y'^2(t)}\,\mathrm{d}t.$$

当光滑曲线段 $\overset{\frown}{AB}$ 由极坐标方程

$$r = r(\theta), \quad \alpha \leqslant \theta \leqslant \beta$$

给出时,则可选 $\theta$ 作为参数,侧面积公式为

$$F = 2\pi \int_\alpha^\beta [r(\theta)\sin\theta] \sqrt{r^2(\theta) + r'^2(\theta)}\,\mathrm{d}\theta.$$

**例 7.17**　求旋轮线

$$\begin{cases} x = a(t - \sin t), \\ y = a(1 - \cos t), \end{cases} \quad 0 \leqslant t \leqslant 2\pi$$

绕 $x$ 轴旋转所得旋转体的侧面积.

**解**　因为

$$ds = 2a \left| \sin \frac{t}{2} \right| dt,$$

所以

$$
\begin{aligned}
P &= 2\pi \int_0^{2\pi} a(1 - \cos t) \cdot 2a \left| \sin \frac{t}{2} \right| dt \\
&= 4\pi a^2 \int_0^{2\pi} (1 - \cos t) \sin \frac{t}{2} dt \\
&= 8\pi a^2 \int_0^{2\pi} \sin^3 \frac{t}{2} dt = 16\pi a^2 \int_0^{\pi} \sin^3 u \, du \\
&= -16\pi a^2 \int_0^{\pi} (1 - \cos^2 u) d\cos u \\
&= -16\pi a^2 \left( \cos u - \frac{1}{3} \cos^2 u \right) \Big|_0^{\pi} = \frac{64}{3} \pi a^2.
\end{aligned}
$$

**例 7.18** 求心脏线

$$r = a(1 + \cos\theta), \quad a > 0$$

绕极轴旋转而成的旋转体的侧面积 $S$.

**解** 因为

$$ds = \sqrt{r^2 + r'^2} \, d\theta = 2a \left| \cos \frac{\theta}{2} \right| d\theta,$$

且在上半平面上此曲线对应参数 $\theta$ 为 $0 \leqslant \theta \leqslant \pi$, 因此

$$
\begin{aligned}
P &= 2\pi \int_0^{\pi} a(1 + \cos\theta) \sin\theta \, 2a \left| \cos \frac{\theta}{2} \right| d\theta \\
&= 4\pi a^2 \int_0^{\pi} 2\cos^2 \frac{\theta}{2} \cdot 2\sin \frac{\theta}{2} \cos \frac{\theta}{2} \cdot \cos \frac{\theta}{2} d\theta \\
&= 16\pi a^2 \int_0^{\pi} \cos^4 \frac{\theta}{2} \sin \frac{\theta}{2} d\theta = \frac{32}{5} \pi a^2.
\end{aligned}
$$

**例 7.19** 求旋转椭球体的表面积.

**解** 设此椭球体是由

$$\frac{x^2}{a^2} + \frac{y^2}{b^2} = 1, \quad a > b$$

绕 $x$ 轴旋转而得. 此时

$$y^2 = b^2 - \frac{b^2}{a^2} x^2,$$

因而有

$$yy' = -\frac{b^2}{a^2} x$$

及

$$y\sqrt{1+y'^2} = \sqrt{y^2+(yy')^2} = \sqrt{b^2 - \frac{b^2}{a^2}x^2 + \frac{b^4}{a^4}x^2}$$

$$= \frac{b}{a}\sqrt{a^2 - \frac{a^2-b^2}{a^2}x^2} = \frac{b}{a}\sqrt{a^2 - \varepsilon^2 x^2}$$

其中

$$\varepsilon = \frac{\sqrt{a^2-b^2}}{a}$$

是椭圆的离心率.

这样一来, 旋转椭球体的表面积为

$$p = 2\pi\frac{b}{a}\int_{-a}^{a}\sqrt{a^2-\varepsilon^2 x^2}\,\mathrm{d}x = 4\pi\frac{b}{a}\int_{0}^{a}\sqrt{a^2-\varepsilon^2 x^2}\,\mathrm{d}x$$

$$= 4\pi\frac{b}{a}\left(\frac{1}{2}x\sqrt{a^2-\varepsilon^2 x^2} + \frac{a^2}{2\varepsilon}\arcsin\frac{\varepsilon x}{a}\right)\Big|_0^a$$

$$= 2\pi\frac{b}{a}\left(a\sqrt{a^2-\varepsilon^2 x^2} + \frac{a^2}{\varepsilon}\arcsin\varepsilon\right)$$

$$= 2\pi b\left(b + \frac{a}{\varepsilon}\arcsin\varepsilon\right).$$

如果此椭圆绕 $y$ 轴作旋转, 则此时旋转体表面积

$$P_1 = 2\pi\int_{-b}^{b}x\sqrt{1+x'^2}\,\mathrm{d}y.$$

和上面一样, 可以算出 (只是将 $a$ 与 $b$ 对换以及将 $x$ 换成 $y$ 即可)

$$x\sqrt{1+x'^2} = \frac{a}{b}\sqrt{b^2 + \frac{a^2-b^2}{b^2}x^2},$$

因而

$$P_1 = 2\pi\int_{-b}^{b}\frac{a}{b}\sqrt{b^2 + \frac{a^2-b^2}{b^2}x^2}\,\mathrm{d}x$$

$$= 2\pi\frac{a}{b}\frac{b^3}{\sqrt{a^2-b^2}}\left[\frac{\sqrt{a^2-b^2}}{b^2}x\sqrt{\frac{a^2-b^2}{b^4}x^2+1}\right.$$

$$\left. + \ln\left|\frac{\sqrt{a^2-b^2}}{b^2}x + \sqrt{\frac{a^2-b^2}{b^4}x^2+1}\right|\right]_0^b$$

$$= 2\pi a\left(a + \frac{b^2}{\sqrt{a^2-b^2}}\ln\frac{\sqrt{a^2-b^2}+a}{b}\right).$$

**习题 7.4**

1. 计算曲线 $y=\ln x$ 上相应于 $\sqrt{3}\leqslant x\leqslant\sqrt{8}$ 的一段弧长.

2. 计算曲线 $y=\dfrac{\sqrt{x}}{3}(3-x)$ 上相应于 $1\leqslant x\leqslant 3$ 的一段弧的长度(图 7.26).

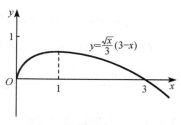

图 7.26

3. 计算半立方抛物线 $y^2=\dfrac{2}{3}(x-1)^3$ 被抛物线 $y^2=\dfrac{x}{3}$ 截得的一段弧的长度.

4. 计算抛物线 $y^2=2px$ 从顶点到这曲线上的一点 $M(x,y)$ 的弧长.

5. 将绕在圆(半径为 $a$)上的细线放开拉直,使细线与圆周始终相切,细线端点画出的轨迹叫做圆的渐伸线,其方程为

$$x=a(\cos t+t\sin t),\quad y=a(\sin t-t\cos t).$$

算出此曲线上对应于 $0\leqslant t\leqslant\pi$ 的一段弧的长度(图 7.27).

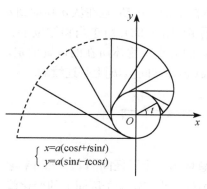

$$\begin{cases} x=a(\cos t+t\sin t)\\ y=a(\sin t-t\cos t)\end{cases}$$

图 7.27

6. 在摆线 $x=a(t-\sin t),y=a(1-\cos t)$ 上求分摆线第一拱成 $1:3$ 的点的坐标.

7. 求曲线 $\rho\theta=1$ 相应于 $\dfrac{3}{4}\leqslant\theta\leqslant\dfrac{4}{3}$ 的一段弧长.

8. 求心形线 $\rho=a(1+\cos\theta)$ 的全长.

9. 求抛物线 $y=\dfrac{1}{2}x^2$ 被圆 $x^2+y^2=3$ 所截下的有限部分的弧长.

10. 求抛物线 $y=ax^2$ 在 $x=-b$ 到 $x=b$ 之间的弧长.

11. 求阿基米德螺线 $r=a\theta$ 从 $\theta=0$ 到 $\theta=\theta_0$ 之间的弧长.

12. 求曲线 $x=e^t\sin t,y=e^t\cos t$ 从 $t=0$ 到 $t=1$ 一段弧长.

13. 求 $y=\ln(1-x^2)$ 上相应于 $0\leqslant x\leqslant\dfrac{1}{2}$ 的一段弧长.

14. 求曲线 $x=a\cos^4 t,y=a\sin^4 t$ 的弧长.

15. 求曲线 $r=ae^{mt}(m>0)$ 当 $0\leqslant r\leqslant a$ 时的弧长.

16. 求曲线 $y=\ln\cos x$ 由 $x=0$ 到 $x=a\left(0<a<\dfrac{\pi}{2}\right)$ 一段弧的弧长.

17. 证明:悬链线 $y=a\operatorname{ch}\dfrac{x}{a}(a>0)$ 自点 $A(0,a)$ 到 $P(x,y)$ 的弧长

$$s=\sqrt{y^2-a^2}.$$

18. 设一半径为 $R$ 的球,被相距 $H(0<H<2R)$ 的两平面所截,求所得球台的侧面积.

19. 求半径为 $R$ 的球的表面积.

20. 求抛物线 $y^2=4ax$ 由顶点到 $x=3a$ 的一段弧绕 $x$ 轴旋转所得的旋转体的侧面积.

21. 求双纽线 $r^2=a^2\cos2\theta$ 绕极轴旋转所得的旋转体的侧面积.

22. 求悬链线 $y=a\operatorname{ch}\dfrac{x}{a}$ 相应于 $|x|\leqslant b$ 的一段弧绕 $x$ 轴及 $y$ 轴旋转所得的旋转体的侧面积.

23. 求曲线 $y=\tan x\left(0\leqslant x\leqslant\dfrac{\pi}{4}\right)$ 绕 $x$ 轴旋转所得的旋转面的面积.

24. 求 $x^{2/3}+y^{2/3}=a^{2/3}$ 绕 $x$ 轴旋转所得的旋转体的侧面积.

# 7.5  功  水压力和引力

### 7.5.1  变力沿直线所做的功

由中学物理知,一个物体做直线运动,且在运动的过程中一直受跟运动方向一致的常力 $F$ 的作用,那么当物体有位移 $s$ 时,力 $F$ 所做的功为

$$W = Fs.$$

现在来考虑变力 $F$ 沿直线做功的问题.该物体在 $x$ 轴上运动,且在从 $a$ 移动到 $b$ 的过程中,始终受到跟 $x$ 轴的正向一致的力 $F$ 的作用(图 7.28).由于当物体位于 $x$ 轴上的不同位置时,所受力也各异,也就是说,力 $F$ 的大小随物体所在的位置而定,因此它是一个 $x$ 的函数,可设为 $F=\varphi(x)$,且假定 $\varphi(x)$ 在区间 $[a,b]$ 上是连续的.

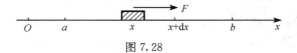

图 7.28

如果把区间 $[a,b]$ 任意分成许多子区间,并任意取出一个子区间 $[x,x+\mathrm{d}x]$ 来考虑,因为力 $\varphi(x)$ 是连续函数,子区间又很小,所以力的大小在这个子区间上的变化就甚微,所以可以把力 $F$ 在子区间 $[x,x+\mathrm{d}x]$ 左端点处值 $\varphi(x)$ 看成是物体经过这一子区间时所受的力,从而 $\varphi(x)\mathrm{d}x$ 就是物体从 $x$ 移动到 $x+\mathrm{d}x$ 时,力 $F$ 所做的功的近似值.因此功元素为

$$\mathrm{d}W = \varphi(x)\mathrm{d}x.$$

所以当物体从 $a$ 沿 $x$ 轴移动到 $b$ 时,作用在其上的力 $F=\varphi(x)$ 所做的功为

$$W = \int_a^b \varphi(x)\mathrm{d}x.$$

**例 7.20**  有一弹簧,用 5N 的力可以把它拉长 0.01m.求把弹簧拉长 0.1m,力所做的功(图 7.29).

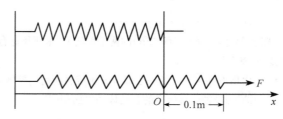

图 7.29

**解** 由物理学知,使弹簧产生伸缩变形的力,在伸缩量不大的情况下,与伸缩量成正比.因此,这个力的大小可用 $kx$ 来表示,即

$$F = kx.$$

其中 $x$ 为伸缩量;$k(>0)$ 为比例常数(称为**弹簧的倔强系数**).

对本题来说,$x>0$,且当 $x=0.01$ 时,$F=5$. 所以

$$k = \frac{5}{0.01} = 500.$$

因此

$$F = 500x.$$

从而要求将弹簧拉长 $0.1\text{m}$ 力 $F$ 所做的功,只需将功元素

$$\mathrm{d}W = 500x\,\mathrm{d}x$$

在区间 $[0,0.1]$ 上积分,即

$$W = \int_0^{0.1} 500x\,\mathrm{d}x = 500\left[\frac{x^2}{2}\right]_0^{0.1} = 2.5\text{J}.$$

**例 7.21** 自地面垂直向上发射火箭,火箭质量为 $m$. 试计算将火箭发射到距离地面的高度为 $h$ 处所做的功,并由此计算第二宇宙速度(即火箭脱离地球引力范围的最小速度)(图 7.30).

**解** 设地球质量为 $M$,半径为 $R$. 取坐标系如图 7.30 所示. 只需写出在区间 $[R,R+h]$ 的任一点 $r$ 处,对火箭所需施加的外力 $F(r)$.

由实验知,地球对位于点 $r$ 处的火箭的引力的大小为

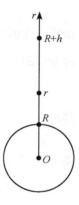

图 7.30

$$f = G\frac{Mm}{r^2}.$$

其中 $r$ 为火箭到地球中心 $O$ 的距离;$G>0$,为引力常数.

为了发射火箭,必须克服地球的引力.用于克服地球引力的外力 $F(r)$ 与地球引力大小相等,因此

$$F(r) = G\frac{Mm}{r^2}.$$

于是,将火箭自地面(即 $r=R$ 处)发射到距离地面高度为 $h$(此时 $r=R+h$)时所需做的功为

$$W_1 = \int_R^{R+h} F(r)\,\mathrm{d}r = GMm\int_R^{R+h} \frac{1}{r^2}\,\mathrm{d}r$$

$$= GMm\left(\frac{1}{R} - \frac{1}{R+h}\right).$$

上式引力常数 $G$ 可以这样确定:当火箭在地面时,地球对火箭的引力大小为 $f=G\dfrac{Mm}{R^2}$,且应该等于重力 $mg$,即

$$G\frac{Mm}{R^2} = mg \quad (g\text{ 为重力加速度}),$$

于是 $G = R^2 g/M$，所以

$$W_1 = \frac{R^2 g}{M}Mm\left(\frac{1}{R} - \frac{1}{R+h}\right) = mgR^2\left(\frac{1}{R} - \frac{1}{R+h}\right).$$

这就是将火箭自地面发射到距离地面高度为 $h$ 处所需做的功.

为了使火箭脱离地球引力范围，也就是把火箭发射到无穷远处，这时所需做的功为

$$W_2 = \lim_{h\to\infty} W_1 = mgR^2 \lim_{h\to\infty}\left(\frac{1}{R} - \frac{1}{R+h}\right) = mgR.$$

由能量守恒定律，$W_2$ 应等于外界所给予火箭的动能 $\frac{1}{2}mv_0^2$（$v_0$ 为火箭离开地面的初速度），即

$$mgR = \frac{1}{2}mv_0^2,$$

解得

$$v_0 = \sqrt{2gR}.$$

将 $g = 9.8\text{m/s}^2$，$R = 6371\text{km} = 6.731\times10^6\text{m}$ 代入上式，得

$$v_0 = \sqrt{2\times9.8\times6.371\times10^6}\text{m/s} = 11.2\times10^3\text{m/s}$$
$$\approx 11.2\text{km/s}.$$

这就是**第二宇宙速度**.

**例 7.22**　有一圆柱形大蓄水池，直径为 20m，高为 30m，内盛有水，水深为 27m. 求将水从池口全部抽出所做的功.

**解**　建立坐标系如图 7.31 所示，水深区间为 $[3,30]$. 考虑微小区间 $[x, x+dx]$ 上的水层，这一水层到池口的距离即可视为 $x$. 由于水的比重为 9800N/m³，所以功元素为

$$dW = \pi \cdot 10^2 \cdot 9800x dx = 9.8\times10^5 x dx,$$

从而所求的功为

$$W = \int_3^{30} 9.8\times10^5 \pi x dx = 9.8\times10^5 \pi\left[\frac{x^2}{2}\right]_3^{30}$$
$$= 1.4\times10^9\text{J}.$$

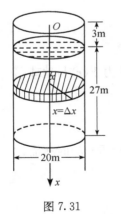

图 7.31

### 7.5.2　静止液体对薄板的侧压力

设有一薄板垂直放在一均匀的静止液体中，求液体对薄板的侧压力 $P$.

因为总可以把任意形状的薄板分成若干个曲边梯形的薄板，所以只需考虑形状

为曲边梯形的薄板. 取直角坐标系 $Oxy$ 如图 7.32, $y$ 轴在水平面上, 向右为正向, $x$ 轴垂直向下, 向下为正向. 设薄板的底边位于 $x$ 轴上, 而平行于 $y$ 轴的两条边的方程分别为 $x=a, x=b$, 又设曲边的方程为 $y=f(x)$, 其中 $f(x)$ 为 $x$ 的连续函数.

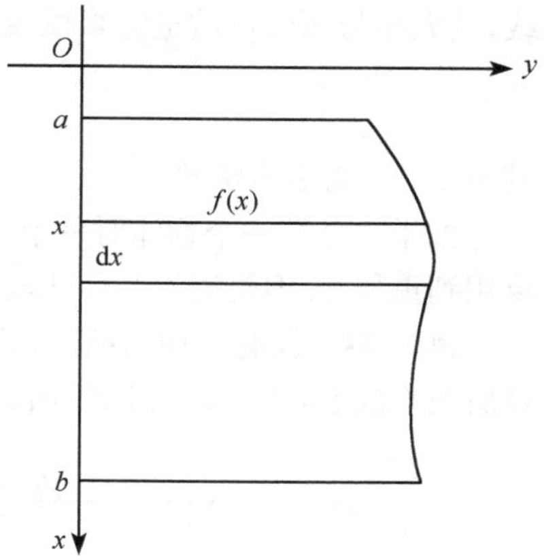

考虑 $[x, x+\mathrm{d}x]$ 对应的一小条薄板. 只要分割足够细, 这一小横条所受液体的侧压力 $\Delta P$ 近似等于当它水平地放在深度为 $x$ 的位置时所受液体的垂直压力; 而后者等于以小横条为底、以 $x$ 为高的液体柱的重量. 当 $\mathrm{d}x$ 充分小时, 用小矩形的面积 $f(x)\mathrm{d}x$ 来近似代替小横条的面积, 于是液体柱的体积近似为 $xf(x)\mathrm{d}x$, 从而

$$\mathrm{d}P = \rho g x f(x)\mathrm{d}x,$$

其中 $\rho$ 为液体的密度; $g=9.8\mathrm{N/kg}$.

因此, 所求侧压力为

$$P = \int_a^b \mathrm{d}P = \rho g \int_a^b x f(x)\mathrm{d}x.$$

图 7.32

**例 7.23** 有一薄板的形状为等腰梯形, 其下底为 10m, 上底为 6m, 高为 5m, 已知此薄板垂直地放在水中, 下底沉没于水面下的距离是 20m. 求水对于薄板的压力 $P$.

**解** 如图 7.33 所示, 用梯形 $ABCD$ 表示此薄板. 由对称性, 只需计算薄板的一半所受的侧压力 $P/2$. 为此, 需先求出直线 $BC$ 的方程. 由假设, $B, C$ 两点的坐标分别是 $(20,5)$ 与 $(15,3)$, 由此立即得到 $BC$ 的方程

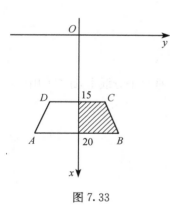

图 7.33

$$y = \frac{2}{5}x - 3.$$

水的密度为 $\rho = 1000\mathrm{kg/m^3}$, 因此

$$\frac{P}{2} = \rho g \int_{15}^{20} x\left(\frac{2}{5}x - 3\right)\mathrm{d}x = 3470833\mathrm{N},$$

即

$$P = 6941666\mathrm{N}.$$

### 7.5.3 引力

从万有引力定律知, 质量为 $m_1, m_2$ 的两质点间的引力, 其方向沿着两质点的连

线,其大小与两质点质量的乘积成正比,与两质点间距离 $r$ 的平方成反比,即

$$F = G \frac{m_1 m_2}{r^2},$$

其中 $G > 0$,为引力常数.

如果要计算一个物体对一个质点的引力,或者两个物体之间的引力,一般来说,要用到重积分.但是对于某些比较简单的情形,也可以用定积分计算.

**例 7.24**　设有一均匀细杆,长为 $2l$,质量为 $M$.另一质量为 $m$ 的质点 $A$,位于细杆所在直线上,与杆的近端的距离为 $a$(图 7.34).求细杆对质点的引力 $F$.

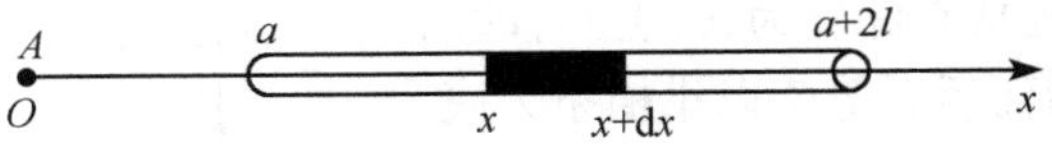

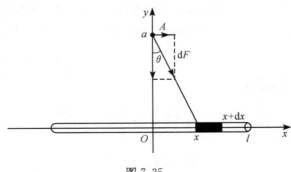

图 7.34

**解**　取坐标系如图 7.34 所示,质点 $A$ 位于原点.仍用微元法,分割区间 $[a, a+2l]$,任取一份 $[x, x+\mathrm{d}x]$.相应的小段细杆可近似看成一个位于 $x$ 处,质量为 $\frac{M}{2l}\mathrm{d}x$ 的质点.由万有引力定律知,这一小段对质点 $A$ 的引力为

$$\mathrm{d}F = G \frac{\left(\frac{M}{2l}\mathrm{d}x\right)m}{x^2} = \frac{GMm}{2l} \cdot \frac{1}{x^2}\mathrm{d}x.$$

从 $a$ 到 $a+2l$ 求定积分,便得到细杆对质点的引力

$$F = \int_a^{a+2l} \frac{GMm}{2l} \cdot \frac{1}{x^2}\mathrm{d}x = \frac{GMm}{a(2l+a)}.$$

**例 7.25**　细杆、质点同例 7.24,但质点 $A$ 位于细杆的垂直平分线上,距杆的中心为 $a$.求细杆对质点的引力 $F$.

**解**　取坐标系如图 7.35 所示.

图 7.35

此例与例 7.24 不同.例 7.24 中细杆上各小段对质点 $A$ 的引力虽然大小不同,方向却相同.因为力的都朝着细杆,所以可以将引力微元相加,得到总的引力.其中只计

算了总引力的大小 $F$,而方向,由于朝着细杆,因而未特别说明. 此例的情况不一样,细杆上各小段对质点 $A$ 的引力不仅大小不同,而且方向也不同. 这样,各段对质点的引力不能像例 7.24 那样相加,而必须利用矢量的加法. 也就是说,应把每一小段对质点的引力分解为 $x$ 分量与 $y$ 分量,然后按分量相加,得到总引力的 $x$ 分量 $F_x$ 与 $y$ 分量 $F_y$. 下面根据这一想法,用微元法来求总引力 $F$.

设总引力为 $F=\{F_x,F_y\}$. 由于细杆是均匀的,且质点 $A$ 关于细杆的位置具有对称性,因此总引力 $F$ 的 $x$ 分量 $F_x=0$(细杆左右两端的对称的各段,对质点 $A$ 的引力在 $x$ 方向的分量互相抵消),从而只需计算 $F_y$.

分割区间 $[-l,l]$,任取一份 $[x,x+\mathrm{d}x]$. 这一小段细杆可近似看作位于 $x$ 处的一个质点,其质量为 $\dfrac{M}{2l}\mathrm{d}x$,到质点 $A$ 的距离为 $\sqrt{x^2+a^2}$. 因此,由万有引力定律知,这一小段对质点 $A$ 的引力 $\mathrm{d}F$ 的大小为

$$|\mathrm{d}F|=G\frac{\left(\dfrac{M}{2l}\mathrm{d}x\right)m}{\left(\sqrt{x^2+a^2}\right)^2}=\frac{GMm}{2l}\cdot\frac{1}{x^2+a^2}\mathrm{d}x,$$

引力 $\mathrm{d}F$ 的方向朝着点 $x$. 易知 $\mathrm{d}F$ 的 $y$ 分量为

$$\mathrm{d}F_y=-|\mathrm{d}F|\cos\theta=-|\mathrm{d}F|\frac{a}{\sqrt{x^2+a^2}}$$

$$=-\frac{GMma}{2l}\cdot\frac{1}{(x^2+a^2)^{3/2}}\mathrm{d}x,$$

式中负号表示 $\mathrm{d}F$ 与正 $y$ 轴的夹角为钝角. 将上式从 $-l$ 到 $l$ 求定积分,便得到总引力 $F$ 的 $y$ 分量

$$F_y=\int_{-l}^{l}-\frac{GMma}{2l}\cdot\frac{1}{(x^2+a^2)^{3/2}}\mathrm{d}x$$

$$=-\frac{GMma}{l}\int_{0}^{l}\frac{1}{(x^2+a^2)^{3/2}}\mathrm{d}x=-\frac{GMm}{a}\frac{1}{\sqrt{l^2+a^2}}$$

于是细杆对质点 $A$ 的引力为

$$F=\left\{0,-\frac{GMm}{a}\frac{1}{\sqrt{l^2+a^2}}\right\},$$

即细杆对质点 $A$ 的引力大小为 $\dfrac{GMm}{a}\dfrac{1}{\sqrt{l^2+a^2}}$,其方向沿着细杆的垂直平分线并指向细杆.

功

水压力

引力

## 习题 7.5

1. 由实验知道，弹簧在拉伸过程中，需要的力 $F(N)$ 与伸长量 $s(cm)$ 成正比，即
$$F = ks \quad (k \text{ 是比例常数}).$$
如果把弹簧由原长拉伸 6cm，计算所做的功.

2. 直径为 20cm、高为 80cm 的圆筒内充满压强为 $10N/cm^2$ 的蒸汽. 设温度保持不变，要使蒸汽体积缩小一半，问需要做多少功?

3. 一颗人造地球卫星的质量为 173kg，在高于地面 630km 处进入轨道. 问把这颗卫星从地面送到 630km 的高空处，克服地球引力要做多少功? 已知 $g = 9.8m/s^2$，地球半径 $R = 6370km$.

4. 一物体按规律 $x = ct^3$ 做直线运动，介质的阻力与速度的平方成正比. 计算物体由 $x = 0$ 移至 $x = a$ 时，克服介质阻力所做的功.

5. 用铁锤将一铁钉击入木板，设木板对铁钉的阻力与铁钉击入木板的深度成正比，在击第一次时，将铁钉击入木板 1cm. 如果铁锤每次锤击铁钉所做的功相等，问锤击第二次时，铁钉又击入多少?

6. 设一圆锥形储水池，深 15m，口径 20m，盛满水，今以泵将水吸尽，问要做多少功?

7. 半径为 $r$ 的球沉入水中，球的上部与水面相切，球的密度与水相同，现将球从水中取出，需做多少功?

8. 如果 10N 的力能使弹簧伸长 1cm，现在要使这弹簧伸长 10cm，问需做多少功?

9. 有一弹簧，原长 1m，每压缩 1cm 需力 0.05N. 若从 80cm 长压缩到 60cm 长，问外力做功多少?

10. 有一横截面面积为 $S = 20m^2$，深为 5m 的水池，装满了水，要把池中的水全部抽到高为 10m 的水塔顶上去，要做多少功?

11. 有一长 $l$ 的细杆，均匀带电，总电量为 $Q$. 在杆的延长线上，距 $A$ 端为 $r_0$ 处，有一单位正电荷. 求这单位正电荷所受的电场力. 如果此单位正电荷由局杆端 $A$ 为 $a$ 处移到距杆端 $b$ 处，电场做的功是多少?

12. 有一矩形闸门，宽 2m，高 3m，水面超过门顶 2m. 求闸门上所受的水压力.

13. 洒水车上的水箱是一个横放的椭圆柱体，椭圆水平轴长 2m，竖直轴长 1.5m. 当水箱装满水时，计算水箱的一个端面所受的压力.

14. 有一等腰梯形闸门，它的两条底边各长 10m 和 6m，高为 20m. 较长的底边与水面相齐. 计算闸门的一侧所受的水压力.

15. 一底为 8cm、高为 6cm 的等腰三角形片，铅直地沉没于水中，顶在上，底在下且与水面平行，而顶离水面 3cm，试求它每面所受的压力.

16. 边长为 $a$ 和 $b$ 的矩形薄板，与液面成 $\alpha$ 角斜沉于液体内，长边平行于液面而位于深 $h$ 处，设 $a > b$，液体的密度为 $\rho$，试求薄板每面所受的压力.

17. 设有一长度为 $l$、线密度为 $\mu$ 的均匀细直棒，在与棒的一端垂直距离为 $a$ 单位处有一质量为 $m$ 的质点 $M$，试求这细棒对质点 $M$ 的引力.

18. 设有一半径为 $R$、中心角为 $\varphi$ 的圆弧形细棒，其线密度为常数 $\mu$. 在圆心处有一质量为

$m$ 的质点 $M$. 试求这细棒对质点 $M$ 的引力.

19. 设星形线 $x = a\cos^3 t, y = a\sin^3 t$ 上每一点处的线密度的大小等于该点到原点距离立方, 在原点 $O$ 处有一单位质点, 求星形线在第一象限的弧段对这质点的引力.

20. 设有两均匀细杆, 长度分别为 $l_1, l_2$, 质量分别为 $M_1, M_2$, 它们位于同一条直线上, 相邻两端点之距离为 $a$, 试证二者之间的引力为

$$F = \frac{m_1 m_2}{l_1 l_2} G \ln \frac{(a + l_1)(a + l_2)}{a(a + l_1 + l_2)}.$$

21. 一金属棒长 3m, 离棒左端 $x$ m 处的线密度为 $\rho(x) = \dfrac{1}{\sqrt{x+1}}$ (kg/m). 问 $x$ 为何值时, $[0, x]$ 一段的质量为全棒质量的一半.

22. 今有一细棒, 长度为 10m, 已知距左端点 $x$ 米处的线密度是 $\rho(x) = (6 + 0.3x)$ kg/m. 求这个细棒的质量.

23. 某质点作直线运动, 速度为

$$V = t^2 + \sin 3t$$

求质点在时间间隔 $T$ 内所经过的路程.

24. 一质点在阻力影响下做匀减速直线运动, 速度每秒减少 2m, 若初速度为 25m/s. 问质点能走多远?

25. 油类通过油管时, 中间流速大, 越靠近管壁流速越小. 实验确定, 某处的流速 $v$ 和该处到管子中心的距离 $r$ 有关系式 $v = k(a^2 - r^2)$, 其中 $k$ 为比例常数; $a$ 为油管半径. 求通过油管的流量 (图 7.36).

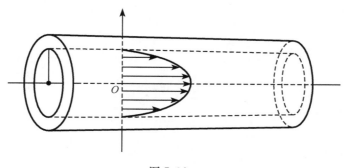

图 7.36

## 7.6 本章内容对开普勒问题的应用

已经推导出求弧长的公式

$$s = \int_a^t \sqrt{x'^2(t) + y'^2(t)} \, dt,$$

所以

$$\frac{\mathrm{d}s}{\mathrm{d}t} = \sqrt{(x'(t))^2 + (y'(t))^2}.$$

也已推导出面积计算公式

$$A(\theta) = \int_\alpha^\theta \frac{1}{2} r^2(\theta)\,\mathrm{d}\theta = \frac{1}{2}\int_\alpha^\theta r^2(\theta)\,\mathrm{d}\theta,$$

所以

$$\frac{\mathrm{d}A}{\mathrm{d}t} = \frac{1}{2} r^2 \frac{\mathrm{d}\theta}{\mathrm{d}t}.$$

且也已推导出长半轴为 $a$,短半轴为 $b$ 的椭圆的面积为 $\pi ab$.

# 习题答案

## 第 1 章

习题 1.1

1. (1) $x \geqslant -\dfrac{2}{3}$；  (2) $x \neq \pm 1$；  (3) $(-2, 2)$；  (4) $x \neq k\pi + \dfrac{\pi}{2} - 1, k \in \mathbf{Z}$；

  (5) $[2, 4]$；  (6) $(-1, +\infty)$；  (7) $x > -1$ 且 $x \notin \mathbf{Z}$.

2. (1) $[0, 100]$；  (2) $(-\infty, 1]$；  (3) $\left[0, \dfrac{1}{2}\right]$；  (4) $(1, +\infty)$.

3. $V = \dfrac{(2\pi - \alpha)^2 R^3}{24\pi^2} \sqrt{\alpha(4\pi - \alpha)}, \alpha \in (0, 2\pi)$.

4. (1) 不同,定义域不同；  (2) 不同,对应法则不同；

  (3) 相同,定义域与对应法则都相同；  (4) 不同,定义域不同；

  (5) 不同,定义域不同；  (6) 不同,定义域不同；

  (7) 相同,定义域与对应法则都相同；  (8) 不同,定义域不同；

  (9) 相同,定义域与对应法则都相同；  (10) 相同,定义域与对应法则都相同.

5-7. 略.

8. (1) 偶函数；  (2) 非奇非偶函数；  (3) 偶函数；  (4) 奇函数；  (5) 非奇非偶函数；

  (6) 偶函数；  (7) 奇函数；  (8) 奇函数.

9. (1) 周期函数, $T = 2\pi$；  (2) 周期函数, $T = \dfrac{\pi}{2}$；  (3) 周期函数, $T = 2$；

  (4) 非周期函数；  (5) 周期函数, $T = \pi$.

10. (1) $y = x^3 - 1$；  (2) $y = \dfrac{1-x}{1+x}$；  (3) $y = \dfrac{b - dx}{cx - a}$；  (4) $y = \dfrac{1}{3} \arcsin \dfrac{x}{2}$；

  (5) $y = \mathrm{e}^{x-1} - 2$；  (6) $y = \log_2 \dfrac{x}{1-x}$；  (7) $y = x + \sqrt{1 + x^2}$.

11. (1) $[-1, 1]$；  (2) $[2k\pi, (2k+1)\pi], k \in Z$；  (3) $[-a, 1-a]$；

  (4) 若 $a > \dfrac{1}{2}$,定义域为空集;若 $a = \dfrac{1}{2}$,定义域为 $\left\{\dfrac{1}{2}\right\}$；

    若 $0 < a < \dfrac{1}{2}$,定义域为 $[a, 1-a]$.

12. $f[g(x)] = \begin{cases} 1, & x < 0, \\ 0, & x = 0, \\ -1, & x > 0. \end{cases}$  $g[f(x)] = \begin{cases} \mathrm{e}, & |x| < 1, \\ 1, & |x| = 1, \\ \mathrm{e}^{-1}, & |x| > 1. \end{cases}$

## 第 2 章

习题 2.1

1. 略.

2. 证明略,反例如 $x_n=(-1)^n$.

3-4. 略.

5. $n>N$ 时,$x_n\equiv a$.

6-7. 略.

**习题 2.2**

1. 略.

2. $f(0^+)=f(0^-)=1$,极限存在.$\varphi(0^+)=1,\varphi(0^-)=-1$,极限不存在.

3-4. 略.

5. $-1=f(0^-)\neq f(0^+)=0$,所以 $x\to0$ 时 $f(x)$ 极限不存在;

$f(1^+)=f(1^-)=1$,所以 $x\to1$ 时 $f(x)$ 极限存在.

6-12. 略.

**习题 2.3**

1. 不一定.

2. 略.

3. (1) 2; (2) 1.

4. 略.

5. 无界;不是无穷大.

6. 略.

7. $x=\pm\sqrt{2}$ 为两条铅直渐近线,$y=0$ 为一条水平渐近线.

**习题 2.4**

(1) $-9$; (2) 0; (3) 2; (4) $\dfrac{1}{2}$; (5) 0; (6) 2; (7) $\dfrac{1}{2}$; (8) $-1$;

(9) $\dfrac{1}{3}$; (10) $\dfrac{1}{2}$; (11) $1,a>1$ 时;$0,a=1$ 时;$-1,a<1$ 时; (12) $\infty$;

(13) $\infty$; (14) $\dfrac{1}{2}$; (15) $\dfrac{15}{2}$; (16) $\dfrac{5}{3}$; (17) $\dfrac{1}{\sqrt{2a}}$; (18) $-\dfrac{1}{2\sqrt{2}}$;

(19) $-1$; (20) $\dfrac{1}{2}$; (21) 0; (22) 0.

**习题 2.5**

1. 略.

2. (1) 2; (2) $\dfrac{1+\sqrt{5}}{2}$; (3) 0; (4) $\max\limits_{1\leqslant i\leqslant k}a_i$.

3. (1) $\omega$; (2) 3; (3) 1; (4) 2; (5) $x$; (6) $\dfrac{\alpha}{\beta}$; (7) $-\sin a$; (8) $\cos a$; (9) 1;

(10) $\dfrac{1}{2}$; (11) 1; (12) 0; (13) 0; (14) $\dfrac{1}{4}$; (15) $\dfrac{1}{2}$.

4. (1) $e^{-1}$; (2) $e^2$; (3) $e^2$; (4) $e^{-k}$; (5) $a=\ln2$; (6) $e^{-1}$; (7) $e^{-1}$;

(8) $e^{-\frac{a^2}{2}}$; (9) 1.

5. 略.

习题 2.6

1. $x^2 - x^3$ 是高阶无穷小.

2. 是同阶无穷小. 与 $\frac{1}{2}(1-x^2)$ 等价, 与 $1-x^3$ 不等价.

3. 略.

4. (1) $\frac{3}{2}$; (2) $n > m$ 时为 0, $n = m$ 时为 1, $n < m$ 时为 $\infty$; (3) $\frac{1}{2}$.

5. 略.

6. (1) 2; (2) $\frac{1}{2}$; (3) 1; (4) 3; (5) $\frac{1}{3}$; (6) 1; (7) 1; (8) 3.

7. (1) $\frac{2}{3}$; (2) 1.

习题 2.7

1. (1) 处处连续; (2) $x = -1$ 为间断点, 其他地方连续.

2. (1) $x = 1$ 为第一类跳跃间断点; (2) $x = -1$ 为第二类无穷间断点;

    (3) $x = 1$ 为第一类可去间断点; (4) $x = \frac{n\pi}{2} - \frac{\pi}{12}, n \in \mathbf{Z}$ 为第二类无穷间断点;

    (5) 无间断点; (6) $x = 0$ 为第一类跳跃间断点; (7) $x = 0$ 为第一类可去间断点;

    (8) $x = 0$ 为第二类振荡间断点; (9) $x = 0$ 为第一类跳跃间断点, $x = 1$ 为第二类间断点.

3. (1) $x = 1$ 为第一类可去间断点, 可补充定义 $f(1) = -2$ 使得 $x = 1$ 变为连续点;

    $x = 2$ 为第二类无穷间断点;

    (2) $x = 0$ 为第一类可去间断点, 可补充定义 $f(0) = 1$ 使得 $x = 0$ 变为连续点;

    $x = k\pi, k \neq 0$ 为第二类无穷间断点;

    $x = k\pi + \frac{\pi}{2}$ 为第一类可去间断点, 可补充定义 $f\left(k\pi + \frac{\pi}{2}\right) = 0$ 使得 $x =$

    $k\pi + \frac{\pi}{2}$ 成为连续点;

    (3) $x = 0$ 为第二类振荡间断点;

    (4) $x = 1$ 为第一类跳跃间断点.

4. $x = \pm 1$ 为第一类跳跃间断点.

5-6. 略.

7. (1) 1; (2) $-2$; (3) 0.

习题 2.8

1. 连续区间为 $(-\infty, -3), (-3, 2), (2, +\infty)$; $\lim\limits_{x \to 0} f(x) = \frac{1}{2}$; $\lim\limits_{x \to -3} f(x) = -\frac{8}{5}$; $\lim\limits_{x \to 2} f(x) = \infty$.

2. 略.

3. (1) $\frac{1}{2}$; (2) 1; (3) $\frac{\lg 2}{2}$; (4) $\frac{1}{2}$; (5) e; (6) 1; (7) 0; (8) $\mathrm{e}^{\frac{1}{2}}$; (9) $\mathrm{e}^3$;

    (10) $\mathrm{e}^{-\frac{3}{2}}$; (11) $\frac{1}{2}$; (12) $\mathrm{e}^{\frac{1}{2}}$; (13) $\frac{1}{\sqrt{2}}$; (14) 8; (15) $\mathrm{e}^{ka}$; (16) $\sqrt[3]{abc}$.

习题 2.9

1-7. 略.

8. (1) 略； (2) $y=2x+1$ 为渐近线，$x=0$ 为铅直渐近线.

# 第 3 章

习题 3.1

1. 略.

2. (1) $a$； (2) $-\dfrac{1}{x^2}$； (3) $\dfrac{1}{2\sqrt{x}}$； (4) $2x+1$； (5) $0$.

3-4. 略.

5. (1) $f'_-(0)=f'_+(0)=1,f'(0)=1$； (2) $f'_-(0)=1,f'_+(0)=0,f'(0)$不存在；

   (3) $f'_-(0)=-1,f'_+(0)=0,f'(0)$不存在.

6. $12\mathrm{m/s}$.

7-9. 略.

10. $-\dfrac{1}{2},-1$.

11. 切线 $y-\dfrac{1}{2}=-\dfrac{\sqrt{3}}{2}\left(x-\dfrac{\pi}{3}\right)$，法线 $y-\dfrac{1}{2}=\dfrac{2}{\sqrt{3}}\left(x-\dfrac{\pi}{3}\right)$.

12. 点$(2,4)$.

13. $a=2,b=-1$.

14. $f'(x)=\begin{cases}\cos x, & x\leqslant 0,\\ 1, & x>0.\end{cases}$

15. 略.

习题 3.2

1. 略.

2. (1) $y'=3x^2-\dfrac{28}{x^5}+\dfrac{2}{x^2}$； (2) $y'=15x^2-2^x\ln2+3\mathrm{e}^x$； (3) $y'=2\sec^2 x+\sec x\tan x$；

   (4) $y'=\cos 2x$； (5) $y'=2x\ln x+x$； (6) $y'=3\mathrm{e}^x(\cos x-\sin x)$； (7) $y'=\dfrac{1-\ln x}{x^2}$；

   (8) $y'=\dfrac{(x-2)\mathrm{e}^x}{x^3}$； (9) $y'=2x(\ln x)\cos x+x\cos x-x^2(\ln x)\sin x$；

   (10) $s'=\dfrac{1+\sin t+\cos t}{(1+\cos t)^2}$.

3. (1) $\mathrm{d}y=\left(-\dfrac{1}{x^2}+\dfrac{1}{\sqrt{x}}\right)\mathrm{d}x$； (2) $\mathrm{d}y=(\sin 2x+2x\cos 2x)\mathrm{d}x$； (3) $\mathrm{d}y=(x^2+1)^{-\frac{3}{2}}\mathrm{d}x$；

   (4) $\mathrm{d}y=\dfrac{-2\ln(1-x)}{1-x}\mathrm{d}x$； (5) $\mathrm{d}y=2x\mathrm{e}^{2x}(1+x)\mathrm{d}x$；

   (6) $\mathrm{d}y=\mathrm{e}^{-x}(\sin(3-x)-\cos(3-x))\mathrm{d}x$； (7) $\mathrm{d}y=\dfrac{-x}{\sqrt{1-x^2}\,|x|}\mathrm{d}x$；

   (8) $\mathrm{d}y=8x\tan(1+2x^2)\sec^2(1+2x^2)\mathrm{d}x$； (9) $\mathrm{d}y=\dfrac{-2x}{1+x^4}\mathrm{d}x$；

(10) $ds = \omega A\cos(\omega t + \varphi)dt.$

4. (1) $v(t) = v_0 - gt$;  (2) $\dfrac{v_0}{g}$.

5. 切线：$y = 2x$，法线：$y = -\dfrac{1}{2}x$.

6. 连续，不可导.

7. (1) $y' = 8(2x+5)^3$;  (2) $y' = 3\sin(4-3x)$;  (3) $y' = -6xe^{-3x^2}$;  (4) $y' = \dfrac{2x}{1+x^2}$;

(5) $y' = \sin 2x$;  (6) $y' = \dfrac{-x}{\sqrt{a^2-x^2}}$;  (7) $y' = 2x\sec^2 x^2$;  (8) $y' = \dfrac{e^x}{1+e^{2x}}$;

(9) $y' = \dfrac{2\arcsin x}{\sqrt{1-x^2}}$;  (10) $y' = -\tan x$;  (11) $y' = 1 - x + x^2$;

(12) $y' = -\dfrac{1}{x^2} - \dfrac{1}{2x^{\frac{3}{2}}} - \dfrac{1}{3x^{\frac{4}{3}}}$;  (13) $y' = \dfrac{ad-bc}{(cx+d)^2}$;

(14) $y' = (x-b)^2(x-c)^3 + 2(x-a)(x-b)(x-c)^3 + 3(x-a)(x-b)^2(x-c)^2$;

(15) $y' = \sin x + x\cos x + \dfrac{x\cos x - \sin x}{x^2}$;  (16) $y' = 10^x + x 10^x \ln 10.$

8. (1) $y' = -\dfrac{1}{\sqrt{x-x^2}}$;  (2) $y' = x(1-x^2)^{-\frac{3}{2}}$;  (3) $y' = -\dfrac{1}{2}e^{-\frac{x}{2}}\cos 3x - 3e^{-\frac{x}{2}}\sin 3x$;

(4) $y' = \dfrac{1}{|x|\sqrt{x^2-1}}$;  (5) $y' = \dfrac{-2}{x(1+\ln x)^2}$;  (6) $y' = \dfrac{2x\cos 2x - \sin 2x}{x^2}$;

(7) $y' = \dfrac{1}{2\sqrt{x-x^2}}$;  (8) $y' = \dfrac{1}{\sqrt{a^2+x^2}}$;  (9) $y' = \sec x$;  (10) $y' = \csc x$;

(11) $y' = \dfrac{\cos x}{|\cos x|}$;  (12) $y' = \dfrac{1}{1+x^2}$;  (13) $y' = \sin x \ln \tan x$;  (14) $y' = \dfrac{e^x}{\sqrt{1+e^{2x}}}$;

(15) $y' = x^{\frac{1}{x}-2}(1-\ln x)$;  (16) $y' = ae^{ax}\sin bx + be^{ax}\cos bx$;  (17) $y' = \dfrac{|a|}{a\sqrt{a^2-x^2}}$;

(18) $y' = \dfrac{1}{a^2+x^2}$;  (19) $y' = -5\cos^4 x\sin x$;  (20) $y' = 6\csc 6x$;  (21) $y' = \dfrac{2}{t} - \dfrac{t}{1+t^2}$;

(22) $y' = \dfrac{2(1-x^2)}{|1-x^2|(x^2+1)}$;  (23) $y' = \dfrac{1}{a+b\cos x}$;  (24) $y' = \dfrac{1}{x^2-a^2}$;

(25) $y' = \sqrt{x^2+a^2}$;  (26) $y' = \sqrt{x^2-a^2}.$

9. (1) $y' = \dfrac{2\arcsin\frac{x}{2}}{\sqrt{4-x^2}}$;  (2) $y' = \csc x$;  (3) $y' = \dfrac{\ln x}{x\sqrt{1+\ln^2 x}}$;  (4) $y' = \dfrac{e^{\arctan\sqrt{x}}}{2\sqrt{x}(1+x)}$;

(5) $y' = n\sin^{n-1}x\cos(n+1)x$;  (6) $y' = \dfrac{\arccos x + \arcsin x}{\sqrt{1-x^2}(\arccos x)^2}$;  (7) $y' = \dfrac{1}{x\ln x\ln\ln x}$;

(8) $y' = \dfrac{1-\sqrt{1-x^2}}{x^2\sqrt{1-x^2}}$;  (9) $y' = -\dfrac{1}{(1+x)\sqrt{2x(1-x)}}.$

10. $y' = \dfrac{ff' + gg'}{\sqrt{f^2+g^2}}.$

11. (1) $y'=2xf'(x^2)$;　(2) $y'=\sin 2x(f'(\sin^2 x)-f'(\cos^2 x))$.

12. (1) $y'=e^{-x}(-x^2+4x-5)$;　(2) $y'=\sin 2x\sin x^2+2x\sin^2 x\cos x^2$;

(3) $y'=\dfrac{4\arctan\dfrac{x}{2}}{4+x^2}$;　(4) $y'=\dfrac{1-n\ln x}{x^{n+1}}$;　(5) $y'=\dfrac{4}{(e^t+e^{-t})^2}$;　(6) $y'=\dfrac{\tan\dfrac{1}{x}}{x^2}$;

(7) $y'=e^{-\sin^2\frac{1}{x}}\dfrac{\sin\dfrac{2}{x}}{x^2}$;　(8) $y'=\dfrac{1+2\sqrt{x}}{4\sqrt{x^2+x\sqrt{x}}}$;　(9) $y'=\arcsin\dfrac{x}{2}$.

13. (1) $dy=-\dfrac{1}{x^2}dx$;　(2) $dy=-\sin x\,dx$;　(3) $dy=a^x\ln a\,dx$;　(4) $dy=\dfrac{1}{x}dx$;

(5) $dy=\dfrac{2-\ln x}{2x\sqrt{x}}dx$;　(6) $dy=\dfrac{x}{\sqrt{x^2+a^2}}dx$;　(7) $dy=(2\tan^3 x+\tan x)dx$;

(8) $dy=2e^{x^2}\cos^3 x(x\cos x-2\sin x)dx$.

14. (1) $dy=\left(4x^3+12x^2-\dfrac{5}{2}x\sqrt{x}+2x-6\sqrt{x}-\dfrac{1}{2\sqrt{x}}\right)dx$;

(2) $dy=\dfrac{-x^4+3x^2+2x}{(x^3+1)^2}dx$;　(3) $dy=(\sec^2 x+\sec x\,\text{tg}x)dx$;　(4) $dy=-2x\sin x^2\,dx$;

(5) $dy=\dfrac{1}{|x|\sqrt{x^2-1}}dx$;　(6) $dy=\dfrac{1}{x+x(\ln x)^2}dx$.

15. (1) $dy=vw\,du+uw\,dv+uv\,dw$;　(2) $dy=\dfrac{u\,du+v\,dv}{u^2+v^2}$;　(3) $dy=\dfrac{v\,du-u\,dv}{u^2+v^2}$;

(4) $dy=3(u^2+v^2+w^2)^{\frac{1}{2}}(u\,du+v\,dv+w\,dw)$;　(5) $dy=e^{uv}(v\,du+u\,dv)$;

(6) $dy=e^v(\cos u\,du+\sin u\,dv)$;　(7) $dy=e^{\arctan(uv)}\dfrac{v\,du+u\,dv}{1+u^2v^2}$.

16. 可导.

17. 略.

习题 3.3

1. (1) $y''=4-\dfrac{1}{x^2}$;　(2) $y''=4e^{2x-1}$;　(3) $y''=-2\sin x-x\cos x$;　(4) $y''=-2e^{-t}\cos t$;

(5) $y''=-\dfrac{a^2}{(a^2-x^2)^{\frac{3}{2}}}$;　(6) $y''=\dfrac{-2(1+x^2)}{(1-x^2)^2}$;　(7) $y''=2\sec^2 x\tan x$;

(8) $y''=\dfrac{6x(2x^3-1)}{(x^3+1)^3}$;　(9) $y''=2\arctan x+\dfrac{2x}{1+x^2}$;　(10) $y''=\dfrac{e^x(x^2-2x+2)}{x^3}$;

(11) $y''=2xe^{x^2}(3+2x^2)$;　(12) $y''=-\dfrac{x}{(1+x^2)^{\frac{3}{2}}}$;

(13) $y''=-2\cos 2x\ln x-\dfrac{2\sin 2x}{x}-\dfrac{\cos^2 x}{x^2}$;　(14) $y''=\dfrac{3x}{(1-x^2)^{\frac{5}{2}}}$.

2. (1) $y''=2f'(x^2)+4x^2 f''(x^2)$;　(2) $y''=\dfrac{ff''-(f')^2}{f^2}$.

3. 略.

4. $s''=-\omega^2 A\sin\omega t$.

5-6. 略.

7. (1) $y^{(4)} = -4e^x \cos x$;　(2) $y^{(50)} = -2^{50} x^2 \sin 2x + 50 \cdot 2^{50} x \cos 2x + 50 \cdot 49 \cdot 2^{48} \sin 2x$;

　　(3) $y^{(6)} = 4 \cdot 6!, y^{(7)} = 0$.

8. (1) $y^{(n)} = n!$;　(2) $y^{(n)} = -2^{n-1} \cos\left(2x + \dfrac{n\pi}{2}\right)$;

　　(3) $y' = 1 + \ln x, y^{(n)} = (-1)^{n-2} (n-2)! \ x^{-(n-1)}, n \geqslant 2$;

　　(4) $y^{(n)} = e^x (x+n)$;　(5) $y^{(n)} = (-1)^n e^{-x} [x^2 + (2-2n)x + n^2 - 3n + 2]$;

　　(6) $y^{(n)} = (-1)^{n-1} n! \ (x-1)^{-(n+1)}$;

　　(7) $y^{(n)} = \dfrac{n!}{2}(-1)^{n-1} ((x-1)^{-(n+1)} - (x+1)^{-(n+1)})$;　(8) $y^{(n)} = n! \ (x+1)^{-(n+1)}$;

　　(9) $y^{(n)} = \displaystyle\sum_{k=0}^{n} (-1)^k \dfrac{n!}{(n-k)!} \dfrac{e^x}{x^{k+1}}$.

9. $(-1)^{n-1} \dfrac{n!}{n-2} (n \geqslant 3)$.

习题 3.4

1. (1) $y' = \dfrac{y}{y-x}$;　(2) $y' = \dfrac{ay - x^2}{y^2 - ax}$;　(3) $y' = \dfrac{e^{x+y} - y}{x - e^{x+y}}$;　(4) $y' = \dfrac{-e^y}{1 + xe^y}$;

　　(5) $y' = -\dfrac{\sqrt{y}}{\sqrt{x}}$;　(6) $y' = \dfrac{-\sin(x+y)}{1 + \sin(x+y)}$;　(7) $y' = \dfrac{y\cos x + \sin(x-y)}{\sin(x-y) - \sin x}$;

　　(8) $y' = \dfrac{-y - 2\sqrt{xy}}{x + 2\sqrt{xy}}$.

2. (1) $-2$;　(2) $-\dfrac{1}{2}$.

3. (1) $\mathrm{d}y = -\dfrac{b^2 x}{a^2 y}\mathrm{d}x$;　(2) $\mathrm{d}y = \dfrac{xy\ln y - y^2}{xy\ln x - x^2}\mathrm{d}x$.

4. 切线 $y = -x + \dfrac{\sqrt{2}}{2}a$;法线 $y = x$.

5. (1) $y'' = -\dfrac{1}{y^3}$;　(2) $y'' = -\dfrac{b^4}{a^2 y^3}$;　(3) $y'' = \dfrac{-2(1+y^2)}{y^5}$;　(4) $y'' = \dfrac{e^{2y}(3-y)}{(2-y)^3}$.

6. (1) $y' = \left(\dfrac{x}{1+x}\right)^x \left(\ln\dfrac{x}{1+x} + \dfrac{1}{1+x}\right)$;　(2) $y' = \dfrac{1}{5}\sqrt[5]{\dfrac{x-5}{\sqrt[5]{x^2+2}}}\left(\dfrac{1}{x-5} - \dfrac{2x}{5(x^2+2)}\right)$;

　　(3) $y' = \dfrac{\sqrt{x+2}(3-x)^4}{(x+1)^5}\left(\dfrac{1}{2(x+2)} + \dfrac{4}{x-3} - \dfrac{5}{x+1}\right)$;

　　(4) $y' = \dfrac{1}{2}\sqrt{x\sin x\sqrt{1-e^x}}\left(\dfrac{1}{x} + \cot x - \dfrac{e^x}{2(1-e^x)}\right)$;

　　(5) $y' = \dfrac{1}{x^2}\sqrt[x]{\dfrac{1-x}{1+x}}\left(\dfrac{2x}{x^2-1} - \ln\dfrac{1-x}{1+x}\right)$;

　　(6) $y' = \dfrac{x^2}{1+x}\sqrt{\dfrac{x+1}{1+x+x^2}}\left(\dfrac{2}{x} - \dfrac{1}{2(1+x)} - \dfrac{2x+1}{2(1+x+x^2)}\right)$;

　　(7) $y' = (x-b_1)^{a_1}(x-b_2)^{a_2}\cdots(x-b_n)^{a_n}\left(\dfrac{a_1}{x-b_1} + \dfrac{a_2}{x-b_2} + \cdots + \dfrac{a_n}{x-b_n}\right)$;

　　(8) $y' = (1+x^2)^x\left(\ln(1+x^2) + \dfrac{2x^2}{1+x^2}\right)$.

7. (1) $\dfrac{\mathrm{d}y}{\mathrm{d}x}=\dfrac{3bt}{2a}$;   (2) $\dfrac{\mathrm{d}y}{\mathrm{d}x}=\dfrac{\cos\theta-\theta\sin\theta}{1-\sin\theta-\theta\cos\theta}$.

8. (1) 切线 $y=-2\sqrt{2}\left(x-\dfrac{\sqrt{2}}{2}\right)$,法线 $y=\dfrac{\sqrt{2}}{4}\left(x-\dfrac{\sqrt{2}}{2}\right)$;

   (2) 切线 $y-\dfrac{12a}{5}=-\dfrac{4}{3}\left(x-\dfrac{6a}{5}\right)$,法线 $y-\dfrac{12a}{5}=\dfrac{3}{4}\left(x-\dfrac{6a}{5}\right)$.

9. (1) $y''=\dfrac{1}{t^3}$;   (2) $y''=-\dfrac{b}{a^2\sin^3 t}$;   (3) $y''=\dfrac{4}{9}\mathrm{e}^{3t}$;   (4) $y''=\dfrac{1}{f''(t)}$;

   (5) $y''=-\dfrac{1}{(1-\cos t)^2}$;   (6) $y''=-\dfrac{b}{a^2(\mathrm{sh}t)^3}$;   (7) $y''=\dfrac{1}{3a\sin\theta\cos^4\theta}$;   (8) $y''=-\dfrac{1+t^2}{t^3}$.

10. (1) $y'''=-\dfrac{3(1+t^2)}{8t^5}$;   (2) $y''=\dfrac{t^4-1}{8t^3}$.

11. $y=2x-12$.

12. $y=H\left[2\left(\dfrac{x}{L}\right)^3+3\left(\dfrac{x}{L}\right)^2\right]$.

13. $144\pi\mathrm{m}^2/\mathrm{s}$.

14. $\dfrac{16}{25\pi}\mathrm{m}/\mathrm{min}$.

15. $0.64\mathrm{cm}/\mathrm{min}$.

16. $6.4\mathrm{km}/\mathrm{h}$.

17. $\dfrac{4.5}{\sqrt{22.75}}\mathrm{m}/\mathrm{s}$.

18. $-2.8\mathrm{km}/\mathrm{h}$.

## 第 4 章

习题 4.1

1. $\dfrac{b^3-a^3}{3}+b-a$.

2. (1) $\dfrac{b^2-a^2}{2}$;   (2) $\mathrm{e}-1$;   (3) $\dfrac{c}{2}(b^2-a^2)+d(b-a)$;   (4) $\dfrac{1}{4}$.

3-4. 略.

5. (1) $\dfrac{t^2}{2}$;   (2) 21;   (3) $\dfrac{5}{2}$;   (4) $\dfrac{9\pi}{2}$;   (5) $\dfrac{\pi(b-a)^2}{8}$;   (6) $\dfrac{(b-a)^2}{4}$.

6. $a=0,b=1$.

7. (1) 6;   (2) $-2$;   (3) $-3$;   (4) $\dfrac{25}{3}$.

8. $88.2\mathrm{kN}$.

9-10. 略.

11. (1) $\displaystyle\int_0^1 x^2\mathrm{d}x$;   (2) $\displaystyle\int_1^2 x^3\mathrm{d}x$;   (3) $\displaystyle\int_1^2 \ln x\mathrm{d}x$.

12. 略.

习题 4.2

1. $0,\dfrac{\sqrt{2}}{2}$.

2. $\cot t$.

3. $-\dfrac{\cos x}{e^y}$.

4. (1) $2x\sqrt{1+x^4}$;　(2) $\dfrac{3x^2}{\sqrt{1+x^{12}}}-\dfrac{2x}{\sqrt{1+x^8}}$;

　　(3) $-\sin x\cos(\pi\cos^2 x)-\cos x\cos(\pi\sin^2 x)$;　(4) 0.

5. (1) $a^3-\dfrac{a^2}{2}+a$;　(2) $\dfrac{21}{8}$;　(3) $45\dfrac{1}{6}$;　(4) $\dfrac{\pi}{6}$;　(5) $\dfrac{\pi}{3}$;　(6) $\dfrac{\pi}{3a}$;　(7) $\dfrac{\pi}{6}$;

　　(8) $1+\dfrac{\pi}{4}$;　(9) $-1$;　(10) $1-\dfrac{\pi}{4}$;　(11) 4;　(12) $\dfrac{8}{3}$;　(13) $\dfrac{1}{a}\ln\dfrac{3}{2}$;　(14) 1.

6. (1) $f(x)=|x|$;　(2) $f(x)=\begin{cases}\dfrac{x^2}{2}, & x\geqslant 0, \\ -\dfrac{x^2}{2}, & x<0;\end{cases}$　(3) $f(x)=\begin{cases}\dfrac{1}{2}-x, & x<0, \\ \dfrac{1}{2}-x+x^2, & 0\leqslant x\leqslant 1, \\ x-\dfrac{1}{2}, & x>1;\end{cases}$

　　(4) $f(x)=\begin{cases}\dfrac{1}{3}-\dfrac{x}{2}, & x<0, \\ \dfrac{1}{3}-\dfrac{x}{2}+\dfrac{x^3}{3}, & 0\leqslant x\leqslant 1, \\ \dfrac{x}{2}-\dfrac{1}{3}, & x>1.\end{cases}$

7-8. 略.

9. $\varPhi(x)=\begin{cases}\dfrac{x^3}{3}, & 0\leqslant x\leqslant 1, \\ \dfrac{x^2}{2}-\dfrac{1}{6}, & 1<x\leqslant 2\end{cases}$　处处连续.

10. $\varPhi(x)=\begin{cases}0, & x\leqslant 0, \\ \dfrac{1}{2}(1-\cos x), & 0<x\leqslant\pi, \\ 1, & x>\pi.\end{cases}$

11. (1) $\dfrac{\pi}{4}$;　(2) $\dfrac{2}{\pi}$;　(3) $\dfrac{2}{3}(2\sqrt{2}-1)$;　(4) $\dfrac{1}{p+1}$.

12. $\dfrac{4}{3}$.

13-17. 略.

习题 4.3

1. (1) $-\dfrac{1}{x}+C$;　(2) $\dfrac{1}{3}x^3-\dfrac{3}{2}x^2+2x+C$;　(3) $\dfrac{1}{5}x^5+\dfrac{2}{3}x^3+x+C$;

　　(4) $\dfrac{1}{3}x^3+\dfrac{2}{5}x^{\frac{5}{2}}-\dfrac{2}{3}x^{\frac{3}{2}}-x+C$;　(5) $2\sqrt{x}-\dfrac{4}{3}x^{\frac{3}{2}}+\dfrac{2}{5}x^{\frac{5}{2}}+C$;　(6) $2e^x+3\ln|x|+C$;

(7) $3\arctan x-2\arcsin x+C$;　(8) $e^x-2\sqrt{x}+C$;　(9) $\dfrac{3^x e^x}{1+\ln3}+C$;

(10) $2x-\dfrac{5}{\ln2-\ln3}\left(\dfrac{2}{3}\right)^x+C$;　(11) $\tan x-\sec x+C$;　(12) $\dfrac{x+\sin x}{2}+C$;

(13) $\dfrac{1}{2}\tan x+C$;　(14) $\sin x-\cos x+C$;　(15) $-\cot x-\tan x+C$;　(16) $-\cot x-x+C$;

(17) $-\cos\theta+\theta+C$;　(18) $x-\arctan x+C$;　(19) $x^3-x+\arctan x+C$;　(20) $\dfrac{8}{15}x^{\frac{15}{8}}+C$;

(21) $-\dfrac{1}{x}-\dfrac{1}{5x^5}+C$;　(22) $\varphi(x)+C,\varphi(x)=\begin{cases}\dfrac{x^2}{2}, & x\geqslant0,\\[2mm] -\dfrac{x^2}{2}, & x<0.\end{cases}$

2. $y=1+\ln x$.

3. (1) $27$m;　(2) $\sqrt[3]{360}$s.

4. 略.

习题 4.4

1. (1) $\dfrac{1}{5}e^{5t}+C$;　(2) $-\dfrac{1}{8}(3-2x)^4+C$;　(3) $-\dfrac{1}{2}\ln|1-2x|+C$;

(4) $-\dfrac{1}{2}(2-3x)^{\frac{2}{3}}+C$;　(5) $-\dfrac{1}{a}\cos ax-be^{\frac{x}{b}}+C$;　(6) $-2\cos\sqrt{t}+C$;

(7) $-\dfrac{1}{2}e^{-x^2}+C$;　(8) $\dfrac{1}{2}\sin(x^2)+C$;　(9) $-\dfrac{1}{3}(2-3x^2)^{\frac{1}{2}}+C$;

(10) $-\dfrac{3}{4}\ln|1-x^4|+C$;　(11) $\dfrac{1}{2}\ln(x^2+2x+5)+C$;

(12) $-\dfrac{1}{3\omega}\cos^3(\omega t+\varphi)+C$;　(13) $\dfrac{1}{2\cos^2 x}+C$;　(14) $\dfrac{3}{2}\sqrt[3]{(\sin x-\cos x)^2}+C$;

(15) $\dfrac{1}{11}\tan^{11}x+C$;　(16) $\ln|\ln\ln x|+C$;　(17) $-\dfrac{1}{\arcsin x}+C$;　(18) $-\dfrac{10^{2\arccos x}}{2\ln10}+C$;

(19) $-\ln|\cos\sqrt{1+x^2}|+C$;　(20) $(\arctan\sqrt{x})^2+C$;　(21) $-\dfrac{1}{x\ln x}+C$;

(22) $\ln|\tan x|+C$;　(23) $\dfrac{1}{2}(\ln\tan x)^2+C$;　(24) $\sin x-\dfrac{\sin^3 x}{3}+C$;

(25) $\dfrac{t}{2}+\dfrac{1}{4\omega}\sin2(\omega t+\varphi)+C$;　(26) $\dfrac{1}{2}\cos x-\dfrac{1}{10}\cos5x+C$;

(27) $\dfrac{1}{3}\sin\dfrac{3x}{2}+\sin\dfrac{x}{2}+C$;　(28) $\dfrac{1}{4}\sin2x-\dfrac{1}{24}\sin12x+C$;

(29) $\dfrac{1}{3}\sec^3 x-\sec x+C$;　(30) $\arctan e^x+C$;　(31) $\dfrac{1}{2}\arcsin\dfrac{2x}{3}+\dfrac{1}{4}\sqrt{9-4x^2}+C$;

(32) $\dfrac{x^2}{2}-\dfrac{9}{2}\ln(x^2+9)+C$;　(33) $\dfrac{1}{2\sqrt{2}}\ln\left|\dfrac{\sqrt{2}x-1}{\sqrt{2}x+1}\right|+C$;　(34) $\dfrac{1}{3}\ln\left|\dfrac{x-2}{x+1}\right|+C$;

(35) $\dfrac{2}{3}\ln|x-2|+\dfrac{1}{3}\ln|x+1|+C$;　(36) $\dfrac{a^2}{2}\left(\arcsin\dfrac{x}{a}-\dfrac{x}{a^2}\sqrt{a^2-x^2}\right)+C$;

(37) $\arccos\dfrac{1}{|x|}+C$;　(38) $\dfrac{x}{\sqrt{1+x^2}}+C$;　(39) $\sqrt{x^2-9}-3\arccos\dfrac{3}{|x|}+C$;

(40) $\sqrt{2x}-\ln(1+\sqrt{2x})+C$;　(41) $\arcsin x-\dfrac{x}{1+\sqrt{1-x^2}}+C$;

(42) $\dfrac{1}{2}(\arcsin x+\ln|x+\sqrt{1-x^2}|)+C$;　(43) $\dfrac{1}{2}\ln(x^2+2x+3)-\sqrt{2}\arctan\dfrac{x+1}{\sqrt{2}}+C$;

(44) $\dfrac{1}{2}\left(\dfrac{x+1}{x^2+1}+\ln(x^2+1)+\arctan x\right)+C$;　(45) $\dfrac{1}{2}\ln\dfrac{|e^x-1|}{e^x+1}+C$;

(46) $\dfrac{1}{2(1-x)^2}-\dfrac{1}{1-x}+C$;　(47) $\dfrac{1}{6a^3}\ln\left|\dfrac{a^3+x^3}{a^3-x^3}\right|+C$;　(48) $\ln|x+\sin x|+C$;

(49) $\dfrac{1}{2}\arctan\sin^2 x+C$;　(50) $\dfrac{1}{3}\tan^3 x-\tan x+x+C$;

(51) $\dfrac{1}{8}\left(\dfrac{1}{3}\cos 6x-\dfrac{1}{2}\cos 4x-\cos 2x\right)+C$;　(52) $\dfrac{1}{4}\ln|x|-\dfrac{1}{24}\ln(x^6+4)+C$;

(53) $a\arcsin\dfrac{x}{a}-\sqrt{a^2-x^2}+C$;　(54) $\ln\left|x+\dfrac{1}{2}+\sqrt{x(x+1)}\right|+C$;

(55) $\ln\dfrac{\sqrt{1+e^x}-1}{\sqrt{1+e^x}+1}+C$;　(56) $\dfrac{\sqrt{x^2-1}}{x}+C$;　(57) $\dfrac{1}{3a^4}\left[\dfrac{3x}{\sqrt{a^2-x^2}}+\dfrac{x^3}{\sqrt{(a^2-x^2)^3}}\right]+C$;

(58) $-\dfrac{\sqrt{(1+x^2)^3}}{3x^3}+\dfrac{\sqrt{1+x^2}}{x}+C$;　(59) $\dfrac{\sin x}{2\cos^2 x}-\dfrac{1}{2}\ln|\sec x+\tan x|+C$;

(60) $\dfrac{1}{\sqrt{2}}\ln\left|\dfrac{\sqrt{1+\cos x}-\sqrt{2}}{\sqrt{1+\cos x}+\sqrt{2}}\right|+C$;　(61) $\dfrac{x^4}{8(1+x^8)}+\dfrac{1}{8}\arctan x^4+C$;

(62) $\dfrac{x^4}{4}+\ln\dfrac{\sqrt[4]{x^4+1}}{x^4+2}+C$;　(63) $\dfrac{1}{32}\ln\left|\dfrac{2+x}{2-x}\right|+\dfrac{1}{16}\arctan\dfrac{x}{2}+C$;

(64) $\dfrac{2}{1+\tan\dfrac{x}{2}}+x+C$;　(65) $\ln\dfrac{x}{(\sqrt[6]{x}+1)^6}+C$;　(66) $\dfrac{1}{1+e^x}+\ln\dfrac{e^x}{1+e^x}+C$;

(67) $\arctan(e^x-e^{-x})+C$;　(68) $\dfrac{1}{2}\ln|2x+5|+C$;　(69) $\dfrac{1}{303}(3x-1)^{101}+C$;

(70) $-\dfrac{1}{3}(2x+11)^{-\frac{3}{2}}+C$;　(71) $\dfrac{1}{\sqrt{6}}\arctan\sqrt{\dfrac{3}{2}}x+C$;　(72) $\dfrac{1}{\sqrt{5}}\arcsin\sqrt{\dfrac{5}{2}}x+C$;

(73) $\arcsin(2x-1)+C$;　(74) $\ln(2+e^x)+C$;　(75) $2\arctan e^x+C$;

(76) $\ln\left|\operatorname{th}\dfrac{x}{2}\right|+C$;　(77) $\dfrac{1}{3}\ln^3 x+C$;　(78) $\tan\dfrac{x}{2}+C$;　(79) $\tan\left(\dfrac{x}{2}+\dfrac{\pi}{4}\right)+C$;

(80) $-\dfrac{1}{12}(8x^3+27)^{-\frac{1}{2}}+C$;　(81) $-x-2\ln|x-1|+C$;　(82) $\dfrac{1}{2}\ln\left|\dfrac{x-3}{x-1}\right|+C$;

(83) $\dfrac{1}{3}\ln\left|\dfrac{x-1}{x+2}\right|+C$;　(84) $\dfrac{1}{4}\ln\dfrac{e^{2x}}{e^{2x}+2}+C$;　(85) $-2\ln\left|\cos\sqrt{x}\right|+C$;

(86) $-\dfrac{1}{5}(x^5+1)^{-1}+\dfrac{1}{5}(x^5+1)^{-2}-\dfrac{1}{15}(x^5+1)^{-3}+C$;　(87) $\dfrac{1}{n}x^n+\dfrac{1}{n}\ln|x^n-1|+C$;

(88) $\dfrac{1}{an}\ln\left|\dfrac{x^n}{x^n+a}\right|+C$;　(89) $-\dfrac{1}{2}[\ln(x+1)-\ln x]^2+C$;

(90) $\dfrac{1}{2a}\ln\left|\dfrac{x-a}{x+a}\right|+C$;　(91) $-\sqrt{a^2-x^2}+C$;　(92) $\dfrac{2}{3}(\ln x-2)\sqrt{1+\ln x}+C$;

(93) $-\dfrac{1}{3a^4x^3}(a^2+x^2)^{3/2}+\dfrac{1}{a^4x}\sqrt{a^2+x^2}+C$;　(94) $-\dfrac{1}{a^2x}\sqrt{a^2-x^2}+C$;

(95) $a\ln\left|\dfrac{a-\sqrt{a^2-x^2}}{x}\right|+\sqrt{a^2-x^2}+C;$  (96) $a\ln\left|\dfrac{x}{a+\sqrt{a^2+x^2}}\right|+\sqrt{a^2+x^2}+C;$

(97) $\dfrac{1}{a}\ln\left|\dfrac{x}{a+\sqrt{a^2+x^2}}\right|+C;$  (98) $\dfrac{1}{a}\arccos\dfrac{a}{|x|}+C;$

(99) $-\dfrac{x}{2}\sqrt{a^2-x^2}+\dfrac{a^2}{2}\arcsin\dfrac{x}{a}+C;$  (100) $\dfrac{1}{3}\ln|x^3+\sqrt{1+x^6}|+C;$

(101) $x-\ln(1+\sqrt{1+e^{2x}})+C;$  (102) $\dfrac{4}{7}(1+e^x)^{7/4}-\dfrac{4}{3}(1+e^x)^{3/4}+C;$

(103) $\arcsin\dfrac{1}{\sqrt{21}}(2x-1)+C;$  (104) $\dfrac{2x-1}{4}\sqrt{2+x-x^2}+\dfrac{9}{8}\arcsin\dfrac{2x-1}{3}+C;$

(105) $2\arcsin\dfrac{x-2}{2}-\sqrt{4x-x^2}+C;$  (106) $\ln|x-1+\sqrt{x^2-2x+10}|+C;$

(107) $\sqrt{x^2+x+1}+\dfrac{1}{2}\ln\left|x+\dfrac{1}{2}+\sqrt{x^2+x+1}\right|+C.$

2. (1) 0;  (2) $\dfrac{51}{512}$;  (3) $\dfrac{1}{4}$;  (4) $\pi-\dfrac{4}{3}$;  (5) $\dfrac{\pi}{6}-\dfrac{\sqrt{3}}{8}$;  (6) $\dfrac{\pi}{2}$;  (7) $\sqrt{2}(\pi+2)$;

(8) $1-\dfrac{\pi}{4}$;  (9) $\dfrac{\pi}{16}a^4$;  (10) $\sqrt{2}-\dfrac{2\sqrt{3}}{3}$;  (11) $\dfrac{1}{6}$;  (12) $2+2\ln\dfrac{2}{3}$;

(13) $1-2\ln2$;  (14) $(\sqrt{3}-1)a$;  (15) $1-e^{-\frac{1}{2}}$;  (16) $2(\sqrt{3}-1)$;  (17) $\dfrac{\pi}{2}$;

(18) $\dfrac{\pi}{4}+\dfrac{1}{2}$;  (19) 0;  (20) $\dfrac{3}{2}\pi$;  (21) $\dfrac{\pi^3}{324}$;  (22) 0;  (23) $\dfrac{2}{3}$;  (24) $\dfrac{4}{3}$;

(25) $2\sqrt{2}$;  (26) 4;  (27) $\dfrac{\pi}{8}\ln2$;  (28) $\dfrac{\pi}{4}$;  (29) $2(\sqrt{2}-1)$;  (30) $\dfrac{\pi}{2\sqrt{2}}$;

(31) $\dfrac{\pi}{2}$;  (32) $\begin{cases}\dfrac{1}{3}x^3-\dfrac{2}{3}, & x<-1,\\ x, & -1\leqslant x\leqslant1,\\ \dfrac{1}{4}x^4+\dfrac{3}{4}, & x>1;\end{cases}$  (33) $\dfrac{1}{26}(2^{13}-1)$;  (34) $\dfrac{1}{2}\ln3-\dfrac{\pi}{2\sqrt{3}}$;

(35) $\dfrac{1}{6}$;  (36) $\dfrac{1}{2}$;  (37) $\dfrac{5}{6}$;  (38) $\dfrac{1}{3}a^3-2a+\dfrac{8}{3}$;  (39) 4;  (40) 0;  (41) $\dfrac{1}{4}a^2\pi$;

(42) $\dfrac{1}{\sqrt{2}}\ln(1+\sqrt{2})$;  (43) $\dfrac{3\pi}{16}$;  (44) 14;  (45) $\dfrac{\pi}{4}-\dfrac{2}{3}$.

3. $\ln(1+e)$.

4-11. 略.

习题 4.5

1. (1) $-x\cos x+\sin x+C$;  (2) $x(\ln x-1)+C$;  (3) $x\arcsin x+\sqrt{1-x^2}+C$;

(4) $-e^{-x}(x+1)+C$;  (5) $\dfrac{1}{3}x^3\ln x-\dfrac{1}{9}x^3+C$;  (6) $\dfrac{e^{-x}}{2}(\sin x-\cos x)+C$;

(7) $-\dfrac{2}{17}e^{-2x}\left(\cos\dfrac{x}{2}+4\sin\dfrac{x}{2}\right)+C$;  (8) $2x\sin\dfrac{x}{2}+4\cos\dfrac{x}{2}+C$;

(9) $\dfrac{1}{3}x^3\arctan x-\dfrac{1}{6}x^2+\dfrac{1}{6}\ln(1+x^2)+C$;  (10) $-\dfrac{1}{2}x^2+x\tan x+\ln|\cos x|+C$;

(11) $x^2\sin x+2x\cos x-2\sin x+C$;　(12) $-\dfrac{e^{-2t}}{2}\left(t+\dfrac{1}{2}\right)+C$;

(13) $x\ln^2 x-2x\ln x+2x+C$;　(14) $-\dfrac{1}{4}x\cos 2x+\dfrac{1}{8}\sin 2x+C$;

(15) $\dfrac{x^3}{6}+\dfrac{1}{2}x^2\sin x+x\cos x-\sin x+C$;　(16) $\dfrac{1}{2}(x^2-1)\ln(x-1)-\dfrac{1}{4}x^2-\dfrac{1}{2}x+C$;

(17) $-\dfrac{1}{2}\left(x^2-\dfrac{3}{2}\right)\cos 2x+\dfrac{x}{2}\sin 2x+C$;　(18) $-\dfrac{1}{x}(\ln^3 x+3\ln^2 x+6\ln x+6)+C$;

(19) $3e^{\sqrt[3]{x}}(\sqrt[3]{x^2}-2\sqrt[3]{x}+2)+C$;　(20) $\dfrac{x}{2}(\cos\ln x+\sin\ln x)+C$;

(21) $x(\arcsin x)^2+2\sqrt{1-x^2}\arcsin x-2x+C$;　(22) $\dfrac{1}{2}e^x-\dfrac{1}{5}e^x\sin 2x-\dfrac{1}{10}e^x\cos 2x+C$;

(23) $\dfrac{1}{2}x^2\left(\ln^2 x-\ln x+\dfrac{1}{2}\right)+C$;　(24) $\dfrac{2}{3}(\sqrt{3x+9}-1)e^{\sqrt{3x+9}}+C$;

(25) $x\,\text{sh}\,x-\text{ch}\,x+C$;　(26) $-\dfrac{1}{4}e^{-2x}(2x^2+2x+1)+C$;

(27) $x\ln(x+\sqrt{1+x^2})-\sqrt{1+x^2}+C$;　(28) $\dfrac{x^2}{2(1+x^2)}\ln x-\dfrac{1}{4}\ln(1+x^2)+C$;

(29) $\dfrac{2}{3}\sqrt{x^3}\arctan\sqrt{x}-\dfrac{1}{3}x+\dfrac{1}{3}\ln(1+x)+C$;

(30) $\dfrac{x}{\sqrt{1-x^2}}\arcsin x+\dfrac{1}{2}\ln|1-x^2|+C$;　(31) $-\cos x\ln\tan x+\ln\left|\tan\dfrac{x}{2}\right|+C$;

(32) $\dfrac{1}{4}x^4\left[(\ln x)^2-\dfrac{1}{2}\ln x+\dfrac{1}{8}\right]+C$;　(33) $-e^{-x}\arctan e^x+x-\dfrac{1}{2}\ln(1+e^{2x})+C$;

(34) $\dfrac{1}{2}(x-1)e^x-\dfrac{x}{10}e^x(2\sin 2x+\cos 2x)+\dfrac{1}{50}e^x(4\sin 2x-3\cos 2x)+C$;

(35) $\dfrac{-1}{\sqrt{1+x^2}}\arctan x+\dfrac{x}{\sqrt{1+x^2}}+C$;　(36) $x\arcsin\sqrt{1-x^2}-\text{sgn}\,x\sqrt{1-x^2}+C$;

(37) $\ln x(\ln\ln x-1)+C$;　(38) $\dfrac{1}{4}x^2+\dfrac{x}{4}\sin 2x+\dfrac{1}{8}\cos 2x+C$;

(39) $\dfrac{1}{a^2+b^2}e^{ax}(a\cos bx+b\sin bx)+C$;　(40) $(4-2x)\cos\sqrt{x}+4\sqrt{x}\sin\sqrt{x}+C$;

(41) $x\ln(1+x^2)-2x+2\arctan x+C$;　(42) $(x+1)\arctan\sqrt{x}-\sqrt{x}+C$;

(43) $x\tan\dfrac{x}{2}+C$;　(44) $e^{\sin x}(x-\sec x)+C$;　(45) $\dfrac{xe^x}{e^x+1}-\ln(1+e^x)+C$;

(46) $x\ln^2(x+\sqrt{1+x^2})-2\sqrt{1+x^2}\ln(x+\sqrt{1+x^2})+2x+C$;

(47) $\dfrac{x\ln x}{\sqrt{1+x^2}}-\ln(x+\sqrt{1+x^2})+C$;　(48) $\dfrac{1}{4}(\arcsin x)^2+\dfrac{x}{2}\sqrt{1-x^2}\arcsin x-\dfrac{x^2}{4}+C$;

(49) $-\dfrac{1}{3}\sqrt{1-x^2}(x^2+2)\arccos x-\dfrac{1}{9}x(x^2+6)+C$;　(50) $-\ln|\csc x+1|+C$;

(51) $\ln|\tan x|-\dfrac{1}{2\sin^2 x}+C$;　(52) $\dfrac{1}{3}\ln(2+\cos x)-\dfrac{1}{2}\ln(1+\cos x)+\dfrac{1}{6}\ln(1-\cos x)+C$.

2. (1) $1-\dfrac{2}{e}$;　(2) $\dfrac{1}{4}(e^2+1)$;　(3) $-\dfrac{2\pi}{\omega^2}$;　(4) $\left(\dfrac{1}{4}-\dfrac{\sqrt{3}}{9}\right)\pi+\dfrac{1}{2}\ln\dfrac{3}{2}$;

(5) $4(2\ln2-1)$；  (6) $\dfrac{\pi}{4}-\dfrac{1}{2}$；  (7) $\dfrac{1}{5}(e^{\pi}-2)$；  (8) $2-\dfrac{3}{4\ln2}$；  (9) $\dfrac{\pi^3}{6}-\dfrac{\pi}{4}$；

(10) $\dfrac{1}{2}(e\sin1-e\cos1+1)$；  (11) $2\left(1-\dfrac{1}{e}\right)$；  (12) $\begin{cases}\dfrac{m!!}{(m+1)!!}\cdot\dfrac{\pi}{2},& m\text{ 为奇数},\\[3mm]\dfrac{m!!}{(m+1)!!},& m\text{ 为偶数};\end{cases}$

(13) $J_m=\begin{cases}\dfrac{(m-1)!!}{m!!}\cdot\dfrac{\pi^2}{2},& m\text{ 为偶数},\\[3mm]\dfrac{(m-1)!!}{m!!}\pi,& m\text{ 为大于 1 的奇数},\end{cases}$    $J_1=\pi$；  (14) $\dfrac{\pi}{2}-1$；

(15) $\pi\ln(\pi+\sqrt{\pi^2+a^2})-\sqrt{\pi^2+a^2}+|a|$；  (16) $\dfrac{1}{72}\pi^2+\dfrac{\sqrt{3}}{6}\pi-1$；  (17) $\dfrac{63}{512}\pi^2$；

(18) $\dfrac{21}{2048}\pi$；  (19) $\dfrac{63}{512}\pi$；  (20) $\dfrac{\pi^2}{16}-\dfrac{\pi}{4}+\dfrac{1}{2}\ln2$；  (21) $\dfrac{4}{3}\pi-\sqrt{3}$；  (22) $\dfrac{\pi}{2}$；

(23) $\dfrac{\pi^2}{2}+2\pi-4$；  (24) $\dfrac{5}{27}e^3-\dfrac{2}{27}$；  (25) $\dfrac{1}{2}$.

习题 4.6

(1) $\dfrac{1}{3}x^3-\dfrac{3}{2}x^2+9x-27\ln|x+3|+C$；  (2) $\ln|x-2|+\ln|x+5|+C$；

(3) $\dfrac{1}{2}\ln(x^2-2x+5)+\arctan\dfrac{x-1}{2}+C$；  (4) $\ln|x|-\dfrac{1}{2}\ln(x^2+1)+C$；

(5) $\ln|x+1|-\dfrac{1}{2}\ln(x^2-x+1)+\sqrt{3}\arctan\dfrac{2x-1}{\sqrt{3}}+C$；  (6) $\dfrac{1}{x+1}+\dfrac{1}{2}\ln|x^2-1|+C$；

(7) $2\ln|x+2|-\dfrac{1}{2}\ln|x+1|-\dfrac{3}{2}\ln|x+3|+C$；

(8) $\dfrac{1}{3}x^3+\dfrac{1}{2}x^2+x+8\ln|x|-4\ln|x+1|-3\ln|x-1|+C$；

(9) $\ln|x|-\dfrac{1}{2}\ln|x+1|-\dfrac{1}{4}\ln(x^2+1)-\dfrac{1}{2}\arctan x+C$；

(10) $\dfrac{1}{4}\ln\left|\dfrac{x-1}{x+1}\right|-\dfrac{1}{2}\arctan x+C$；  (11) $-\dfrac{1}{2}\ln\dfrac{x^2+1}{x^2+x+1}+\dfrac{\sqrt{3}}{3}\arctan\dfrac{2x+1}{\sqrt{3}}+C$；

(12) $\arctan x-\dfrac{1}{x^2+1}+C$；  (13) $-\dfrac{x+1}{x^2+x+1}-\dfrac{4}{\sqrt{3}}\arctan\dfrac{2x+1}{\sqrt{3}}+C$；

(14) $\dfrac{1}{2\sqrt{3}}\arctan\dfrac{2\tan x}{\sqrt{3}}+C$；  (15) $\dfrac{1}{\sqrt{2}}\arctan\dfrac{\tan\frac{x}{2}}{\sqrt{2}}+C$；

(16) $\dfrac{2}{\sqrt{3}}\arctan\dfrac{2\tan\frac{x}{2}+1}{\sqrt{3}}+C$；  (17) $\ln\left|1+\tan\dfrac{x}{2}\right|+C$；

(18) $\dfrac{1}{\sqrt{5}}\arctan\dfrac{3\tan\frac{x}{2}+1}{\sqrt{5}}+C$；  (19) $\dfrac{3}{2}\sqrt[3]{(1+x)^2}-3\sqrt[3]{x+1}+3\ln|1+\sqrt[3]{1+x}|+C$；

(20) $\dfrac{1}{2}x^2-\dfrac{2}{3}\sqrt{x^3}+x-4\sqrt{x}+4\ln(\sqrt{x}+1)+C$；

(21) $x-4\sqrt{x+1}+4\ln(\sqrt{1+x}+1)+C$;   (22) $2\sqrt{x}-4\sqrt[4]{x}+4\ln(\sqrt[4]{x}+1)+C$;

(23) $\ln\left|\dfrac{\sqrt{1-x}-\sqrt{1+x}}{\sqrt{1-x}+\sqrt{1+x}}\right|+2\arctan\sqrt{\dfrac{1-x}{1+x}}+C$;   (24) $-\dfrac{3}{2}\sqrt[3]{\dfrac{x+1}{x-1}}+C$;

(25) $-\dfrac{1}{x-2}-\arctan(x-2)+C$;   (26) $\arctan x+\dfrac{5}{6}\ln\dfrac{x^2+1}{x^2+4}+C$;

(27) $\dfrac{1}{5}x^5-\dfrac{1}{4}x^4+\dfrac{1}{3}x^3-\dfrac{1}{2}x^2+x-\ln|x+1|+C$;   (28) $\dfrac{1}{2\sqrt{6}}\ln\left|\dfrac{\sqrt{3}x+\sqrt{2}}{\sqrt{3}x-\sqrt{2}}\right|+C$;

(29) $\dfrac{1}{10\sqrt{2}}\ln\left|\dfrac{x-\sqrt{2}}{x+\sqrt{2}}\right|-\dfrac{1}{5\sqrt{3}}\arctan\dfrac{x}{\sqrt{3}}+C$;

(30) $\dfrac{1}{4}\ln|x^4-x^2+2|+\dfrac{1}{2\sqrt{7}}\arctan\dfrac{2}{\sqrt{7}}\left(x^2-\dfrac{1}{2}\right)+C$;

(31) $\dfrac{1}{2}\ln|x+2|-\dfrac{1}{4}\ln|x^2+2x+2|+\dfrac{1}{2}\arctan(x+1)+C$;

(32) $\dfrac{b}{a^2+b^2}\arctan\dfrac{x}{b}-\dfrac{a}{a^2+b^2}\ln|x+a|+\dfrac{a}{2(a^2+b^2)}\ln|x^2+b^2|+C$;

(33) $\dfrac{1}{2}\ln|1+x^2|+\arctan x+\dfrac{1}{x}-\dfrac{1}{3}x^{-3}+C$;   (34) $\dfrac{1}{2n}\left[\arctan x^n-\dfrac{x^n}{1+x^{2n}}\right]+C$;

(35) $\dfrac{1}{2}\ln|x^2-1|+\dfrac{1}{x+1}+C$;   (36) $x+\dfrac{1}{6}\ln|x|-\dfrac{9}{2}\ln|x-2|+\dfrac{28}{3}\ln|x-3|+C$;

(37) $\dfrac{1}{3}\ln|x-1|-\dfrac{1}{6}\ln|x^2+x+1|+\dfrac{1}{\sqrt{3}}\arctan\dfrac{2}{\sqrt{3}}\left(x+\dfrac{1}{2}\right)+C$;

(38) $\dfrac{1}{3}\ln|x+1|-\dfrac{1}{6}\ln|x^2-x+1|+\dfrac{1}{\sqrt{3}}\arctan\dfrac{2}{\sqrt{3}}\left(x-\dfrac{1}{2}\right)+C$;

(39) $\dfrac{1}{2}\ln|x+1|-\dfrac{1}{x+2}-\dfrac{1}{2}\ln|x+3|+C$;

(40) $-\dfrac{2}{5}\ln|x+2|+\dfrac{1}{5}\ln|x^2+1|+\dfrac{1}{5}\arctan x+C$;

(41) $\dfrac{3}{5}\sin\dfrac{5}{6}x+3\sin\dfrac{x}{6}+C$;   (42) $-\dfrac{1}{10}\cos\left(5x+\dfrac{\pi}{12}\right)+\dfrac{1}{2}\cos\left(x+\dfrac{5\pi}{12}\right)+C$;

(43) $\dfrac{x}{4}+\dfrac{\sin6x}{24}+\dfrac{\sin4x}{16}+\dfrac{\sin2x}{8}+C$;   (44) $\dfrac{3x}{8}+\dfrac{\sin2x}{4}+\dfrac{\sin4x}{32}+C$;

(45) $\sin x-\dfrac{2}{3}\sin^3 x+\dfrac{1}{5}\sin^5 x+C$;   (46) $\dfrac{1}{3}\sin^3 x-\dfrac{2}{5}\sin^5 x+\dfrac{1}{7}\sin^7 x+C$;

(47) $\cos x+\dfrac{1}{\cos x}+C$;   (48) $\dfrac{1}{16}x-\dfrac{1}{64}\sin4x+\dfrac{1}{48}\sin^3 2x+C$;

(49) $\dfrac{1}{\sqrt{2}}\ln\left|\tan\left(\dfrac{x}{2}+\dfrac{\pi}{8}\right)\right|+C$;   (50) $\dfrac{1}{\sqrt{2}}\arcsin\left(\sqrt{\dfrac{2}{3}}\sin x\right)+C$;

(51) $-\dfrac{1}{2}\arctan(\cos2x)+C$;   (52) $\dfrac{1}{2}\dfrac{\sin x}{\cos^2 x}+\dfrac{1}{2}\ln\left|\dfrac{1+\sin x}{\cos x}\right|+C$;

(53) $-\dfrac{1}{2}\dfrac{\cos x}{\sin^2 x}+\dfrac{1}{2}\ln\left|\tan\dfrac{x}{2}\right|+C$;   (54) $-\dfrac{2}{5}\cos^5 x+C$;

(55) $\dfrac{2}{\sqrt{1-\varepsilon^2}}\arctan\left[\sqrt{\dfrac{1-\varepsilon}{1+\varepsilon}}\tan\dfrac{x}{2}\right]+C$;

(56) $\frac{1}{2}(\sin x - \cos x) - \frac{1}{2\sqrt{2}}\ln\left|\tan\left(\frac{x}{2} + \frac{\pi}{8}\right)\right| + C$;    (57) $\tan x + \frac{1}{3}\tan^3 x + C$;

(58) $\frac{1}{2\sqrt{2}}\ln\left|\frac{\sin 2x + \sqrt{2}}{\sin 2x - \sqrt{2}}\right| + C$;    (59) $\frac{2}{3}\mathrm{sh}^3 x + C$;

(60) $\frac{1}{8}\mathrm{sh}4x + \frac{1}{4}\mathrm{sh}2x + C$;    (61) $\arcsin x - \sqrt{1-x^2} + C$;

(62) $6t - 3t^2 - 2t^3 + \frac{3}{2}t^4 + \frac{6}{5}t^5 - \frac{6}{7}t^7 + 3\ln(1+t^2) - 6\arctan t + C, t = \sqrt[6]{x+1}$;

(63) $\frac{1}{2}x^2 - \frac{x}{2}\sqrt{x^2-1} + \frac{1}{2}\ln|x + \sqrt{x^2-1}| + C$;

(64) $6[\ln|t| - \ln|2t+1|] + C, t = \sqrt[6]{x}$;    (65) $-\frac{3}{2}\left(\frac{x+1}{x-1}\right)^{\frac{1}{3}} + C$;

(66) $\sqrt{x^2-x+2} + \frac{1}{2}\ln\left|x - \frac{1}{2} + \sqrt{x^2-x+2}\right| + C$;

(67) $-\frac{5}{18}(1+t)^{-1} - \frac{1}{6}(1+t)^{-2} + \frac{3}{4}\ln|t-1| - \frac{16}{27}\ln|t-2| - \frac{17}{108}\ln|t+1| + C$,

　　$t = \frac{1}{x+1}\sqrt{x^2+3x+2}$;

(68) $\frac{1}{3}(2-2x+x^2)^{\frac{3}{2}} + \frac{x-1}{2}\sqrt{2-2x+x^2} + \frac{1}{2}\ln(x-1+\sqrt{2-2x+x^2}) + C$;

(69) $\frac{1}{\sqrt{2}}\ln\left|\frac{\sqrt{2}\sqrt{1+x^2}+x-1}{1+x}\right| + C$;    (70) $\frac{-x}{\sqrt{x-x^2}+x} - \arctan\frac{\sqrt{x-x^2}}{x} + C$;

(71) $\frac{6}{11}t^{11} - \frac{10}{3}t^9 + \frac{60}{7}t^7 - 12t^5 + 10t^3 - 6t + C, t = (x^{1/3}+1)^{1/2}$.

**习题 4.7**

1. (1) $\frac{1}{3}$;    (2) 发散;    (3) $\frac{1}{a}$;    (4) $\frac{\pi}{4}$;    (5) $\frac{\omega}{p^2+\omega^2}$;    (6) $\pi$;    (7) 1;    (8) 发散;

(9) $\frac{8}{3}$;    (10) $\frac{\pi}{2}$;    (11) $\mathrm{e}^{-2}\left(\frac{\pi}{2} - \arctan \mathrm{e}^{-1}\right)$;    (12) $\frac{\pi}{2} + \ln(2+\sqrt{3})$;    (13) $\frac{1}{2}$;

(14) $\ln 2$;    (15) $\pi$;    (16) $\pi\frac{(2n-3)!!}{(2n-2)!!}$;    (17) $\frac{1}{2^{n+1}}(-1)^n n!$;    (18) $\frac{a+b}{2}\pi$;

(19) $\frac{1}{4}\pi + \frac{1}{2}\ln 2$;    (20) $\frac{\pi}{3}$;    (21) 1;    (22) $\frac{2\pi}{3\sqrt{3}}$;    (23) 2;    (24) $-\frac{1}{2}$;

(25) $\frac{\pi}{2} - 1$;    (26) $\frac{1}{2ab(a+b)}\pi$;    (27) $\frac{\pi}{2}$;    (28) $\frac{44}{3}$.

2. 当 $k>1$ 时收敛于 $\frac{1}{(k-1)(\ln 2)^{k-1}}$; 当 $k \leqslant 1$ 时发散.

3. $n!$.

4. (1) $-\frac{\pi}{2}\ln 2$;    (2) $\frac{\pi}{4}$;    (3) $\frac{2}{3}\ln 2 - \frac{1}{4}\ln 3$;    (4) $-\frac{\pi}{2}\ln 2$;    (5) $\frac{1}{5}\ln\left(1+\frac{2}{\sqrt{3}}\right)$.

5. $\frac{1}{4}$.

6. $\frac{1}{r}$ km.

## 第 5 章

习题 5.1

1. (1) 是；　(2) 是；　(3) 不是；　(4) 是；　(5) $y=\sin x$ 不是，$y=e^{2x}$ 是，$y=Ce^{2x}$ 是；

(6) $y=\frac{1}{2}x+1$ 是，$y=Ce^{x/2}$ 不是，$y=Ce^{x/2}+\frac{x}{2}+1$ 是.

2. 略.

3. (1) $C=-25$；　(2) $C_1=0,C_2=1$；　(3) $C_1=(-1)^k,C_2=k\pi+\frac{\pi}{2},k\in\mathbf{Z}$.

4. (1) $y=\frac{1}{\omega}(1-\cos\omega t)$；　(2) $y=\ln x-1$；　(3) $y=x^3+2x$.

5. (1) $y'=x^2$；　(2) $yy'+2x=0$.

6. $\dfrac{\mathrm{d}p}{\mathrm{d}T}=k\dfrac{p}{T^2}$.

习题 5.2

1. (1) $y=e^{Cx}$；　(2) $y=\frac{1}{2}x^2+\frac{1}{5}x^3+C$；　(3) $\arcsin y=\arcsin x+C$；

(4) $\frac{1}{y}=a\ln|x+a-1|+C$；　(5) $\tan x\tan y=C$；　(6) $10^{-y}+10^x=C$；

(7) $(e^x+1)(e^y-1)=C$；　(8) $\sin x\sin y=C$；　(9) $3x^4+4(y+1)^3=C$；

(10) $(x-4)y^4=Cx$；　(11) $\sqrt[3]{3x+1}=C(t+2)$；　(12) $\dfrac{y}{1-ay}=C(a+x)$；

(13) $y^2-1=C(1+x^2)$；　(14) $y^2+1=C\left(\dfrac{x-1}{x+1}\right)$.

2. (1) $e^y=\frac{1}{2}(e^{2x}+1)$；　(2) $\cos x-\sqrt{2}\cos y=0$；　(3) $\ln y=\tan\frac{x}{2}$；

(4) $(1+e^x)\sec y=2\sqrt{2}$；　(5) $x^2y=4$；　(6) $y^2=2\ln(1+e^x)+1-2\ln(1+e)$；

(7) $3x^2+2x^3-3y^2-2y^3+5=0$.

3. $t=-0.0305h^{\frac{5}{2}}+9.64$，水流完所需的时间约为 10s.

4. $v=\sqrt{72500}\approx269.3(\mathrm{cm/s})$.

5. $R=R_0e^{-0.000433t}$.

6. $xy=6$.

7. 取 $O$ 为原点，河岸朝顺水方向为 $x$ 轴，$y$ 轴指向对岸，则所求航线为

$$x=\frac{k}{a}\left(\frac{h}{2}y^2-\frac{1}{3}y^3\right).$$

8. $T=20+30e^{-kt}$.

9. $\frac{4}{3}\times10^5\mathrm{s}=37.037\mathrm{h}$.

习题 5.3

1. (1) $y+\sqrt{y^2-x^2}=Cx^2$；　(2) $\ln\frac{y}{x}=Cx+1$；　(3) $y^2=x^2(2\ln|x|+C)$；

(4) $x^3-2y^3=Cx$；  (5) $x^2=C\sin^3\dfrac{y}{x}$；  (6) $x+2y\mathrm{e}^{\frac{x}{y}}=C$；

(7) $\sqrt{4x+2y-1}-2\ln(\sqrt{4x+2y-1}+2)=x+C$；  (8) $x^2=y^2(\ln|x|+C)$；

(9) $\sin\dfrac{y}{x}=Cx$；  (10) $\arcsin\dfrac{y}{x}=\ln x+C$；  (11) $(x-y)^2-2x+4y=C$；

(12) $\ln|y+2|+2\arctan\dfrac{y+2}{x-3}=C$；  (13) $\dfrac{x+y}{x+3}\left(1-\ln\dfrac{x+y}{x+3}\right)=\dfrac{C}{x+3}$；

(14) $x\sqrt{\dfrac{y^4}{x^2}+\dfrac{2y^2}{x}-1}=C$；  (15) $\sqrt{y}\sqrt[3]{2-3x^{-1}\sqrt{y}}=C$.

2. (1) $y^3=y^2-x^2$；  (2) $y^2=2x^2(\ln x+2)$；  (3) $\dfrac{x+y}{x^2+y^2}=1$.

3. $y=x(1-4\ln x)$.

4. (1) $(4y-x-3)(y+2x-3)^2=C$；  (2) $\ln[4y^2+(x-1)^2]+\arctan\dfrac{2y}{x-1}=C$；

(3) $(y-x+1)^2(y+x-1)^5=C$；  (4) $x+3y+2\ln|x+y-2|=C$.

5. **略.**

习题 5.4

1. (1) $y=\mathrm{e}^{-x}(x+C)$；  (2) $y=\dfrac{1}{3}x^2+\dfrac{3}{2}x+2+\dfrac{C}{x}$；  (3) $y=(x+C)\mathrm{e}^{-\sin x}$；

(4) $y=C\cos x-2\cos^2 x$；  (5) $y=\dfrac{\sin x+C}{x^2-1}$；  (6) $3\rho=2+C\mathrm{e}^{-3\theta}$；  (7) $y=2+C\mathrm{e}^{-x^2}$；

(8) $2x\ln y=\ln^2 y+C$；  (9) $y=(x-2)^3+C(x-2)$；  (10) $x=Cy^3+\dfrac{1}{2}y^2$；

(11) $x-\sqrt{xy}=C$；  (12) $y=ax+\dfrac{C}{\ln x}$；  (13) $x=Cy^{-2}+\ln y-\dfrac{1}{2}$；

(14) $y^{-2}=C\mathrm{e}^{x^2}+x^2+1$；  (15) $x^2=Cy^6+y^4$；  (16) $\sqrt{(x^2+y)^3}=x^3+\dfrac{3}{2}xy+C$；

(17) $y=C\mathrm{e}^{-\frac{2}{3}x}+3x-\dfrac{9}{2}$；  (18) $y=C\mathrm{e}^{-x}+\dfrac{1}{2}x\mathrm{e}^x-\dfrac{1}{4}\mathrm{e}^x$；  (19) $y=C\mathrm{e}^{-\frac{1}{3}x^3}$；

(20) $y=Cx+x\ln|\ln x|$；  (21) $x=y^2+Cy^2\mathrm{e}^{\frac{1}{y}}$.

2. (1) $y=\dfrac{x}{\cos x}$；  (2) $y=\dfrac{\pi-1-\cos x}{x}$；  (3) $y\sin x+5\mathrm{e}^{\cos x}=1$；

(4) $y=\dfrac{2}{3}(4-\mathrm{e}^{-3x})$；  (5) $2y=x^3-x^3\mathrm{e}^{x^{-2}-1}$；  (6) $x(1+2\ln y)-y^2=0$；

(7) $y=(5+x)\mathrm{e}^{-x}$；  (8) $y=\dfrac{1}{2x}(\mathrm{e}+\mathrm{e}^{2x})$.

3. $y=x-x\ln x$.

4. $250\mathrm{m}^3$.

5. $\varphi(x)=\cos x+\sin x$.

6. $y=2(\mathrm{e}^x-x-1)$.

7. $v=\dfrac{k_1}{k_2}t-\dfrac{k_1 m}{k_2^2}(1-\mathrm{e}^{-\frac{k_2}{m}t})$.

8. $i = e^{-5t} + \sqrt{2}\sin\left(5t - \dfrac{\pi}{4}\right)$ A.

9. $v = \left(v_0 - \dfrac{1}{k}mg\right)e^{-\frac{k}{m}t} + \dfrac{1}{k}mg.$

10. $v(t) = \dfrac{g}{k - m_1}(M_0 - m_1 t) - \dfrac{g}{k - m_1}M_0^{1 - \frac{k}{m_1}}(M_0 - m_1 t)^{\frac{k}{m_1}}.$

11. $t_1 = \dfrac{h(v_0 - v_1)}{v_0 v_1}\left(\ln\dfrac{v_0}{v_1}\right)^{-1}.$

12. $2y = 3x^2 - 2x - 1.$

13. $x^2 + y^2 = C.$

14. (1) $\dfrac{1}{y} = -\sin x + Ce^x$；  (2) $\dfrac{3}{2}x^2 + \ln\left|1 + \dfrac{3}{y}\right| = C$；  (3) $\dfrac{1}{y^3} = Ce^x - 1 - 2x$；

   (4) $\dfrac{1}{y^4} = -x + \dfrac{1}{4} + Ce^{-4x}$；  (5) $\dfrac{x^2}{y^2} = -\dfrac{2}{3}x^3\left(\dfrac{2}{3} + \ln x\right) + C$；  (6) $y^{-5} = \dfrac{5}{2}x^3 + Cx^5$；

   (7) $y^{\frac{1}{2}} = C(1 - x^2)^{\frac{1}{4}} - \dfrac{1}{3}(1 - x^2), |x| < 1; y^{\frac{1}{2}} = C(x^2 - 1)^{\frac{1}{4}} - \dfrac{1}{3}(1 - x^2), |x| > 1$；

   (8) $y^3 = ax + cx(1 - x^2)^{\frac{1}{2}}, |x| < 1; y^3 = ax + cx(x^2 - 1)^{\frac{1}{2}}, |x| > 1$；

   (9) $y^2 = -x^2 - x - \dfrac{1}{2} + Ce^{2x}$；  (10) $y^3 = -\dfrac{1}{a}\left[x + 1 + \dfrac{1}{a}\right] + Ce^{ax}$；

   (11) $(\sin y)^{-2} = Ce^{2x} + 2.$

15. $\ln|x| + \displaystyle\int \dfrac{g(v)\,\mathrm{d}v}{v[f(v) - g(v)]} = C, v = xy.$

16. (1) $y = -x + \tan(x + C)$；  (2) $(x - y)^2 = -2x + C$；  (3) $y = \dfrac{1}{x}e^{Cx}$；

   (4) $y = 1 - \sin x - \dfrac{1}{x + C}$；  (5) $2x^2 y^2\ln|y| - 2xy - 1 = Cx^2 y^2.$

17. $\varphi(x) = C|x|^{\frac{1-n}{n}}.$

习题 5.5

1. (1) $y = \dfrac{1}{6}x^3 - \sin x + C_1 x + C_2$；  (2) $y = (x - 3)e^x + C_1 x^2 + C_2 x + C_3$；

   (3) $y = x\arctan x - \dfrac{1}{2}\ln(1 + x^2) + C_1 x + C_2$；  (4) $y = -\ln|\cos(x + C_1)| + C_2$；

   (5) $y = C_1 e^x - \dfrac{1}{2}x^2 - x + C_2$；  (6) $y = C_1\ln|x| + C_2$；  (7) $y^3 = C_1 x + C_2$；

   (8) $C_1 y^2 - 1 = (C_1 x + C_2)^2$；  (9) $x + C_2 = \pm\left[\dfrac{2}{3}(\sqrt{y} + C_1)^{\frac{3}{2}} - 2C_1\sqrt{\sqrt{y} + C_1}\right]$；

   (10) $y = \arcsin(C_2 e^x) + C_1$；  (11) $y = \ln|\cos(x + C_1)| + C_2$；

   (12) $y = \dfrac{1}{2C_1}(e^{C_1 x + C_2} + e^{-C_1 x - C_2})$；  (13) $y = C, y = x^2 + C, y = -x^2 + C$；

   (14) $y^2 - x^2 = C, y = Cx$；  (15) $y = C, y = e^x + C, y = -e^x + C$；

   (16) $y = Ce^{2x}, y = Ce^{-2x}$；  (17) $-\sqrt{1 - 2y} + \ln|\sqrt{1 - 2y} \pm 1| = x + C$；

   (18) $y = C_1 x\ln x + \dfrac{1}{2}x^2 + C_2 x + C_3$；  (19) $y = -\sqrt{1 - (x + C_1)^2} + C_2$；

(20) 当 $y' \neq 0$ 时, $\int \dfrac{\mathrm{d}y}{y^2 + C_1} = x + C_2$; 当 $y' = 0$ 时, $y \equiv C$;

(21) $y = C_1(x - \mathrm{e}^{-x}) + C_2$;　(22) $y = x^2 \arctan(C_1 x) - \dfrac{x}{C_1} + \dfrac{1}{C_1^2}\arctan(C_1 x) + C_2$.

2. (1) $y = \sqrt{2x - x^2}$;　(2) $y = -\dfrac{1}{a}\ln(ax + 1)$;

(3) $y = \dfrac{1}{a^3}\mathrm{e}^{ax} - \dfrac{\mathrm{e}^a}{2a}x^2 + \dfrac{\mathrm{e}^a}{a^2}(a - 1)x + \dfrac{\mathrm{e}^a}{2a^3}(2a - a^2 - 2)$;　(4) $y = \ln\sec x$;

(5) $y = \left(\dfrac{1}{2}x + 1\right)^4$;　(6) $y = \ln(\mathrm{e}^x + \mathrm{e}^{-x}) - \ln 2$;　(7) $y = 2\arctan\mathrm{e}^x$.

3. $y = \dfrac{x^3}{6} + \dfrac{x}{2} + 1$.

4. $s = \dfrac{mg}{c}\left(t + \dfrac{m}{c}\mathrm{e}^{-\frac{c}{m}t} - \dfrac{m}{c}\right)$.

**习题 5.6**

1. (1) 线性无关;　(2) 线性相关;　(3) 线性相关;　(4) 线性无关;　(5) 线性无关;
(6) 线性无关;　(7) 线性相关;　(8) 线性无关;　(9) 线性无关;　(10) 线性无关;
(11) 线性无关.

2. $y = C_1\mathrm{e}^x + C_2\mathrm{e}^{-x}$; $y = 1 + C_1\mathrm{e}^x + C_2\mathrm{e}^{-x}$.

3. $y = C_1 + C_2\sin x + C_3\cos x$; $y = \dfrac{1}{2}x^2 + C_1 + C_2\sin x + C_3\cos x$.

4. $y = C_1 + C_2 x + C_3 x^2 + \cdots + C_n x^{n-1}$; $y = \dfrac{1}{n!}x^n + C_1 + C_2 x + C_3 x^2 + \cdots + C_n x^{n-1}$.

5. $y = C_1\cos\omega x + C_2\sin\omega x$.

6. $y = (C_1 + C_2 x)\mathrm{e}^{x^2}$.

7. 略.

8. $y = C_1\mathrm{e}^x + C_2(2x + 1)$.

9. $y = C_1 x + C_2 x^2 + x^3$.

10. $y = C_1\cos x + C_2\sin x + x\sin x + \cos x\ln|\cos x|$.

11. $y = C_1 x + C_2 x\ln|x| + \dfrac{1}{2}x\ln^2|x|$.

**习题 5.7**

1. (1) $y = C_1\mathrm{e}^x + C_2\mathrm{e}^{-2x}$;　(2) $y = C_1 + C_2\mathrm{e}^{4x}$;　(3) $y = C_1\cos x + C_2\sin x$;

(4) $y = \mathrm{e}^{-3x}(C_1\cos 2x + C_2\sin 2x)$;　(5) $x = (C_1 + C_2 t)\mathrm{e}^{\frac{5}{2}t}$;

(6) $y = \mathrm{e}^{2x}(C_1\cos x + C_2\sin x)$;　(7) $y = C_1\mathrm{e}^x + C_2\mathrm{e}^{-x} + C_3\cos x + C_4\sin x$;

(8) $y = (C_1 + C_2 x)\cos x + (C_3 + C_4 x)\sin x$;　(9) $y = C_1 + C_2 x + (C_3 + C_4 x)\mathrm{e}^x$;

(10) $y = C_1\mathrm{e}^{2x} + C_2\mathrm{e}^{-2x} + C_3\cos 3x + C_4\sin 3x$;　(11) $y = C_1\mathrm{e}^{-x} + C_2\mathrm{e}^{-2x}$;

(12) $y = C_1\mathrm{e}^{-2x} + C_2\mathrm{e}^{-\frac{1}{2}x}$;　(13) $y = C_1 + C_2\mathrm{e}^{3x}$;　(14) $y = (C_1 + C_2 x)\mathrm{e}^{3x}$;

(15) $y = C_1\cos 3x + C_2\sin 3x$;　(16) $y = \mathrm{e}^{-\frac{1}{2}x}\left(C_1\cos\dfrac{\sqrt{3}}{2}x + C_2\sin\dfrac{\sqrt{3}}{2}x\right)$;

(17) $u = C_1 \cos Bt + C_2 \sin Bt$;　(18) $y = e^{-\delta x}(C_1 \cos \sqrt{\omega_0^2 - \delta^2}\, x + C_2 \sin \sqrt{\omega_0^2 - \delta^2}\, x)$;

(19) $y = C_1 e^x + e^{-\frac{1}{2}x}\left(C_2 \cos \frac{\sqrt{3}}{2}x + C_3 \sin \frac{\sqrt{3}}{2}x\right)$;　(20) $y = C_1 e^x + C_2 e^{\frac{\sqrt{5}-1}{2}x} + C_3 e^{-\frac{\sqrt{5}+1}{2}x}$;

(21) $y = (C_1 + C_2 x + C_3 x^2)e^{-x}$.

2. (1) $y = 4e^x + 2e^{3x}$;　(2) $y = (2+x)e^{-\frac{x}{2}}$;　(3) $y = e^{-x} - e^{4x}$;　(4) $y = 3e^{-2x}\sin 5x$;

(5) $y = 2\cos 5x + \sin 5x$;　(6) $y = e^{2x}\sin 3x$;　(7) $y = (1+3x)e^{-2x}$;

(8) $y = 2\cos \frac{3}{2}x - \frac{2}{3}\sin \frac{3}{2}x$.

3. $x = \dfrac{v_0}{\sqrt{k_2^2 + 4k_1}}(1 - e^{-\sqrt{k_2^2+4k_1}\,t})e^{\left(-\frac{k_2}{2} + \frac{\sqrt{k_2^2+4k_1}}{2}\right)t}$.

4. $u_C(t) = \dfrac{10}{9}(19e^{-10^3 t} - e^{-1.9\times10^4 t})\text{V}$. $i(t) = \dfrac{19}{18}\times10^{-2}(-e^{-10^3 t} + e^{-1.9\times10^4 t})\text{A}$.

5. $M = 195\text{kg}$.

6. 略.

习题 5.8

1. (1) $y = C_1 e^{\frac{x}{2}} + C_2 e^{-x} + e^x$;　(2) $y = C_1 \cos ax + C_2 \sin ax + \dfrac{e^x}{1+a^2}$;

(3) $y = C_1 + C_2 e^{-\frac{5}{2}x} + \dfrac{1}{3}x^3 - \dfrac{3}{5}x^2 + \dfrac{7}{25}x$;　(4) $y = C_1 e^{-x} + C_2 e^{-2x} + \left(\dfrac{3}{2}x^2 - 3x\right)e^{-x}$;

(5) $y = e^x(C_1 \cos 2x + C_2 \sin 2x) - \dfrac{1}{4}xe^x \cos 2x$;　(6) $y = (C_1 + C_2 x)e^{3x} + \dfrac{x^2}{2}\left(\dfrac{1}{3}x + 1\right)e^{3x}$;

(7) $y = C_1 e^{-x} + C_2 e^{-4x} + \dfrac{11}{8} - \dfrac{1}{2}x$;　(8) $y = C_1 \cos 2x + C_2 \sin 2x + \dfrac{1}{3}x\cos x + \dfrac{2}{9}\sin x$;

(9) $y = C_1 \cos x + C_2 \sin x + \dfrac{e^x}{2} + \dfrac{x}{2}\sin x$;　(10) $y = C_1 e^x + C_2 e^{-x} - \dfrac{1}{2} + \dfrac{1}{10}\cos 2x$;

(11) $y = e^{-x}(C_1 \cos 2x + C_2 \sin 2x) - \dfrac{4}{17}\cos 2x + \dfrac{1}{17}\sin 2x$;

(12) $y = C_1 + C_2 e^x + C_3 e^{-2x} + \left(\dfrac{1}{6}x^2 - \dfrac{4}{9}x\right)e^x - x^2 - x$;

(13) $y = e^{2x}(C_1 \cos x + C_2 \sin 2x) + 1$;　(14) $y = C_1 + C_2 e^{-2x} + \dfrac{4}{15}e^{3x}$;

(15) $y = C_1 e^{3x} + C_2 e^{4x} + \dfrac{1}{12}x + \dfrac{7}{144}$;　(16) $y = C_1 \cos 3x + C_2 \sin 3x + 2\sin 2x$;

(17) $y = C_1 \cos 3x + C_2 \sin 3x + 2\cos 2x$;　(18) $y = C_1 e^{2x} + C_2 e^{-\frac{1}{2}x} - \dfrac{1}{3}e^x + \dfrac{1}{3}e^{-x}$;

(19) $y = C_1 \cos x + C_2 \sin x - \dfrac{1}{30}\cos 4x - \dfrac{1}{6}\cos 2x$;

(20) $y = e^{-x}(C_1 \cos 2x + C_2 \sin 2x) + e^x\left(\dfrac{11}{65}\sin x + \dfrac{3}{65}\cos x\right)$;

(21) $y = C_1 e^{-x} + C_2 e^{\frac{1}{2}x} + \left(\dfrac{1}{9}x^2 - \dfrac{2}{9}x + \dfrac{14}{81}\right)e^{2x}$;

(22) $y = C_1 e^{2x} + C_2 e^{-2x} - \dfrac{1}{8} - \dfrac{1}{16}\cos 2x$;

(23) $y=C_1\sin x+C_2\cos x+(C_3+C_4 x)e^{2x}+\dfrac{1}{2}e^x$.

2. (1) $y=-\cos x-\dfrac{1}{3}\sin x+\dfrac{1}{3}\sin 2x$;　(2) $y=-5e^x+\dfrac{7}{2}e^{2x}+\dfrac{5}{2}$;

(3) $y=\dfrac{1}{2}(e^{9x}+e^x)-\dfrac{1}{7}e^{2x}$;　(4) $y=e^x-e^{-x}+e^x(x^2-x)$;

(5) $y=\dfrac{11}{16}+\dfrac{5}{16}e^{4x}-\dfrac{5}{4}x$;　(6) $y=xe^{-x}+\dfrac{1}{2}\sin x$;

(7) $y=\dfrac{3}{16}e^{2x}+\dfrac{1}{16}e^{-2x}-\dfrac{1}{4}$;　(8) $u=-\dfrac{1}{4}e^t+\dfrac{1}{20}e^{3t}+\dfrac{1}{10}\sin t+\dfrac{1}{5}\cos t$;

(9) $y=1+\dfrac{1}{4}e^{-x}+2x+\left(\dfrac{1}{2}x-\dfrac{1}{4}\right)e^x$.

3. 取炮口为原点,炮弹前进的水平方向为 $x$ 轴,铅直向上为 $y$ 轴,弹道曲线为
$$\begin{cases} x=v_0\cos\alpha\cdot t, \\ y=v_0\sin\alpha\cdot t-\dfrac{1}{2}gt^2. \end{cases}$$

4. $u_C(t)=20-20e^{-5\times10^3 t}\left[\cos(5\times10^3 t)+\sin(5\times10^3 t)\right]$V.

$i(t)=4\times10^{-2}e^{-5\times10^3 t}\sin(5\times10^3 t)$A.

5. (1) $t=\sqrt{\dfrac{10}{g}}\ln(5+2\sqrt{6})$s;　(2) $t=\sqrt{\dfrac{10}{g}}\ln\left(\dfrac{19+4\sqrt{22}}{3}\right)$s.

6. $\varphi(x)=\dfrac{1}{2}(\cos x+\sin x+e^x)$.

习题 5.9

(1) $y=C_1 x+\dfrac{C_2}{x}$.

(2) $y=x(C_1+C_2\ln|x|)+x\ln^2|x|$.

(3) $y=C_1 x+C_2 x\ln|x|+C_3 x^{-2}$.

(4) $y=C_1 x+C_2 x^2+\dfrac{1}{2}(\ln^2 x+\ln x)+\dfrac{1}{4}$.

(5) $y=C_1 x^2+C_2 x^{-2}+\dfrac{1}{5}x^3$.

(6) $y=x\left[C_1\cos(\sqrt{3}\ln x)+C_2\sin(\sqrt{3}\ln x)\right]+\dfrac{1}{2}x\sin(\ln x)$.

(7) $y=C_1 x^2+C_2 x^2\ln x+x+\dfrac{1}{6}x^2\ln^3 x$.

(8) $y=C_1 x+x\left[C_2\cos(\ln x)+C_3\sin(\ln x)\right]+\dfrac{1}{2}x^2(\ln x-2)+3x\ln x$.

(9) $y=\dfrac{1}{x}(C_1+C_2\ln|x|)$.

(10) $y=C_1 x^2+C_2 x^3+\dfrac{1}{2}x$.

(11) $R=C_1 t^{-n-1}+C_2 t^n$.

(12) $y=\dfrac{1}{x}\left[C_1\cos(2\ln x)+C_2\sin(2\ln x)\right]$.

(13) $y=(C_1+C_2\ln x)x+4+2\ln x$.

(14) $y=(C_1+C_2\ln x)\dfrac{1}{x^2}+\dfrac{3}{4}\ln x-\dfrac{3}{4}$.

# 第 6 章

**习题 6.1**

1-4. 略.

5. 有分别位于(1,2),(2,3)及(3,4)内的三个根.

6-33. 略.

**习题 6.2**

1. (1) 1; (2) 2; (3) $\cos a$; (4) $-\dfrac{3}{5}$; (5) $-\dfrac{1}{8}$; (6) $\dfrac{m}{n}a^{m-n}$; (7) 1; (8) 3;

(9) 1; (10) 1; (11) $\dfrac{1}{2}$; (12) $\infty$; (13) $-\dfrac{1}{2}$; (14) $e^a$; (15) 1; (16) 1;

(17) 2; (18) $\dfrac{1}{2}$; (19) $e^{-\frac{2}{\pi}}$; (20) $a_1a_2\cdots a_n$; (21) 2; (22) $-\dfrac{1}{8}$; (23) $-\dfrac{1}{6}$;

(24) $\dfrac{16}{9}$; (25) $-\dfrac{e}{2}$; (26) $\dfrac{2e}{e-1}$; (27) 2; (28) 1; (29) $\left(\dfrac{a}{b}\right)^2$; (30) 0;

(31) 0; (32) 1; (33) $\dfrac{1}{e}$; (34) $e^{-\frac{2}{\pi}}$; (35) $e^{-\frac{2}{\pi}}$; (36) $e^{\frac{1}{6}}$; (37) $\dfrac{1}{2}$; (38) $\dfrac{1}{2}$;

(39) $-\dfrac{1}{3}$; (40) 1; (41) 2; (42) 4; (43) 1.

2-3. 略.

4. 连续.

5. 略.

**习题 6.3**

1. $f(x)=-56+21(x-4)+37(x-4)^2+11(x-4)^3+(x-4)^4$.

2. $f(x)=x^6-9x^5+30x^4-45x^3+30x^2-9x+1$.

3. $\sqrt{x}=2+\dfrac{1}{4}(x-4)-\dfrac{1}{64}(x-4)^2+\dfrac{1}{512}(x-4)^3-\dfrac{15(x-4)^4}{4!\ 16[4+\theta(x-4)]^{\frac{7}{2}}}(0<\theta<1)$.

4. $\ln x=\ln 2+\dfrac{1}{2}(x-2)-\dfrac{1}{2^3}(x-2)^2+\dfrac{1}{3\cdot 2^3}(x-2)^3-\cdots$

$\qquad +(-1)^{n-1}\dfrac{1}{n\cdot 2^n}(x-2)^n+o((x-2)^n)$.

5. $\dfrac{1}{x}=-[1+(x+1)+(x+1)^2+\cdots+(x+1)^n]$

$\qquad +(-1)^{n+1}\dfrac{(x+1)^{n+1}}{[-1+\theta(x+1)]^{n+2}}(0<\theta<1)$.

6. $\tan x=x+\dfrac{1}{3}x^3+o(x^3)$.

7. $xe^x=x+x^2+\dfrac{x^3}{2!}+\cdots+\dfrac{x^n}{(n-1)!}+o(x^n)(0<\theta<1)$.

8. (1) $x+x^2+\dfrac{1}{2!}x^3+\cdots+\dfrac{1}{n!}x^{n+1}+o(x^{n+1})$，$x\to0$；

(2) $1+\dfrac{1}{2!}x^2+\dfrac{1}{4!}x^4+\cdots+\dfrac{1}{(2n)!}x^{2n}+o(x^{2n+1})$，$x\to0$；

(3) $2x+\dfrac{2}{3}x^3+\dfrac{2}{5}x^5+\cdots+\dfrac{2}{2n-1}x^{2n-1}+o(x^{2n})$，$x\to0$；

(4) $1-\dfrac{2}{2!}x^2+\dfrac{2^3}{4!}x^4+\cdots+(-1)^m\dfrac{2^{2m-1}}{(2m)!}x^{2m}+o(x^{2m+1})$，$x\to0$；

(5) $-1-3x-3x^2-4x^3-4x^4-\cdots-4x^n+o(x^n)$，$x\to0$．

(6) $1-\dfrac{1}{2!}x^4+\dfrac{1}{4!}x^8+\cdots+(-1)^m\dfrac{1}{(2m)!}x^{4m}+o(x^{4m+2})$，$x\to0$．

9. $x+\dfrac{1}{3!}x^3+\dfrac{3^2}{5!}x^5+\cdots+\dfrac{[(2m-1)!!]^2}{(2m+1)!}x^{2m+1}+o(x^{2m+1})$，$x\to0$．

10. (1) $1+x-\dfrac{1}{3}x^3-\dfrac{1}{6}x^4+o(x^4)$，$x\to0$；

(2) $x-\dfrac{1}{3}x^3+o(x^4)$，$x\to0$；　(3) $x-\dfrac{1}{3}x^3+o(x^3)$，$x\to0$；

(4) $-x-x^2-3x^3+o(x^3)$，$x\to0$；　(5) $1+2x+2x^2-2x^4+o(x^4)$，$x\to0$；

(6) $x^2+\dfrac{1}{2}x^3-\dfrac{1}{8}x^4+o(x^4)$，$x\to0$．

11. (1) $\dfrac{3}{2}$；　(2) $\dfrac{1}{6}$；　(3) $-\dfrac{1}{12}$；　(4) $\ln^2 a$；　(5) $1$；　(6) $2^{-7}$；　(7) $0$．

12-13. 略.

14. $a=\dfrac{4}{3}$，$b=-\dfrac{1}{3}$．

15-16. 略.

习题 6.4

1. 单调减少.

2. 单调增加.

3. (1) 在 $(-\infty,0]$，$[2,+\infty)$ 上单调下降，在 $[0,2]$ 上单调上升．$f(0)=0$ 为极小值，$f(2)=4$ 为极大值；

(2) 在 $(-1,0]$ 上单调下降，在 $[0,+\infty)$ 上单调上升．$f(0)=0$ 为极小值；

(3) 在 $(-\infty,c]$ 上单调上升，在 $[c,+\infty)$ 上单调下降．$f(c)=a$ 为极大值；

(4) 在 $(-\infty,0]$ 上单调上升，在 $[0,+\infty)$ 上单调下降．$f(0)=-1$ 为极大值；

(5) 在 $(0,e^{-2}]$ 上单调下降，在 $[e^{-2},+\infty)$ 上单调上升．$f(e^{-2})=-2\sqrt{e^{-2}}$ 为极小值．

4. (1) 在点 $a$ 取极小值 $2a$，在点 $-a$ 取极大值 $-2a$；

(2) 在点 $1$ 取极大值 $e^{-1}$；　(3) 在点 $e^2$ 取极大值 $4e^{-2}$．

5. (1) $(-\infty,-1]$，$[3,+\infty)$ 上单调增加，$[-1,3]$ 上单调减少；

(2) $[2,+\infty)$ 上单调增加，$(0,2]$ 上单调减少；

(3) $\left[\dfrac{1}{2},1\right]$ 上单调增加，$(-\infty,0)$，$\left(0,\dfrac{1}{2}\right]$，$[1,+\infty)$ 上单调减少；

(4) $(-\infty,+\infty)$ 上单调增加；

(5) $\left[\dfrac{1}{2},+\infty\right)$ 上单调增加，$\left(-\infty,\dfrac{1}{2}\right]$ 上单调减少；

(6) $\left(-\infty,\dfrac{2}{3}a\right]$,$[a,+\infty)$ 上单调增加，$\left[\dfrac{2}{3}a,a\right]$ 上单调减少；

(7) $[0,n]$ 上单调增加，$[n,+\infty)$ 上单调减少；

(8) $\left[\dfrac{k\pi}{2},\dfrac{k\pi}{2}+\dfrac{\pi}{3}\right]$ 上单调增加，$\left[\dfrac{k\pi}{2}+\dfrac{\pi}{3},\dfrac{k\pi}{2}+\dfrac{\pi}{2}\right]$ 上单调减少,$k\in\mathbf{Z}$.

6. 略.

7. $a>\dfrac{1}{e}$ 时没有实根,$0<a<\dfrac{1}{e}$ 时有两个实根,$a=\dfrac{1}{e}$ 时只有 $x=e$ 一个实根.

8. (1) 凸的;　(2) $(-\infty,0)$ 上凸,$[0,+\infty)$ 上凹;　(3) 凹的;　(4) 凹的.

9. (1) 拐点 $\left(\dfrac{5}{3},\dfrac{20}{27}\right)$,在 $\left(-\infty,\dfrac{5}{3}\right]$ 内凸的,在 $\left[\dfrac{5}{3},+\infty\right)$ 内凹的;

(2) 拐点 $\left(2,\dfrac{2}{e^2}\right)$,在 $(-\infty,2]$ 内凸的,在 $[2,+\infty)$ 内凹的;

(3) 凹的;

(4) 拐点 $(-1,\ln2)$,$(1,\ln2)$ 在 $(-\infty,-1]$,$[1,+\infty)$ 内凸的,在 $[-1,1]$ 内凹的;

(5) 拐点 $\left(\dfrac{1}{2},e^{\arctan\frac{1}{2}}\right)$,在 $\left(-\infty,\dfrac{1}{2}\right]$ 内凹的,在 $\left[\dfrac{1}{2},+\infty\right)$ 内凸的;

(6) 拐点 $(1,-7)$,在 $(0,1]$ 内凸的,在 $[1,+\infty)$ 内凹的.

(7)-(9) 略.

10-11. 略.

12. $a=-\dfrac{3}{2}$,$b=\dfrac{9}{2}$.

13. $a=1$,$b=-3$,$c=-24$,$d=16$.

14. $k=\pm\dfrac{\sqrt{2}}{8}$.

15. 是拐点.

习题 6.5

1. (1) 极大值 $f(-1)=17$,极小值 $f(3)=-47$;

(2) 极小值 $f(0)=0$;

(3) 极大值 $f(\pm1)=1$,极小值 $f(0)=0$;

(4) 极大值 $f\left(\dfrac{3}{4}\right)=\dfrac{5}{4}$;

(5) 极大值 $f\left(\dfrac{12}{5}\right)=\dfrac{1}{10}\sqrt{205}$;

(6) 极大值 $f(0)=4$,极小值 $f(-2)=\dfrac{8}{3}$;

(7) 极大值 $f\left(\dfrac{\pi}{4}+2k\pi\right)=\dfrac{\sqrt{2}}{2}e^{\frac{\pi}{4}+2k\pi}$,

极小值 $f\left(\dfrac{\pi}{4}+(2k+1)\pi\right)=-\dfrac{\sqrt{2}}{2}e^{\frac{\pi}{4}+(2k+1)\pi}$.$k\in\mathbf{Z}$;

(8) 极大值 $f(e)=e^{\frac{1}{e}}$;

(9) 没有极值;

(10) 没有极值.

2. 略.

3. $a=2,f\left(\dfrac{\pi}{3}\right)=\sqrt{3}$ 为极大值.

4. (1) 2; (2) $\dfrac{3}{2}\sqrt[3]{2}$; (3) $\dfrac{4}{3}\sqrt[4]{3}$.

5. (1) $\dfrac{1}{2}a^2$; (2) $\dfrac{2}{9}\sqrt{3}a^3$; (3) $\dfrac{3}{16}\sqrt{3}a^4$.

6. (1) 最大值 $f(4)=80$,最小值 $f(-1)=-5$;

(2) 最大值 $f(3)=11$,最小值 $f(2)=-14$;

(3) 最大值 $f\left(\dfrac{3}{4}\right)=1.25$,最小值 $f(-5)=-5+\sqrt{6}$.

7. 当 $x=1$ 时有最大值 $-29$.

8. 当 $x=-3$ 时有最小值 $27$.

9. 当 $x=1$ 时有最大值 $\dfrac{1}{2}$.

10. $a=e^e$,最小值 $1-\dfrac{1}{e}$.

11. $(1,2),(-1,-2)$.

12. $\sqrt[3]{3}$.

13. 长为 $10\mathrm{m}$,宽为 $5\mathrm{m}$.

14. $r=\sqrt[3]{\dfrac{V}{2\pi}}$,$h=2\sqrt[3]{\dfrac{V}{2\pi}}$,$d:h=1:1$.

15. 底宽为 $\sqrt{\dfrac{40}{4+\pi}}=2.366(\mathrm{m})$.

16. 当 $\alpha=\arctan\mu=\arctan 0.25$ 时,力最小.

17. 杆长 $1.4\mathrm{m}$.

18. $\varphi=\dfrac{2\sqrt{6}}{3}\pi$.

19. 能.

20. $1800$ 元.

21. $60$ 元.

22. 距离 $M$ 点 $\dfrac{ah}{a+b}$ 处.

23. $20\mathrm{km/h}$.

24. $a\sqrt{2},b\sqrt{2}$.

25. $\dfrac{1}{n}(a_1+a_2+\cdots+a_n)$.

习题答案        • 313 •

26. $\dfrac{\pi}{4}$.

习题 6.6

略.

习题 6.7

1. 2.

2. (1) $\dfrac{1}{4}\sqrt{2}$；  (2) 2；  (3) $\dfrac{2}{3a}$；  (4) $\dfrac{1}{a}$.

3. $\dfrac{1}{18}37^{3/2}$.

4. $\dfrac{1}{2a^2+r^2}(a^2+r^2)^{3/2}$.

5. $r\sqrt{1+m^2}$.

6. $\dfrac{2}{9}\sqrt{3}$.

7. $|\cos x|,|\sec x|$.

8. $2,\dfrac{1}{2}$.

9. $\left|\dfrac{2}{3a\sin 2t_0}\right|$.

10. $\left(\dfrac{\sqrt{2}}{2},-\dfrac{\ln 2}{2}\right),\dfrac{3\sqrt{3}}{2}$.

11. 略.

12. 1246N.

13. 45400N.

14. $\left(\dfrac{\pi}{2},1\right),1$.

# 第 7 章

习题 7.2

1. (1) $2\pi+\dfrac{4}{3},6\pi-\dfrac{4}{3}$；  (2) $\dfrac{3}{2}-\ln 2$；  (3) $e+\dfrac{1}{e}-2$；  (4) $b-a$；  (5) $\dfrac{40}{81}\sqrt{10}$；

  (6) $\dfrac{84}{49}$；  (7) $\dfrac{2}{3}$；  (8) $\dfrac{7}{6}$；  (9) $\dfrac{\pi}{2}$.

2. $\dfrac{9}{4}$.

3. $\dfrac{16}{3}p^2$.

4. (1) $\pi a^2$；  (2) $\dfrac{3}{8}\pi a^2$；  (3) $18\pi a^2$.

5. $\dfrac{3}{8}\pi a^2$.

6. $\dfrac{ab}{2\sqrt{\pi}}\Gamma^2\left(\dfrac{1}{4}\right)$.

7. $\dfrac{\pi}{12}a^2$.

8. $\dfrac{1}{2}$.

9. $\dfrac{a^2}{4}(\mathrm{e}^{2\pi}-\mathrm{e}^{-2\pi})$.

10. (1) $\dfrac{5}{4}\pi$;　(2) $\dfrac{\pi}{6}+\dfrac{1-\sqrt{3}}{2}$.

11. $\dfrac{\mathrm{e}}{2}$.

12. $\dfrac{8}{3}a^2$.

13. $\dfrac{\pi-1}{4}a^2$.

习题 7.3

1. $2\pi a x_0^2$.

2. $\dfrac{128}{7}\pi,\dfrac{64}{5}\pi$.

3. $\dfrac{32}{105}\pi a^3$.

4. 略.

5. (1) $\dfrac{3}{10}\pi$;　(2) $\dfrac{\pi^3}{4}-2\pi$;　(3) $160\pi^2$.

6. $2\pi^2 a^2 b$.

7. $\dfrac{1}{6}\pi h[2(ab+AB)+aB+bA]$.

8. $\dfrac{4\sqrt{3}}{3}R^3$.

9. $2\pi^2$.

10. $a=-\dfrac{5}{3},b=2,c=0$.

11. $\dfrac{512}{7}\pi$.

12. $4\pi^2$.

13. $\dfrac{32}{5}\sqrt{2}\pi,2\pi$.

14. $\dfrac{\pi}{2}a^3+\dfrac{\pi}{4}a^3\,\mathrm{sh}2$.

15. $\dfrac{1}{2}\pi^2$.

16. $5\pi^2 a^3$.

17. $\dfrac{5}{12}\pi p^3$.

18. $2\pi^2 a^2 b$.

19. $\pi^2 - 2\pi$.

习题 7.4

1. $1 + \dfrac{1}{2}\ln\dfrac{3}{2}$.

2. $2\sqrt{3} - \dfrac{4}{3}$.

3. $\dfrac{8}{9}\left[\left(\dfrac{5}{2}\right)^{\frac{3}{2}} - 1\right]$.

4. $\dfrac{y}{2p}\sqrt{p^2+y^2} + \dfrac{p}{2}\ln\dfrac{y+\sqrt{p^2+y^2}}{p}$.

5. $\dfrac{a}{2}\pi^2$.

6. $\left(\left(\dfrac{2}{3}\pi - \dfrac{\sqrt{3}}{2}\right)a, \dfrac{3}{2}a\right)$.

7. $\ln\dfrac{3}{2} + \dfrac{5}{12}$.

8. $8a$.

9. $\sqrt{6} + \ln(\sqrt{2} + \sqrt{3})$.

10. $b\sqrt{1+4a^2 b^2} + \dfrac{1}{2a}\ln(2ab + \sqrt{1+4a^2 b^2})$.

11. $\dfrac{1}{2}a\theta_0\sqrt{1+\theta_0^2} + \dfrac{1}{2}a\ln|\theta_0 + \sqrt{1+\theta_0^2}|$.

12. $\sqrt{2}(e-1)$.

13. $\ln3 - \dfrac{1}{2}$.

14. $a\left[1 + \dfrac{1}{\sqrt{2}}\ln(1+\sqrt{2})\right]$.

15. $\dfrac{a}{m}\sqrt{1+m^2}$.

16. $\ln|\sec a + \tan a|$.

17. 略.

18. $2\pi R H$.

19. $4\pi R^2$.

20. $\dfrac{56}{3}a^2\pi$.

21. $2\pi a^2(2-\sqrt{2})$.

22. $2\pi a\left[b + \dfrac{a}{2}\,\mathrm{sh}\,\dfrac{2b}{a}\right], 2\pi a\left[b\,\mathrm{sh}\,\dfrac{b}{a} - a\,\mathrm{ch}\,\dfrac{b}{a} + a\right]$.

23. $\pi(\sqrt{5}-\sqrt{2})+\pi\ln\dfrac{(\sqrt{2}+1)(\sqrt{5}-1)}{2}$.

24. $\dfrac{12}{5}\pi a^2$.

习题 7.5

1. 0.18kJ.

2. $800\pi\ln2$J.

3. $9.72\times10^5$kJ.

4. $\dfrac{27}{7}kc^{\frac{2}{3}}a^{\frac{7}{3}}$.

5. $(\sqrt{2}-1)$cm.

6. 57697.5kJ.

7. $\dfrac{4}{3}\pi r^4\rho g$.

8. 5J.

9. 0.3J.

10. $9.8\times1.25\times10^6$J.

11. $\dfrac{kQ}{l}\left(\dfrac{1}{a}-\dfrac{1}{a+l}\right)$; $\dfrac{kQ}{l}\ln\dfrac{b(a+l)}{a(b+l)}$.

12. 205.8kN.

13. 17.3kN.

14. 14373kN.

15. 1.65N.

16. $\dfrac{1}{2}\rho gab(2h+b\sin\alpha)$.

17. 取 $y$ 轴通过细直棒,
$$F_y=Gm\mu\left(\dfrac{1}{a}-\dfrac{1}{\sqrt{a^2+l^2}}\right),\quad F_x=-\dfrac{Gm\mu l}{a\ \sqrt{a^2+l^2}}.$$

18. 引力的大小为 $\dfrac{2Gm\mu}{R}\sin\dfrac{\varphi}{2}$,方向为 $M$ 指向圆弧的中点.

19. $F_x=\dfrac{3}{5}Ga^2$, $F_y=\dfrac{3}{5}Ga^2$.

20. 略.

21. $\dfrac{5}{4}$m.

22. 75kg.

23. $\dfrac{1}{3}(T^3+1-\cos3T)$.

24. $\dfrac{625}{4}$m.

25. $\dfrac{1}{2}k\pi a^4$.